Rüdiger Lüders (Hrsg.)

Europa Reiseführer für Eisenbahnfreunde

2020/2021

Vom Nordpol bis zum Kaukasus

LOK Report

Impressum

LOK Report
Europa Reiseführer für Eisenbahnfreunde 2020/21

Herausgeber:	Rüdiger Lüders
Verlag:	Lokomotive Fachbuchhandlung GmbH, Regensburger Straße 25, 10777 Berlin, www.lok-report.de
Layout:	Wolfgang Kieslich
Landkarten:	WKZ, Hans-Jürgen Schulz, unter Benutzung von Kartenmaterial der Verlage Geoatlas®-Graphi-Ogre und Mountaim High Maps/Digital Wisdom Incorporated

Autoren und Mitarbeiter der Länderbeiträge:

Roland Beier	Österreich, Ungarn
Gerald Bendrien	Italien
Joris De Mol	Belgien
Bertram Frenzel	Rumänien
Michael Geuckler	Schweden
Werner Glaeseker	Dänemark, Norwegen
Stefan Lindig	Slowakische Republik
Rüdiger Lüders	Deutschland und weitere Länder
Markus Manske	Schweiz
Hans-Georg Löwe	Balkan-Staaten
Peter Pohlmann	Irland
Prof. Dr. Johannes Schenkel	Griechenland
Torsten Schneider	Frankreich
Friedemann Schüler	Türkei
Hans-Jürgen Schulz	Osteuropa, Kaukasus und Baltikum
Andreas Stange	Deutschland/DB-Statistik
Daniel Trescher	Tschechische Republik
Joachim Weißer	Albanien
Peter Wilhelm	Polen
Daniel Wipf	Spanien, Portugal

Zahlreichen Lesern möchten wir an dieser Stelle für wertvolle Hinweise und Ergänzungen danken, so Guido Bieniek, Jens Blume, Lukas Burtscher, Jan Christoph, Dr. Jochen Christoph, Jonathan Christoph, Helge Deutgen, Gunter Engwicht, Joó Ferenc, Peter Gadidge, Poul Thor Hansen, Oliver Heckmann, Alexander Hertel, Matthias Hille, Gerhard Kernstock, Martin Kissler, Rudolf Koller, Raphael Krammer, Richard Krol, Martin Kubík, Paul G. Liebhart, Gunther Mackinger, Thomas Niederl, Tobias Pohlman, Markus Rabanser, Jürgen Recknagel, Karl Arne Richter, Heiko Rüdiger, Jörg Seidel, Ad van Sten, Georg Trüb, Götz Walther, Martin Wehmeyer, Ulrich Wehmeyer.

Redaktionsschluss war Januar 2020. Für die Umschrift der kyrillischen Zeichen in lateinische Schrift wird die Transliteration nach ISO angewendet, welche eine eindeutige Zeichenzuordnung gewährleistet.

ISBN 978-3-935909-53-2

Druck: Druckhaus Gera.

Titelbild: Die IDS Cargo E499.0042 (140 042) durchquert das Elbetal mit dem Pn 56597 bei Brná nad Labem.
Foto: Alexander Hertel.

Relikte aus der »guten alten Zeit« sind in ganz Europa für den Eisenbahnfreund sichtbar. Fotos: Rüdiger Lüders.

Vorwort

Liebe Eisenbahnfreunde,

erst kürzlich fiel mir wieder die Anzeige eines bekannten Reiseveranstalters in die Hände, der die Reise mit der Transsibirischen Eisenbahn als »Erfüllung eines Lebenstraumes« anbietet. Nun will ich ein solches Angebot nicht schlecht reden, ganz im Gegenteil, wen schon immer das »Abenteuer Transsib« angelockt hat, der soll die Reise ruhig einmal unternehmen. Doch als häufig in Europa umherreisender Eisenbahnfreund möchte ich anmerken, dass man nicht unbedingt die Strapazen einer vierzehntägigen Bahnfahrt über Tausende Kilometer auf sich nehmen muss, um den Zauber und die besondere Atmosphäre eines Transportmittels zu erleben und genießen zu können, das seinen Ursprung im vorletzten Jahrhundert sucht.

Allein in Europa werden die Eisenbahnen auch heute noch so vielfältig betrieben, dass man nach dem Umsteigen aus einem Hochgeschwindigkeitszug in eine Regionalbahn möglicherweise schon nach kurzer Fahrt in ein anderes Zeitalter oder gar in eine andere, vielleicht bis dahin unbekannte Welt versetzt wird. In Mitteleuropa mag es schwierig sein, solch eine Umstiegsmöglichkeit zu finden, doch es gibt sie noch, selbst in Deutschland, Österreich oder in der Schweiz. Man muss nur ein wenig suchen und sich die Zeit nehmen, um in Ruhe die Relikte aus der »guten alten Zeit« aufzuspüren und zu betrachten. Dann können dem Enthusiasten oftmals alte Bahnhöfe mit ihren Eingangshallen und Bahnsteigen, die vielleicht noch intakten mechanischen Signalanlagen, bahntypische Gerätschaften oder abgestellte Fahrzeuge mit etwas Fantasie Geschichten erzählen, die unsere Kinder oder Enkel schon wie ein Märchen aufnehmen würden.

Gleichwohl sind die Eisenbahnen in Europa heute kein lebendiges Museum sondern natürlich zumeist ein modernes Transportsystem. Wer also nicht der Vergangenheit nachhängt, kann sich ebenso gut von der Technik der heutigen Nah- und Fernverkehrszüge, von modernen Güter- und Hochgeschwindigkeitszügen, kurz von der Eisenbahn des 21. Jahrhunderts faszinieren lassen.

Rechtzeitig vor Beginn der sommerlichen Reisesaison halten Sie nun die neueste Fassung unseres beliebten Eisenbahn-Reiseführers in den Händen mit allen Informationen, die für eine Eisenbahn-Reise durch Europa hilfreich sind und Ihnen erlauben, den Bahnbetrieb in den verschiedenen Ländern besser zu verstehen.

Wie in den vorangegangenen Ausgaben des Reiseführers verzichten wir zugunsten eines handlichen Formats auf ausführliche landeskundliche Beschreibungen und konzentrieren uns auf die Besonderheiten und die Fahrzeuge der europäischen Bahngesellschaften einschließlich der Museums- und Touristikbahnen. Schließlich sollte unser Handbuch unter dem Motto »Der Weg ist das Ziel« nicht in Ihrem Rucksack fehlen, wenn Sie sich auf die Reise begeben, um Europa vom Zug aus kennenzulernen. Entspannte Eisenbahnreisen mit viel bleibender Erinnerungen wünscht Ihnen das Redaktionsteam des LOK Report Europa-Reiseführers!

Berlin, März 2020
Rüdiger Lüders (Herausgeber)

Inhalt

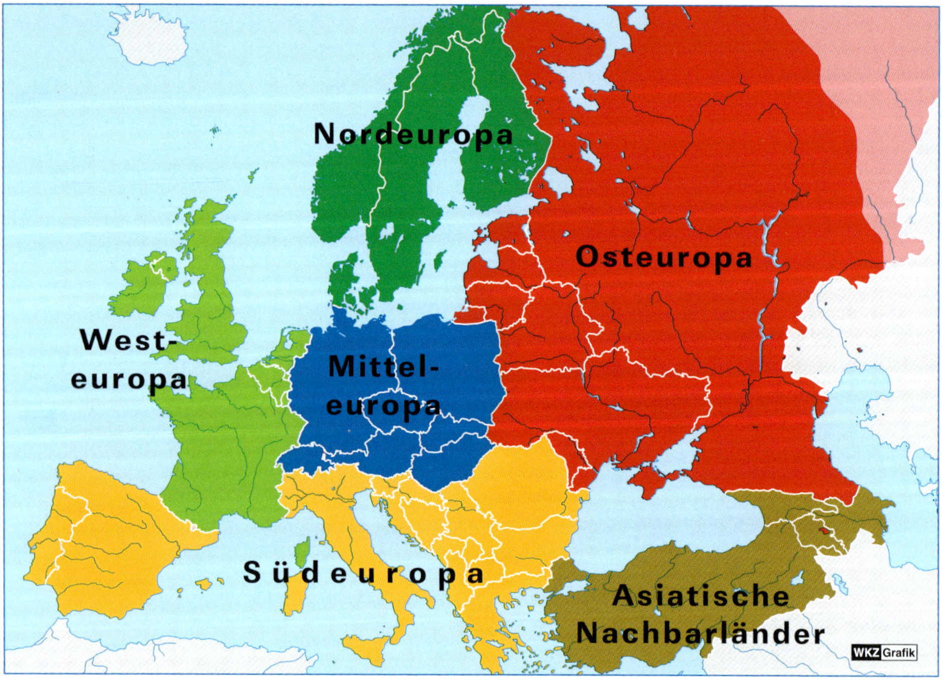

Nordeuropa
West-
europa
Mittel-
europa
Osteuropa
Südeuropa
Asiatische
Nachbarländer
WKZ Grafik

Tipps für Bahnreisen durch Europa

In den einzelnen Abschnitten dieses Reiseführers geben wir für die Länder Europas einige Hinweise zur Anreise sowie für Bahnreisen durch das Land und stellen die jeweiligen Bahnen unter besonderer Berücksichtigung der Triebfahrzeuge vor. Für längere Rundreisen, insbesondere durch mehrere Länder, hier einige allgemeine Ratschläge:

Bei mehrtägigen Reisen mit der Bahn durch Europa empfiehlt sich vor der Abreise im Heimatland der Kauf eines »Interrail«-Tickets. Dieses gilt im Heimatland des Reisenden für eine Hin- und Rückfahrt bis zur Grenze oder zu einem Flughafenbahnhof. »Interrail« wird für Jugendliche, Erwachsene und Senioren mit unterschiedlichen Möglichkeiten der Geltungsdauer (und natürlich zu unterschiedlichen Preisen) angeboten, für 3 bis 8 Tage innerhalb eines Monats für nur jeweils ein Land oder für 5 bis 22 Tage innerhalb eines Monats mit dem für ganz Europa geltenden »Interrail-Global-Pass«.

Zu beachten sind allerdings in den verschiedenen Länder voneinander abweichende Benutzungsbedingungen bzw. zu entrichtende Zuschläge für Hochgeschwindigkeitszüge wie »Eurostar«, ICE, TGV oder »Thalys«. Außerdem gelten die »Interrail«-Tickets auch nicht für alle Privatbahnen oder die neuen Bahngesellschaften, wie z.B. »NTV« in Italien oder »RegioJet« in Tschechien, während andererseits mehrere Transportunternehmen und Schifffahrtslinien für »Interrail«-Reisende Ermäßigungen auf ihre Tarife gewähren. Nähere Informationen zu »Interrail« sowie zu weiteren Sparangeboten für Bahnreisen enthalten die u.a. von der DB AG, ÖBB und SBB herausgegebenen Faltblätter und Broschüren. Ferner lassen sich die genauen Bedingungen für die einzelnen Angebote auch im Internet abrufen.

Vor allem im östlichen Mitteleuropa wie auch in Südosteuropa kann selbst bei ausgedehnten Rundreisen innerhalb eines Landes der Kauf von Einzelfahrkarten oder – soweit angeboten – einer Netzkarte der jeweiligen Bahnverwaltung durchaus günstiger sein. Hinweise hierzu finden Sie in den nachfolgenden Länderbeschreibungen.

Schließlich gibt es auch die Möglichkeit, das benachbarte Ausland im grenznahen Bereich als Tagesausflug zu erkunden. Hierfür bieten von Deutschland aus DB Regio und einige Verkehrsverbünde günstige Tagestickets an, so etwa das im Grenzgebiet Bayern/Sachsen/Tschechien gültige EgroNet-Ticket für 20,- Euro für eine Person und 5,- Euro für jede weitere (max. 5) Personen, das Bodensee-Ticket ab 19,- Euro (bzw. 14,- Euro mit BahnCard/Halbtax/Vorteilscard) pro Person, das nur am Wochenende geltende Saar-Lor-Lux-Ticket ab 26,00 Euro für eine Person oder das Sachsen-Böhmen-Ticket ab 27,00 Euro für eine Person und 6,50 Euro für jede weitere (max. 5 Personen).

Zur genauen Reiseplanung empfiehlt sich vorher der Kauf eines Kursbuches, sei es den »European Rail Timetable« (www.europeanrailtimetable.eu) in englischer Sprache oder – soweit noch angeboten – eines der nationalen Kursbücher, welche zumeist auch im Internet online verfügbar sind.

Als Bezugsquelle für das genannte Europa-Kursbuch wie auch für andere ausländische Kursbücher, insbesondere für Bahnen außerhalb Mitteleuropas, bietet sich das Fahrplancenter Samuel Rachdi, Im oberen Gern 52, CH-8409 Winterthur (www.fahrplancenter.com) an.

Gerade bei Nachtfahrten, Reisen am Wochenende oder auf besonders stark frequentierten Strecken ist selbstverständlich auch der Kauf einer Platzkarte angeraten. Oft ist diese ohnehin obligatorisch, wie etwa für alle Züge des Fernverkehrs in Frankreich, Italien, Spanien und Schweden, für die meisten Nachtzüge (EN) oder bei vielen Zügen der gehobenen Qualitätsstufe, so für Eurostar, IC/EC in mehreren Ländern, TGV, Thalys, usw.

Es wird zudem stark empfohlen, insbesondere bei einer langfristigen Reiseplanung, kurz vor Reisebeginn die ausgewählten Zugverbindungen über die Fahrplanauskunft im Internet nochmals zu überprüfen, um im Fall kurzfristiger Fahrplanänderungen (z.B. wegen Bauarbeiten, Streckensperrungen, Schienenersatzverkehr, usw.) unliebsamen Überraschungen vor Ort vorzubeugen. ■

Verwendete Abkürzungen aus dem Bahnbereich

EBA	Eisenbahn-Bundesamt
EIU	Eisenbahninfrastrukturunternehmen (Streckenbetreiber)
EVU	Eisenbahnverkehrsunternehmen (führt Zugbetrieb durch)
GVZ	Güterverkehrszentrum
HCS	Hochgeschwindigkeitsstrecke
HGV	Hochgeschwindigkeitsverkehr
HU	Hauptuntersuchung (von Triebfahrzeugen)
KBS	Kursbuchstrecke
NBS	Neubaustrecke
NE	Nichtbundeseigene Eisenbahnunternehmen
Gv (auch: GV)	Güterverkehr
Pv (auch: PV)	Personenverkehr
SPFV	Schienenpersonenfernverkehr
SPNV	Schienenpersonennahverkehr

Aw (auch: AW)	Ausbesserungswerk
Bh	Betriebshof
Bw	Bahnbetriebswerk
Tfz	Triebfahrzeug
Tw	Triebwagen
Tz	Triebzug
BR	Baureihe
ET (engl. EMU)	Elektrotriebwagen/-triebzug
GTW	Gelenktriebwagen
IC	Intercity(-Zug)
Tfz	Triebfahrzeug
TGV (franz.)	Train à grande vitesse (HGV-Zug)
Tw	Triebwagen
Tz	Triebzug
VT (engl. DMU)	Dieseltriebwagen/-triebzug

Finnland

Rüdiger Lüders

In Oulo waren im März 2019 die Sr3 3314 mit einem Holzzug und die Diesellok 2823 anzutreffen. Foto: Guido Bieniek.

Finnland gehört zur Euro-Zone. Offizielle Sprachen sind Finnisch und Schwedisch, wobei Finnisch deutlich dominiert; eine Verständigung mit Englisch klappt aber fast immer. Filmen und Fotografieren ist ohne besondere Erlaubnis möglich.
Einen Taschenfahrplan mit allen Eisenbahn-Fernverbindungen (Taskuaikataulu/Ficktidtabell) gibt es an Fahrkartenschaltern, auch in Deutsch und Englisch. Der Nahverkehr der Hauptstadtregion Helsinki findet sich in einem Extraheft. Die Fahrplantabellen aller finnischen Strecken lassen sich zur besseren Reisevorbereitung – samt Hinweisen zu »Train + Bus« in englischer Sprache – von der Internetseite der VR herunterladen.

Überblick

Seit 2010 ist die staatliche Transport-Infrastruktur-Behörde Väylävirasto, kurz Väylä, für Unterhalt und Entwicklung des finnischen Bahnnetzes zuständig wie auch für die Sicherheit des Bahntransportes und andere Verwaltungsaufgaben im Bahnwesen. Die früheren Valtion-rautatiet/Statsjärnvägar (= Staatsbahnen) wurden in einen Konzern umgewandelt (VR Yhtymä Oy), dessen Tochterunternehmen VR Osakeyhtiö mit den Abteilungen VR Henkilöliikenne und VR Transpoint den Personen- und Frachtverkehr durchführt, während VT Fleetcare für die Fahrzeugunterhaltung und das Gleisbauunternehmen Oy VR-Rata AB als Infrastrukturbetreiber für Väylä tätig ist.

Nahezu alle Strecken bieten schöne Motive:

- Parikkala–Savonlinna,
- Kouvola–Mikkeli,
- Huutokoski–Viinijärvi,
- Orivesi–Jämsä,
- Tampere–Kokemäki,
- Jyväskylä–Pieksämäki,
- Joensuu–Nurmes.

Streckenlänge (Spurweite 1 524 mm)	5 926 km
– davon elektrifiziert (25 kV 50 Hz)	3 172 km

Die Karhulan-Sunilan Rautatie Oy (Sitz in Karhula) betreibt als einzige finnische Privatbahn mit eigener Strecke auf einer Streckenlänge von 11 km Eisenbahngüterverkehr mit drei Lokomotiven vom Bahnhof Kymi in den Hafen von Kotka.
Der Nahverkehr in Helsinki umfasst neben einem umfangreichen Straßenbahnnetz in der Altstadt auch die Metro, die im östlichen Teil oberirdisch geführt wird, und die Fährverbindung zur Insel Suomenlinna. Den S-Bahn-Verkehr in Helsinki betreibt VR im Auftrag der Nahverkehrsgesellschaft Helsingin seudun liikenne (HSL).

VR Osakeyhtiö – VR

▪ Triebfahrzeuge	ca. 800
▪ Reisezugwagen	über 1 000
▪ Güterwagen	mehr als 10 000

Fahrzeugeinsatz

Sr1-Lokomotiven sind nur noch vor wenigen Reisezügen im Einsatz. Sr2 bespannen zumeist Fernschnellzüge (Tag und Nacht) sowie einige Schnellgüterzüge auf der Strecke Helsinki–Oulu. Die Auslieferung der Sr3 von Sie-

VR-Triebfahrzeuge

Reihe	*Nummern*	*Achsfolge/Bauart*	*Vmax*	*Baujahr*	*Anzahl*	*Bemerkungen*
Elektrolokomotiven						
Sr 1	3001–3112	Bo'Bo'	140 km/h	1973–85/93	112	1)
Sr 2	3201–3246	Bo'Bo'	200 km/h	1996–2003	46	
Sr 3	ab 3301	Bo'Bo'	200 km/h	ab 2017	80	2)
Diesellokomotiven						
Dr 14	1851–1874	B'B'-dh	75 km/h	1969–72	24	
Dr 16	2802, 2804	Bo'Bo'-de	140 km/h	1985–86	2	Vorserie
Dr 16	2805–2823	Bo'Bo'-de	140 km/h	1990–92	16	Serienausführung
Dv 12	2501–2568	B'B'-dh	125 km/h	1963–84		|
	2601–2656	B'B'-dh	125 km/h	1963–84		| zusammen 158
	2701–2760	B'B'-dh	125 km/h	1963–84		|
Kleinlokomotiven						
Tve 4	501–513	B-dh	80 km/h	1978–83	13	
Tve 5	601–610	B-dh	20 km/h	1978–79	10	
Schienen–LKW						
Tka 6	138–167	A1-dm	60 km/h	1972/73	6	
Tka 7	168–247	B-dh	80 km/h	1977–93	80	
Tka 8	561–585	B-dh	80 km/h	ab 1999	25	
Dieseltriebwagen						
Dm 12	4401–4416	eintlg. VT	120 km/h	ab 2004	(16)	3)
Elektrotriebwagen						
Sm 1	6001–6050	2-tlg. ET	120 km/h	1968–73	50	4)
Sm 2	6051–6100	2-tlg. ET	120 km/h	1975–81	50	5)
Sm 3	7101–7118	6-tlg. ET	220 km/h	1995–2006	18	6)
Sm 4	6301–6330	2-tlg. ET	160 km/h	1999/2004	30	7)
Sm 5		4-tlg. ET	160 km/h	2008–14	41	8)
Sm 6		7-tlg. ET	220 km/h	2009–10	4	9)

Anmerkungen: 1) 3048 und 3089 nach Unfällen ausgemustert, 3111 und 3112 sind aus dem Aufbau der Vorserienlok bzw. aus Ersatzteilen entstanden; 2) Typ »Vectron« von Siemens, 80 Loks bestellt; 3) neue Triebwagen von ČKD Vagonka, ähnlich ČD-Baureihe 843; 4) Achsfolge Bo'Bo'+2'2', mit Steuerwagen 6201-6250; 5) Achsfolge Bo'Bo'+2'2', mit Steuerwagen 6251-6300; 6) »Pendolino« von Fiat Ferroviaria, heute Alstom, und Rautaruukki-Transtech (auf der Basis des italienischen ETR 460) mit der Achsfolge (1A)(A1)'+(1A)(A1)'+2'2'+2'2'+(1A)(A1)'+(1A)(A1)', Nummernschema 7101+7201+7301+7401+7501+7601 usw.; 7) Achsfolge Bo'2'+2'Bo', Nummernschema 6301+6401 usw. 8) Triebzüge des Typs Flirt (Achsfolge Bo'2'2'2'Bo') von Stadler Rail für die S-Bahn Helsinki, weitere 34 Züge bestellt; Fahrzeugnummern nach neuem Schema 94 10 2081 001 ff.; 9) neue »Pendolino«-Triebzüge (ähnlich den Trenitalia-ETR 485) für die »Allegro«-Züge zwischen Helsinki und St.Petersburg.

mens (»Vectron«) hat 2016 begonnen und wird bis etwa 2030 andauern. Diese modernen Loks übernehmen jetzt nach und nach Sr2-Leistungen im Güterverkehr und sind vor allem um Oulu und nördlich davon anzutreffen. Im März 2019 bestellte VR bei Stadler Rail 60 Diesellokomotiven für den Einsatz vor Güterzügen und im Rangierdienst, die ab 2022 geliefert werden sollen.

Sm3-Pendolinos verkehren im gesamten Land. Dazu fahren zwischen Finnland und Russland über den Grenzübergang Vainikkala die Zweisystem-»Pendolino«-Züge der Baureihe Sm 6. Mit diesen Zügen werden unter dem Markennamen »Allegro« schnellere Verbindungen zwischen Helsinki und St. Petersburg angeboten, wodurch die Reisezeit zwischen beiden Städten von vorher über 5 auf etwa 3 Stunden reduziert worden konnte. Als herkömmlicher Reisezug ist auf dieser Strecke nur das Nachtzugpaar P31/32 von Helsinki nach Moskau bzw. umgekehrt verblieben.

Die Grenzbahnhöfe Imatrankoski, Niirala und Vartius werden nur für den Güterverkehr genutzt; nach Imatrankoski kommen russische 2M62 oder 2TE116 (ca. fünf Mal täglich). In Tornio gibt es einen Grenzbahnhof ausschließlich für den Güterverkehr nach Haparanda (Schweden), auf der Brücke über den Grenzfluss sind Gleise für 1 520 mm und 1 435 mm Spurweite verlegt.

Für Bahnreisende gibt es ab Haparanda täglich mehrere Busverbindungen nach Luleå, wo Anschlüsse an schwedische Reisezüge bestehen.

Neue Bahngesellschaften

Ratarahti Oy und **Proxion Train Oy** haben im Jahr 2011 jeweils das Sicherheitszertifikat erhalten. Ratarahti Oy betreibt Güterverkehr im Grenzgebiet mit Russland und setzt dabei 12 ehemalige VR-Lokomotiven ein, **Aurora Rail Oy** ist seit 2017 tätig und bietet Rangierleistungen auf verschiedenen Bahnhöfen in Finnland an. Als weiteres Güterverkehrsunternehmen setzt **Fennia Rail** seit 2016 die drei inzwischen sieben von der tschechischen Firma CZ Loko modernisierten Lokomotiven Dr18 101 107 (ehem. Reihe T669 bzw. 774.7F) im finnischen Güterverkehr auf verschiedenen Strecken in Südfinnland ein. Eine Bestellung weiterer Loks dieser Bauart wird in Kürze erwartet. **Operail Finland Oy**, eine Tochter der estnischen Güterverkehrsgesellschaft Operail, bereitet sich auf den Markteintritt vor.

Mittelfristig planen auch finnische Busbetreiber, in Konkurrenz zu VR Osakeyhtiö Personenverkehr auf dem finnischen Schienennetz anzubieten.

VR-Dampflokomotiven und historische Triebfahrzeuge

Es gibt einige betriebsfähige VR- bzw. ex-VR-Dampflokomotiven, die vorwiegend an Wochenenden vor Sonderzügen eingesetzt werden, aber auch einige aus dem Einsatzbestand ausgeschiedene

Historische Triebfahrzeuge in Finnland

Baureihe	Nummer	Achsfolge	Herstellerdaten	Anzahl	Eigentümer, Standort	Bemerkungen
Dampflokomotiven						
Hr1	1009	2'C1'h2	Lokomo 158/1948		Höyryveturimatkat 1009 Oy	
Hr1	1021	2'C1'h2	Lokomo 475/1957		VR Pasila	
Hv1	555	1'Ch2	Tampella 246/1915		Suomen Rautatiemuseo, Hyvinkää	
Pr1	776	1'D1'h2t	Lokomo 55/1926		Suomen Rautatiemuseo, Hyvinkää	
Tk3	1150	1'Dh2	Frichs 396/1949		VR Suolahti	
Tk3	1151	1'Dh2	Frichs 397/1949		Höyryveturimatkat 1009 Oy	Nr. 1819 *)
Tk3		1'Dh2	Frichs/Lokomo	5	verschiedene Eigentümer	
Tr1	1033	1'D1'h2	Tampella 503/1941		Suomen Rautatiemuseo, Hyvinkää	
Vr1		C h2t	Hanomag	4	verschiedene Eigentümer	
Diesellokomotiven						
Dr12	2216	Co'Co'-de	1960	1	Haapamäen Höyryveturipuisto	
Dr13	2343	C'C'-de	1963	1	Haapamäen Höyryveturipuisto	
Dr13	2349	C'C'-de	1963	1	Suomen Rautatiemuseo, Hyvinkää	
Dieseltriebwagen						
Dm7		eintlg. VT		12	verschiedene Eigentümer	
Dm9		dreitlg. VT	1966	1	Haapamäen Höyryveturipuisto;	Nr. 5123/5124

*) rote Reklame-Lok der Brauerei Koff mit der Nummer 1819

Diesellokomotiven und Schienenbusse. VR hat keine eigenen Behandlungsanlagen für die Dampflokomotiven mehr, deshalb sorgen Eisenbahnfreunde oder Museumsvereine für die Durchführung der Fahrten. Die Dampflokomotiven kommen fallweise zum Einsatz, Informationen gibt es auf den Internetseiten der jeweiligen Betreiber.

Eisenbahnmuseen/Museumsbahnen

Suomen Rautatiemuseo (Finnisches Eisenbahnmuseum in Hyvinkää) 1

Geöffnet: 1. Juni bis 15. August täglich von 11 bis 17 Uhr, sonst das ganze Jahr dienstags bis samstags von 12 bis 15 Uhr sowie sonntags von 12 bis 17 Uhr. Das Eisenbahnmuseum wurde bereits im Jahre 1898 gegründet und 1974 vom Bahnhof Helsinki an den heutigen Standort verlegt (ca. zehn Minuten Fußweg vom Bahnhof Hyvinkää, der Weg ist ausgeschildert). Fahrzeuge: 14 Dampfloks, mehrere Dieselloks, zwei Triebwagen und drei Gleiskraftwagen sowie andere Waggons, Teile des finnischen Hofzuges des Zaren. www.rautatie.org

Jokioisten Museorautatie (Museumsbahn Jokioinen mit Schmalspurbahnmuseum) 2

Die 750-mm-Schmalspurbahn Jokioinen–Minkiö–Humppila ist 14 km lang. Von Juni bis August findet an jedem Sonntag Dampfbetrieb statt, in Humppila besteht Anschluss an die VR. Das Schmalspurmuseum ist in den Bahnhof Minkiö integriert, dort sind Schmalspurfahrzeuge aus ganz Finnland zu sehen. Zum Museum gehören zehn Dampf-, 20 Diesel- und zwei E-Lokomotiven. Es sind Fahrzeuge in den Spurweiten 600, 750, 900, 1 000 und 1 524 mm vorhanden; geöffnet Juni bis August täglich von 11 bis 18 Uhr. www.jokioistenmuseorautatie.fi

Haapamäen Höyryveturipuisto (Dampflokpark in Haapamäki) 3

Auf dem sechs Hektar großen Gelände des im Juni 1988 eröffneten Dampflokparks sind zahlreiche Eisenbahnfahrzeuge und Modelle ausgestellt, u.a. Dampflokomotiven, von denen viele aus der aufgelösten strategischen Reserve stammen: Hk5 497, Hv2 680, Hr1 1000, 1002, 1003, 1004, 1010, Pr2 1800, Tk2 419, Tk3 1104, 1154, Tr1 1055, 1082, 1087, Tv1 609, Tv2 618, Vr1 788, 789, Vr3 753, Vr5 1422, ex-SŽD Ë 2196 und TÝ 3397 (ex DRB 52 3397) sowie eine Industrielok (ex DRB 91 406; Union 1335/1904) Vr1 789 ist fahrfähig und wird auf dem Parkgelände eingesetzt. Am Bahnhof steht die Dampflok Vr2 953. Diesellokomotiven, Schienenbusse und Triebwagen runden das Bild ab.

Veturimuseo (Lokomotivmuseum in Toijala) 4

Geöffnet: täglich von Mai bis August, Montag bis Samstag 12 bis 16 Uhr, sonntags 12 bis 18 Uhr. Das Lokomotivmuseum befindet sich in Toijala im ehemaligen VR-Lokschuppen auf dem Bahnhofsgelände gegenüber dem Empfangsgebäude. Ausgestellt sind Lokomotiven, Modelle, Zeichnungen und sonstiges Eisenbahnmaterial. Zum Bestand gehören zwei Dampflokomotiven, zehn Diesellokomotiven und ein Schienenbus.

Museumsbahn Porvoo 5

Auf der stillgelegten Strecke Olli–Porvoo werden Dm7-Schienenbusse eingesetzt (Dm7 4136, 4140, 4162, 4163, 4207 und 4211). Die Züge verkehren an Sommersamstagen ab Helsinki via Kerava nach Porvoo, die Bahnfahrt kann mit einer Schiffsreise Porvoo–Helsinki (oder umgekehrt) kombiniert werden; Einsatz der Dampflokomotive Tk3 1168 an besonderen Tagen ab Porvoo.

Nykarleby Jernväg 6

In der Nähe von Uusikaarlepyy. Auf der 2 km langen Schmalspurstrecke (600-mm-Spur) verkehren am 1. Mai und an Sonntagen im Juli Dampfzüge. Vorhanden sind vier Dampflokomotiven, zwei Diesellokomotiven und drei Personenwagen

Raitioliikennemuseo (Straßenbahnmuseum Helsinki) 7

Töölönkatu 51 A, Helsinki: mit einer umfassenden Ausstellung zum Straßenbahnbetrieb in Helsinki. ■

Eisenbahnen in Skandinavien
Hochgeschwindigkeits-/Neubaustrecke
Neubaustrecke in Bau/Planung
Strecke eingleisig
Strecke mehrgleisig
elektrifizierte Strecken
Doppelspur 1435/1524 mm
Schmalspur
Strecke außer Betrieb
nur Güterverkehr
Eisenbahnfähre
Hafenbahn
Museumsbahn
WKZ Grafik
100 km
1435 mm
1524 mm
1520 mm
Norwegen
Schweden
Finnland
Russland
Estland
Dänemark
Deutschland
Polen
Norskehavet
Barentshavet
Barentsevo More
Nordsee
Skagerrak
Östersjön
Bottniska viken
Pohjanlahti
Suomenlahti
Deutsche Bucht
Kola
Karelija
Lappland / Lappi / Laplandija
Finnmark
Dovrefjell
Jotunheimen
Hardanger-Vidda
Lofoten
Vesterålen
Jylland
Gotland
Öland
Åland
Bornholm
Oslo
Stockholm
Helsinki
Tallinn
København
Trondheim
Bergen
Göteborg
Malmö
Turku
Tampere
Oulu
Kiruna
Narvik
Hamburg
Murmansk
Sankt Peterburg
Dr = Drammen
Fs = Fredrikstad
Hf = Hønefoss
Håk = Håkantorp
Kb = Kongsberg
Ms = Moss
Sb = Sarpsborg
Arb = Arboga
Dgö = Daglösen
Fv = Frövi
Hr = Herrljunga
Klb = Kolbäck
Kh = Katrineholm
Ks = Kimstad
Nka = Nykroppa
Sd = Ställdalen
Vision eines Tunnels Schweden–Finnland

Schweden

Michael Geuckler

IORE 134 Rautas und 114 Notviken mit Erzzug 9914 Kiruna–Narvik in Abisko Östra, März 2018. Foto: Michael Geuckler.

Schweden ist Mitglied der EU. Für die Einreise ist der Personalausweis oder Reisepass erforderlich. Zahlungsmittel sind Schwedische Kronen (Dezember 2019: 100 SEK entsprechen ca. 10 EUR). EC-und Kreditkarten werden praktisch überall akzeptiert, Bargeld hingegen häufig nicht mehr.
Alle aktuellen Fahrplantabellen kann man von der Internetseite http://tagtidtabeller.resrobot.se/ herunterladen. Der Schwedische Eisenbahn-Klub (SJK) gibt die Zeitschrift TÅG mit aktuellen Beiträgen über die schwedischen Eisenbahnen heraus. Die Homepage www.sjk.se enthält eine Vielzahl von informativen Links. Infopakete über Museums- und Touristikbahnen sowie Museen sind beim Järnvägsinfo-Förlaget, Box 1134, 17122 Solna, sowie in der sehr empfehlenswerten jährlich neuen Broschüre »Tågsommar« zu erhalten (www.teknikarv.se).

Überblick

Die Länge des Schienennetzes beträgt ca. 15 600 km. Davon werden ca. 14 200 km von Trafikverket, einer staatlichen Behörde mit Sitz in Borlänge, unterhalten; ca. 2 000 km sind zwei- oder mehrgleisig und ca. 11 100 km elektrifiziert (15 kV, 16 2/3 Hz). Das Netz wird an vielen Stellen ausgebaut, z. B. eine Tunnelstrecke unter Göteborg und die Norrbotniabahn Umeå–Luleå. Die Pläne für Hochgeschwindigkeitsbahnen (250 km/h) zwischen Stockholm und Göteborg sowie Malmö laufen, als erster Teilabschnitt soll die Strecke zwischen Järna und Linköping (Ostlänken) bis 2035 ausgebaut werden.
Für das Fahrplanjahr 2020 haben ca. 50 Eisenbahnverkehrsunternehmen (EVU) Trassen erhalten. Größte EVU sind SJ AB (Personenverkehr) und Green Cargo AB (Güterverkehr). Affärsverket Statens Järnvägar (SSRT) hat einen Fahrzeugpool für Ausschreibungen von Fernverkehrsleistungen, insbesondere für den Verkehr nach Norrland.
In der Relation Stockholm–Göteborg, die von SJ mit X2000 und IC-Zügen bedient wird, ist der Wettbewerb besonders deutlich. Dort verkehrt auch der MTR Express mit sechs 5-teiligen Stadler FLIRT Nordic nahezu so schnell wie die X2000. Ab 2020 will FlixTrain den Verkehr in dieser Relation aufnehmen.
Unter dem Namen »Snälltåget« betreibt Transdev Fernverkehr zwischen Stockholm und Malmö sowie saisonal in das Skigebiet von Åre und nach Berlin. Eingesetzt werden ältere Sitz- und Liegewagen, die früher bei SJ, NSB und DSB liefen. Die Fernzüge der Tågåkeriet i Bergslagen verkehren zwischen Dalarna, Värmland und Göteborg bzw. zwischen Värmland und Stockholm.

Fahrzeuge

Die E-Loks der Rc-Familie und die T44/Td-Diesellokomotiven dominieren noch immer, ebenfalls weit verbreitet sind die Elektrotriebwagen der Baureihen X50 ff und X60 ff (überwiegend im S-Bahn-Verkehr der Großstädte). Die X2 werden zurzeit modernisiert, ca. 30 neue Hochgschwindigkeitstriebwagen sollen ab 2022 in Betrieb genommen werden.
In den Fahrzeugparks der privaten Eisenbahn-verkehrsunternehmen befinden sich viele ehemalige SJ-Lokomotiven, aber auch sechsachsige NOHAB-Diesellokomotiven aus Dänemark und zunehmend moderne Bauarten (TRAXX, Vectron, usw.). In Schweden sind häufig Triebfahrzeuge gleicher Bauart bei mehreren Betreibern bzw. Eigentümern anzutreffen, dabei tragen sie oft noch die »alte« Lackierung, manchmal aber neue Nummern. Häufiges langfristiges Verleihen von Lokomotiven und teilweise sehr kurze Vertragslaufzeiten bei Ausschreibungen im Güterverkehr erschweren die Zuordnung. Deshalb wurde in der Triebfahrzeugtabelle eine Darstellungsform gewählt, bei der die Fahrzeuge soweit dies möglich war nach Baureihen geordnet sind. Auf die Darstellung von Kleinlokomotiven, Bahndienstfahrzeugen und Werklokomotiven wurde verzichtet.

In Malmö Central wartete am 17.03.2019 der Vectron 9180 6 193 254-0 D-ELOC vor dem Zug 3942 des privaten Bahnanbieters Snälltåget auf die Abfahrt nach Stockholm. Foto: Peter Pohlmann.

Eisenbahnverkehrsunternehmen

A-Train AB (Arlanda Express)
A-Train hat die Anschlussbahn zum Stockholmer Flughafen Arlanda gebaut und fährt seit Ende 1999 den Pendelverkehr nach Stockhom C mit eigenen Triebwagen.

Arriva Sverige AB
DB-Tochter, betreibt SPNV in Stockholm sowie die »Östgötapendeln« im Raum Linköping.

Green Cargo AB (GC)
GC betreibt landesweit Güterverkehr.

Hector Rail AB (HCTOR)
Güterverkehr in Schweden und bis in Nachbarländer mit ex-NSB-, ex-ÖBB-, ex-SJ- und Neubau-Lokomotiven.

LKAB Malmtrafik AB (MTAB)
Betrieb der Erzbahn, d. h. auf den Strecken Luleå–Gällivare–Kiruna–Riksgränsen–Narvik, Råtsi–Svappavaara und Gällivare–Koskullskulle.

MTR Nordic
Vorortverkehr im Raum Stockholm »Pendeltågen« sowie Schnellzüge (»MTR Express«) mit Stadler FLIRT zwischen Göteborg und Stockholm.

Öresundståg
Gemeinsam von DSB und SJ AB betriebenes Unternehmen, welches mit der Reihe X31K den Zugverkehr über die Öresund-Bücke zwischen Kopenhagen und Südschweden sowie im Auftrag der betreffenden Provinzen den SPNV in Südschweden betreibt.

SJ AB
HGV (»Snabbtåg«), IC und Regionalzüge sowie Nachtzüge zwischen Süd- und Nordschweden.

Skånetrafiken (ST)
Abteilung der Provinz Skåne län und zuständig für die Organisation und Bestellung des öffentlichen Nahverkehrs, die Farbe der Triebwagen (»Pågatågen«) ist Lila.

Tågåkeriet i Bergslagen AB (TÅGAB)
TÅGAB führt Güter-und Personenverkehr durch und renoviert Lokomotiven (z. B. DSB-MX, -MY, -MZ, ÖBB-1043). TMY 106 und T43 107 sind in den Farben der »Great Northern Railway« lackiert.

Transdev Sverige AB
PV zwischen Stockholm und Malmö (»Snälltåget«), saisonal bis Berlin, sowie diverse ÖPNV-Netze in Stockholm und im südlichen Schweden.

Västtrafik AB (VT)
Als zweitgrößter Verkehrsverbund Schwedens ist VT im Auftrag und Eigentum der Provinz Västra Götalands län für die Organisation und Bestellung des bedient VT den gesamten ÖPNV im Großraum Göteborg zuständig. Die Züge von VT werden seit 2016 von SJ AB betrieben, erscheinen äußerlich jedoch durchweg im gelb-weißen VT-Design.

Vy Tåg AB (vormals Svenska Tågkompaniet AB)
Tochter der norwegischen Vy-Gruppe) betreibt seit 2019 unter den Namen Norrtåg, Värmlandstrafik und X-Trafik Regionalverkehr in Mittel- und Nordschweden und ab Dez. 2020 tgl. zwei Nachtzüge nach/von Narvik.

Nahverkehr in Stockholm

AB Storstockholms Lokaltrafik (SL)
SL ist die Managementgesellschaft des Aufgabenträgers und stellt bei Ausschreibungen Fahrzeuge und Infrastruktur.

S-Bahn (16 kV, 16 2/3 Hz)
Betreiber: MTR Nordic. Zum Einsatz kommen X60-Triebwagen. Seit Sommer 2017 ist die Citybahn im Betrieb.

Lokomotiven und Triebwagen in Schweden

Baureihe	Achsfolge	Leistung	Vmax	Bauj.	Anz.	Betreiber**	Anmerkungen*
Elektrolokomotiven							
Da	1'C1'	1 840 kW	100 km/h	1952–57	3	NR, SJVM	
IORE	Co'Co'+Co'Co'	10 800 kW	80 km/h	2000–13	34	MTAB	17 Doppelloks
Ma	Co´Co´	3960 kW	100 km/h	1953–60	10	div. EVU	ehem. SJ und TCOJ
Mb	Co´Co´	6000 kW	160 km/h	2018-.	8	CC	Softronic (RO) »Transmontana«, 1)
Ra	Bo'Bo'	2 640 kW	150 km/h	1955–61	2	SJVM, STAB	»Rapid«
Rc1	Bo'Bo'	3 600 kW	135 km/h	1967–68	4	SJVM, TÅCAB, TRVF	
Rc2	Bo'Bo'	3 600 kW	135 km/h	1969–75	2	TÅCAB	
Rc2 ÖBB	Bo'Bo'	4 000 kW	135 km/h	1972–73	7	INFRA, TÅCAB	ehem. ÖBB 1043
Rc3	Bo'Bo'	3 600 kW	160 km/h	1969–71	17	BRLL, TÅCAB	Umbau 1993–2002
Rc4	Bo'Bo'	3 600 kW	135 km/h	1975–82	127	CFL, GC, STAB, NR, IBAB	
Rc6	Bo'Bo'	3 600 kW	160 km/h	1985–88	100	SJ, SSRT, TÅCAB	tlw. Umbau aus Rc5
Rd2	Bo'Bo'	3 600 kW	135 km/h	1969–75	79	CC	Umbau aus Rc2
Re	Bo'Bo'	5 600 kW	140 km/h	2010	16	CC	Traxx F140AC2
Rm	Bo'Bo'	3 600 kW	100 km/h	1977	6	CC	
119	Bo'Bo'	5 600 kW	140 km/h	2008–09	10	HCTOR	Traxx F140AC2
142	Bo'Bo'	4 000 kW	150 km/h	1969–77	11	HCTOR	ehem. ÖBB 1142
143	Bo'Bo'	3 600 kW	160 km/h	1969–71	8	HCTOR	ehem. Rc3
161	Co'Co'	5 400 kW	120 km/h	1967	5	HCTOR	ehem. NSB
185.2	Bo'Bo'	5 600 kW	140 km/h	2007–13	54	div. EVU	Traxx F140AC2
187	Bo'Bo'	5 600 kW	160 km/h	2016	1	Rpool	Traxx F160AC3LM
193	Bo'Bo'	6 400 kW	200 km/h	2010–16	3	HCTOR, Snäll	Vectron
241	Bo'Bo'	5 600 kW	140 km/h	2006–11	12	HCTOR	Traxx F140AC2
242	Bo'Bo'	6 400 kW	230 km/h	2000–02	1	HCTOR	Taurus
243	Bo´Bo´	6400 kW	200 km/h	2011-16	21	HCTOR	Vectron
441	Bo'Bo'	6 400 kW	140 km/h	2005	2	HCTOR	ES64F4
Diesellokomotiven							
Di3	Co'Co'	1 350 kW	105 km/h	1957–69	1	ITAC	ehem. NSB Di3a
DLL Tb	Bo'Bo'	1 235 kW	100 km/h	1969–70	8	INFRA	Lok/Schneepflug
DLL Tc	B	450 kW	90 km/h	1969–71	3	INFRA, STR	Lok/Schneepflug
T43	Bo'Bo'	1 065 kW	90 km/h	1961–63	23	div. EVU	ehem. SJ
T44	Bo'Bo'	1 235 kW	100 km/h	1968–87	57	CC, MTAB, u.a. EVU	
T46	Co'Co'	1 235 kW	100 km/h	1973–74	4	MTAB	Umbau 2010–2013
T66	Co'Co'	2 640 kW	120 km/h	2000–03	7	HCTOR	
Td	Bo'Bo'	1 350 kW	100 km/h	1977–87	62	CC	Umbau aus T44
TMX	(A1A)'(A1A)'	1 047 kW	120 km/h	1960–62	11	div. EVU	ehem. DSB MX
TMY	(A1A)'(A1A)'	1 433 kW	120 km/h	1956–57	12	div. EVU	ehem. DSB MY
TMZ	Co'Co'	2 426 kW	120 km/h	1967–71	18	div. EVU	ehem. DSB MZ Typ 1/2
TMZ	Co'Co'	2 867 kW	120 km/h	1977–78	7	div. EVU	ehem. DSB MZ Typ 4
V5	C	380 kW	70 km/h	1975-78	39	CC und div. EVU	
841	Bo'Bo'	1 065 kW	90 km/h	1962	3	HCTOR	ehem. T43
941	B'B'	2700 kW	140 km/h	2004–05	2	HCTOR	Vossloh G2000
942	B'B'	1180 kW	100 km/h	1995	2	HCTOR	MaK G1205
1800	Co'Co'	1 435 kW	120 km/h	1963	1	STAB	ehem CFL 1802
Elektrotriebwagen (Einheiten)							
ER1	2´Bo'+2'2'+Bo'2'+Bo´2'	4 500 kW	200 km/h	2018-.	41	ABTR	Stadler KISS / »Dosto Mälartåg«
X2	Bo'Bo'+2'2'+2'2'+.	3 260 kW	200 km/h	1990–97	42	SJ	5-, 6- und 7-teilig SJ
X3	Bo'Bo'+2'2'+2'2'+Bo'Bo'	2 240 kW	200 km/h	1998–99	7	A-Train	
X10	Bo'Bo'+2'2'	1 280 kW	140 km/h	1983–93	4	TÅCAB, SagaRail	ehem. SL
X11	Bo'Bo'+2'2'	1 280 kW	140 km/h	1982–93	48	div. EVU	
X12	Bo'Bo'+2'2'	1 280 kW	160 km/h	1991–94	16	VT, TiM	
X14	Bo'Bo'+2'2'	1 280 kW	160 km/h	1994–95	20	div. EVU	
X31K/X32K	Bo'Bo'+2'2'+Bo'Bo'	2 300 kW	180 km/h	2000–12	111	ÖT/DSB/SJ	»Öresundståg«, 2)
X40–2	Bo'2'+2'Bo'	1 700 kW	200 km/h	2004–07	15	SJ	Doppelstock-ET
X40–3	Bo'2'+2'Bo'+2'Bo	2 550 kW	200 km/h	2005+06	27	SJ	Doppelstock-ET
X50–2	Bo'Bo'+2'Bo'	1 590 kW	200 km/h	2001–04	5	TiM, XT	Adtranz/Bombardier Regina
X50–3	Bo'Bo'+2'2'+2'Bo'	2 120 kW	200 km/h	2004+08	8	VT	Adtranz/Bombardier Regina
X51–2	Bo'Bo'+2'Bo'	1 590 kW	180 km/h	2000–01	17	TiB, XT	Adtranz/Bombardier Regina
X52–2	Bo'Bo'+2'Bo'	1 590 kW	200 km/h	2001–05	24	ABTR und div. EVU	Adtranz/Bombardier Regina
X52–3	Bo'Bo'+2'2'+Bo'Bo'	2 120 kW	200 km/h	2001–02	21	div. EVU	Adtranz/Bombardier Regina
X53–2	Bo'Bo'+2'Bo'	1 590 kW	180 km/h	2001–02	3	VTAB	Adtranz/Bombardier Regina
X53–3	Bo'Bo'+2'2'+Bo'Bo'	2 120 kW	180 km/h	2001–02	6	VT	Adtranz/Bombardier Regina
X54–2	Bo'Bo'+2'Bo'	1 590 kW	200 km/h	2001–04	5	TiB	Adtranz/Bombardier Regina
X55–4	Bo'Bo'+Bo'Bo'+2'2'+Bo'Bo'	3 180 kW	200 km/h	2010–12	20	SJ	Adtranz/Bombardier Regina
X56	Bo'Bo'+2'2'+Bo'Bo'	2 500 kW	200 km/h	ab 2021	45	VT	Bombardier »Zefiro Express« 3)
X60	Bo'Bo'Bo'Bo'2'Bo'Bo'	3 000 kW	160 km/h	2005–17	129	SL	Alstom Coradia Nordic
X61	Bo'Bo'2'Bo'Bo'	2 000 kW	160 km/h	2010–18	136	Ötraf, ST, TiB, VT	Alstom Coradia Nordic, 4)
X62	Bo'Bo'2'Bo'Bo'	2 000 kW	180 km/h	2011	12	Norrtåg	Alstom Coradia Nordic
X74	Bo'2'2'Bo'+'2'2'Bo'	4 500 kW	200 km/h	2014–15	6	MTR	Stadler FLIRT Nordic
Dieseltriebwagen							
Y1	(1A)'(A1)'	420 kW	130 km/h	1979–81	12	IBAB, VT u.a. EVU	
Y2R	(1A)'(A1)'(1A)'(A1)'	1 240 kW	180 km/h	1996–97	6	Kustpilen	ähnlich DSB IC3
Y31	B'2'B'	960 kW	140 km/h	2002–10	24	VT, div. EVU	Adtranz/Bombardier Itino
Y32	B'2'2'B'	960 kW	140 km/h	2003	6	Krösa	Adtranz/Bombardier Itino

* Anmerkungen: 1) 8 weitere bestellt; 2) 34 davon als Reihe ET der DSB; 3) 2019 bestellt; 4) 15 weitere bestellt

Y1 1336 der Inlandsbanan in Arvidsjaur im Juni 2019. Foto: Michael Geuckler.

Roslagsbanan (DC 1,5 kV)
891-mm-Schmalspurbahn, Strecken: Stockholm Östra–Kårsta mit den Zweigstrecken Roslags Näsby–Österskär und Djursholms Ösby–Näsbypark (65 km); Bw in Mörby, Betreiber bis 2021: Arriva Sverige AB. Es kommen 32 dreiteilige Triebwagengarnituren X10p+UBp+UBxp (ET+EM+ES, Baujahre 1988-95) zum Einsatz. 22 neue Triebwagen Baureihe X15p sind zur Lieferung in 2020-2024 bestellt. Des Weiteren verfügt die Bahn über Kleinlokomotiven, einen Hilfsgerätetriebwagen (Nr. 56) sowie zwei Fahrleitungsunterhaltungstriebwagen. Die bei besonderen Anlässen eingesetzten Triebwagen Nr. 33, 35 und 36 (X2p/X3p, Bj. 1933-36) haben einen Teakholz-Aufbau.

Saltsjöbanan (DC 900 V)
Strecken: Slussen–Saltsjöbanen und Igelboda–Solsidan (19 km); Bw am Bahnhof Neglinge. Betreiber bis 2020: Arriva Sverige AB. Personenverkehr mit 15 zweiteiligen Triebwagengarnituren C10/C11 (Bj. 1974-76, Umbau aus U-Bahn-Wagen), eine 1991 gebaute Kleinlok.

Straßenbahn/Stadtbahn
Nockebybanan und Tvärbanan werden von Arriva Sverige AB betrieben, Lidingöbanan und die innerstädtische Straßenbahn (Linie 7) von Stockholms Spårvägar AB. Das Netz wird kontinuierlich ausgebaut.

U-Bahn
Die Tunnelbana besteht aus drei Linien-Systemen, die mit 270 C20-Wagen betrieben werden. In den Hauptverkehrszeiten kommen auch noch C6, C14 und C15 zum Einsatz. Die Auslieferung von 96 vierteiligen C30-Zügen hat begonnen. Betreiber ist MTR Nordic.

Museen, Museumsbahnen und -vereine

In Schweden gibt es eine Vielzahl von Museen und Museumsbahnen. Hinzu kommen Museumsbahnvereine, die über kein Museum im eigentlichen Sinne verfügen, und deren Fahrzeuge häufig frei zugänglich sind.

Sveriges Järnvägsmuseum Gävle 8
Rälsgatan 1, Box 407, 80105 Gävle. Das Museum ist wegen Umbau und Renovierung geschlossen und öffnet voraussichtlich 2022 wieder, bitte die Homepage beachten. Trotzdem finden vereinzelt Veranstaltungen statt, z. B. Fahrten zum »Fordonmagasinet« im Stadtteil Nynäs. Viele Lokomotiven bzw. Triebwagen und ca. 100 Wagen, die auch zum Bestand des Museums gerechnet werden, sind über das Land verteilt. Viele Fahrzeuge sind betriebsfähig und werden vor Sonderzügen eingesetzt.

Anten-Gräfsnäs Järnväg (AGJ) 9
AGJ, Box 300, 441 26 Alingsås. 891-mm-Schmalspurbahn mit umfangreichem Betrieb und großem Fahrzeugpark(10 Dampfloks, 2 Dieselloks, 6 Schienenbusse, viele Wagen, teilweise barrierefrei) in liebevoll erhaltenem Eisenbahnumfeld.

Bergslagernas Järnvägssällskap (BJs) 10
Lärje Bangårdsgata 2, 41502 Göteborg. Die Fahrzeuge sind in einem Lokschuppen und im Freien abgestellt. BJs unternimmt zahlreiche Sonderfahrten. Die Sammlung umfasst ca. 20 Lokomotiven und ca. 50 Wagen. Zugänglich nach Vereinbarung.

** Betreiber/Eigentümer: ABTR = AB Transitio; CFL = CFL Cargo Sverige; GC = Green Cargo; HCTOR = HectorRail; IBAB = Inlandsbanan AB; INFRA = Infra Nord; Krösa = Krösatåget; MTAB = LKAB Malmtrafik AB; MTR = MTR Nordic AB; NR = NetRail; ÖT = Öresundståg; Ötraf = Östgötatrafiken; Rpool = Railpool; SL = Storstockholms Lokaltrafik; SSRT = Affärsverket Statens Järnvägar; ST = Skånetrafiken; STAB = Svensk Tågkraft AB; STR = Strukton Rail; TiB = Tåg i Bergslagen; TiM = Tåg i Mälardalen; TRVF = Trafikverket; TÅGAB = Tågåkeriet i Bergslagen; VT = Västtrafik; VTAB = Värmlandstrafik; XT = X-Trafik

Z49 173 bei der CDJ-Messe in Falun im Juni 2018. Foto: Michael Geuckler.

Böda Skogsjärnväg 11
Fagerrörvägen 60, 38775 Byxelkrok. 600-mm-Schmalspurbahn im Norden der Insel Öland, 2 Dampfloks, 5 Dieselloks, diverse Wagen.

Föreningen Gotlandståget 12
Hesselby Järnvägsstation, Dalhem Hesselby 166, 62256 Dalhem. 891-mm-Schmalspurbahn auf der Insel Gotland. Dampfloks- und Dieselloks, ein Triebwagen sowie diverse Personen- und Güterwagen, Betrieb auf der Strecke Hesselby–Roma.

Grängesbergsbanornas Järnvägsmuseum 13
Box 82, S-77222 Grängesberg. Geöffnet von Mitte Juni bis Mitte August täglich 10 bis 16 Uhr. Sehenswerte Sammlung von Normalspur-Fahrzeugen (TGOJ und SJ) im ehemaligen Bw (Lokschuppen und Freigelände). Fahrzeuge: 11 Dampflokomotiven (darunter drei Turbinen-Dampflokomotiven), 3 Elloks, 9 Diesellokomotiven, 3 Triebwagen, ca. 60 Wagen und 10 Bahndienstfahrzeuge.

Inlandsbanan AB (IBAB) **14**
Box 561, 83127 Östersund. Touristischer Verkehr auf der 1067 km langen Inlandsbahn Mora–Östersund–Gällivare sowie Güterverkehr auf anderen Strecken in Schweden.

Järnvägens Museum Ängelholm 15
Banskolevägen 11, 26252 Ängelholm. Geöffnet Juni bis August täglich 10 bis 17 Uhr, Mai bis September Dienstag bis Sonntag 10 bis 16 Uhr. Das Museum liegt unmittelbar südlich des Bahnhofs Ängelholm. Gezeigt wird die Entstehungsgeschichte der schwedischen Eisenbahnen und die technische Entwicklung der Infrastruktur.

Malmbanans Vänner–Norrbottens Järnvägsmuseum 16
Arcusvägen 95, 97594 Luleå. Museum im Ortsteil Karlsvikshyttan, geöffnet Juni bis August (an Wochenenden eingeschränkt). Die Fahrzeuge stammen zumeist von der Erzbahn. 20 Lokomotiven, ca. 70 Wagen, Schneeschleuder, Fahrleitungsmontagezug, fahrbarer Umformer, Krupp-Dampfkran u.v.m.

Nora Bergslags Veteran-Jernväg 17
Järnvägsgatan 1, 71331 Nora. Im Sommer Fahrten nach von Nora nach Järle (ältestes erhaltenes Bahnhofsgebäude Schwedens) und Pershyttan mit Dampfzügen und Triebwagen. Fahrzeuge: 11 Dampf- und 14 Diesellokomotiven, 8 Triebwagen/Schienenbusse, 80 Wagen sowie 30 Bahndienstfahrzeuge.

Östra Södermanlands Järnväg ÖSlJ 18
Box 53, 64722 Mariefred. 600-mm-Schmalspurbahn-Betrieb von Mariefred nach Läggesta Nedre und nach Taxinge, Betrieb Mai bis September an Wochenenden und Feiertagen sowie Mitte Juni bis Mitte August täglich. Fahrzeuge: 11 Dampf- und 10 Diesellokomotiven, ein Triebwagen, 16 Personen- und mehr als 30 Güterwagen.

Skånska Järnvägar 19
Brösarps stationsväg 3, 27355 Brösarp. Betrieb zwischen Brösarp und Sankt Olof von Mitte Juni bis Ende August, 7 Dampfloks (davon 3 betriebsfähig), 7 Dieselloks (davon 5 betriebsfähig), 8 Personenwagen, 1 Speisewagen (Ro3b) und div. Güter- und Bahndienstwagen.

Tjustbygdens Järnvägsförening 20
Box 173, 59323 Västervik. Die Schmalspur-Strecke (891 mm) zwischen Västervik und Hultsfred in Småland ist 71 km lang und steht unter Denkmalschutz. Die Züge fahren von Juni bis August. Fahrzeuge: 2 Dampfloks, Schienenbusse, Kleinloks sowie eine Viellzahl Wagen.

Uppsala-Lenna-Jernväg (Lennakatten) 21
Stationsgatan 11, 75340 Uppsala. 891 mm Schmalspurbahn, Strecke Uppsala Ö–Lenna–Faringe; Betrieb Samstag und Sonntag von Juni bis August. Fahrzeuge: 6 Dampflokomotiven, eine Ellok, 4 Diesellokomotiven, 9 Triebwagen bzw. Schienenbusse, ca. 80 Wagen sowie 13 Bahndienstfahrzeuge. ■

Im Bahnhof Brösarp der Museumsbahn Skånska Järnvägar wurde am 08.08.2019 die frühere Staatsbahn-Dampflok E2 1183 für den nächsten Einsatz vorbereitet. Foto: Poul Thor Hansen.

Norwegen

Werner Glaeseker

Di 4.652 bespannte am 17.06.2019 den Tageszug von Bodø nach Trondheim. Im Sommer 2020 übernimmt SJ Norge mit demselben Fahrzeugmaterial die Leistungen u. a. auf der Nordlandsbane. Foto: Werner Glaeseker.

Für die Einreise genügt der Personalausweis. Zehn norwegische Kronen (NOK) entsprechen ca. 1 Euro (oder 100 Euro = 1000 NOK). Hinweis: Norwegen hat ein hohes Preisniveau! Für Bahnreisen empfiehlt sich der Kauf eines Interrail-Tickets. Bei Redaktionsschluss lagen noch keine Informationen über die Gültigkeit des Interrail-Tickets in den Zügen von Go-Ahead vor, bei der Flåmsbana gibt es damit 30 % Ermäßigung, bei Flytoget gilt es nicht. Viele Fernzüge in Norwegen sind reservierungspflichtig und in den Urlaubsmonaten im Sommer stark ausgelastet. Das Filmen und Fotografieren der Züge und Bahnanlagen ist ohne Erlaubnis möglich.

Streckennetz

Verantwortlich für die Unterhaltung des Streckennetzes und die Betriebsleitung ist die staatliche Verwaltung »Bane NOR«.

Streckenlänge (Normalspur)	4 200 km
▪ davon zweigleisig	290 km
▪ davon elektrifiziert (15 kV, 16 2/3 Hz)	2 454 km

Die norwegischen Eisenbahnstrecken führen vielerorts durch eine eindrucksvolle Landschaft mit vielen Fotomotiven. Die Bahnanlagen und Bahnhöfe sind dagegen häufig durch nüchterne Zweckbauten und Zäune geprägt. Die Zugdichte ist außerhalb der Rregionen um Oslo, Bergen, Stavanger und Trondheim recht gering.
Das elektrifizierte Streckennetz reicht im Norden – abgesehen von der Ofotbane Narvik–Riksgrensen (–Schweden) – bis Trondheim. Südlich von Trondheim sind die Rørosbane (Trondheim–Støren–Røros–Elverum–Hamar) sowie die Raumabane (Dombås–Åndalsnes) die einzigen nicht elektrifizierten Strecken mit Personen- und Güterverkehr.

Einsatzhinweise

Im Dezember 2019 hat im ersten per Ausschreibung vergebenen Teilnetz, den Strecken Oslo–Stavanger sowie davon abzweigend Nelaug–Arendal mit »Go Ahead« ein anderes Bahnunternehmen als die Staatsbahn NSB, die seit April 2019 als »Vy« firmiert, den Personenverkehr übernommen. Im Juni 2020 folgt »SJ Norge« auf den Strecken nördlich von Hamar bzw. Lillehammer. Vy, Go Ahead und SJ Norge setzen ausschließlich angemietete Fahrzeuge von Norske tog ein. Im Vorortverkehr in Stavanger werden bis Egersund ausschließlich Type 72-Triebwagen eingesetzt. Nur im Lokalverkehr nahe Oslo sowie außerdem zwischen Porsgrunn und Notodden sowie zwischen Nelaug und Arendal sind noch Type 69-Triebwagen unterwegs. In Trondheim fahren im Lokalverkehr noch Type 92-Dieseltriebwagen.
Im Personenfernverkehr werden Type 73-Triebzüge mit Neigetechnik und – auf der Bergensbane ausschließlich – lokbespannte Züge eingesetzt. Im höherwertigen Regionalverkehr um Oslo fahren auf der Strecke Oslo–Halden Type 73 B-Triebwagen. Auf den Strecken Eidsvoll–Oslo–Larvik–Skien und Drammen–Oslo–Hamar–Lillehammer sind Type 74-Triebwagen und im Berufsverkehr ergänzend Type 70-Triebwagen im Einsatz. Nur auf der Strecke Trondheim–Bodø gibt es im Fernreiseverkehr noch Wagenzüge mit Diesellokomotiven

Norske tog AS Triebfahrzeuge (alle Fahrzeuge sind an Vy, Go Ahead und ab Juni 2020 auch an SJ Norge vermietet)

Reihe	*Achsfolge*	*Leistung*	*vmax*	*Baujahr*	*Anzahl*	*Anmerkungen*
Elektrolokomotiven						
El 18	Bo'Bo'	5 400 kW	200 km/h	1996–97	22	1)
Diesellokomotiven						
Di 4	Co'Co'	2 450 kW	140 km/h	1980	5	
Elektrotriebwagen						
Type 69	Bo'Bo'(+2'2')+2'2'	1 188 kW	130 km/h	1975–93	43	
Type 70	Bo'Bo'+2'2'+2'2'+2'2'	1 720 kW	160 km/h	1992–96	16	
Type 72	Bo'2'2'2'Bo'	2 550 kW	160 km/h	ab 2001	36	2)
Type 73	Bo'2+Bo'2'+2'2'+2'Bo'	2 640 kW	210 km/h	ab 1999	14	3)
Type 73 B	Bo'2+Bo'2'+2'2'+2'Bo'	2 640 kW	210 km/h	ab 2000	6	4)
Type 74	5-tlg. ET	4 500 kW	200 km/h	ab 2011	36	5)
Type 75	5-tlg. ET	4 500 kW	200 km/h	ab 2012	79	5)
Dieseltriebwagen						
Type 92	2'Bo'+2'2'	714 kW	140 km/h	1984–85	14	
Type 93	B'2'B'	630 kW	140 km/h	ab 2000	15	6)

Anmerkungen: 1) ähnlich SBB-Lok 2000, 5 El 18 gehören Vy; 2) viergliedriger Nahverkehrstriebwagen; 3) Fernverkehrs-Triebzug; 4) Intercity-Triebzug; 5) Stadler Typ »FLIRT«: Type 74 für IC-Verkehr (4 weitere Tw sind bestellt), Type 75 für Lokalverkehr; 6) Talbot Typ »Talent«.

Flytoget AS-Triebfahrzeuge

Reihe	*Achsfolge*	*Leistung*	*vmax*	*Baujahr*	*Anzahl*	*Anmerkungen*
Triebwagen						
Type 71	Bo'2'+Bo'2'+2'2'+2'Bo'	2 640 kW	210 km/h	1997/98	16	1)
Type 78	Bo'2'+2'Bo'+2'Bo'+2'Bo'	5 280 kW	250 km/h	2018-20	8	2)

Anmerkungen: 1) ähnlich Norske tog Type 73 und 73A 2) CAF-Type »OARIS«

CargoNet-Triebfahrzeuge

Reihe	*Achsfolge*	*Leistung*	*vmax*	*Baujahr*	*Anzahl*	*Anmerkungen*
Elektrolokomotiven						
El 14	Co'Co'	5 082 kW	100 km/h	1968–73	12	
El 16	Bo'Bo'	4 440 kW	140 km/h	1977–84	15	1)
185	Bo'Bo'	5 600 kW	140 km/h	2010–12	15	2)
Diesellokomotiven						
CD 312	Co'Co'	3 178 kW	120 km/h	2010	8	3)
Kleinlokomotiven						
ca. 15 Kleinlokomotiven						

Anmerkungen: 1) ähnlich SJ-Rc; 2) Bombardier Traxx AC2, angemietet von Railpool; 3) Vossloh »Euro4000«, 6 von Beacon und 2 von Railcare angemietet

(Di 4, 2 Zugpaare). Auf den Strecken Dombås–Åndalsnes und dem Südteil der Strecke Støren–Røros–Hamar werden südlich von Røros alle Reisezüge von Triebwagen der Baureihe 93 gefahren, die auch auf der Nordlandsbahn nach Bodø im Einsatz sind.
Touristische Priorität haben die Bergensbane (Oslo-Bergen), die in Höhen von bis zu 1200 Metern verläuft, sowie die von der Bergensbane in Myrdal abzweigende Flåmsbana. Die Flåmsbana überwindet mit Steigungen von bis zu 5,5 Prozent auf 20 km 866 Höhenmeter.
Auf der Erzbahn Narvik–Riksgrensen–Schweden werden die wenigen Planreisezüge von SJ gefahren und mit schwedischen Rc-Lokomotiven bespannt.

Personenverkehr–Flytoget AS

Die selbstständige, aber wie Vy ebenfalls staatliche Flytoget AS erbringt mit 24 Triebzügen den Zubringerverkehr zwischen Oslo bzw. Drammen und dem ca. 40 km nördlich von Oslo gelegenen Flughafen Gardermo (Airport Express), wo allerdings auch Züge von Vy halten.

Güterverkehr

Den größten Teil des Güterverkehrs auf dem staatlichen Streckennetz nimmt seit Anfang 2002 CargoNet wahr – das ist ein Tochterunternehmen von Vy. CargoNet fährt nur Kombi-Güterzüge zwischen den größeren Städten Norwegens (nach Narvik via Schweden) und nach Schweden sowie »Systemzüge« (Ganzzüge) für Industriekunden. Die schwedische Green Cargo bedient von Schweden aus noch Sarpsborg und Drammen nahe Oslo im Wagenladungsverkehr und fährt außerdem Kombi-Güterzüge von Oslo nach Stavanger, Bergen, Åndalsnes und Trondheim. Green Cargo setzt in Norwegen schwedische Rc4-, Traxx AC2- und -AC3- und T44-Lokomotiven ein. Über den Grenzbahnhof Kongsvinger fährt die schwedische Hector Rail täglich Holzzüge in Richtung Schweden. Mit Holz- und Holzhackschnitzelzügen sind von norwegischen Ausgangsbahnhöfen auch die schwedischen EVU Tågåkeriet i Bergslagen (TÅGAB) sowie Green Cargo mit Grenland Rail als Unterlieferant unterwegs. Den Erzverkehr auf der berühmten Erzbahn von Kiruna (S) nach Narvik

Type-92-Dieseltriebwagen fahren rund um Trondheim, hier BM 92.03 am 18.06.2019 westlich Langstein bei Håmmår. Foto: Werner Claeseker.

betreibt die LKAB Malmtrafikk AB. Vor deren Erzzügen werden nur noch moderne »IORE«-Lokomotiven eingesetzt. Außerdem fahren zwei Erzzugpaare für Kaunis Iron mit schwarzen Traxx-AC2-Lokomotiven nach Narvik.

Museen und Museumsbahnen

Informationen über die Fahrpläne der Museumsbahnen bekommt man jeweils aktuell im Internet beim Norsk Jernbaneklubb unter www.njk.no/linker.

Jernbanemuseet Hamar 22
Das Museum im Strandveien 163 ist mit der Buslinie 1 vom Bahnhof aus zu erreichen. Öffnungszeiten ganzjährig außer montags, 11 bis 15 Uhr, im Juli und August länger. An Exponaten sind eine Reihe von ehemaligen NSB-Dampf- und Elektrolokomotiven vorhanden. Auf dem Museumsgelände kommen im Sommer 750-mm-Schmalspurdampfloks zum Einsatz.

Krøderbane 23
Die 26 km lange Krøderbane zwischen Krøderen und Vikersund wird als das »längste Museum« Norwegens vermarktet und vom Norsk Jernbaneklubb betrieben. Die Betriebszeiten sind sonntags im Juli und August mit zwei Dampfzugpaaren. Für den Betrieb sind mehrere Dampflokomotiven und Triebwagen vorhanden. In Kløftefoss an der Krøderbane befindet sich auch die Fahrzeugsammlung des Norsk Jernbaneklubb.

Gamle Vossebane 24
Bei der 18 km langen Strecke Garnes–Midttun handelt es sich um ein früheres Teilstück der Bergensbane, das nach einer Neutrassierung den Planbetrieb verloren hat. Zum Einsatz kommt meist die Schlepptender-Dampflokomotive 18c 255 mit der Achsfolge 2'C. Außerdem sind im Bahnhof Garnes, ca. 20 km von Bergen entfernt, ein Dieseltriebwagen und einige nicht betriebfähige Fahrzeuge vorhanden.

Tertitten/Urskog-Hølandsbane 25
Auf der 3,3 km langen Schmalspurstrecke Sørumsand–Fossum (750-mm-Spurweite) fahren sonntags von Juni bis August vier Zugpaare, die alle mit Tender-Dampfloks mit der Achsfolge 1'C1' bespannt werden.

Setesdalsbane 26
Die Strecke Grovane–Røyknes ist der schmalspurige Überrest der ehemals ca. 78 km langen Strecke von Kristiansand ins Setesdal. Der Streckenteil zwischen Kristiansand und Grovane ist auf 1435 mm Spurweite umgebaut worden und seitdem Bestandteil der Sørlandsbane. Auf der zum Teil neu aufgebauten, knapp 8 km langen Museumsbahnstrecke mit 1067 mm Spurweite fahren im Sommer die Züge mit Tender-Dampflokomotiven mit der Achsfolge 1'C1' bzw. 1'B1'.

Thamshavnbane 27
Die elektrifizierte (AC 6 600 V / 25 Hz) und 19 km lange Schmalspurstrecke (1000 mm Spurweite) führt von Løkken nach Fannrem. Für den Museumsbetrieb sind drei Elloks sowie eine Diesellok vorhanden. ■

Grenland Rail Triebfahrzeuge

Reihe	*Achsfolge*	*Leistung*	*vmax*	*Baujahr*	*Anzahl*	*Anmerkungen*
Elektrolokomotiven						
Ma	Co'Co'	3 960 kW	105 km/h	1953–54	2	1)
Diesellokomotiven						
Skd 226	B dh	309 kW	69 km/h	1973	3	2)
Skd 229	B'B' dh	970 kW	100 km/h	1963	1	3)
V4	C dh	520 kW	70 km/h	1972-73	4	4)
6400	Bo'Bo'	1 180 kW	120 km/h	1990-91	5	5)

Anmerkungen: 1) ehem. SJ/TGOJ-Ma; 2) ehem. SJ-Z66; 3) ehem DB-V100 2123, Umbau in 214 022, 4) ehem. SJ-V4, 5) ehem. NS-6400, eine weitere gehören Gleisbaufirmen

Dänemark

Werner Glaeseker

Zwei IR4-Einheiten mit ER 2113 an der Spitze fuhren am 22.08.2018 in Ringsted ein. Foto: Werner Glaeseker.

Fur die Einreise ist der Personalausweis oder Reisepass erforderlich. In Dänemark ist der Euro nicht gültig, es entsprechen 10,- DKK (Dänische Kronen) ca. 1,35 EUR (Dezember 2019). Zur Anreise verbleibt nach Einstellung der durchgehenden Trajektverbindungen über Puttgarden vorerst nur der Weg über Flensburg oder Niebüll. Es empfiehlt sich der Kauf eines Interrail-Tickets.

Streckennetz (Staatsbahn)

Für Ausbau und Unterhaltung des Streckennetzes sowie die Betriebslenkung und Gewährung von Fahrplantrassen auf den Staatsbahnstrecken ist die staatliche Verwaltung »Banedanmark« zuständig.
Die Strecken der regional tätigen Privatbahnen werden von diesen selbst verwaltet.

Streckenlänge ohne Privatbahnen		2 010 km
▪ davon zweigleisig		1 008 km
▪ elektrifiziert		746 km
▪ davon	1650 V DC-Oberleitung*	169 km
	25 kV 50 Hz	577 km

*) Kopenhagener S-Bahn

Personenverkehr

DSB
Die staatliche DSB setzt im IC-Verkehr in ganz Dänemark IC3-Triebzüge ein, in den Verbindungen København–Odense–Sønderborg und nach Esbjerg elektrische ER-Triebzüge.
Der Regionalverkehr auf der Øresund-Verbindung København–Malmö und auf der »Kystbane« nach Helsingør mit den dänischen ET- bzw. schwedischen X31K-Triebwagen wird von DSB erbracht. In Schweden fährt noch Transdev die »Øresundståg«, ab Dezember 2020 SJ. Nach Kopenhagen fahren auch X2000-Triebzüge der schwedischen SJ.
Auf der Insel Seeland wird der Regionalverkehr nach Nykøbing/Falster montags bis freitags noch hauptsächlich mit Doppelstock-Wendezügen abgewickelt, die mit dunkelblauen und roten ME bespannt sind. Nach Kalundborg fahren Doppelstock-Wendezüge und IC4-Triebwagen. Den verbliebenen DSB-Regionalverkehr in Jütland prägen aktuell IC4-Triebwagen, zwischen Odense und Svendborg sowie auf der Strecke Roskilde–Køge–Næstved »Desiro«-Dieseltriebwagen.
Im Kopenhagener S-Bahn-Netz sind 135 Triebzüge zweier Baureihen im Einsatz.

Arriva Tog
Die dänische Tochter des Arriva-Konzerns betreibt seit Anfang 2003 hauptsächlich im Westen Jütlands den Regionalverkehr auf den Strecken Aarhus–Langå–Struer–Thisted und Aarhus–Skanderborg–Herning–Skjern sowie Struer–Skjern–Esbjerg–Tønder–Niebüll mit 43 LINT 41-Dieseltriebwagen, von denen zwei der Vestbane gehören. Ab Ende 2020 fährt Arriva zusätzlich auf den Strecken Vejle-Struer sowie Odense–Svendborg.

Regionale Bahngesellschaften

Alle dänischen »Privatbahnen« in kommunalem bzw. regionalem Besitz betreiben Personennahverkehr, meistens im Stunden- oder sogar Halbstundentakt. Eingesetzt werden hauptsächlich »LINT«- und »Desiro«-Triebwagen. Nur bei der »Lemvigbane« auf der Halbin-

DSB-Triebfahrzeuge (ohne S-Bahn Kopenhagen)

Reihe	Achsfolge	Leistung	vmax	Baujahre	Anzahl	Anmerkungen
Dieseltriebfahrzeuge						
ME	Co'Co'	2 426 kW	175 km/h	1980–85	32	
MK	B	323 kW	60 km/h	1998	1	
Traktor	B	94 kW	45 km/h	1966–69	14	1)
MFA+FF+MFB	(1A)'(A1)'(1A)'(A1)'	4 x 250 kW	180 km/h	1988–98	96	2)
MG+FH+FG+MG	(1A)'(A1)'2'(1A)'(A1)'	4 x 560 kW	180 km/h	ab 2007	74	3)
MQ	B'2'B'	2 x 275 kW	120 km/h	2002f + 2011	20	4)
Elektrische Triebfahrzeuge						
EA	Bo'Bo'	4 000 kW	175 km/h	1984f, 93	5	
ER+FR+FR+ER	2'Bo'2'Bo'2'	1 680 kW	180 km/h	1993–97	44	5)
ET+FT+ET	Bo'Bo'+2'2'+Bo'Bo'	2 300 kW	180 km/h	1999–2002	34	6)

Anmerkungen: 1) ähnlich DB-Köf II; 2) 3-gliedrige Einheiten »IC3«; 3) 4-gliedrige Einheiten »IC4« für den Regionalverkehr ; 4) »Desiro«-Triebwagen (entsprechend DB-BR 642), für die Strecken Odense–Svendborg sowie Roskilde–Køge–Næstved; 5) 4-gliedrige Einheiten »IR4« ähnlich den »IC3«-»Cumminasen«; 6) analog SJ-Baureihe X31K; unterstrichen = Jacobsdrehgestelle

Ein Großteil des dänischen Güterverkehrs wird im Skandinavien-Transit abgewickelt, hier durchfährt EG 3103 von DB Cargo am 22.08.2018 den Bahnhof Sorø. Foto: Werner Glaeseker.

sel Jütland fahren noch ältere »Lynetter«-Triebwagen von Uerdingen/DUEWAG im täglichen Einsatz. Zwei Bahnen auf den Inseln Seeland und Lolland setzen insgesamt 13 Triebwagen vom Typ IC2 ein, deren Stirnseiten mit den »Gumminasen« der DSB-IC3 und -ER identisch sind. Geringfügiger Güterverkehr durch DB Cargo ist nur noch in den Abend- und Nachtstunden auf der Lemvigbane (VLTJ) sowie bei Lokaltog auf der Strecke Frederiksværk–Hillerød–Helsingør anzutreffen.

Jütland

NJ–Nordjyske Jernbaner A/S
Eigene Strecken: Skagen–Frederikshavn (ehem. SB), Länge 39,7 km; Hjørring–Hirtshals (ehem. HP), Länge 17,9 km. Darüber hinaus fährt NJ den Gesamtverkehr auf der Banedanmark-Strecke Frederikshavn-Aalborg und weiter bis Skørping. Triebfahrzeuge: 8 »Desiro«- und 13 »LINT«-Dieseltriebwagen.

MjbaD–Midtjyske Jernbaner Drift A/S
MjbaD betreibt die Strecke Vemb–Lemvig–Thyborøn (ehem. VLTJ, »Lemvigbane«), Länge 59,5 km. Triebfahrzeuge: 4 »Lynetter«-Garnituren. Gv 2 x wöchentlich bis Rønland durch DB Cargo.

Letbanen Aarhus
Straßenbahn- bzw. stadtbahnähnlicher Betrieb u. a. auf der Banedanmark-Strecke Aarhus–Grenaa sowie der früheren »Odderbane« Aarhus–Odder mit 26 Stadler-»Vario«- und -»Tango«-Straßenbahnen.

VNJ–Vestbanen A/S (Betrieb durch Arriva Tog)
Strecke: Varde–Nørre Nebel, Länge 37,6 km; Triebfahrzeugeinsatz gemeinsam mit Arriva-Leistungen.

Inseln Seeland (Sjælland), Falster und Lolland

Lokaltog
Lokaltog betreibt Personenverkehr auf den Strecken Hillerød–Kagerup–Tisvildeleje und Kagerup–Gilleleje (ehem. GDS), Hillerød–Frederiksværk–Hundested (ehem. HFHJ), Helsingør–Hornbæk–Gilleleje (ehem. HHGB), Hillerød–Helsingør (ehem. DSB), Lyngby–Nærum (ehem. LNJ), Holbæk–Nykøbing/Sjælland (ehem. OHJ), Slagelse–Høng–Tølløse (ehem. HTJ), Køge–Hårlev–Fakse Ladeplads und Hårlev–Rødvig (ehem. ØSJS) sowie Nykøbing/Falster–Nakskov/Lolland, (Gesamtstreckenlänge 338 km.)
Auf der letztgenannten Strecke fahren ausschließlich IC2-Triebwagen, auf der 7,8 km kurzen Strecke Lyngby–Nærum ausschließlich DUEWAG-Regiosprinter.
Triebfahrzeuge: 41 LINT 41-VT, 4 DUEWAG-Regiosprinter; 13 IC2, 4 ex DSB-MX, 1 ex DSB-MY.

Güterverkehr

DB Cargo Scandinavia A/S
Der Transitgüterverkehr wird zwischen dem Güterbahnhof im schwedischen Malmö und Padborg an der dänisch-deutschen Grenze von EG und 185 (Traxx AC2) befördert. Der innerdänische Schienengüterverkehr (mit MZ-Lokomotiven) ist nur sehr gering – abseits der elektrifizierten Transitstrecke werden auf der Halbinsel Jütland noch Vejle, Herning und Aarhus werktäglich, sowie Aalborg und Rønland an der »Lem-

Arriva Tog Triebfahrzeuge

Reihe	*Achsfolge*	*Leistung*	*vmax*	*Baujahre*	*Anzahl*	*Anmerkungen*
Dieseltriebfahrzeuge						
AR+AR	B'2'B'	2 x 315 kW	120 km/h	ab 2003	43	1)

Anmerkungen: 1) Alstom-LINT 41, 2 davon gehören der Vestbane; unterstrichen = Jacobsdrehgestelle

DB Cargo Scandinavia A/S Triebfahrzeuge

Reihe	*Achsfolge*	*Leistung*	*vmax*	*Baujahre*	*Anzahl*	*Anmerkungen*
Elektrische Fahrzeuge						
EG	Co'Co'	6 500 kW	140 km/h	ab 1999	13	
185	Bo'Bo'	5 600 kW	140 km/h	ab 2008	17	1)
Dieselfahrzeuge						
MK	B	323 kW	60 km/h	1996–98	11	
MZ	Co'Co'	2 867 kW	165 km/h	ab 1977	6	
Traktor	B	94 kW	45 km/h	1966–69	5	

Anmerkungen: 1) 185 321-337 ohne 185 332, 333 und 334, mit Eignerkennung DK-DBCSC

Arriva-Lint 2051 und 2053 kreuzten im Mai 2018 auf der Vestbanen in Oksbøl. Foto: Michael Geuckler.

vigbane« zwei Mal pro Woche bedient, auf der Insel Seeland Køge und Frederiksværk zwei Mal pro Woche.

Andere Anbieter
Andere Anbieter im Güterverkehr sind CFL Cargo Danmark mit 5 Streckendieselloks (davon 2 ex DSB-MX und 1 ex DSB-MY) sowie im Transitverkehr die schwedische Hector Rail und Green Cargo sowie TX Logistik. Die kommunale Lemvigbane (VLTJ) vermietet ihre beiden NOHAB-»Rundnasen« an DB Cargo Scandinavia.

Museen und Museumsbahnen

Die aktuellen Fahrpläne der Museumseisenbahnen sind dem Internet (www.jernbanemuseet.dk unter »Aktiviteter« und www.jernbaneklub.dk) zu entnehmen. Sicherste Einsatzzeit sind die Wochenenden in den dänischen Sommerferien von Ende Juni bis Anfang August. Die nachfolgend genannten Museen und Museumsbahnen stellen eine Auswahl dar.

Danmarks Jernbanemuseum Odense
Außer zahlreichen ehemaligen Staatsbahn-Dampfloks sind u. a. MY 1112 und die Diesel-Triebwagen MS-AA-MS (ähnlich »Fliegender Hamburger«) aus den 30er Jahren und MA-AM-BM-BS (ähnlich DB-VT 11.5/601) ausgestellt.
In Odense sind Museumsmitarbeiter und Freiwillige mit der Erhaltung u. a. folgender ehemaliger Staatsbahndampflokomotiven beschäftigt: E 991 (Achsfolge 2'C1'h4v, Frichs/Århus 1947), F 441 (Cn2t, Frichs 1914), K 563 (2'Bh2, Esslingen 1899), PR 908 (2'C1'h4v, Hanomag 1909, Umbau 1946), S 736 (1'C2'h3t, Frichs 1928). Außerdem verfügt das Eisenbahnmuseum über die Diesellokomotiven MX 1001, MY 1101 und 1135, MZ 1401 sowie ME 1501.

Private Museumsbahnen
Darüber hinaus gibt es auf Staatsbahn- und Privatbahnstrecken mehrere Museumsbahnen in privater Initiative, von denen hier einige stellvertretend genannt seien.

In Jütland: Limfjordsbanen (Strecke: Aalborg–Grønlandshavn), Mariager–Handest Veteranjernbane (Strecke: Mariager–True–Handest nördlich von Randers), Veteranbanen Bryrup–Vrads (Strecke: Bryrup–Vrads zwischen Horsens und Silkeborg), Sydjyllands Veterantog (ex Kolding Lokomotiv Klub) fährt auf verschiedenen Strecken – so z. B. Vejle–Jelling und Haderslev–Vojens.

Auf der Insel Fünen: Syd Fyenske Veteranjernbane (Strecke: Fåborg–Korinth).

Auf der Insel Seeland: Nordsjællands Veterantog (Lokaltog-Strecke: Grønnehave–Hornbæk–Gilleleje, Werkstätten in Græsted und Rungsted), Østsjællandske Jernbaneklub (Strecke: Køge–Hårlev/–Rødvig/–Fakse Ladeplads.

Auf der Insel Lolland: Museumsbanen Maribo–Bandholm (Strecke: Maribo–Bandholm). ■

Am ruhigen Mariagerfjord entlang führt ein Stück der Mariager-Handest-Veteranjernbane. Am 21.07.2018 befand sich der Triangel-Triebwagen M1210 mit einigen sehr urigen Waggons auf der Fahrt nach Handest. Foto: Tobias Pohlman.

Niederlande

Rüdiger Lüders

Noch fährt die NS-Baureihe 1700 die internationalen Züge zwischen Amsterdam und Berlin, aber in Zukunft kommen moderne Talgo-Züge zum Einsatz. Außerdem gehen diejenigen 1700, die bisher mit Doppelstockwagen verkehrten, aus dem Betrieb. Die 1746 ist davon aber noch nicht betroffen und fuhr am 30.03.2019 den Zug aus Berlin von Bad Bentheim nach Amsterdam. Foto: Richard Krol.

Für Bahnreisen aus Deutschland bieten sich das »Europa-Spezial Niederlande« (ab 19,90 €) oder bei mehrtägigen Reisen ein »Interrail«-Pass für Benelux an. In den Niederlanden selbst gibt es Bahnnetzkarten für einen Tag (»NS Dagkaart«), welche auch auf den von Connexxion, Arriva Nederland und Keolis Nederland bedienten Strecken, nicht aber in den internationalen Hochgeschwindigkeitszügen gelten oder für den gesamten Nah- und Regionalverkehr als »Holland Travel Ticket off peak«, gültig ab 09:00 Uhr an Werktagen und unbegrenzt am Wochenende. Die »Dagkaart« für eine Person kostet 53,00 € in der 2. Kl. bzw. 87,50 € in der 1. Klasse, das »Holland Travel Ticket off peak« 41,00 € pro Person.
Alle Einzel- und Netzkarten werden nur in Form der neuen »OV-Chipkaart« ausgegeben, die als Prepaid-Karte vor der Nutzung aufgeladen sein muss und für den gesamten ÖPNV in den Niederlanden gültig ist. Hinweis: Bei Nutzung der »OV-Chipkaart« muss man sich vor Reiseantritt mit der Karte an einem Automaten anmelden und nach Beendigung der Fahrt wieder abmelden.

Streckennetz

Die Verwaltung der Infrastruktur einschließlich Fahrdienstleitung und Zuteilung von Fahrplantrassen obliegen seit 2003 dem öffentlichen Betrieb »ProRail«.
Die Länge der staatlich verwalteten Strecken beträgt 3.063 km (Stand 2013), davon

- elektrifiziert (1,5 kV DC) 2.161 km
- elektrifiziert (25 kV 50 Hz) ca. 220 km
- eingleisig 951 km

Seit Ende 2007 ist die »Betuweroute« (Güterstrecke Rotterdam–Zevenaar) in Betrieb, während die Eröffnung der »HSL-Zuid« (Hochgeschwindigkeitsstrecke Schiphol–Antwerpen) sich verzögert hat und bisher nur vom »Thalys«, »Eurostar« sowie von lokbespannten Ersatzzügen (Amsterdam–Breda) genutzt wird. Beide Strecken sind abweichend vom übrigen Bahnnetz der Niederlande mit Wechselstrom 25kV/50 Hz elektrifiziert und mit dem Sicherungssystem ETCS L.2 ausgerüstet.

Interessante Strecken

- **Eingleisige, nicht elektrifizierte Strecken**, z. B. im Raum Groningen und um Leeuwarden (Betrieb mit neuen GTW-Triebzügen von Stadler), Zevenaar–Winterswijk–Zutphen (Betrieb durch Arriva mit GTW-Triebwagen)und Zutphen–Hengelo (Betrieb durch Keolis mit »LINT«-Triebzügen) sowie Nijmegen–Venlo–Roermond, wo bereits 2007 neue GTW-Triebzüge die alten NS-Triebwagen abgelöst haben.

- **Eingleisige, elektrifizierte Strecken**, z. B. Dordrecht–Geldermalsen (Qbuzz mit GTW-Triebwagen), Amersfoort–Barneveld–Ede–Wageningen (CXXN u.a. mit »PROTOS«-Triebzügen), Gouda–Alphen a/d Rijn, Heerhugowaard–Hoorn/Den Helder, Zwolle–Kampen, Zwolle–Wierden sowie Abschnitte der Strecke Zwolle–Mariënberg–Emmen, welche ebenfalls von Arriva Nederland mit elektr. GTW-Triebzügen bedient wird.

Triebfahrzeuge NS Reizigers und NS International

Reihe (Nummer)	*Achsfolge*	*Bauart*	*Baujahr*	*Anzahl*	*Bemerkungen*
Lokomotiven					
1701–1781 *	B'B'-el		1992–94	32	acht Loks bei NS International, 1)
E186 001–045	Bo'Bo'-el		2014–15	45	Verkehr auf der HSL Zuid bis Brüssel, 2)
E186 111–2409 *	Bo'Bo'-el		2008–09	21	»IC Direct« Rotterdam–Breda, 3)
Triebzüge des Binnenverkehrs					
2111–2125	Bo'Bo'+Bo'Bo'	2-tlg. ET	1975	15	»Plan Y 0« / »Sprinter«
2131–2145	Bo'Bo'+Bo'Bo'	2-tlg. ET	1978–79	15	»Plan Y 1« / »Sprinter«
2201–2233	Bo'2'2'Bo'	3-tlg. ET	2015–17	33	»FLIRT3«
2301–2368	Bo'2'2'Bo'	3-tlg. ET	2017–20	68	»CIVIA« / »Sprinter NG«
2401–2450	Bo'Bo'2'2'Bo	4-tlg. ET	2009–11	50	»Sprinter LighTTrain«
2501–2525	Bo'2'2'2'Bo'	4-tlg. ET	2016–17	25	»FLIRT3«
2601–2649	Bo'Bo'2'2'2'Bo'Bo'	6-tlg. ET	2009–11	49	»Sprinter LighTTrain«
2701–2788	Bo'2'Bo'2'Bo'	4-tlg. ET	2018–23	88	»CIVIA« / »Sprinter NG«
2936–2995	Bo'Bo'+2'2'+Bo'Bo'	3-tlg. ET	1979–83	60	»Plan Y 2-3« / »Sprinter«
3001–3050	Bo'2'2'Bo'	3-tlg. ET	2017–20	50	»CIVIA« / »Sprinter NG«
4011–4097	Bo'Bo'+2'2'+2'2'	3-tlg. ET	1983–90	87	ICM-1/2 »Koploper«
4201–4250	Bo'Bo'+Bo'2'+2'2'+2'2	4-tlg. ET	1990–93	50	ICM-3/4 »Koploper«
6001–6049		5-tlg. ET	2019–23	49	»Coradia Stream« / »ICNG«, 4)
6101–6130		8-tlg. ET	2021–23	30	»Coradia Stream« / »ICNG«, 4)
7501–7650 *		4-/6-tlg. ET	1992–98	50	DDZ, 5)
8601–8746 *		6-tlg. ET	2003–05	80	V-IRM
9401–9597 *		4-tlg. ET	2001–05	98	V-IRM
Triebzüge des internationalen Verkehrs					
4331–4332		10-tlg. ET	1996–97	2	TGV PBKA, im Thalys-Fahrzeugpool
4601–4654		8-tlg. ET	2000–02	4	ICE3M, DB-Nummer 406 051-054
6131–6150		8-tlg. ET	2021-23	20	»Coradia Stream« / »ICNG«, 6)

Anmerkungen: *) Nummernfolgen sind nicht durchgehend belegt; 1) Die aus Lokomotiven der Reihe 1700 und Doppelstockwagen DD-AR zusammengestellten Wendezüge werden seit Dezember 2019 nicht mehr planmäßig eingesetzt; 2) TRAXX F140 MS, seit 2018 im Eigentum von Akiem; werden ab 2021 durch ICNG ersetzt; 3) TRAXX F140 MS, 12 Loks geleast von Angel Trains und 9 Loks von Maquarie European Rail; 4) »Intercity Neue Generation« (ICNG) Zweisystem-Triebzug DC 1,5 kV / AC 25 kV 50 Hz als Ersatz der »IC Direct«; 5) »DDZ«-Wendezüge mit mDDM-Triebköpfen, 2009–14 durch Umbau aus DD-AR entstanden: 6) »Intercity Neue Generation« (ICNG) Dreisystem-Triebzug DC 1,5 kV / DC 3 kV / AC 25 kV 50 Hz für Verkehr Amsterdam–Brüssel;

Triebfahrzeuge NedTrain

Reihe (Nummer)	*Achsfolge*	*Bauart*	*Baujahr*	*Anzahl*	*Bemerkungen*
Lokomotiven					
332 247	B-dh		1965	1	Köf III (Werklok)
401–420 *	B-dm	Rangiergerät	2003–04	13	Vossloh G400B
701–713	B-dh		2003–04	13	Vossloh G400B

- **Sonstige interessante Strecken**: Barendrecht–Rotterdam Waalhaven Zuid–Maasvlakte (zweigleisig, elektrifiziert, reger Güterverkehr div. Betreiber) sowie Umgebung Lisse (Keukenhof, Blumen im Frühjahr), Bergen op Zoom–Vlissingen (Deichdurchgänge) und Utrecht–Hilversum: bogenförmige Oberleitungsportalmasten.

Nederlandse Spoorwegen NS

NS besteht aus den Tochtergesellschaften NS Reizigers (NSR, Personenverkehr), NS International (NSI, bis 2014 NS Hispeed), NS Stations (Betrieb und Instandhaltung der Bahnhöfe), NedTrain (Fahrzeugunterhaltung), Abellio (Nahverkehr im Ausland) und anderen Mobilitätsdienstleistern. Einzelheiten zum Triebfahrzeugbestand sind in der Tabelle oben zusammengefasst.

NedTrain Ausbesserung- und Bahnbetriebswerke

Ausbesserungswerke (»Revisiebedrijf«, RB)

- **RB Haarlem** (Triebwagen/Triebzüge, Reisezugwagen)

Bahnbetriebswerke (»Onderhoudsbedrijf«, OB)

- **OB Amsterdam** (ICNG, Wagenzüge)
- **OB Hengelo** (Dieseltriebwagen, ICNG, Wagenzüge)
- **OB Leidschendam** (ET SGM, Doppelstockeinheiten DD-AR, ICE3M)
- **OB Maastricht** (E-Loks, ET Plan V, Rangierloks, Wagen)
- **OB Onnen** (ICM, IRM)

Weitere Eisenbahnverkehrsunternehmen

Personenverkehr

Arriva Personenvervoer Nederland B.V. (AN)
Diese Gesellschaft betreibt seit Dezember 2005 die Nebenstrecken rund um Groningen und Leeuwarden, wobei die grenzüberschreitende Verbindung nach Leer/Ostfriesland für ca. 5 Jahre aufgrund einer Brückenhaverie bei Weener unterbrochen ist. Ab 2020 werden hier 18 neue zweiteilige Stadler-WINK mit besonders emissionsarmen Dieselmotoren eingesetzt, die mit Elektrifizierung der Hauptachse Leeuwarden–Groningen auf Elektroantrieb mit zus. Stromspeicher für die nicht-elektrifizierten »Außenstrecken« umgerüstet werden. Die vorhandenen

Triebfahrzeuge CapTrain Netherlands B.V.

Reihe (Nummer)	Achsfolge	Baujahr	Anzahl	Bemerkungen
Lokomotiven				
691	C-de	1955	1	ex NS-Reihe 600 (»Hippel«)
186 151–158, 295, 459	Bo'Bo'-el	2016–18	10	Bombardier TRAXX F140 MS2
1618	B'B'-el.	1981–82	1	von EETC/RRL für Autozüge angemietet
1375, 1796	B'B'-dh	ab 2004	2	VSFT-Typ G1206
101–104	B'B'-dh	1971–1975	4	V 100 ex-DR, als Reserve abgestellt

Triebfahrzeuge DB Cargo Nederland B.V.

Reihe (Nummer)	Achsfolge	Baujahr	Anzahl	Bemerkungen
Lokomotiven				
1602–1616 *	B'B'-el	1981–82	5	bereits abgestellt oder werden ausgemustert
186 256-499 *	Bo'Bo'-el	2016-18	10	TRAXX F140 MS2 für Einsatz in Benelux
189 021–100 *	Bo'Bo'-el	ab 2003	58	DB Schenker BR 189, NL-Zulassung
6401–6520 *	Bo'Bo'-de	1988–95	57	15 Loks mit Indusi

*) Nummernfolgen sind nicht durchgehend belegt.

Triebfahrzeuge Rail Force One B.V. (RFO)

Reihe (Nummer)	Achsfolge	Baujahr	Anzahl	Bemerkungen
Lokomotiven				
683–692 *	C-de	1955	4	ex NS-Reihe 600 (»Hippel«)
1572	B'B'-dh	ab 2004	1	VSFT-Typ G1206
1828-1837 *	B'B'-el	1981	5	ex NS-Reihe 1800
186 359	Bo'Bo'-el	2016-18	1	TRAXX F140 MS2 für Einsatz in Benelux
189 104, 213	Bo'Bo'-el	ab 2003	2	Siemens-Typ ES64F4
193 622-742 *	Bo'Bo'-el	ab 2014	5	Siemens-Typ Vectron MS
6702	Bo'Bo' de	1961–66	1	ex SNCB 6325

*) Nummernfolgen sind nicht durchgehend belegt.

Triebfahrzeuge Rotterdam Rail Feeding (RRF)

Reihe (Nummer)	Achsfolge	Baujahr	Anzahl	Bemerkungen
Lokomotiven				
16–25	B'B'-dh	1971–1975	10	V 100 ex-DR
1102, 1104	B'B'-dh	ab 2005	2	VSFT-Typ G2000
4401, 4402	B'B'-el	1981	2	ex NS-Reihe 1600 (ex HUSA)
PB06, 653-01	Co'Co'-de	2007	2	Class 66

Triebfahrzeuge Train Charter Events B.V. (TCE)

Reihe (Nummer)	Achsfolge	Baujahr	Anzahl	Bemerkungen
Lokomotiven				
1772, 1775, 1781	B'B'-el	1990	3	ex NS-Reihe 1700

GTWs sollen ebenfalls auf Hybridtechnik umgestellt werden. Zum Einsatzbestand gehören derzeit 37 dreiteilige GTW 2/8 (Nr. 10301–10327, 10334–337, 10345–10351) sowie 14 zweiteilige GTW 2/6 (Nr. 10228–10233 sowie 10237–10244).
Die Strecke Zwolle–Emmen bedient Arriva mit drei elektrische GTW 2/6 (10411–10413) und zwölf el. GTW 2/8 (10517–10525) im Einsatz. Für das Dieselnetz Tiel–Arnhem / Arnhem–Winterswijk / Winterswijk–Zutphen von Syntus nutzt Arriva eine Flotte von dreizehn Diesel-GTW 2/6 (10252–10264) und elf GTW 2/8 (10365–10375). Bedient wird dabei auch die Strecke Zutphen–Apeldoorn.
Zudem setzt Arriva noch auf der Ende 2016 von Syntus übernommenen Vechtdallijn Almelo–Hardenberg LINT 41 mit den Nummern 33, 34 und 37 (ex Syntus) ein. Arriva betreibt inzwischen auch die Verbindungen Maastricht–Kerkrade und Maastricht–Herzogenrath–Aachen, wo elektrische GTW (10426–10430, 10531–10533) und FLIRT3 (10450–10464 und 10550–10557) eingesetzt werden, sowie die Maaslijn Nilmegen–Venlo–Roermond. Bis zum Fahrplanwechsel im Dezember 2020 soll letztere elektrifiziert sein, Arriva wird hier zukünftig mit FLIRT3 (10558–10570) fahren.

Connexxion Nederland N.V. (CXXN)

Die im Nahverkehr (Busbetriebe, Stadtbahn Utrecht) erfolgreiche Gesellschaft bedient die »Valleilijn« genannte Strecke Amersfoort–Ede-Wageningen, wo seit September 2007 die »PROTOS«-Triebzüge (Nummern 5031–5035, neu 4811/4812 002–006) von Fahrzeugtechnik Dessau (FTD) eingesetzt werden. Seit 2018 sind auf dieser Strecke auch zwei FLIRT3 mit den Nummern 5038/5039 im Einsatz.

Die Valleilijn hat neben fünf Protos-Triebzügen auch zwei Flirt 3 zwischen Amersfoort und Ede-Wageningen im Einsatz. Das Bild zeigt einen der beiden Flirt-Triebwagen auf der eingleisigen Strecke zwischen Barneveld und Lunteren am 18.02.2018. Foto: Richard Krol.

Hermes/Breng (CXXN)
Seit Dezember 2013 betreibt die Connexxion-Tochter Hermes unter dem Markennamen »Breng« Mo bis Fr die Verstärkerfahrten Arnhem–Doetinchem auf der Strecke nach Winterswijk, wofür neun neue Diesel-GTW 2/8 (5041–5049) zur Verfügung stehen. Zusammen mit den von Arriva erbrachten Grundleistungen ergibt sich somit bis Doetinchem ein Viertelstundentakt.

Keolis Nederland (früher Syntus)
Diese Gesellschaft betreibt mittlerweile nur noch den Personenverkehr auf der Strecke Zutphen–Hengelo–Oldenzaal. Von den ursprünglich 25 LINT41 Triebwagen (Fahrzeugnummern 21 bis 45) werden hierfür nur noch zehn Triebwagen benötigt. Die Fahrzeuge 36-45 erhielten hierfür in 2013 eine Modernisierung bei Alstom, drei Einheiten (33, 34 und 37) wurden an Arriva abgegeben, der Rest ist abgestellt. Seit Dezember 2017 bedient Keolis die inzwischen elektrifizierte Strecke Zwolle–Kampen sowie die Verbindung Zwolle–Almelo–Hengelo–Enschede mit neun dreiteiligen und sieben vierteiligen FLIRT3-Triebzügen (7301–7309 und 7401–7407).

Qbuzz/R-net
Personenverkehr auf der Verbindung Gouda–Alphen a. d. Rijn mit zweiteiligen FLIRT3 sowie auf der Strecke Dordrecht–Geldermalsen mit den von Arriva übernommenen GTW 2/6 (407, 408) und GTW 2/8 (501–506, 509 und 510).

Train Charter Events B.V. (TCE)
Im Oktober 2019 übernahm die neue Gesellschaft »Train Charter Events« die Aktivitäten der zwei Monate zuvor Bankrott gegangenen »Railpromo«, einem Veranstalter von Charter- und Eventreisen. Bekannt geworden durch den sog. »Dinner Train« veranstaltet TCE monatlich an mehreren Tagen Rundreisen ab verschiedenen Städten in den Niederlanden (https://dinnertrain.eu).

Güterverkehr

Captrain Nederland B.V:
Captrain ist eine 100%ige Tochter der Fret SNCF. Seit 2012 ist Captrain nicht nur im Containerdienst sondern auch mit Ganzzügen von und nach Rotterdam unterwegs. Zu den Zielen von Zügen des kombinierten Verkehrs zählen Ludwigshafen (Rhein), Duisburg-Rheinhausen und Frankfurt (Oder).

DB Cargo Nederland N.V.
Das Haupteinsatzgebiet von DB Cargo Nederland sind die Strecken Kijfhoek–Venlo, Kijfhoek–Amersfoort–Bad Bentheim und Kijfhoek–Betuweroute–Emmerich. Seit Eröffnung der »Betuweroute« zwischen Rotterdam und Zevenaar im Dezember 2007 sind vor Containerzügen auf dieser Strecke auch von DB Cargo Deutschland abgegebene Lokomotiven zu sehen, welche für diesen Einsatz mit dem europäischen Zugsicherungssystem ETCS ausgerüstet worden sind.

HSL Netherlands B.V. (HSL)
Die in Venlo ansässige Tochterfirma der HSL Logistik GmbH in Hamburg betreibt in begrenztem Umfang Güterverkehr und bietet Rangierdienste und Logistiklösungen an, besitzt aber kaum eigene Triebfahrzeuge sondern setzt Lokomotiven von HSL Logistik aus Deutschland ein oder mietet zeitlich begrenzt Fremdlokomotiven an.

Rail Force One B.V. (RFO)
Die 2016 gegründete Gesellschaft mit Sitz in Rotterdam betreibt Schwerlast-, Massengut- und Containerverkehre in den Niederlanden und Nachbarstaaten, wofür mehrere angemietete Lokomotiven von MRCE und RailRelease genutzt werden.

Rotterdam Rail Feeding (RRF)
Für Rangierarbeiten in Frachtterminals, wo andere Betreiber über keine eigenen Rangierloks verfügen, bietet diese im Jahr 2004 gegründete Gesellschaft ihre Dienste

Rail Force One ist seit Mitte 2017 aktiv im Güterverkehr tätig. Die Fahrzeugsammlung von RFO beinhaltet u.a. Traxx, Hippel, G2000, G1206, Vectron und ehemalige NS-1600. Am 17. April 2019 war die 1829 mit einem Millet-Kesselwagenzug von Bad Bentheim nach Rotterdam unterwegs. Foto: Richard Krol.

an. Außerdem betreibt RRF in begrenztem Umfang Güterzüge z.B. zwischen den Niederlanden und Belgien, wofür von Alpha Trains mehrere Vossloh-G2000 angemietet wurden. Zudem hat RRF einige Loks aus der früheren HUSA-Flotte übernommen.

SBB Cargo Nederland B.V.
Seit Januar 2020 ist SBB Cargo International mit einer neu gegründeten Tochtergesellschaft in den Niederlanden vertreten und führt mit eigenem Personal und Lokomotiven von SBB Cargo Güterverkehr auf der Achse Rotterdam–Basel–Mailand durch.

Museen und Museumsbahnen

Der Verein »Historisch Railvervoer Nederland« gibt einen beim Fremdenverkehrsamt erhältlichen Prospekt mit Fahrterminen heraus; Museumsbahnsaison ist meist von Ende Mai bis September. Informationen können unter der Internetadresse: www.railmusea.nl angesehen werden.

Het Spoorwegmuseum 1
Das Niederländische Eisenbahnmusum befindet sich seit 1927 in Utrecht und seit 2005 dort in einem Neubau nahe dem früheren Bahnof »Maliebaanstation«, ab Bahnhof Utrecht Centraal mit Buslinie 3 in Richtung Homeruslaan (bis Haltestelle Maliebaan) erreichbar. Von der umfangreichen Fahrzeugsammlung ist nur ein Teil ausgestellt, die übrigen Lokomotiven und Wagen sind im Depot oder bei Museumsbahnen. Neuestes Exponat ist der betriebsfähige Allan-Triebwagen »Kameel«, NS-Nr. 20 von 1954.

Museum Buurtspoorweg (MBS) 2
Stationsstraat 3, NL-7481 JA Haaksbergen, Tel. 0031 53/5 72 15 16. Zwischen Mai und September gibt es jeden Sonntag, im Juli und August auch Mi + Do drei Fahrten je Richtung mit Dampflokomotiven auf der 7 km langen Lokalbahnstrecke Haaksbergen–Boekelo (1 435 mm). Fahrzeugpark: Dampfloks Nr. 2 (B, Cockerill 1926), Nr. 3 (Hannover 1896, pr. T3, »89 7222«), Nr. 4 (Cnt, Hanomag 1925, ex DHE), Nr. 5 (ELNA 5, Henschel 1927, ex JKB 152), Nr. 6 »Magda« (B, La Meuse 1925), Nr. 7 (Bnt, Backer & Rueb 1901, »657«), 8 »Navizence« (C, Alusuisse 1910); Triebwagen Nr. 20 (ex DHE), 10 Dieselloks, 15 Pz-Wagen, vier Gepäckwagen, div. Güterwagen.

Museumspoorlijn Veendam-Musselkanaal (STAR) 3
Stationsstraat 3, NL-9503 AD Stadskanaal, Tel. 0031 599 65 18 90. Die Museumseisenbahn STAR fährt seit 1994 mit Dampf- und Dieselloks auf der mit 26 km längsten Museumsbahnstrecke in den Niederlanden, aktuell jedoch nur zwischen Veendam und Nieuw Buinen. Fünf Dampflokomotiven, Nr. 23 (VMF, Falun, 1917), 6326 (ex 3, VOF Zwijndrecht, feuerlos), 50 3645, 52 8060, 52 8082 ex DR sowie TE-5933 (ex-DR 52 5933), zehn Diesellokomotiven, 18 Personenwagen, u. a. fünf »Württemberger« und viele Güterwagen.

Stichting RTM Ouddorp 4
Postbus 25, NL-3253 ZG Ouddorp, Tel 0031 1 87/68 99 11. Kapspurstrecke De Punt–Port Zélande durch Dünen und auf dem Brouwersdam (5 km). Dampfloks 50, 54, 56; Dieselloks M 67, M 1651 »Puttershoek«, M 1653 (Schienenauto), MD 1805 »Meeuw«; Triebzug EB 1701+MBD 1700+EB 1702 »Sperwer«; Motorwagen MABD 1602 »Reiger«, MABD 1804 »Kievit«; verschiedene Wagen.

Stoomtrein Goes–Borsele (SGB) 5
Postbus 250, NL-4460 AR Goes, Tel. 0031 1 13/27 07 05. Dampfloks Nr. 1 »Wittouck« (Bt, O&K 1921), Nr. 2 »Borsele« (Ct, Krupp 1924), Nr. 3 »Bison« (Ct, La Meuse 1928), Nr. 4 »Ing. H. F. Enter« (Ct, Davenport 1943) und Nr. 5 (Ct, La Meuse 1924); 4 Dieselloks, darunter die Whitcomb-Kriegslok 620 (wie NS-Reihe 2000) aus den USA; 3 Diesel-loks; vier ex NS-Köf; 10 Pz-, 4 Gepäck- und Postwagen, ein Dampfkran. Von 3 Uerdinger Schienenbussen werden zwei eingesetzt; ein weiterer dient dem Nachbau eines diesel-mechanischen Triebwagens omC. Im Juli und Au-

Die restaurierte ehemalige 657 »Kikker« der Museum Buurtspoorweg war als NS 8107 zu Gast bei der Stoomtrein Hoorn Medemblik. Am 16. Oktober 2018 fand am Abend in Wognum ein Stelldichein mit der 7742 »Bello« statt. Foto: Richard Krol.

gust gibt es werktags außer samstags zwei, im Sept. und Okt. ein Zugpaar zwischen Goes und Oudelande (16 km, 1435 mm). Es gibt historische holländische Formsignale.

Stoom Stichting Nederland (SSN) 6
Postbus 2968, NL-3000 CZ Rotterdam, Tel. 0031 10/2 82 92 82. Groß-Bw mit angegliedertem Eisenbahnmuseum am Verschiebebahnhof Rotterdam Noord Goederen, geöffnet an Samstagen von 10 bis 17 Uhr und ggf. an einigen Wochentagen. Die SSN fährt nur auf Hauptstrecken. Dampflokomotiven 8811 (ex NS); 01 1075, 23 023, 41 105, 50 1255 (alle ex DB); zwei Diesellokomotiven, ein Dampfkran, sieben Personenwagen.

Stoomtram Hoorn–Medemblik (SHM) 7
Postbus 137, NL-1620 AC Hoorn, Tel. 0031 2 29/21 48 62. Auf der 20 Kilometer langen Normalspurstrecke zwischen Hoorn und Medemblik finden zwischen April und Oktober ein- bis dreimal täglich Dampffahrten statt. Neun Dampflokomotiven: Nr. 5 »Enkhuizen« (Ct, La Meuse 1929), Nr. 8 »Ooievaar« (Bt, Backer & Rueb), Nr. 16 »Medemblik« (Bt, Jung 1943), Nr. 18 »Leeghwater« (Bt, Henschel 1921), Nr. 23 »H. J. H. Modderman« (Bt, Orenstein & Koppel 1910), Nr. 26 »Ir. P. H. Bosboom« (Bt, Hanomag 1922), Nr. 30 »Hoorn« (Bt, Jung 1908), 6503 II (ex NS), 7742 »Bello« (Ct, Schwartzkopff 1914, ex NS); außerdem fünf Diesellokomotiven, zwei Triebwagen, diverse Personen- und Güterwagen sowie ein Dampfkran.

Stoomtrein Valkenburgse Meer (SVM) 8
Jan Pellenbargweg 1, NL-2335 SP Valkenburg, Tel. 0031 71/5 72 42 75. Einsatzgebiet (700 mm, ca. 3 km) am See in Valkenburg (Zuid Holland); Betrieb Sa und So von Mai bis September, vier Fahrten. Die Nederlandse Smalspoorstichting besitzt 16 Dampf- und 68 Diesellokomotiven, eine Pressluftlokomotive, eine Ellok, 2 Draisinen, 8 Personenwagen und 4 Güterwagen (z.T. ex Gelderse Tramwegen).

Veluwse Stoomtrein Maatschappij (VSM) 9
Dorpsstraat 140, NL-7361 AZ Beekbergen, Tel. 0031 55/5 06 19 89. Im Juli und August an Mo-Fr drei sowie an einzelnen Tagen zwei Zugpaare auf der 27 Kilometer langen Strecke Apeldoorn–Dieren. Am ersten Wochenende im September Festival »Terug naar Toen« mit eigenen und Gastdampfloks.
Dampflokomotiven 23 071, 23 076, 41 241. 64 415, 65 018 (Leihgabe von SSN), 80 036 (alle ex DB); 44 1593, 50 3520, 50 3564, 50 3654, 50 3681, 52 8010, 52 8053, 52 8139 (alle ex DR); 52.3879 (ex ÖBB); Tkp 23 und Tkp 5353 (beide aus Polen); Diesellokomotiven 532, 604, 618, 636, 661, 2233, 2299, 2459, 2530 und 2203°, 2207°, 2412° (alle ex NS, ° = nicht betriebsfähig) sowie die aus den USA geholte Whitcomb-Kriegslok 2019 (USA/TC-Typ 65-DE-19A entspr. NS-Reihe 2000); elf Köf und div. Wagen.

Zuid-Limburgse Stoomtrein Maatschappij (ZLSM) 10
Postbus 21071, NL-6369 ZH Simpelveld, Tel. 0031 45/5 44 00 18. Mittwochs und Sonntags zwischen April und Oktober (im Juli und August auch Donnerstags) drei Dampffahrten von Simpelveld nach Schin op Geul und zurück, dazwischen Fahrten nach Kerkrade (1435 mm, Gesamtlänge 25 km); Zwischendurch Schienenbusfahrten, auch von Simpelveld nach Vetschau (D); Bw in Simpelveld.
Rollmaterial: : 52 532 (ex 52 8160), NoHAB-Dampflok (ex SJ) 1040, 1090 (D, 1911), 1220, 1289 (2'C, 1914 bzw. 1916) sowie ex-NS 8826 (C, Hunslet 1944); Diesellok 244 »Esslingen« (Esslingen 1961), Köf II »Lommaert«, Köf III 332 187 »Spanjool«, 332 139 und ex-NS »Sik« 248; ex NS »Hippel« 639; NS-Dieseltriebwagen 179, ex DB-Schienenbusse 798 647, 998 133, 998 306 und 998 872; dazu 14 Personenwagen (ex SNCB und 1 NS), Speisewagen WR 4268-42, Pullmanwagen 4129 (ex DSM) und mehrere Dienst- bzw. Güterwagen. Es sind Formsignale vorhanden. ■

Eisenbahnen in den Benelux-Staaten
Niederlande
Belgien
Luxemburg
Deutschland
Frankreich
Nordsee
Westfriesische Inseln
Waddenzee
IJsselmeer
Markermeer
Ardennen
Bruxelles Brussel
Amsterdam
Amsterdam Centraal
Rotterdam
Den Haag (’s-Gravenhage)
Utrecht
Antwerpen (Anvers)
Liège (Luik)
Luxembourg
HSL Zuid
Betuweroute
Ligne 1
Ligne 2
Ligne 3
Ligne 4
Hochgeschwindigkeitsstrecken 25 kV/50 Hz
eingleisige Strecken
mehrgleisige Strecken
elektrifizierte Strecken
Strecken außer Betrieb
Schmalspur
RandstadRail / RET
Bahnen der Nachbarstaaten
1500 V Gleichstrom
3000 V Gleichstrom
25 kV/50 Hz
15 kV/16.7 Hz
Hafenbahn / nur Güterverkehr
Museumsbahn
50 km
WKZ Grafik

Belgien

Joris De Mol

Die Einsätze der M4-Wagen gehen bald zur Ende: Die ETCS-Einführung sowie die Lieferung der zukünftigen M7-Wagen bedrohen ihre Existenz. Am 04.12.2018 fuhr eine M4-Garnitur mit Steuerwagen 50 88 81-78 052-4 (58052) und geschoben von 2704 als IC2435 von Liege via Namur nach Brüssel, fotografiert in Marche-Les-Dames an der Meuse (Maas). Foto: Joris De Mol.

Wer von Deutschland aus per Bahn anreist, kann den »Sparpreis Europa Belgien« (z.B. Köln–Brüssel für € 19,00) nutzen. Auch günstig ist das ab Köln angebotene »Thalys Standard Mini« (Köln–Brüssel ab € 19,00 in der 2. Klasse, gegen Aufpreis im »ABB-Tarif« auch weiter zu und von jedem belgischen Bahnhof); die genannten Preise schließen nur die Hinfahrt ein. Für das Grenzgebiet gibt es ein Euregio-Ticket zum Preis von € 18,50, welches in Deutschland den Raum Aachen/Euskirchen und in Belgien die Provinzen Lüttich und Limburg umfasst (weitere Informationen im Internet unter www.avv.de).
Im Internet findet man aktuelle Reiseinformationen unter www.belgianrail.be, wo auch alle Streckenfahrpläne auf Französisch und Niederländisch verfügbar sind.

SNCB/NMBS

Société Nationale des Chemins de Fer Belges/Nationale Maatschappij van Belgische Spoorwegen, Hallepoortlaan 40, B-1060 Brussel. Für den Personenverker ist die NMBS/SNCB zuständig. Die frühere Cargo-Sparte NMBS/SNCB Logistics ist ausgegliedert, teilweise privatisiert und firmiert seit 2017 als »Lineas«

Streckennetz

Das Streckennetz umfasst 3.607 km, von denen 2.950 km mit 3 kV Gleichspannung eletrifiziert sind. Wie in anderen europäischen Ländern hat mit der Bahnprivatisierung auch in Belgien die vom Betrieb unabhängige Infrastrukturgesellschaft Infrabel Wartung und Ausbau des Eisenbahnnetzes übernommen.

Von dem elektrifizierten Streckennetz sind 211 km als Hochgeschwindigkeitsstrecke für bis zu 300 km/h ausgebaut. Die Strecken Tournai–Halle (KBS Ligne 1/TGV), Leuven–Ans (Ligne 2/TGV), Chênée–Hergenrath (Ligne 3/TGV), Antwerpen–Breda (Ligne 4/TGV), Rivage–Gouvy (Ligne 42) und Dinant/Libramont–Bertrix–Virton (Ligne 165/166) werden abweichend vom übrigen Landesnetz mit Wechselspannung (25 kV 50 Hz) versorgt.

Schöne und interessante Strecken

- **Liège–Gouvy–Luxembourg (Ligne 43)**: Die Strecke ist ab Rivage mit 25 kV/50 Hz elektrifiziert und bis Vielsalm eingleisig (Kreuzungen in Stoumont und Trois-Ponts). Schöne Fotostellen z. B. Nonceveux, Coo, Trois-Ponts, Vielsalm, Salmchâteau, Bovigny und Gouvy.

Die Doppelstockwagen M7 sollen ab 2020 in den Einsatz gehen. 75003, geschoben vom 2709 und 1896 (1873 fährt in der Mitte als Reserve mit) auf dem Weg nach Namur. Foto in Groenendaal am 04.12.2019: Joris De Mol.

Triebfahrzeuge NMBS/SNCB

*Reihe/Nummer**	*Achsfolge*	*Baujahr*	*Anzahl*	*Bemerkungen*
Elektrische Lokomotiven				
1301–1360	Bo'Bo'	1998–01	54	Mehrsystemlok: auch 25 kV 50 Hz (40 Lineas+14Mobility)
1801–1896	Bo'Bo'	2009–2011	96	Mehrsystemlok: auch 1,5 kV, 25kV 50 Hz
1901–1924	Bo'Bo'	2011–2012	24	Mehrsystemlok: auch 1,5 kV, 25kV 50 Hz
2101–2160	Bo'Bo'	1984–88	34	leichtere Variante der Reihe 27
2701–2760	Bo'Bo'	1981–84	59	Umrüstung MUX derz. 27 Lok (2740-2760 mit CF)
2802–2844	Bo'Bo'	2008–2009	25	auch 1,5 kV, 15 kV 16 2/3 Hz, 25kV 50 Hz (B-NL-D-A)
2901–2905	Bo'Bo'	2009	4	auch 1,5 kV, 15 kV 16 2/3 Hz, 25kV 50 Hz (B-FR-D)
186	Bo'Bo'	2015-2017	36	auch 1,5 kV, 15 kV 16 2/3 Hz, 25kV 50 Hz (Lineas)
Diesellokomotiven				
5501–5542	Co'Co' (de)	1961–62	10	davon 6 TCV-Schlepplok, übrige Infra
6201–6331	Bo'Bo' (de)	1961–66	62	Infra
7301–7395	C (dh)	1965/66,73–77	3	Infra
7401–7410	C (dh)	1977	2	in Werkstätten
7701–7870	Bo'Bo' (dh)	1999–2008	170	110 Lineas+37 Mobility+23 Infra
8201–8275	C (dh)	1965–66, 73	3	2 Infra, 1 in den Werken
9101–9160	B	1961–1964	13	nur für Rangierdienst in den Werken
9701-9708	B	2016	13	Rail+Weg
9801–9802	B	2005	2	Rail+Weg
Class 66	Co'Co'	2001	2	Lineas
Triebwagen/Triebzüge				
301–440	Bo'Bo'+2'2'+2'2'	1981–85	139	AM80, »Break«
441–490	Bo'Bo'+2'2'+2'2'	1996–98	48	AM96 bi, 3 kV = / 25 kV 50 Hz ~
501–570	Bo'Bo'+2'2'+2'2'	1998–2000	69	AM96 mono
601–676	(A1)'(1A)'+(A1)'(1A)'	1967, 70–71	32	AM66-70T; kpl. mod.
677–782	(A1)'(1A)'+(A1)'(1A)'	1973–74, 78–79	32	AM73-79; kpl. mod.
801–844	2'2'+Bo'Bo'+Bo'Bo'+2'2'	1975–76, 79	43	AM75
901–952	Bo'Bo+2'2'	1988–91	51	AM86, »Sprinter«
960–999	(A1)'(1A)'+(A1)'(1A)'	2007–2011	39	AM73CR 1)
4101–196	2'B+B'2	1999–2004	94	ursprünglich 96 Tw gebaut 2)
08001–210	Bo'Bo'+2'2'+Bo'Bo'	2010–2015	210	AM08.0, »Desiro ML«, 3 kV =,
08501–595	Bo'Bo'+2'2'+Bo'Bo'	2010–2015	95	AM08.5, 3 kV / 25 kV 50 Hz
0160001–...	Bo'Bo'+2'2'+2'2'+2'2'+2'2'	ab 2019		Dosto Typ "M7", 3 kV / 25 kV 50 Hz 3)
4301–4306 und 4321–4322	TGV	1997–98	8	»Thalys« PBKA 4)
4532–4540	TGV	1998	9	»Thalys« PBA 4)

Anmerkungen: *) Bei Lokomotiven und Dieseltriebwagen bezeichnen die ersten beiden Ziffern der Betriebsnummer die Baureihe, während sie sich bei Elektrotriebwagen aus den Buchstaben AM und dem jeweils ersten Baujahr der Reihe ergibt; 1) ex AM 73-79 665-683; 707-730 2) derzeit einzige Dieseltriebzug-Baureihe für den Reiseverkehr in Belgien; 3) 64 fünfteilige und 12 zehnteilige Tz bei Alstom/Bombardier bestellt; 4) = Bo'Bo'+2'2'+ 2'2'2'2'2'2'2'2'2 +Bo'Bo';

- **Liège–Welkenraedt–Aachen (D) (Ligne 37)**: IC-Züge nach Eupen mit Reihe 18II; Güterzüge meist über Visé–Montzen–Aachen. Lohnende Fotopunkte sind der Bahnhof Trooz, rund um Welkenraedt sowie die Tunnel bei Chaudfontaine und La Brouck.
- **Namur–Bertrix–Virton (Ligne 154,166, 165)**: Zwischen Namur und Dinant fahren die IC aus Bruxelles elektrisch, Güterzüge werden von Elektrolokomotiven der Reihe 13 (oder CFL 3000) bespannt, meist in Doppeltraktion; ab Dinant kommen Elektrotriebwagen der Reihe AM08 nach Bertrix und Libramont sowie ab Bertrix nach Virton zum Einsatz. Schöne Fotostellen gibt es z.B. bei Houyet, Tanville, Vonêche und Paliseul.
- **Nicht elektrifizierte Strecken mit Personenverkehr**: Mol–Neerpelt* und Mol–Hasselt* (Ligne 15), Gent–Eeklo (Ligne 58), Aalst–Burst (Ligne 82), Gent–Ronse (Ligne 86), Gent–Geraardsbergen (Ligne 122), Charleroi–Couvin (Ligne 132). Diese Strecken sind auf Triebwagen der Reihe 41 umgestellt. *: Elektrifizierungsarbeiten haben begonnen.

Werkstätten/Bahnbetriebswerke

- **Hauptwerkstätten**: Mechelen (Trieb- & Reisezugwagen), Salzinnes (Lokomotiven) und Cuesmes (Reisezugwagen).
- **Bahnbetriebswerke**: Arlon, Antwerpen-Noord, Charleroi-Sud, Hasselt, Kinkempois, Melle, Oostende, Schaarbeek, Vorst.

Einsätze

Elektrolokomotiven

- **Reihe 13**: Reisezüge Luxemburg–Namur–Brüssel sowie die meisten Güterzüge im Inland (z.B. Stahlzüge Gent–La Louvière/Clabecq und andere Güterzüge), aber auch grenzüberschreitende Güterzüge nach Frankreich (Raum Thionville und Lille).
- **Reihe 18 II**: im ganzen Land, mit IC- und P-Zügen (HVZ). Meist mit I11- oder M6-Wagen, z.B. IC Oostende–Eupen, IC Kortrijk–Brussel–Welkenraedt, IC St. Niklaas–Brussel–Kortrijk sowie IC Antwerpen–Brussel–Charleroi. Auch NightJet Aachen–Brussel.
- **Reihe 19 II**: IC-Züge Blankenberge–Genk, Gent–Tongeren.
- **Reihe 21**: verschiedene Reisezüge, meistens mit M4- oder M5-Wagen, z.B. die IC-Züge Gent–Tongeren, die IC Brussel–Namur–Liège sowie viele HVZ-Züge.
- **Reihe 27**: Diese Lokomotiven sind im Einsatz vor einigen IC- und HVZ-Zügen, dabei vor allem mit M6-, M5- oder M4-Wagen, z.B. IC, IC Essen–Antwerpen–Brussel–Charleroi und IC Turnhout–Binche.

Auch in Belgien tauchen die roten DB-Loks immer öfter auf. Mit einem leeren Kohlezug fuhr die 6518 nach Gent, zu sehen am 19.01.2019 in Lokeren. Foto: Joris De Mol.

- **Reihe 28 II/186 Lineas**: Güterzüge Zeebrugge/Gent/Antwerpen–Aachen–Deutschland, Charleroi–Liège-Aachen (z.B. Kalkzüge) sowie Güterzüge aus Belgien nach Kijfhoek und Bad Bentheim und schließlich die IC Amsterdam–Brüssel (nur 28II) zusammen mit NS186 und niederländischen NS-Wagen.
- **Reihe 29 II**: Güterzüge Antwerpen–Frankreich (Raum Lille und Paris).

Diesellokomotiven

- **Reihe 77/78** wird im ganzen Land eingesetzt.
- **Reihen 74/91** für Rangierdienste in Betriebswerken.
- **Reihe 55TVM:** Hilfseinsätze auf der Neubaustrecke Brüssel–Frankreich.

Elektrotriebwagen

- Die »Klassiek«-Triebwagen der Bauarten **AM 66-79** (nicht die AM75), sind noch auf einigen Strecken anzutreffen. Sie befahren vor allem im Nahverkehr in Wallonien z.B. die Strecken Ottignies–Charleroi–Namur–Jambes, Charleroi–Erquelinnes, Braine-le-Comte–La Louvière, Waremme–Liège–Verviers, Spa–Aachen, Flémalle–Liers und Binche–Turnhout. Auf einigen Strecken verkehren sie auch gekuppelt mit Triebwagen der Bauart AM 75.
- **AM 75** fahren u.a. die IC Turnhout–Binche, die S-Züge Dendermonde–Lokeren–Antwerpen und Puurs–Antwerpen–Roosendaal (NL).
- Die »Break«-Triebwagen der Reihe **AM 80** fahren im ganzen Land mit IC und L-Zügen. Man kann sie z.B. beobachten auf: IC Kortrijk–Ath–Brussel–Sint-Niklaas, IC De Panne–Gent–Antwerpen, IC Antwerpen–Brussel Flughafen–Leuven–Hasselt, IC Gent–Brussel–Hasselt–Tongeren, IC Liège-Quiévrain, L Leuven–Hasselt.
- Im Raum Brüssel, z.B. auf den S-Bahn-Strecken rund Brüssel, z.B. Mechelen–Enghien und Halle–Vilvoorde–Mechelen (Brüsseler Ostringbahn) liegt das Haupteinsatzgebiet der **AM 86**. Außerdem fahren sie einige S-Züge Dendermonde–Lokeren–Antwerpen.
- Die **»Gumminasen« AM 96** fahren z.B. IC-Züge Brüssel–Namur–Arlon–Luxemburg, IC-Züge Liège–Namur–Charleroi–Lille–Flandres, IC-Züge Antwerpen–Gent–Kortrijk–Lille/Poperinge, IC Tournai–Brussel Flughafen, IC Blankenberge–Brussel–Genk, IC Gent–Landen sowie einzelne P- und L-Züge.
- **AM08 »Desiro«** werden im ganzen Land eingesetzt, im IC- und Lokalverkehr sowie auf der S-Bahn.
- Die neuen **Doppelstocktriebzüge** mit Wagen vom Typ **M7** werden seit 2019 ausgeliefert und sollen ab 2020 in den Einsatz kommen.

Dieseltriebwagen

- **Reihe 41** befährt sämtliche nicht-elektrifizierten Strecken mit Reisezugverkehr, sowie Charleroi–Erquelinnes.

Bau- und Arbeitszugdienst

- Die Dieselloks der **Reihen 55 und 62** fahren noch immer für Infrabel und TUC Rail (Streckenbau).

Sonstige Betreibergesellschaften

CrossRail Benelux (BLS Cargo)

Die Zugleistungen werden erbracht mit Lokomotiven der BR186 oder Class 66/77 auf den Relationen Antwerpen–Aachen, Antwerpen–Roosendaal, Zeebrugge–Aachen, Zeebrugge–Antwerpen und Genk–Aachen.

Railtrax (Captrain/SNCF)

Das kleine Unternehmen »Railtrax« fährt einige Güterzüge mit angemieteten BR186, Class 66 und G2000 und 3 eigenen 6400 (ex NS) meist für andere Gesellschaften, z.B. Maastricht–Huy-sour-Hermalle, Antwerpen–Kortrijk–Frankreich. Ehemalige Captrainleistungen werden mit Class 66/77 unter die Railtrax-Lizenz gefahren.

Rurtalbahn Cargo

»Rurtalbahn Cargo« fährt mit BR186 und Class 66 Züge von Antwerpen/Zeebrugge nach Aachen. Dazu werden oft Sondergüterzüge (z.B. Olen–Aachen) gefahren.

DB Cargo

Niederländische Diesellokomotiven der Reihe 6500 von DB Cargo Nederland fahren Güterzüge nach Belgien, z.B. von Terneuzen (NL) bis Gent-Zeehaven und Kijfhoek (NL), Kijfhoek–Antwerpen–Geel und Kalk/Stahlzüge aus nach Liège und Jemelle, sowie Zeebrugge/Gent/Antwerpen/Liège–Aachen mit angemieteten 186. ECR fährt mit BR186 zwischen Zeebrugge/Antwerpen und Frankreich.

SNCF Fret
Französische Elektrolokomotiven der Reihe 186 (Akiem TRAXX) fahren mit Güterzügen nach Antwerpen sowie zwischen Lüttich und Frankreich.

Europorte
Europorte kann man zwischen Boom–Antwerpen–Frankreich und Lessines/Obourg–Frankreich mit Dieselloks Euro4000 beobachten.

HSL
HSL fährt oft Güterzuge ab Aachen nach Antwerpen und Zeebrugge mit BR186.

Nahverkehrsbetriebe

Société Régionale Wallonne des Transports (»Transport En Commun«)
TEC-Charleroi betreibt die Métro-Strecken M1+M2 Charleroi Sud–Fontaine l'Évêque (oberirdisch und eingleisig weiter nach Anderlues), M3 Charleroi-Sud–Gosselies und M4 Charleroi-Sud–Soleilmont. Die TEC Charleroi setzt BN-Zweirichtungs-Triebwagen von 1980/81 ein. Das Depot befindet sich in Anderlues; die Hauptwerkstatt in Jumet liegt an der Strecke nach Gosselies.

Vlaamse Vervoer Maatschappij (VVM, »De Lijn«)
Küstenstraßenbahn Knokke (Bf)–Oostende–De Panne Adinkerke (Bf De Panne): In der Sommersaison Taktverdichtung auf 10 Minuten. Auf der 70 Kilometer langen Küstenstrecke verkehren BN-Einrichtungstriebwagen, mit Niederflurmittelteilen und HermeLijn-Wagen (aus Gent und Antwerpen). Depots in Oostende (Hauptwerkstatt), Knokke und Adinkerke. Neue CAF-Fahrzeuge bestellt.
Weiter betreibt De Lijn die *Straßenbahnnetze in Antwerpen* (Einrichtungs-Niederflurwagen HermeLijn 7201 bis 7284, Flexity 2/Albatros 7301–7362 und Einrichtungs-PCC-Triebwagen 7001 bis 7165; 7000 ist Museumswagen) *und Gent* (Zweirichtungs-Niederflurwagen HermeLijn 6301 bis 6341, Flexity 2/Albatros 6351–6376; 6201 ist Museumswagen).

Brussel–Maatschappij voor het Intercommunaal Vervoer te Brussel/Société de la Transport Intercommunale à Bruxelles (MIVB/STIB)
Die MIVB/STIB betreibt die U-Bahnlinien 1,2,5 und 6 mit 58 Doppeltriebwagen, 44 Dreifachtriebwagen und 21 Zechsachtriebwagen »BOA«. Das Straßenbahnnetz unfasst etwa 20 Linien und wird mit 127 PCC-Zweirichtungsgelenkwagen und 61 PCC-ZR-Doppelgelenkwagen sowie 51 Niederflurdoppelgelenkwagen der Reihe 2000 betrieben. Im Sommer findet ein historischer Straßenbahnbetrieb vom Museumsbetriebshof Woluwe über die Außenstrecke nach Tervuren und zwischen Woluwe und Jubelpark statt. Zudem gibt es noch 220 Flexity Outlook von Bombardier: die Reihe 3000 (5 Wagen), und die Reihe 4000 (7 Wagen).

Museen und Museumsbahnen

Große Bedeutung hat in Belgien der Erhalt von historischem Eisenbahnmaterial. Dachverband der belgischen Eisenbahnfreunde ist »Febeltrail«. (Febelrail bzw., Holle Eikaard 45, B-2550 Kontich). Im Internet ist der Verband unter www.febelrail.be zu finden.

SNCB/NMBS 11
Das offizielle Eisenbahnmuseum der SNCB/NMBS »Trainworld« (www.trainworld.be) steht in Schaarbeek. Dort gibt es z.B. die Lokomotiven »Pays de Waes«, 1152, 3251, 10.018 und 12.004 (Dampf), 551.48 und 211.006 (6406) (Diesel), ET12 und 1505 (Elektro), dazu je ein GCI-, M1- und TEE-Wagen. Derzeit ist der museale Lokomotivbestand der SNCB/NMBS in La Louvière-Sud, Schaarbeek und Steenbrugge untergebracht, aber nicht frei zugänglich.

Association pour la Sauvegarde du Vicinal (ASVi) 12
Rue du Fosteau 2A, B-6530 Thuin, Tel. 0032 71/37 00 05. An Mittwoch, Sonn- und Feiertagen von April bis Oktober sowie am Samstag von Juli bis September erfolgen Fahrten auf der 1983 stillgelegten Überlandstraßenbahn Lobbes–Thuin (5 km, Meterspur). Neben einer Dampflokomotive und zwei Dieseltriebwagen werden vor allem elektrische Straßenbahnzüge eingesetzt. Ein Überlandstraßenbahmuseum samt Depot mit 3,4 km Strecke in Meterspur entstand in Thuin (anstelle des früheren Bahnhofs Est, ex Ligne 109 Mons–Chimay).

Stoomtrein Dendermonde-Puurs (SDP) 13
Bahnhof Baasrode-Noord, Fabriekstraat 118, 9200 Baasrode. Am Sonntag von Juli bis September finden Dampfzugfahrten zwischen Puurs und Baasrode-Noord statt. Vorhanden sind eine einsatzfähige Dampflokomotive, sieben weitere Dampflokomotiven, neun Diesellokomotiven (vier davon aktiv), die ex NMBS-Triebwagen ES 205, 4614 und 4302, 3 Draisinen sowie 10 Personenwagen (GCI, I2, K3 und L). Die Fahrzeuge sind in Baasrode-Noord stationiert.

De Bakkersmolen 14
St.-Jansstraat 238, B-2910 Essen-Wildert, Tel. 0032 3/6 77 22 67. Am Sonntag von 15 April bis 15 Oktober Dampffahrten auf der 1200 m langen Schmalspurstrecke (600 mm) um eine Windmühle herum.

Chemin de Fer de Sprimont (CFS) 15
Chemin de Fer de Sprimont, Rue du Mierdy, 2b B-4140 Sprimont, Tel. 0032 4 382 20 29. Industrielle 600-mm-Schmalspur auf einem Teil der ehemaligen Überlandstraßenbahnstrecke Poulseur–Sprimont–Trooz.

Chemin de Fer à Vapeur des 3 Vallés (CFV3V) 16
Chaussée de Givet 49-51, B-5660 Mariembourg, Tel: 0032 60 31 24 40. An Wochenenden und Feiertagen von April

Museumstriebwagen 553.12 von 1942 im Ursprungszustand am 05.08.2018 in Maldegem. Foto: Joris De Mol.

Beim Festival Vapeur bei der Chemin de fer des 3 vallées war die SNCB-Dampflok 29.013 zugegen. Foto: Jörg Seidel.

bis Oktober Fahrten (Dampf oder Diesel) auf der Strecke von Mariembourg nach Treignes (14 km). Im Juli und August wird täglich gefahren. Lokomotiven: 22 Dampflokomotiven, 15 Diesellokomotiven, 9 Triebwagen, 2 E-Loks und 35 Wagen (GCI, P, L, N, M1, I2, K1, K3, DMS), sowie mehrere Güterwagen und Draisinen.

Rail Rebecq Rognon (RRR) 17
Rue du Pont 82, B-1430 Rebecq, Tel: +32 478 23 47 89. An Sonn- und Feiertagen von April bis September Fahrten auf der Schmalspurstrecke Rebecq–Rognon Station (4 km, 600 mm). Dampffahrten gibt es nur in Juli und August statt, ansonsten finden nur Dieselfahrten statt.

Stoomcentrum Maldegem (SCM) 18
Stationsplein 8, B-9990 Maldegem, Tel. 0032 50/71 68 52. Dampf- und Dieselfahrten an Sonntagen von Mai bis September auf der ehemaligen NMBS-Strecke Maldegem–Eeklo und auf einer 2 Kilometer langen Schmalspurbahn (Spurweite: 600 mm); im Juli und August auch Mittwoch. Restaurantfahrten: www.orientdiningexpress.be. Fahrzeuge auf Normalspur: Dieseltriebwagen 4403, 4405 (Ersatzteilspender), 4603, 4620 und 553.12 (alle ex NMBS); 8 Dampfloks (3 gebrauchsfähig, 5 abgestellt); 3 gebrauchsfähige Dieselloks (7404, 260.040, 9130), weitere abgestellt, je 11 Personenwagen, einige Güterwagen und ein Kinowagen. Auf Schmalspur besitzt man 3 Dampflokomotiven (eine fahrfähig), 4 Diesellokomotiven, 5 Personenwagen und diverse Güterwagen.

Toeristisme & Spoor Patrimonium (TSP) 19
Postbus 40, B-7000 Mons 1, Tel. 0032 495 20 27 78. Das TSP besitzt die polnische Dampflok Ty 2-3554 (als »26.101«) und die rumänische P8 230-084 (als 64.069) und einige kleine Dampfloks. Rollmaterial: Elektrotriebwagen 027, 082, E-Loks: 1504, 1608, 1805, 2021, 2201, 2309, 2551, 2629, 2801, 2913, Diesellokomotiven 1603 CFL, 802&806 CFL, 202.020, 270.005, 5128/49/83, 5205, 5927/41, 6077, 6106, 6289, 7103, 7305/24/41, 7402, 8061, 8320, 8428, 8524 und 9209, 42550 (ex Belgischen Armee, V36), Dieseltriebwagen 4333, 4506, 4602/05, 551.26, 553.29 und 554.18 und 18 Personenwagen; stationiert sind die Fahrzeuge im ehemaligen Depot (derzeit Museum) St. Ghislain oder Spontin. Der Verein erhält die frühere Ligne 128 Ciney–Spontin–Yvoir und veranstaltet auf dieser Strecke Sonderfahrten (befahrbar bis Bf Evrehailles Bauche). Gefahren wird mit Diesellokomotiven oder Triebwagen im Zeitraum Juni–Ende Oktober an Sonn-und Feiertagen.

Tramway Touristique de l'Aisne (TTA) 20
Rue du pont d'Erezée, B-6997 Erezée, Tel. +32(0)86 477 269. Fahrten auf einem Teil der Überlandstraßenbahn 516 von Pont d'Erezée bis Forge-à-la-Plez (12 km, Meterspur) mit Dieseltriebwagen.

Domaine des Grottes de Han 21
Rue Joseph Lamotte 2, B-5580 Han-Sur-Lesse, Tel. +32 84 37 72 13. Historische Überlandstraßenbahn von Han-Sur-Lesse zum Eingang der Höhle von Han (4km, Meterspur) mit ex-SNCV Dieseltriebwagen.

Pairi Daiza 22
Domaine de Cambron, 7940 Brugelette, Tel. +32 (0) 68 250 850. Schmalspurbahn (60cm) von mehr als 2 km im Tierpark Pairi Daiza. 3 Betriebsfähige Dampflokomtiven und mehrere Diesellokomotiven verfügbar. Triebwagen 514 (ex AOMC CH) nicht betriebsfähig aufgestellt.

Railbikes

Rail Bike des Haute Fagnes 23
Am Breitenbach, 4750 Leykaul, Tel. +32 (0)80 68 58 90, www.railbike.be (Vennbahn).

Rail Bike de de la Molignée 24
Rue de la Molignée 116, 5537 Warnant, Tel. +32 (0) 82 69 90 79, www.draisine.be.

In het spoor van de militairen 25
Fortsteenweg 37, 2950 Kapellen, Tel, +32(0) 474 48 16 03, www.spoorfietsen.be.

Railbike Limburg 26
Munsterbilzenstraat 56-58, 3740 Munsterbilzen, Tel +32(0)477 96 83 69, www.railbikelimburg.be.

Railbike Tessenderlo 27
Stationsstraat 96, 3980 Tessenderlo, Tel +32(0)13 35 33 31, https://toerismetessenderlo.be/railbike. ■

Luxemburg

Rüdiger Lüders

An der neu gebauten Station Pfaffenthal gelangt man vom CFL-Nahverkehrszug mit einem 200 m langen Schrägaufzug (Spurweite 1800 mm) bequem zur Bus- und Tramhaltestelle Rout Bréck-Pafendall auf dem Kirchberg-Plateau. Jürgen Recknagel gelang diese Aufnahme am 09.02.2019 mit dem Altbautriebzug 2022, der – wie die gesamte Baureihe 2000 – in wenigen Monaten durch neue Züge von Alstom ersetzt wird.

Das Fotografieren von Bahnanlagen ist in Luxemburg grundsätzlich erlaubt. Für das Depot in Luxemburg ist die Anmeldung in der Lokleitung (Warnweste nicht vergessen!) erforderlich, wobei zu beachten ist, dass seit Mitte 2015 alle Fahrzeuge im neuen Depot (Centre de Remisage et de Maintenance) gewartet werden, während der alte Rundlokschuppen im November 2015 abgerissen wurde.
Zum 1. März 2020 wurde für alle nationalen Verkehrsmittel, die vom Staat finanziert werden und sich auf luxemburgischem Territorium befinden, der kostenlose öffentliche Transport in der 2. Klasse eingeführt. Die Fahrscheine für die 2. Klasse wurden abgeschafft. Fahrgäste müssen sich allerdings jederzeit ausweisen können.
Für Anreisen per Bahn empfiehlt sich ab allen DB-Bahnhöfen das »Europa-Spezial Luxemburg« (19,90 Euro ohne BahnCard). Darüber hinaus gibt es seit 01.03.2020 das »Rheinland-Pfalz-Ticket+Luxemburg« für Bahnfahrten in Rheinland-Pfalz und Luxemburg ab 25,- Euro für eine Person + 6,- Euro für jede weitere Person (max. 5).

Chemins de Fer Luxembourgeoises – CFL

Verwaltung: 9 Place de la Gare, L-1616 Luxembourg (www.cfl.lu).

Streckennetz

Das Eisenbahnnetz in Luxemburg wird von der CFL unterhalten, steht aber seit 1995 im direkten Eigentum des luxemburgischen Staates. Dazu gehören auch ein Dutzend Anschlussbahnen und die Strecken der neuen Straßenbahn, der Standseilbahn Pfaffenthal–Kirchberg (Spurweite 1800 mm) sowie die Museumsbahnen von Fond-de-Gras (Normalspurstrecke »Train 1900« und 700-mm-Grubenbahn »Minièresbunn«).

Streckenlänge 275 km, davon

■ elektrifiziert	(25 kV 50 Hz)	262 km
■ nur Güterverkehr		38 km

CFL-Triebfahrzeuge

Seit der Gründung von CFL-Cargo im Jahre 2006, einem Gemeinschaftsunternehmen von CFL und Arcelor-Mittal, werden die für den Güterverkehr benötigten Lokomotiven von diesem neuen Unternehmen eingesetzt. Dazu gehören auch Triebfahrzeuge, die nur bei CFL-Cargo Danmark und CFL-Cargo Deutschland (vormals NEG) im Betrieb sind. Auf diese Fahrzeuge wird im Folgenden nicht eingegangen, sondern nur auf die in Luxemburg selbst im Einsatz befindlichen Lokomotiven und Triebzüge.

Fahrzeugeinsatz
Im Binnenverkehr fahren die Elloks der Reihe 4000 mit Doppelstock-Wendezügen auf fast allen Strecken; z.B. IR-Züge Luxembourg–Troisvierges/Gouvy; RB Luxembourg–Esch-sur-Alzette–Athus; RE Luxembourg–Athus–Virton; RE Luxembourg–Trier. Die Reihe 3000 bewältigt im Reisezugdienst den Regionalverkehr auf der Strecke Luxembourg–Kleinbettingen. Eine Lok der Baureihe

Triebfahrzeuge CFL (Stand: Oktober 2018)

Baureihe	*Achsfolge*	*Baujahr*	*Anzahl*	*Anmerkungen*	
Diesellokomotiven					
1100	B'B'-dh	2004	6	Vossloh Typ G1000, von Alpha Trains angemietet	1)
1500	B'B'-dh	2000	10	Vossloh Typ G1206, von Alpha Trains / MRCE angemietet	1)
DE18	Bo'Bo'-de	2017	11	Vossloh-Typ DE18	2)
Elektrolokomotiven					
3000	Bo'Bo'	1999	19	Alstom, Zweisystem-Lok (3 kV/25 kV 50 Hz)	3)
4000	Bo'Bo'	2004	20	Bombardier, Zweisystem-Lok, wie DB-BR 185	4)
185	Bo'Bo'	2003	6	Bombardier, Zweisystem-Lok, wie DB-BR 185	5)
Elektrotriebzüge					
2000	2-tlg. ET	1990	22	2 Züge mit KVB für den Verkehr nach Frankreich	6)
2200	3-tlg. ET	1999	22	Doppelstock-ET »Coradia Duplex« von Alstom, (1,5 kV/25 kV 50 Hz)	7)
2300	3-tlg. ET	2013	19	Doppelstock-ET »KISS« von Stadler (15 kV/25 kV 50 Hz)	
2400	4-tlg. ET	ab 2021	22	Doppelstock-ET »Coradia« von Alstom, (3 kV/25 kV 50 Hz)	8)
2450	8-tlg. ET	ab 2023	12	Doppelstock-ET »Coradia« von Alstom, (3 kV/25 kV 50 Hz)	8
Rangier- und Kleinlokomotiven					
500	B-dh	1993	3	Cockerill	
1000	B-dh	1972	4	Jung-Typ RC 25 B	
1020	B-dh	1953	3	Deutz-Typ A8L 614R	

Anmerkungen: 1) im Einsatz vorwiegend bei CFL Cargo; 2) nur im Güterzugdienst von CFL Cargo eingesetzt; 3) wie SNCB-Reihe 13; 2 Loks im Einsatz bei CFL Cargo; 4) 3 Loks im Einsatz bei CFL Cargo; 5) 185 519-524, für den Einsatz bei CFL Cargo geleast; 6) wie SNCF-Reihe Z11500 (Z2); 7) wie SNCF-Reihe Z24500, 2223 nach Unfallschaden des ausgemusterten 2207 nachgeliefert; 8) bestellt wurden 22 vierteilige + 12 achtteilige Tz.

3000 ist im IC-Einsatz mit M6-Doppelstockwagen der SNCB auf der Strecke Luxembourg–Bruxelles, die anderen Loks der Reihe 3000 werden im Güterzugdienst nach Belgien (Athus-Meuse-Linie) und Frankreich eingesetzt. Ebenfalls im Güterzugdienst verwendet werden Lokomotiven der Reihe 4000. Zwischen Bettembourg und Frankreich wird durch die SNCF (Fret) der Güterverkehr nur noch mit der Reihe 37000 abgewickelt.

Insgesamt ist der Transitgüterverkehr zurückgegangen; seit der Elektrifizierung der »Athus-Meuse-Linie« werden die meisten Güterzüge statt über Arlon jetzt über Namur/Athus geleitet.

Die Triebzüge der Reihe 2000 sind im Einsatz auf allen Strecken des Landes. An den Wochenenden werden teilweise lokbespannte Wendezüge wegen der geringeren Auslastung durch die Reihe 2000 ersetzt. Die Doppelstock-Triebzüge der Reihe 2200 sind im Einsatz zwischen Luxembourg und Nancy sowie Luxembourg und Longwy. Weiterhin werden sie im Regionalbereich nach Rodange (über Esch-sur-Alzette), Wasserbillig und Troisvierges eingesetzt. Ende 2018 hat die CFL als Ersatz für die Reihe 2000 und zur Erhöhung der Fahrgastkapazität 34 neue Doppelstock-Triebzüge (22 Vierteiler und 12 Achtteiler) aus der »Coradia«-Familie von Alstom bestellt, die von März 2022 bis Ende 2024 ausgeliefert sein sollen.

Im IC-Verkehr nach Brüssel sowie zwischen Luxembourg und Arlon sind die SNCB-Triebzüge der Reihe AM 96 im Einsatz. Die Loks der SNCB-Reihe 13 befördern die EC-Züge zwischen Luxembourg und Brüssel. TGV-Triebzüge der SNCF für den Verkehr zwischen Luxembourg und Frankreich sind ebenfalls anzutreffen.

Mit Doppelstock-Triebzügen Typ »KISS« von Stadler erbringt die CFL Nahverkehrsleistungen zwischen Koblenz und Luxemburg, die zwischen Luxemburg und Trier gekuppelt mit den Triebzügen gleicher Bauart der DB als RE von/nach Koblenz verkehren. Seit dem Fahrplanwechsel im Dez. 2016 fährt ein Zug der CFL vormittags zudem als IC weiter über Köln bis nach Düsseldorf und nachmittags zurück.

Straßenbahn

Von 1875 bis 1964 hatte es in Luxemburg eine Straßenbahn gegeben, zunächst als Pferde-Tram, ab 1908 dann als elektrische Straßenbahn auf Meterspurgleisen. Der letzte Straßenbahn-Triebwagen Nr. 34 ist heute noch im Straßenbahnmuseum in Hollerich zu besichtigen.

Die neue Tramlinie, die zukünftig bis zum Hauptbahnhof fahren soll, wird von futuristischen CAF-Fahrzeugen vom Typ »Urbos 3« bedient. Foto: Jürgen Recknagel.

Bereits 2006 hatte das luxemburgische Parlament die Wiedereinführung der Straßenbahn beschlossen, doch erst 2013 wurden die Finanzmittel dafür bereitgestellt. Im Dezember 2017 konnte zwischen den Messehallen »Luxexpo« auf dem Kirchberg und der Großherzogin-Charlotte-Brücke der Vorlaufbetrieb aufgenommen werden. Seit Juli 2018 fährt die Tram bis zum Stäreplatz/Etoile. Bis 2021 soll die gesamte Strecke vom Flughafen Findel zum Hauptbahnhof sowie im Süden nach Cloche d'Or in Betrieb sein. Zum Einsatz kommen dann 32 moderne Straßenbahnen des Typs »Urbos 3« von CAF, von denen die ersten im Vorlaufbetrieb fahren. Weitere Ausbaupläne sehen die Erweiterung nach Mamer innerhalb eines weit angelegten Park-and-Ride-Systems, insbesondere für belgische Pendler vor.

Museumsbahn

Fond de Gras (AMTF und »Minièresbunn«) 28

Die von der »Association des Musée et Tourisme Ferroviaires« (AMTF) betriebene Museumsbahn bei Rodange verkehrt auf einem Teilstück der früheren normalspurigen Industriebahn Petingen–Bois Châtier. Fahrtage: jeden Sonn- und Feiertag im Sommer. Weitere Informationen: www.train1900.lu.

Daneben gibt es im Museumspark von Fond-de-Gras eine 700-mm-Grubenbahn, auf der früher das im Bergwerk gewonnene Eisenerz zur Umladestation gefahren und auf Normalspur-Güterwagen verladen wurde. Betriebsfähig sind zwei Krauss-Dampfloks, drei AEG-Elloks (ex ARBED) und verschiedene Dieselloks, die alle für die Fahrt von Besucherzügen genutzt werden.

Nähere Informationen unter:
http://www.minieresbunn.lu/index.php/de ■

CFL-Museumsfahrzeuge

Nummer	*Bauart*	*Bauj.*	*Bemerkungen*
Z105	B'B'-dh	1949	DeDietrich-Dieseltriebwagen, *
Z208	B'2'+2'B'-dh	1957	Westwaggon-Dieseltriebwagen, *
455	C-dh	1953	KHD-Diesellok, ähnlich DB-V36, *
1604	Co'Co'-de	1955	NOHAB-Diesellok, wie SNCB 52, *
3608	Bo'Bo'-e	1959	»Krokodil«, Ellok wie SNCF BB 12000, *
5519	1'E h2	1946	ex DRB-42 2718

*: Eigentum SSMN = Service des Sites et Monuments Nationaux (Staatliches Amt für Denkmalpflege)

Lokomotivpark AMTF / Fond de Gras

Nummer	*Bauart*	*Hersteller/Baujahr*	*Bemerkungen*
Dampflokomotiven			
Nr. 5	C n2t	O&K 5457/1912	ex ARBED, Esch-sur-Alzette, 2019 im Einsatz
Nr. 8	B n2t	Hanomag 3431/1900	ex ARBED, Differdange; 2019 nicht betriebsfähig
Nr. 9	Cn2t	Hohenzollern 2227/1908	ex EBV Grube »Anna«, Alsdorf; 2019 abgestellt
Nr. 12	C n2t	Hanomag 4018/1903	pr. T7, ex ARBED; wird aufgearbeitet
5621	1'E h2	KM 16630/1943	ex CFL, ex ÖBB 52.3504, Eigentum SSMN *)
AL 6114	C n2t	Graffenstaden 4324/1891	elsäss. T3, seit Mai 2019 wieder betriebsfähig, Eigentum SSMN *)
Diesellokomotiven			
Nr. 33	B-dm	KHD 56776/1957	ex ARBED Differdange
CFL 2001	B-dh	KHD 56764/1957	ex CFL 2001
7309	C'-dh	BN / ABR 1965	ex SNCB 7309
Triebwagen/Schienenbusse/Draisinen			
Z 151	A1-dm	Uerdingen/1951	Schienenbus-Prototyp, ex CFL
551 669	A1-dm	Uerdingen/1956	Schienenbus, ex SNCB 551-669, ex DB VT 95 669
Nr. 13 »Triny«	A1-dm	FKF Dresden 12149/1942	Bahnmeister-Fahrzeug, 2019 nicht betriebsfähig
Nr. 53 »Skotti«	B-dm	Schöma 2814/1964	ex DB Klv 53.0013, 2019 im Einsatz

*) SSMN = Service des Sites et Monuments Nationaux (Staatliches Amt für Denkmalpflege)

Frankreich

Torsten Schneider

SNCF 27823 + 824 passieren am 23.07.2019 als TER Bar-le-Duc–Nancy-Ville den aufgelassenen Bf Foug. Foto: Torsten Schneider.

Frankreich ist ein landschaftlich sehr vielseitiges Land, mit langen Küsten, breiten Flusstälern, weitläufigen Hügellandschaften und zwei Hochgebirgen. Die Bevölkerungsdichte beträgt mit 122 Einwohnern pro Quadratkilometer nur etwa halb so viel wie die Deutschlands, mit großen regionalen Unterschieden zwischen einigen dichtbevölkerten Zentren und sehr dünn besiedelten ländlichen Gegenden. Das alles spiegelt der Schienenverkehr wider, mit Hochgeschwindigkeitszügen (TGV, Thalys und Eurostar) auf neuen Hochgeschwindigkeitsstrecken (lignes à grande vitesse, LGV) zwischen den Zentren und dazwischen keinen oder nur wenigen Halten, mit dichtem Schienenpersonennahverkehr in den Zentren und mit teilweise beschaulichem Nebenbahnbetrieb in der Provinz, wo so manche Strecke nur noch durch einzelne Züge und nur an Schultagen bedient wird, und wo an Wochenenden nicht einmal ein Bus fährt. Anders als in anderen europäischen Ländern liegt der Schienenverkehr nach wie vor weitgehend in der Hand der Staatsbahn, der SNCF. Das gilt sowohl im Personen- als auch im Güterbereich, denn auch Gesellschaften wie AKIEM und VFLI, aber auch Thalys, sind vollständige bzw. anteilige Töchter der SNCF.

Für Bahnreisende ist Frankreich kein Billigland. Der »Interrail-Pass Frankreich« erlaubt während seiner Gültigkeitsdauer zwar beliebige Fahrten, die Gebühren für die für Nacht- und Hochgeschwindigkeitszüge zwingend erforderlichen Reservierungen sind im Preis jedoch nicht enthalten. Da die Fahrpreise für die Hochgeschwindigkeitszüge von der erwarteten Auslastung und dem Zeitpunkt der Buchung – je früher, umso günstiger – abhängen, sollte man daher, je nach Art der Reise, als Alternative oder auch in Ergänzung zu einem Pass mit dann kürzerer Laufzeit, den Kauf von Einzelfahrkarten erwägen. Gelegentlich sind TGV-Fahrkarten für die 1. Klasse kaum teuer als für die 2. Sie können online über die Website der SNCF (oui.sncf.fr) erworben werden. Streckenfahrpläne für den Regionalverkehr kann man, nach Regionen sortiert, im pdf-Format als »Fiches horaires« herunterladen.

Fotografieren zu privaten Zwecken ist von öffentlichem Grund aus und in den öffentlichen Bereichen der Bahnhöfe eigentlich zulässig. Das Betreten der Bahnsteige ist, zumindest in größeren Bahnhöfen, jedoch eigentlich nur mit gültiger Fahrkarte gestattet. In kleineren, besetzten Bahnhöfen wird eine Anmeldung beim »Chef du Gare« wertgeschätzt und ist das Personal dann meistens aufgeschlossen und auskunftsbereit.

Société Nationale des Chemins de fer Français (SNCF)

Zum 01.01.2020 wurde die SNCF von einem »EPIC« (Öffentliches Unternehmen mit kommerziellem Charakter) in eine Aktiengesellschaft SNCF (Société anonyme, SA) mit öffentlichem Kapital umgewandelt, die alle Anteile an ihren ebenfalls als SA gebildeten Tochterunternehmen SNCF Réseau (Netz), SNCF Voyageurs (Personenbetrieb), SNCF Gares & Connexions (Bahnhöfe) und Fret SNCF (Güterverkehr) hält. www.sncf.fr.

Das Streckennetz umfasst heute etwa 30.000 km Streckenlänge, davon sind 2.000 km TGV-Hochgeschwindigkeitsstrecken. Auf www.sncf-reseau.fr ist u.a. aussagekräftiges Kartenmaterial einzusehen. Zudem bietet der in 2015 erschienene Schweers&Wall-Atlas (zunächst in Band 1 für die Nordhälfte des Landes) eine gute, detaillierte Kartengrundlage.

SNCF-Lokomotiven

Baureihe	*Achsfolge*	*Baujahre*	*Hersteller*	*Bestand*	*Anmerkungen *)*
Einsystem-Elektrolokomotiven					
7200	B'B'	1976–83	Alsthom/MTE	108	1,5 kV, NC, kaum noch Einsatz im Güterverkehr
7600	B'B'	1976–83	Alsthom/MTE	14	1,5 kV, NC, 2012 Umbau aus BB 7200, IdF
15000	B'B'	1971–78	Alsthom/MTE	47	25 kV/50 Hz, NC, seit 2017 verstärkte Ausmusterung
17000	B'B'	1965–68	Alsthom/MTE	4	25 kV/50 Hz, IdF, ursprünglich 105 Loks geliefert
Mehrsystem-Elektrolokomotiven (1,5 kV, 25 kV/50 Hz, ggf. auch 3 kV)					
22200	B'B'	1976–83	Alsthom/MTE	159	NC
25500	B'B'	1964–76	Alsthom/MTE	9	von ursprünglich 194 Loks, verstärkte Ausmusterung
26000	B'B'	1988–98	Alsthom/MTE	178	seit 2019 verstärkte Ausmusterung
27000	Bo'Bo'	2001–06	Alstom	179	davon 69 bei AKIEM und VFLI
27300	Bo'Bo'	2006–09	Alstom	67	IdF
36000	Bo'Bo'	1996–2000	Alstom	30	auch 3 kV, alle bei AKIEM
36300	Bo'Bo'	2000–02	Alstom	30	auch 3 kV, 2006-08 ex BB 36000 / 36200
37000	Bo'Bo'	2004–06	Alstom	59	auch 3 kV, alle bei AKIEM
Diesellokomotiven					
60000	Bo'Bo'	2006–10	Vossloh	169	Typ »G 1000«
63500	Bo'Bo'	1956–71	BL/SACM	61	ursprünglich 580 Loks, Typ »Brissonneau & Lotz«
64600	Bo'Bo'	1956–71	BL/SACM	39	Umbau aus BB 63500, Typ »Brissonneau & Lotz«
64700	Bo'Bo'	1956–71	BL/SACM	16	»master« für BB 64800, Typ »Brissonneau & Lotz«
64800	Bo'Bo'	1956–71	BL/SACM	16	kein Führerhaus, »slave«-Lok für BB 64700
66000	Bo'Bo'	1960–68	SACM/Fives	21	ursprünglich 318 Loks geliefert
66400	Bo'Bo'	1968–71	SACM/Fives	13	ursprünglich 106 Loks geliefert
67200	B'B'	1963–68	BL/MTE	77	1980-2004 Umbau aus BB 67000 für Infra
67400	B'B'	1969–75	BL/MTE	95	ursprünglich 232 Loks geliefert
69200	Bo'Bo'	1960–68	SACM/Fives	64	2005–07 Umbau aus BB 66000 für Fret und Infra
69400	Bo'Bo'	1960–68	SACM/Fives	42	2005–09 Umbau aus BB 66400 für Fret, heute Infra
72000	C'C'	1967–74	Alsthom/SACM	3	ursprünglich 92, nur noch für Sonderzüge Infra, NC
75000	Bo'Bo'	2007–10	Alstom/Siemens	122	Typ »Prima«, davon 30 bei AKIEM
75300	Bo'Bo'	2010–12	Alstom/Siemens	10	Typ »Prima«, Umbau aus BB 75000, alle bei AKIEM
75400	Bo'Bo'	2010–12	Alstom/Siemens	68	wie BB 75000, jedoch mit höherer Leistung

*) In der Tabelle sind keine Einzelstücke berücksichtigt, die nur noch im Infrastruktur- oder Messzugbereich Verwendung finden sowie weder Kleinloks (Baureihen »Y.«) noch Tram-trains der SNCF (Baureihen »U.«)

Anmerkungen: IdF = Einsatz nur bei Réseau Île de France, Infra = SNCF Réseau, NC = Design »nez cassés«; Bestandsdaten aus »Le parc matériel moteur SNCF« (Dezember 2019) von C. Moser und C. Hespel übernommen.

Betrieb

In der Personensparte setzte die SNCF lange auf den Hochgeschwindigkeitsverkehr, mit dem mittlerweile rund 80 Prozent aller Fernreisen abgewickelt werden. Das Netz wird weiter ausgebaut. Einzelne TGV-Züge werden auch über klassische Strecken geführt. Seit 2017 werden die TGV unter dem Namen »inOui« vermarktet, und viele Triebzüge tragen schon die neuen Farben. Das Angebot wird ergänzt durch die Billigmarke »Ouigo«, für die einige TGV-Züge mit einer verdichteten Bestuhlung ausgerüstet wurden, in denen wifi extra kostet und für die Fahrkarten nur online gebucht werden können.
Einige Radialen ab Paris und Querverbindungen werden nach wie vor mit »Intercités« Schnellzügen bedient. Bis 2020 sollen die Regionen jedoch die meisten dieser Linien übernehmen. Sie sind auch für den Regionalverkehr (TER, train express régional) zuständig. Im Dezember 2018 entfiel bereits der freitags bis sonntags verkehrende »Intercités Éco« Paris–Strasbourg und zurück, der erst 2016 als preisgünstige Alternative zu den TGV eingeführt worden war. Stattdessen verkehrt montags bis freitags ein durchgehendes TER-Zugpaar Paris–Strasbourg und zurück. Wegen ihrer übergeordneten Bedeutung sollen nur einige »Intercités«-Linien in nationaler Verantwortung verbleiben: Paris-Austerlitz–Les Aubrais (Orléans)–Limoges–Toulouse (POLT), Paris-Bercy–Clermont-Ferrand, Bordeaux–Toulouse–Marseille, Nantes–Bordeaux, Toulouse–Hendaye und Nantes–Lyon. Erste Linien, wie Nantes–Bordeaux und Nantes–Lyon, sollen ab 2022 für den Wettbewerb geöffnet werden.
Das Trenitalia gehörende Verkehrsunternehmen »Thello« bietet in Frankreich bereits seit 2011 Schnellzüge an, derzeit auf der Relation Mailand–Nizza–Marseille sowie ein Nachtzugpaar Paris Gare de Lyon–Venedig.
Der Nachtzugverkehr der SNCF wurde bis 2017 aus Kostengründen mit Ausnahme dreier Relationen eingestellt, nämlich von Paris Austerlitz nach Latour-de-Carol, Albi und Briançon. In der »Provinz« gibt es im Personenverkehr unterschiedliche Entwicklungen, seit die Regionen für die Finanzierung des Regionalverkehrs verantwortlich sind. Kommt es bei einigen Strecken nach wie vor zu Kürzungen und Einstellungen des Regionalverkehrs, so findet man z.B. im Elsass auch an Wochenenden mittlerweile wieder ein ganz passables Angebot vor.
Ungünstig bleibt die Lage im Schienengüterverkehr, der der Transport- und Logistiksparte »SNCF Geodis« untersteht und als Marke »Fret SNCF« firmiert. Es dominieren Container-, Kesselwagen- und Automobiltransportzüge zwischen Bevölkerungszentren und Seehäfen, sowie Ganzzüge z.B. zur Bedienung von Steinbrüchen. Gemischte Güterzüge sind die Ausnahme. Hunderte Kilometer Nebenstrecken, auf denen der Personenverkehr meist schon vor Jahrzehnten eingestellt wurde, werden oft nur von wenigen Güterzügen pro Jahr z.B. zu einem einsam gelegenen Getreidesilo befahren und sind von Stilllegung bedroht.

SNCF-Triebwagen

Baureihe	*Einheiten*	*Baujahre*	*Hersteller*	*Bestand*	*Anmerkungen*
Elektrotriebwagen (alle Stromsysteme)					
Z100	2	seit 1912	SACM/Carde	14	850 V, Stromschiene, Ligne de Cerdagne (1000 mm)
Z150	3	2004	Stadler Rail	2	850 V, »GTW 2/6«, Ligne de Cerdagne (1000 mm)
Z800	2	1997	Vevey/SLM	3	850 V, Doppel-Tw, Ligne de Savoie (1000 mm)
Z850	3	2006–08	Stadler Rail	6	850 V, Typ »SPATZ«, Ligne de Savoie (1000 mm)
Z5600	4	1984–86	CIMT/Oerlikon	52	1,5 kV, letzte Gleichstrom-Tw bei IdF
Z6400	3	1976–79	Alsthom/CF	28	25 kV/50 Hz, geliefert 75 Tw, letzte reine AC-Tw / IdF
Z7300	2	1980–82	Francorail/ANF	21	1,5 kV, ursprünglich 75 Tw geliefert
Z7500	2	1982–82	Francorail/ANF	3	1,5 kV, ursprünglich 15 Tw geliefert
Z8100	4	1980–83	Francorail/ANF	51	1,5 kV und 25 kV/50 Hz, baugleich mit RATP-MI 79
Z8800	4	1985–87	CIMT/ANF	57	1,5 kV und 25 kV/50 Hz, Typ Z2N, IdF
Z9500	2	1982–83	Francorail/ANF	12	1,5 kV und 25 kV/50 Hz, Typ Z2, Ausmusterung läuft
Z9600	2	1984–86	Francorail/ANF	13	1,5 kV und 25 kV/50 Hz, Typ Z2, Ausmusterung läuft
Z11500	2	1986–87	Francorail/ANF	14	25 kV/50 Hz, Typ Z2, Ausmusterung läuft
Z20500	4+5	1988–96	CIMT/ANF	200	1,5 kV und 25 kV/50 Hz, Typ Z2N, IdF
Z20900	4	2001–03	Alstom/Bomb.	54	1,5 kV und 25 kV/50 Hz, Typ Z2N, IdF
Z21500	3	2002–04	Alstom/Bomb.	49	1,5 kV und 25 kV/50 Hz, Typ Z TER
Z21700	3	2002–04	Alstom/Bomb.	8	1,5 kV und 25 kV/50 Hz, Umbau 2015/16 ex Z21500
Z22500	4	1996–99	Alstom/ANF	53	1,5 kV und 25 kV/50 Hz, Typ MI 2N, IdF
Z23500	2	1997–2000	Alstom/ANF	79	1,5 kV und 25 kV/50 Hz, Typ TER 2N PG
Z24500	2+3	2003–10	Alstom	145	1,5 kV und 25 kV/50 Hz, Typ TER 2N NG
Z26500	4+5	2004–10	Alstom	66	1,5 kV und 25 kV/50 Hz, Typ TER 2N NG
Z27500	3+4	2004–10	Bombardier	211	1,5 kV und 25 kV/50 Hz, Typ »AGC/ZGC«
Z31500	4	seit 2018	Alstom	17	1,5 kV, 25 kV/50 Hz, 15 kV/16,7 Hz, Typ »Régiolis«
Z50000	7+8	seit 2009	Bombardier	269	1,5 kV und 25 kV/50 Hz, Typ »Francilien«, IdF
Z51500	4	seit 2014	Alstom	59	1,5 kV und 25 kV/50 Hz, Typ »Régiolis«
Z54900	4	seit 2016	Alstom	15	1,5 kV und 25 kV/50 Hz, Typ »Régiolis«
Z55500	6-8	seit 2014	Bombardier	121	1,5 kV und 25 kV/50 Hz, Typ Regio 2N
Z56300	6	seit 2014	Bombardier	42	1,5 kV und 25 kV/50 Hz, Typ Regio 2N
Z56500	8	seit 2018	Bombardier	13	1,5 kV und 25 kV/50 Hz, Typ Regio 2N
Z57000	8	seit 2017	Bombardier	58	1,5 kV und 25 kV/50 Hz, Typ Regio 2N, IdF
Dieseltriebwagen					
X72500	2+3	1997–02	Alstom	89	Typ X TER seit 2017 in Ausmusterung
X73500	1	1999–04	Alstom	316	Typ A TER
X73900	1	1999–04	Alstom	19	Typ A TER, mit PZB für Einsatz nach Deutschland
X74500	2	2003	CFD	5	Ligne du Blanc à Argent (1000 mm)
X76500	3+4	2003–10	Bombardier	163	Typ »AGC/XGC«
Hybridtriebwagen (für Diesel- und Elektrobetrieb)					
B81500	3+4	2004–10	Bombardier	185	Typ »AGC/BGC«, Diesel und 1,5 kV
B82500	4	2007–11	Bombardier	140	Typ »AGC/BGC BiBi«, Diesel, 1,5 kV, 25 kV/50 Hz
B83500	4+6	seit 2014	Alstom	42	Typ »Régiolis BiBi«, Diesel, 1,5 kV und 25 kV/50 Hz
B84500	4+6	seit 2014	Alstom	108	Typ »Régiolis BiBi«, Diesel, 1,5 kV und 25 kV/50 Hz
B85000	6	seit 2016	Alstom	36	Typ »Coradia Liner«, Diesel, 1,5 kV, 25 kV/50 Hz, IC
B85900	4	2015/16	Alstom	10	Typ »Régiolis BiBi«, Diesel, 1,5 kV und 25 kV/50 Hz

Anmerkungen: IdF = Einsatz nur bei Réseau Île de France, Infra = SNCF Réseau, NC = »nez cassés« Design; Bestandsdaten aus «trainsso.pagesperso-orange.fr/page0.html» (Dezember 2019) übernommen.

SNCF Trains à Grande Vitesse (TGV, Ouigo)

Baureihe	*Einsatz*	*Baujahre*	*Züge*	*Anmerkungen *)*
23000	Paris-Sud-Est	1978–85	19	Triebzugnummern 1–102, in Ausmusterung
24000	Atlantique	1988–92	46	Triebzugnummern 301–405, in Ausmusterung
28000	Réseau bi	1991–96	26	Triebzugnummern 501–554, z.T. Umbau in 28600
28600	Réseau Duplex	1991–96	19	Triebzugnummern 601–619, 2006–08 Umbau aus 28000, 1)
29000	Duplex	1995–2006	88	Triebzugnummern 201–293
29700	Dasye Duplex	2008–12	49	Triebzugnummern 701–797, z.T. Umbau in low-cost TGV »Ouigo«, 2)
310200	Euro-Duplex	seit 2013	70	Triebzugnummern 801–896, +3 kV
373200	Eurostar	1993–96	12	Triebzugnummern 3201/02-3231/32, +3 kV
43400	Thalys PBKA	1997	6	Triebzugnummern 4341–4346, +3 kV und 15 kV/$16^2/_3$ Hz
384000	POS	2006–07	19	Triebzugnummern 4401–4419 (Paris–Ostfrankreich–Süddeutschland), 3)
380000	Thalys PBA	1993–96	37	Triebzugnummern 4501–4551, +3 kV
310000	Euro-Duplex	2011–15	30	Triebzugnummern 4701–4730, +15 kV/162/3 Hz

*) alle 1,5 kV und 25 kV/50 Hz sowie ggfs. Anmerkung.; 1) davon 3 Tz. (Nr. 613–615) +15 kV/$16^2/_3$ Hz; davon Züge 732–744 auch 3 kV, 3) +15 kV/$16^2/_3$ Hz

Elektrisch ist Frankreich (ähnlich wie Tschechien und die Slowakei) historisch bedingt weitgehend zweigeteilt. Südlich von Paris, wo die Elektrifizierung von Strecken bereits unter Regie der Vorgängergesellschaften der SNCF begann, dominiert Gleichstrom mit 1,5 V. In den Strecken der nördlichen Landesteilen, deren Elektrifizierung erst nach dem Zweiten Weltkrieg einsetzte, kam hingegen Einphasen-Wechselstrom mit 25 kV/50 Hz zur

Anwendung, so wie auch bei allen LGV. Die Systemgrenze verläuft quer durch Paris: Von den großen Kopfbahnhöfen Gare de Montparnasse, Lyon und Austerlitz gehen Gleichstromstrecken aus, von Gare du Nord, Est und Saint-Lazare Wechselstromstrecken. Die TGV-Züge sind für beide Systeme ausgerüstet, da sie oft über die LGV hinaus auf konventionellen Streckenabschnitten an ihre Zielbahnhöfe gelangen. Auch die meisten im Schnellverkehr im Großraum Paris (Reseau Express Regional, RER) eingesetzten Triebzüge sind mittlerweile zweisystemfähig.

Triebfahrzeugbestand

Bei den Triebfahrzeugen hat in wenigen Jahren ein fast vollständiger Generationswechsel stattgefunden. Die Abstellung von TGV-Zügen der ersten beiden Generationen, »Paris-Sud-Est« und »Atlantique«, schreitet zugunsten von Doppelstockzügen fort. Die Ära der Einsystem-Elektrolokomotiven und -triebwagen neigt sich dem Ende zu. Die Baureihen der Diesel- und Elektrolokomotiven im markanten Design »Nez Cassés« sind entweder bereits ausgemustert oder auf dem Rückzug. Lokbespannte Wagenzüge werden im Regionalverkehr eher zur Ausnahme. Selbst im »Intercités«-Verkehr werden schon Triebzüge eingesetzt, so nach Ablösung der CC 72100 auf der Relation Paris–Belfort (»Ligne 4«) und der BB 67400 zwischen Paris und Boulogne. 2019 hat SNCF bei CAF 28 Elektro-Triebzüge des Typs »Confort 200« für die Strecken Paris Bercy–Clermont-Ferrand und Paris Austerlitz–Limoges–Toulouse bestellt, die ab 2023 zum Einsatz kommen sollen, mit einer Option auf weitere Züge für die Strecke Bordeaux–Marseille. Dadurch werden zahlreiche BB 7200 und 26000 freigesetzt werden. Die unverändert kritische Lage der Güterverkehrssparte führt zur vermehrten Abstellung selbst jüngerer Fahrzeuge wie bei den BB 26000, oder deren Übertragung auf die konzerneigene Leasinggesellschaft AKIEM wie bei den BB 27000, 37000 und 75000.

Interessante Strecken und Fahrzeugeinsätze

Aufgrund der landschaftlichen Vielfalt triff der Reisende triff der Reisende in Frankreich auf kurvenarme Flachlandtrassen, einsame Strecken durch Wälder und endlose Äcker, und grandiose Gebirgsbahnen, Eisenbahnmagistralen mit dichtem Personen- und Güterverkehr oder nur von einzelnen Zügen befahrene Nebenstrecken. Während die LGV von Anfang an eingezäunt waren, wird das Fotografieren auch an klassischen Strecken zunehmend durch die berühmt-berüchtigten grünen Gitterzäume erschwert.

Nordwesten und Paris: Die SNCF betreibt relativ dichten Personen- und Güterverkehr zwischen Paris und den großen Küstenstädten und ihren Seehäfen. Paris bleibt mit seinen Kopfbahnhöfen nach wie vor beherrschendes Zentrum des französischen Eisenbahnverkehrs. Der dichte Regional- und Fernverkehr ist von vielen Vorortbahnhöfen gut einsehbar, deren Bahnsteige meist aber nur mit Fahrkarten durch Sperren zugängig sind. Ein dichtes Netz von RER-Linien, dem S-Bahn ähnlichen Stadtverkehr, durchkreuzt die Île de France. Einige Linien führen in langen Tunneln unter dem Stadtzentrum hindurch und verbinden so stromsystemübergreifend die Kopfbahnhöfe. Die RER-Linienbündel A und B werden von der RATP betrieben (siehe unten), die anderen durch die SNCF. Die BB 7600, die erst 2012 aus BB 7200 für den Wendezugverkehr zwischen Paris Montparnasse und Rambouillet umgebaut worden waren, sollen 2021 durch Triebzüge ersetzt werden.

Nordosten: Die als »Ligne 4« bekannte Strecke Paris–Belfort ist eine der letzten großen Dieselmagistralen in Westeuropa, durchgehend zweigleisig und westlich Chalindrey teilweise noch von Telegrafenmasten gesäumt. Sie wird im Personenverkehr seit Sommer 2017 ausschließlich mit modernen Triebwagen bedient. Das Depot Chalindrey mit dem Rundschuppen (»rotonde«) ist teilweise von außen einsehbar. Hier stehen noch diverser Teile beraubte Dieselloks der ausgemusterten Reihen 68000 und 72100. Zwischen Besançon und Le Locle (CH) im Jura ist der zukünftige Fahrzeugeinsatz unklar, weil die X73500 nicht mehr den Umweltstandards entsprechen. Von Strasbourg nach Sélestat und Saverne / Sarrebourg kommen während der Hauptverkehrszeiten vermutlich noch bis 2022 Wendezüge mit BB 25500 zum Einsatz. Die Lokomotive befindet sich jeweils auf der Nord- bzw. Westseite. 2019 begann ihr Ersatz durch BB 22200. Als Fotostellen bieten sich z.B. südlich von Strasbourg bei Erstein Straßenbrücken über die Bahn mit den Vogesen im Hintergrund, und nordwestlich der parallele Rhein-Marne Kanal bei Steinbourg an. Im nahen Saverne stehen am Kanal zwei elektrische Treidellokomotiven als Denkmäler. Über den gesamten Nordosten Frankreichs verstreut sind viele weitere Treidellok- und in Lothringen auch Grubenlok-Denkmäler.

Im Südosten prägen Alpen und die Côte d'Azur das Bild. Empfehlenswert ist die »Tendabahn« Nice bzw. Ventimiglia–Cuneo, deren Stilllegung im Gespräch ist. Der Großteil des grenzüberschreitenden Güterverkehrs zwischen Frankreich und Italien wird teils mit Schubloks über die »Ligne de Maurienne« Culoz–Modane abgewickelt. Das Rhône-Tal wird zwischen Lyon und Avignon beidseitig des Flusses von Hauptstrecken gesäumt. Die rechte Rhône-Strecke dient hauptsächlich dem Güterverkehr. Weitere schöne Strecken: Marseille–Port de Bouc entlang der Cote bleue, Marseille–Ventimiglia, Grenoble bzw. Valence–Veynes–Briançon, Chamonix–Martigny (Ligne de Savoie, siehe Schmalspur). Der Nachtzug Paris–Briançon wird östlich von Valence mit BB 75300 bespannt.

Zentralfrankreich: Die Schnellzüge auf beiden Magistralen Paris Bercy–Clermont-Ferrand und Paris Austerlitz–Limoges–Toulouse werden voraussichtlich noch bis 2023 mit BB 7200 (und BB 22200 und 26000) bespannt. Das »Massif central« und die angrenzenden Landschaften hinunter bis zum Mittelmeer bilden die Kulisse für teils spektakuläre und einsam gelegene Bahnstrecken

Eisenbahnen in Frankreich

wie Clermont-Ferrand–Alès (die »Cevennenbahn« mit langen Passagen in der Allier-Schlucht und vielbogigen Viadukten) und Clermont-Ferrand–Béziers (mit dem bekannten Viaduc du Garabit). Allerdings haben der Region beim sowieso schon dünnen Fahrplanangebot weitere Reduzierungen des Angebots zugesetzt.

Südwesten: Auf einigen der Gleichstromstrecken stehen abschnittsweise noch aus der Frühphase der Elektrifizierung stammende und über der Streckenmitte geschlossene »Bogenmasten«. In Latour-de-Carol in den Pyrenäen kommen drei Spurweiten zusammen, außer 1000 mm der Ligne de Cerdagne von Villefranche (siehe Schmalspur) und 1435 mm (von Toulouse) auch die spanische Breitspur (1668 mm, von Barcelona). Ab Narbonne führt die Strecke in Richtung Barcelona durch die Lagunen bei Port-la-Nouvelle zum Grenz- und Spurwechselbahnhof Cerbère und weiter durch den kurzen Grenztunnel in dessen spanisches Gegenstück Port Bou.

Andere Bahngesellschaften auf Normalspur

Personenverkehr

Neben der SNCF und ihren Tochtergesellschaften Eurostar und Thalys, welche demnächst fusionieren werden, betreiben nur noch die RATP (Vorortverkehr im Raum Paris) und die Trenitalia-Tochtergesellschaft Thello (mit Schnellzügen Marseille–Mailand und Nachtzügen Paris–Venedig) Personenverkehr auf dem französischen Normalspurnetz. Die RATP (Régie autonome des transports parisiens) wurde 1949 als staatlicher Betreiber des öffentlichen Personennahverkehrs im Großraum Paris (Île de France) gegründet. Ihr unterstehen außer der Métro und der Straßenbahn unter anderem auch die RER-Linien A und B. Dafür besitzt sie eigene Fahrzeuge, meist baugleich zu oder ähnlich SNCF-Baureihen: MI 79 (Baujahre 1980–85, wie SNCF Z8100), 73 Züge MI 84 (Baujahre 1985–90, Weiterentwicklung von MI 79), 43 Züge Z1500/MI 2N Altéo (Baujahre 1997–2005, wie SNCF Z22500) und 140 Züge der Reihe MI 09.

Güterverkehr

Einige SNCF-Tochtergesellschaften operieren unter eigenem Namen: VFLI (Voies Ferrées Locales et Industrielles) widmete sich nach Gründung 1998 zunächst der Bedienung von Werk- und Anschlussbahnen, tritt aber zunehmend auch als überregionaler Logistiker auf. CAPTRAIN ging 2009 aus Veolia Cargo hervor und ist als internationale Güterbahngesellschaft u.a. mit der deutschen Tochter ITL aufgestellt. 2019 wurde die belgische Railtraxx übernommen. AKIEM wurde 2008 als Lok-Vermieter gegründet und übernahm von den SNCF u.a. alle 59 verbliebenen Fahrzeuge der Dreisystem-Elektroloks der Reihe 37000, um sie auch an die SNCF zurück zu vermieten. Neben VFLI entstanden weitere Schienenverkehrsunternehmen, die einzelne Anschlussbahnen betreiben oder regional tätig sind, wie zum Beispiel die 2010 gegründete Compagnie Ferroviaire Régional (CFR), die im Burgund auf der Strecke Corbigny–Cercy-la-Tour mit zwei gemieteten Vossloh G1000 Steinbrüche bedient.
ECR (EuroCargoRail) wurde als Tochtergesellschaft der britischen EWS gegründet und ist nach deren Übernahme eine Tochter der Deutsche Bahn. Sie ist auch im internationalen Verkehr tätig. Streckenlokomotiven: 65 E-Loks Baureihe 186 (teilweise von der DB übernommen), 64 EMD Class 66 und 16 Vossloh G 1000.
Europorte Channel entstand 2010 durch Übernahme des französischen Teils von Veolia Cargo durch Eurotunnel. Streckenlokomotiven: 31 BB 37500 (wie BB 37000 SNCF), 32 Vossloh Euro 4000, 9 Vossloh G 1000 und 7 Vossloh DE 18.
Colas-Rail (bis 2008 Seco-Rail) hat sich auf den Transport von Baumaterial spezialisiert. Streckenlokomotiven: 34 Vossloh G1000 / G1206, 3 Vossloh G2000 und 3 Vossloh DE 18.
Lineas France (ex OSR): Tochter der belgischen Lineas (vormals SNCB Logistics), Güterverkehr vorwiegend in Nord- und Ostfrankreich mit von AKIEM angemieteten Lokomotiven der SNCF-Baureihen BB 27000 und BB 75000, sowie Rangierdienste z.B. im Hafen Strasbourg mit von der SNCB stammenden Diesellokomotiven im Anschluss an mit ex-SNCB 1300 bespannten Containerzügen aus Belgien.

Schmalspurbahnen mit Regelverkehr (1000 mm)

Früher existierten in Frankreich zahlreiche Schmalspurbahnen. Eine kleine Zahl von Meterspurbahnen wird nach wie vor durch SNCF-Töchter oder andere Träger betrieben, zumindest im Personenverkehr.

Chemin de fer Blanc-Argent: Reststück Valençay–Romorantin–Salbris, Länge 56 km, Betrieb durch SNCF-Tochter Keolis mit vier Dieseltriebwagen X74500, Depot und Betriebsmittelpunkt in Romorantin. Einige ausgemusterte Fahrzeuge gelangten zur »Chemin de fer touristique du Bas-Berry«, die auf einem weiteren Reststück der Strecke, zwischen Argy und Luçay-le-Mâle, Museumsverkehr betreibt (siehe unten).

Ligne de Cerdagne: »Le Petit Train Jaune« Villefranche–Vernet-les-Bains–Latour-de-Carol, Länge 63 km, seitliche Stromschiene 850 V, spektakuläre Bergbahn in den Pyrenäen, seit 2002 UNESCO-Weltkulturerbe. Betrieb durch SNCF mit Triebwagen Z100 aus dem Eröffnungsjahr 1910 mit offenen »Sommerwagen« und Z150 (GTW, Stadler 2004).

Ligne de Savoie: St-Gervais-les-Bains–Le Fayet–Chamonix–Vallorcine–Châtelard (CH), Länge 37 km, Fahrleitung und Stromschiene 850 V. Betrieb durch SNCF mit den Reihen Z800 und Z850, Z 600 nur noch für Baudienste. Zwischen Servoz und les Houches mit 9% Steigungsrekord für Adhäsionsbahnen. In Châtelard (CH) Anschluss an die Zahnradbahn Martigny–Châtelard (TMR-MC) ins Rhône-Tal mit durchgehenden Zügen.

Chemins de fer de la Corse (C.F.C.): Bastia–Ponte Leccia–Ajaccio und Ponte Leccia–Calvi auf Korsika; Längen 158 bzw. 74 km reizvolle Bergstrecken. Betrieb durch

Fret SNCF 427062 zog mit einem Güterzug am 13.06.2019 östlich von Dettwiller westwärts. Foto: Torsten Schneider.

die C.F.C. mit 12 Dieseltriebwagen der Reihe AMP800 (Baujahre ab 2007). Deren Vorgänger der Reihe X97050 wurden 2014 abgestellt. Hauptwerkstatt in Casamozza.

Chemins de fer de Provence (C.P.): Nice (Nizza)–Digne-les-Bains; Länge 151 km. Betrieb durch CFTA (Tochter von Véolia Transport) mit Dieseltriebwagen der Baureihen SY und AMP 800, sowie X 306, 307 und 351. Depot in Nice-Lingostière; keine Fahrradmitnahme möglich, Vorortverkehr Nice–Colomars (etwa 20 Zugpaare täglich), im Sommer Dampfzugfahrten zwischen Puget-Théniers und Annot (»Train du pigne«); auf dem Abschnitt Saint-André-les-Alpes–Digne-les-Bains derzeit (laut Fahrplan gültig ab September 2019) Busersatzverkehr, Wiedereröffnung für den 1. Mai 2020 geplant.

Tramway du Mont Blanc (T.M.B.): St.-Gervais-les-Bains–Le Fayet–Nid d'Aigle (2372 m Seehöhe); Länge 12,5 km, Zahnstange (System Strub); elektrischer Betrieb (AC 11 kV 50 Hz) durch die »Compagnie du Mont-Blanc« mit 3 Triebwagen (Decauville 1957, Reko). Am Talbahnhof in Le Fayet ist die Dampflokomotive 3 (SLM 1910) als Denkmal aufgestellt.

Chemin de fer du Montenvers (CM): Chamonix Montenvers (1913 m Seehöhe); Länge 5,1 km, Zahnstange (System Strub), elektrischer Betrieb (11 kV 50 Hz), ganzjährig; 6 Triebwagen (Decauville 1954, Reko). Am Talbahnhof ist seit 2013 die Dampflokomotive 8 (SLM 1927) statt der Lok 6 als Denkmal aufgestellt.

Panoramique des Dômes: Zahnradbahn auf den Puy de Dôme (1465 m Seehöhe, spektakulärer Blick auf umliegende Vulkankrater), Zahnstange (System Strub), 2012 auf der Trasse der alten Bergstraße eröffnet, die wiederum auf der Trasse einer alten Schmalspurbahn gebaut worden war, Länge 5,2 km, mit 1500 V elektrifiziert. Betrieb ganzjährig mit 4 Stadler GTW 2/6.

Chemin de fer de la Rhune: Col de Saint Ignace (169 m)–La Rhune (905 m Seehöhe), Zahnradbahn (System Strub), Länge 4,2 km, elektrisch mit Drehstrom 3 kV/25 Hz, Betrieb mit 6 Lokomotiven (BBC 1912/14) und je 2 Vorstellwagen, davon 3 von der 1966 stillgelegten Zahnradbahn Luchon–Superbagnères.

Museen und Museumsbahnen

Im nachfolgenden eine – subjektive – Auswahl interessantester Reiseziele. Museumsbahnen sind zumeist im Zeitraum April–Oktober in Betrieb, wobei in den Monaten Juli und August auf vielen Bahnen ein deutlich verdichteter Betrieb herrscht. Zielgruppe der Dampfzüge sind meist »allgemeine« Touristen. Alle Angaben aus der Saison 2017.

Nordfrankreich

Chemin de fer de la baie de Somme 1
Cayeux-sur-Mer–Saint-Valery-sur-Somme–Noyelles-sur-Mer–Le Crotoy, Gare de Saint-Valery; 26 km, 1000 mm, Noyelles–Saint Valery Vierschienengleis auch 1435 mm. Betrieb mit Dampf- und Diesellokomotiven sowie Triebwagen; Streckenführung in Küstennähe in der Somme-Mündung, Depot in Le Crotoy (CFBS, www.cfbs.eu).

Chemin de Fer Touristique du sud Ardenne 2
Amagne–Attigny–Challerange. Cour de la Gare, Attigny; 40 km, 1435 mm. Betrieb mit vier X3800 (»Picasso«), ein X4650 (»Caravelle«); einzelne Fahrten auch im Netz der SNCF (CFTSA, www.cftsa.fr).

Chemin de fer touristique de la vallée de la Canner 3
Vigy–Homburg-Budange. Gare de Vigy, Vigy; 12 km, 1435 mm. Betrieb mit Dampflokomotiven im Sommer zusätzlich Einsatz des X3800 »Picasso«. Abwechselungsreiche Strecke östlich des Moseltales (ALEMF, www.alemftrain.fr).

Le P'tit train de la Haute Somme 4
Hameau de Froissy, La Neuville-les-Bray, Museum mit umfangreicher Lokomotivsammlung und Fahrbetrieb Froissy–Cappy–Dompierre (CFCD), 600 mm (APPEVA, www.appeva.org).

Interessant sind auch einige Festungsbahnen entlang der ehemaligen **Maginot-Linie** nahe der Grenze zu Rheinland-Pfalz und dem Saarland.

Ostfrankreich

Museumsdepot Longueville 5
Dépôt des machines, Longueville. Im Rundschuppen sehenswerte Dampflok-Sammlung und aktive Werkstatt. Dampfsonderzüge nach Provins (AJECTA, www.ajecta.org).

Chemin de fer d'Abreschviller 6
Abreschviller–Grand-Soldat, ehemalige Forstbahn, 6 km, 700 mm, Betrieb mit Dampf- und Dieselloks (A.C.F.A., www.train-abreschviller.fr).

Chemin de fer touristique du Rhin 7
Betrieb auf der eher unspektakulären Industriebahn Volgelsheim–Marckolsheim vorwiegend mit einer Dampflok T 3, 13 km, 1435 mm; mehrstündige Ausflüge in Kombination mit einer Schiffsfahrt auf dem Rhein und Besichtigung des Museums und der Werkstatt im Hafen Neuf Brisach können auch auf deutscher Seite in Breisach begonnen werden (CFTR, www.ried-express-cftr.fr/accueil.html).

Cité du Train 8
Nationales französisches Eisenbahnmuseum in Mulhouse-Dornach nahe der Tram-Train Haltestelle »Musées«. Umfangreiche Sammlung an Originalfahrzeugen und Modellen aller Antriebsarten sowie Exponaten aus dem französischen Eisenbahnwesen. Einige Fahrzeuge befinden sich unzugänglich in Werkstatthallen oder sind für regionale Ausstellungen verliehen (www.citedutrain.com).

Train Thur Doller Alsace 9
Cernay–Sentheim, 14 km, 1435 mm. Dampf- und Diesellokomotiven sowie Dieseltriebwagen X3710 (De Dietrich de 1949), X4395 («Caravelle») und X5852 («U150» oder «Mobylette»); schlichte Strecke am Rand der Vogesen, gut kombinierbar mit einem Besuch der Cité du Train; Depot in Burnhaupt (www.train-doller.org).

Zentralrankreich

Chemin de fer touristique de la Sarthe 10
Connerré-Beillé–Bonnétable, 17 km, 1435 mm, Betrieb mit Dampflokomotiven und Dieseltriebwagen u.a. X901, X903 und X907 (Billard, Typ A 75 D, 1948 etc.), X2135 und X3953 (»Picasso«), Depot in Beillé (TRANSVAP, www.transvap.fr).

Chemin de fer touristique du Bas-Berry 11
Betrieb auf dem nicht mehr im Plandienst bedienten Teilstück Lucay-le-Male–Ecueillé–Argy der SNCF-Meterspurbahn »Chemin de fer Blanc-Argent« (siehe oben) mit den ex-SNCF Dieseltriebwagen X205 (De Dion-Bouton 1947), X211 und X224 (beide Verney 1951) sowie Dampf- und Diesellokomotiven unterschiedlicher Herkunft; 33 km, Betriebsmittelpunkt und Depot in Ecueillé (SABA, www.traintouristiquedubasberry.com).

Musée des transports et Chemin de fer historique de Pithiviers 12
Pithiviers–Ballebat, 600 mm, am Depot und kleinen Museum außerhalb des SNCF-Bahnhofs beginnend, Dampfbetrieb, im Museum auch Lokomotiven in 1000 mm (M.T.P., AMTP, www.amtp-cfpithiviers.com).

Westfrankreich

LLe Train des Mouettes 13
Betrieb mit Dampflokomotiven sowie Dieselloks der SNCF-Reihen BB 63500 und BB 71000 mit reizvollen Lagunenpassagen auf der SNCF-Strecke Saujon–La Tremblade; 21 km, 1435 mm, Depot in Chaillevette (www.traindesmouettes.fr).

Chemin de fer touristique du Haut Quercy 14
Martel–St-Dénis-lès-Martel; 7 km, 1435 mm, Betrieb mit Dampflokomotiven und offenen Sommerwagen landschaftlich spektakulär im Hang hoch über der Dordogne, Werkstatt und kleines Museum in Martel (CFTHQ, www.trainduhautquercy.info).

Südostfrankreich

Chemin de Fer de la Haute Auvergne 15
Gentiane Express Riom-es-Montagnes–Lugarde. 16 km, 1435 mm, Betrieb mit Dieseltriebwagen X 2400, X 2700, X 2800 auf spektakulärer Strecke im Parc naturel régional des Volcans d'Auvergne (CFHA, www.gentiane-express.com).

Les Trains de la Decouverte 16
Courpière–Ambert–La Chaise Dieu; 83 km, 1435 mm. Betrieb mit Triebwagen X 2800, X 3800 oder Panorama-Triebwagen X 4200 oder Dampflok im Tal der Dore, kulturelles Rahmenprogramm und Dampfmaschinenmuseum in Ambert (Agrivap, www.agrivap.fr).

Chemin de Fer du Haut-Forez 17
La Chaise Dieu–Sembadel–Estivareilles; 35 km, 1435 mm, in La Chaise Dieu verknüpft mit Agrivap-Strecke, beide einsam und reizvoll im Parc regional Livradois-forez. Betrieb mit Dieseltriebwagen X 2400, X 2700, X 2800 und X4000), Depot in Estivareilles (CFHF, www.cheminferhautforez.com).

Train de l'Ardèche, Velay-Express 18
Tournon–St-Jean de Muzols–Lamastre; 28 km, 1000 mm. Grandiose Streckenführung in der Schlucht der Doux, Betrieb mit Mallett-Dampflokomotiven und Dieseltriebwagen (u.a. Billard) (www.trainardeche.fr). In der Nähe fährt der Velay Express (https://velay-express.fr).

Jeder Bürgermeister in Frankreich möchte seiner Straßenbahn ein eigenes Aussehen geben: Tw 113 der Tram Reims passiert Tw 113 auf Linie A nahe der Opéra. Foto: Torsten Schneider.

Chemin de Fer de la Mure 19
Saint-Georges-de-Commiers–La Mure. 1000 mm, elektrisch mit 2400 V; der Betrieb auf dieser spektakulären Bergbahn ruht seit einem Murenabgang 2010. Webseite seit 2011 nicht aktualisiert (Stand Dezember 2019), also kein Hinweis darauf, ob die für 2020 angestrebte Wiederaufnahme des Betriebes zumindest auf dem oberen Abschnitt zustande kommt (SGLM, www.trainlamure.com).

Train à Vapeur des Cévennes 20
Anduze–St-Jean du Gard; 14 km, 1435 mm. Betrieb mit Dampflokomotive 140-C-27 (ex SNCF) und Schneider-Diesellok durch das Tal der Gardon de St-Jean; mehrere Viadukte und Tunnel (TVC, CITEV, www.trainavapeur.com).

Fahrzeugsammlung Miramas 21
Association Provençal de Préservation et d'Animation Férroviaire, Sammlung mit Schwerpunkt historische Elektrolokomotiven auf dem Gelände der ehemaligen SNCF-Werkstatt in Miramas (APPAF, http://appaf.free.fr).

Betriebsfähige Dampflokomotiven

Einige Vereine veranstalten mit eigenen Lokomotiven Dampfsonderfahrten auf SNCF- und anderen Strecken. Weitere betriebsfähige Fahrzeuge gehören unter anderem Schweizer Vereinen. Einige betriebsfähige Lokomotiven und ihre Haupteinsatzgebiete sind:

- **030-TB-130** (CFT du Rhin, Neuf Brisach) auf der Industriebahn Marckolsheim (www.ried-express-cftr.fr)
- **140-C-231** (Longueville/Ajecta) im Großraum Paris sowie in der Champagne (www.ajecta.org)
- **140-C-314** (St Quentin/CFTV), nördlich von Paris (www.cftv.fr)
- **141-R-420** (Clermont-Ferrand) Im Sommer im Zentralmassiv (www.trainvapeur-auvergne.com)
- **141-TD-740** (Limoges/CFTLP) im Limousin (www.trainvapeur.com)
- **141-R-568** (Swiss Classic Train GmbH, Vallorbe) (https://trainvapeur.ch)
- **141-R-840** (Aubrais-Orléans/AAATV) im Burgund und Loire (www.141r840.com)
- **141-R-1126** (Toulouse/ACPR 1126) meist nordöstlich von Toulouse (www.trainvapeur-toulouse.com)
- **141-R-1199** (Nantes/Loco Vapeur R 1199) in der Bretagne (r1199.aerius.fr)
- **230-G-353** (Noisy-le-sec/APPMF), Zuglok in der Verfilmung von 1974 des Agatha-Christie-Krimis »Mord im Orient-Express«, in betriebsfähiger Aufarbeitung (Stand 2014)
- **231-G-558** (Rouen-Sotteville/PVC) seit 2018 wieder in der Normandie (www.pacificvapeurclub.free.fr)
- **231-K-8** (Paris-Villeneuve/FACS) für verschiedene Veranstalter ab Paris (www.lafrancevuedurail.fr/mfpn)
- **241-A-65** (Verein-241-A-65, Schweiz) meist auf SBB-Strecken in der Schweiz (www.241a65.ch)
- **241-P-17** (Le Creusot/CFC); größte betriebsfähige Dampflok in Europa (www.train-vapeur.fr)

Metros, Straßenbahnen und Tram-Trains

Zahlreiche Städte Frankreichs verfügen, bzw. verfügen wieder, über schienengebundene Nahverkehrssysteme. Betreiber sind meist internationale Verkehrskonzerne. Besonders im Großraum Paris (Île de France) existiert ein dichtes Netz aus Linien des S-Bahn-ähnlichen RER-Systems, der Metro, der Straßenbahnen und den sogenannten Tram-Trains. Im Rahmen des Projekts »La révolution sur les rails« sollen in der Île de France bis 2030 etwa weitere 200 Kilometer neuer RER-, Metro- und Tram-Train-Strecken oder Streckenverlängerungen entstehen. Sammlungen historischer Nahverkehrsfahrzeuge gibt es u.a. in der Nähe von Lille (Tramway Touristique de la Vallee de la Deule, mit Fahrbetrieb), bei Paris (AMTUIR in Chelles und RATP-Museum in Villeneuve-Saint-Georges) und in Saint Étienne.

Metros: Metrobetriebe finden sich in Lille, Lyon, Marseille, Paris, Rennes und Toulouse. Es gibt klassische Bahnen auf Stahlrädern sowie auf Gummireifen verkehrende mit Spurführung (in Lille und Toulouse, sowie auf einigen Li-

Tramway-Systeme (Stand Dezember 2019)

Stadt	*Linien*	*Länge [km]*	*Betrieb seit*	*Fahrzeugpark (Spurweite ungleich 1435 mm)*
Angers	1	12	2011	Alstom »Citadis 302«
Aubagne	1	3	2014	Alstom »Citadis Compact«
Avignon	1	5	2019	Alstom »Citadis Compact«
Besançon	1	15	2014	CAF »Urbos 3«
Bordeaux (Tram)	3	66	2003	Alstom »Citadis 302« und »402«
Brest	1	14	2012	Alstom »Citadis 302«
Caen	2	16	2019	Alstom »Citadis X05« (Ersatz für P)
Clermont-Ferrand	1 P	14	2006	Lohr »Translohr STE4«
Dijon	2	20	2012	Alstom »Citadis 302«
Grenoble	5	43	1987	Alstom »TFS« und »Citadis 302«
Le Havre	2	13	2012	Alstom »Citadis 302«
Le Mans	2	19	2007	Alstom »Citadis 302«
Lille (Tram)	2	18	1905	Breda »VLC« (1000 mm)
Lille (Métro)	2 P	45	1983	Alstom/Matra »VAL 206«, »VAL 208«
Lyon (Métro)	1 (h) +3 P	32	1974	Alstom/Matra »MPL 75«, »MCL 80«, »MPL 85«
Lyon (Tram)	6	81	2001	Alstom »Citadis 302« und »402«
Lyon (TT)	2	23+55	2010+12	Stadler »Tango«, Alstom »Citadis Dualis«
Marseille (Métro)	2	22	1977	Alstom »MPM 76«
Marseille (Tram)	3	13	2007	Bombardier »Flexity Outlook C«
Montpellier	4	60	2000	Alstom »Citadis 401«, »302« und »402«
Mulhouse	3 +1 TT	16+22	2006+10	Alstom »Citadis 302« bzw. Siemens »Avanto«
Nancy	1 P	11	2000	Bombardier TVR
Nantes (Tram)	3	44	1985	Alstom »TFS«, Adtranz »Incentro«, CAF »Urbos 3«
Nantes (TT)	1	63	2014	Alstom »Citadis Dualis«
Nice (Nizza)	2	23	2007	Alstom »Citadis 302«, »402«
Orléans	2	29	2000	Alstom »Citadis 301« und »302«
Paris (Métro)	16 (inkl. P)	220	1900	Alstom (/Bombardier) MF67, MF77, MF88, MF01; Alstom/Matra MP59, MP73, MP89, MP05
Paris (Tram)	8 (inkl. 2 P)	114(1)	1992	Alstom »TFS«, »Citadis 302« und « 402«, Lohr »Translohr STE 3« und »STE 6«
Paris (TT)	3	(1)	2006	Siemens »Avanto«, Alstom »Citadis Dualis«
Reims	2	11	2011	Alstom »Citadis TGA 302«
Rennes (Métro)	1	9	2002	Alstom/Matra »VAL 208«
Rouen	2	15	1994	Alstom »TFS« und »Citadis 402«
Saint Étienne	3	16	1897	Alstom »TFS«, CAF »Urbos 3« (1000 mm)
Strasbourg (Straßburg)	6	67	1993	Adtranz etc. »Eurotram«, Alstom »Citadis 403«
Toulouse (Métro)	2 P	28	1993	Alstom/Matra »VAL 206«, »VAL 208 NC« /NC 21
Toulouse (Tram)	2	17	2010	Alstom »Citadis 302«
Tours	1	15	2013	Alstom »Citadis 402«
Valencienes	2	34	2006	Alstom »Citadis 302«

P = Tramways sur pneu (auf Gummireifen), TT = Tram-Train

nien in Lyon und Paris, in der Tabelle mit »P« markiert). In einigen Städten verkehren fahrerlos Metros (in Lille und Rennes sowie auf einigen Linien in Paris). Die Metrolinie C in Lyon verfügt über einen Zahnstangenabschnitt.

Straßenbahnen: Ab der Wende zum 20. Jahrhundert waren, wie in anderen Ländern auch, in Frankreich zahlreiche städtische Straßenbahnnetze entstanden, die meisten davon meterspurig. Ab dem zweiten Weltkrieg setzte jedoch ein großes Sterben ein, das sich bis in die 1970er Jahre fortsetzte und das nur drei Betriebe überlebten, nämlich die in Lille (Spurweite 1000 mm), Marseille (1435 mm) und Saint Étienne (1000 mm). Mit Nantes setzte dann aber 1985 eine große Renaissance ein. Mittlerweile wurden in zahlreichen Städten neue, allesamt normalspurige Systeme eröffnet, zuletzt 2019 in Caen und Avignon. Zudem wurde 2017 die Baseler Straßenbahn aus der Schweiz in die elsässische Grenzstadt Saint-Louis verlängert und fährt die Straßburger Straßenbahn wieder über den Rhein in das deutsche Kehl. In einigen Städten wird das Zentrum fahrdrahtlos mit Batteriebetrieb oder Induktionsschleife in der Fahrbahn überbrückt, um die historische Architektur möglichst wenig zu beeinträchtigen.

Als **»tramways«**, genauer gesagt »Tramways sur pneu(matique)s«, werden in Frankreich aber auch gummibereifte, durchgehend oder auf einigen Abschnitten spurgeführte Systeme bezeichnet, also eine Art Trolley-Busse. Sie existieren nach Einstellung des Betriebs in Caen 2017 noch in drei Städten, Clermont-Ferrand, Nancy und Paris (in der Tabelle mit »P« markiert). Aufgrund mangelnder Zuverlässigkeit soll auch die Bahn in Reims 2022 in eine konventionelle Straßenbahn umgebaut werden und sind weitere Linien in Clermont-Ferrand ebenfalls konventionell geplant.

Tram-Train-Systeme (TT): Sie stellen eine Verknüpfung von Straßen- und Eisenbahnstrecken dar, wie beim »Karlsruher System«. Sie werden durch die SNCF betrieben, in Paris teilweise mit Linksverkehr und tragen SNCF-Nummern (»U.«). (1) Die drei TT-Linien in der Île de France sind als T4, T11 und T12 in das Liniennummernsystem der Straßenbahn integriert und ihre Länge in den 114 km der Straßenbahn enthalten. Nicht in der Tabelle enthalten ist die deutsche »Saarbahn«, die seit 1997 von Saarbrücken in das lothringische Sarreguemines fährt. ■

Großbritannien

Rüdiger Lüders

LNER 800113 durchfuhr am 04.09.2019 den Bahnhof Stevenage. Foto: Rüdiger Lüders.

Entfernungen sind grundsätzlich in Meilen angegeben, wobei eine britische Meile 1,609 km entspricht. Es herrscht Linksverkehr. Fotografieren auf öffentlichen Anlagen ist im Allgemeinen erlaubt, wurde aber in letzter Zeit von übereifrigem örtlichem Sicherheitspersonal in Einzelfällen auch schon einmal untersagt. Auf besetzten Bahnhöfen empfiehlt sich, vor Ausübung des Hobbys beim Servicepersonal nachzufragen. Die aktuell gültige Richtlinie für das Fotografieren auf britischen Bahnhöfen kann unter www.lokreport.de nachgelesen werden.

Ab Deutschland empfiehlt sich die Anreise per Bahn über Brüssel mit THALYS oder ICE und Eurostar. Die einfache Fahrt von Deutschland nach London über Brüssel ist im Angebot »London Spezial« ab ca, 60,- Euro zu erhalten. Von Süddeutschland über Paris gibt es noch immer keine durchgängigen Angebote. Alle Eurostar-Züge kommen im Bahnhof London St Pancras an, von wo schnell auf die Fernzüge Richtung Norden umgestiegen werden kann. Die Flughäfen London Heathrow, Stansted, Gatwick, Birmingham und Manchester sind direkt an das Eisenbahnnetz angeschlossen. Der Heathrow Express ist zwar schnell (Fahrzeit 15 Minuten), aber auch teuer: 21,50 GBP (£) für einfache Fahrt, 35,- GBP für Hin- und Rückfahrt, bei Vorausbuchung im Internet wiederum bereits ab 6,99 GBP (£). »Heathrow Connect« kostet gleich viel und hält zwischendurch. Die U-Bahn (»Underground«) braucht von Heathrow zwar eine Stunde ins Zentrum, kostet aber nur 6,00 GBP (£). Weitere Hinweise zur Nutzung des öffentlichen Nahverkehrs im Großraum London findet man auf der Internet-seite »Transport for London–Getting around«: www.tfl.gov.uk/gettingaround.

Nur im Vorverkauf außerhalb Großbritanniens erhältlich sind die »BritRail«-Pässe. Es gibt sie als »Flexi-Pass«, gültig zwei bis 15 Tage innerhalb eines Monats, sowie als »Consecutive Pass« für zwei aufeinanderfolgende Tage bis zu einem Monat. Reisende bis 25 Jahre und ab 60 Jahre erhalten Ermäßigungen. Preisbeispiel: »BR Flexi Pass« für 8 Tage innerhalb eines Monats für Erwachsene: 300,- Euro). Außerdem gibt es – ebenfalls nur im Vorverkauf – den »BritRail England Flexi Pass« und den »BritRail Scottish Freedom Pass«. Buchung im Internet, in den Reisezentren der DB bzw. Fahrkartenverkaufsstellen von ÖBB, SBB usw. sowie in Reisebüros.

Außerhalb Londons ist das Autofahren recht unproblematisch (trotz Linksverkehr), Rasen und Drängeln ist verpönt. Lediglich beim Rechtsabbiegen auf Landstraßen ist Konzentration erforderlich. Benzin ist allerdings recht teuer.

In den Touristenzentren ist ein Bed & Breakfast auch ohne Vorbuchung fast immer zu finden. Beste Anlaufstellen insbesondere für Bahnreisende sind die örtlichen Tourist-Informationen.

National Rail

Streckennetz

Die Gesamtänge der von der staatlichen Infrastrukturgesellschaft Network Rail betriebenen Strecken beträgt ca. 15 800 km, davon sind ca 5 300 km elektrifiziert. Bahnhöfe, Gleise und alle Betriebsanlagen werden von Network Rail unterhalten und bei Bedarf erweitert. Der Reisezugverkehr wird von den privaten »Train Operating Companies« (TOC's) betrieben. Diese mieten das Rollmaterial von den unabhängigen »Rolling Stock Compa-

nies« (ROSCO's); die drei größten ROSCOs sind Angel Trains, Eversholt Rail Group und Porterbrook.
Der »Heathrow Express« ist außerhalb des Franchise Systems entstanden. Firmen, die den »offenen Zugang« (Open Access) nutzen und Verkehre auf eigenes Risiko anbieten, sind Grand Central (London–Sunderland), Hull Trains (London–Hull) und zukünftig East Coast Trains (London-Edinburgh).
Eurostar International Ltd. (EI) heißt der Betreiber der Hochgeschwindigkeitszüge von Brüssel und Paris nach London, wo der 1868 fertiggestellte Kopfbahnhof St Pancras mit seiner großarteigen Bahnhofshalle 2007 komplett renoviert wurde. Wer es sich leisten kann: 2011 wurde das Midland Hotel im Empfangsgebäude des Bahnhofs St Pancras als Luxushotel wiedereröffnet.
Getlink ist die Betreibergesellschaft des Kanaltunnels (Eurotunnel) sowie der Shuttlezüge für Personen- und Lastkraftwagen durch den Tunnel. Deren Tochter Europorte Channel betreibt in Eigenregie eine Reihe Güterzüge durch den Tunnel.

Reisezuggesellschaften (»Train Operating Companies«)

- **CC – c2c** (Trenitalia UK): Regionalverkehr in Essex ab London Fenchurch Street
- **CS – Caledonian Sleeper** (Serco): Nachtzüge zwischen London und Schottland
- **CR – Chiltern Railways** (Arriva UK): Regionalexpress-Verkehr ab London Marylebone nach Birmingham, Stratford-upon-Avon und Oxford
- **EC – (First) East Coast Trains**: zukünftiger Open Access Fernverkehr zwischen London Kings Cross und Edinburgh
- **EM – East Midlands Railway**: Fernverkehr London St Pancras nach Sheffield/Nottingham sowie Regionalverkehr in Mittel- und Ostengland
- **GA – (Abellio) Greater Anglia**: Regional- und Fernverkehr zwischen London Liverpool Street und Stansted Airport bzw. Norwich sowie Regionalverkehr rund um Norwich
- **GC – Grand Central** (Arriva UK): Open-Access Fernverkehr zwischen London King's Cross und York/Sunderland
- **GN/GX/TL – Govia Thameslink Railway** (Go-Ahead/Keolis): Nah- und Regionalverkehr im Norden (Great Northern) und Süden (Southern) Londons, insbesondere über die Thameslink-(TL)-Stammstrecke sowie zum Flughafen Gatwick (Gatwick Express GX)
- **GR – London North Eastern Railway** (seit Juni 2018 Nachfolger von Virgin Trains East Coast, 1996-2007 Great North Eastern Railway): Fernverkehr London Kings Cross–Leeds/York–Edinburgh–Aberdeen/Inverness
- **GW – (First) Great Western Railway** (auch: GWR): Fernverkehr von London Paddington nach Penzance/Bristol/Swansea sowie Regionalverkehr in Südwestengland
- **GC – Grand Central**: Open-Access Fernverkehr zwischen London King's Cross und Sunderland bzw. Bradford/Leeds
- **HT – (First) Hull Trains**: Open-Access Fernverkehr zwischen London King's Cross und Hull
- **LO – Arriva Rail London / London Overground** (Ariva UK / TfL): Vorortverkehr rund um London
- **ME – Merseyrail**: S-Bahn Liverpool
- **NT – Northern** (Arriva Rail North): Regionalverkehr auf fast allen Strecken in Nordengland
- **SR – Abellio ScotRail**: Regionalverkehr in ganz Schottland
- **SE – Southeastern**: Regionalverkehr zwischen London und Südostengland (Kent/Sussex)
- **SW – South Western Railway**: Regional- und Regionalexpress-Verkehr ab London Waterloo
- **TfL/XR – Transport for London Rail / MTR Corporation Crossrail**: Vorortverkehr zwischen London Liverpool Street und Shenfield, Flughafenexpress London Paddington–Heathrow sowie Vorortzüge zwischen London Paddington und Reading (zuvor GWR)
- **TfW – Transport for Wales** (Keolis/Amey) Regionalverkehr auf den Normalspurstrecken in und um Wales
- **TPE – (First) TransPennine Express**: Regionalexpress-Verkehr zwischen Edinburgh, Newcastle/Scarborough/York/Hull/Cleethorpes und Manchester Airport
- **VT – Avanti West Coast** (First/Trenitalia UK, zuvor Virgin Trains West Coast) Fernverkehr zwischen London und Liverpool/Manchester nach Edinburgh/Glasgow sowie einzelne Züge nach Chester/Holyhead
- **WCR – West Coast Railways**: Charter- und Sonderzug-Verkehre, sowie Betreiber des »Jacobite« auf der »West Highland Line«
- **WMT – West Midlands Trains**: Vorort- und Regionalexpress-Verkehr ab London Euston, Regionalverkehr rund um Birmingham und Liverpool
- **XC – Cross Country** (Arriva UK): Fernverkehr zwischen Cornwall und Schottland (ohne Bedienung Londons) mit dem Betriebsmittelpunkt Birmingham New Street

Güterzuggesellschaften

- **Colas Rail Freight** (CRF): diverse Güterverkehre und Bauzüge
- **DB Cargo** UK (DB); früher EWS: Größter Betreiber des Schienengüterverkehrs in Großbritannien
- **Direct Rail Services** (DRS): Güterzüge für die Wiederaufbereitungsanlage Sellafield und für andere Auftraggeber sowie Vermietung von Lokomotiven und Reisezugwagen an Reisezuggesellschaften
- **Freightliner** (FL): Betreiber von Containerzügen, daneben auch im schweren Ganzzugverkehr aktiv
- **GB Railfreight** (GBRf): u.a. Bauzüge für Network Rail
- **Mendip Rail** (MR): Baustoffzüge im Verkehr Südwestengland–London

Eisenbahnen in Großbritannien
Hochgeschwindigkeitsstrecken
Phase 1 Phase 2
Hochgeschwindigkeitsstrecken in Bau/Planung
mehrgleisige Strecken
eingleisige Strecken
Oberleitung 25 kV/50 Hz
Stromschiene 750 V DC
Main Lines
Schmalspurstrecken
Fähren (nur Personen)
18
Museumsbahnen
100 km
East Coast Main Line
West Coast Main Line
Midland Main Line
Elektrifizierung Midland Main Line Bedford–Kettering/Corby 2019 Kettering–Sheffield abgesagt
Great Western
Elektrifizierung Great Western London–Bristol/Cardiff schrittweise bis 2020, Didcot–Oxford fraglich Cardiff–Swansea abgesagt
High Speed 2 Phase 2b 2033
High Speed 2 Phase 2a 2027
High Speed 2 Phase 1 2026
High Speed 1
Elektrifizierung North West & TransPennine 2022
Manx Electric Railway 914 mm
Scotland
Wales
England
Northern Ireland
Republic of Ireland
United Kingdom
Atlantic Ocean
North Sea
Irish Sea
English Channel
St Georges Channel
Bristol Channel
North Channel
Strait of Dover
Isle of Man
Isle of Wight
Orkney Islands
Outer Hebrides
Lewis
Skye
Mull
Islay
Arran
Hoy
The Minch
Wester Ross
Easter Ross
Grampian Mountains
Cheviot Hills
Pennines
Cumbrian Mts.
Cambrian Mts.
Cornwall
Thurso
Georgemas Junction
Wick
Helmsdale
Lairg
Dingwall
Kyle of Lochalsh
Inverness
Elgin
Keith
Huntly
Insch
Inverurie
Aberdeen
Mallaig
Harry Potter's Viaduct
Glenfinnan
Fort William
Dalwhinnie
Aviemore
Blair Atholl
Oban
Crianlarich
Stanley
Perth
Dundee
Montrose
Dunblane
Stirling
Larbert
Alloa
Dunfermline
Ladybank
Kirkcaldy
Inverkeithing
Helensburgh
Balloch
Gourock
Wemyss Bay
Largs
Paisley
Glasgow
Falkirk
Bathgate
Edinburgh
Drem
North Berwick
Dunbar
Kilwinning
Kilmarnock
Troon
Ayr
Dalrymple
Shotts
Carstairs
Mauchline
New Cumnock
Abington
Galashiels
Tweedbank
Berwick-upon-Tweed
Barrhill
Cairnryan
Stranraer
Dumfries
Lockerbie
Gretna
Annan
Carlisle
Haltwhistle
Hexham
Morpeth
Alnwick
Newcastle
Sunderland
Seaham
Hartlepool
Portrush
Coleraine
Londonderry
Larne
Antrim
Lough Neagh
Bangor
Lisburn
Belfast
Dundalk
Dublin
Dun Loaghaire
Rosslare Harbour
Workington
Whitehaven
Sellafield
Ravenglass
Penrith
Windermere
Appleby
Bishop Auckland
Darlington
Raisby Hill
Saltburn
Middlesbrough
Stockton
Northallerton
Whitby
Scarborough
Seamer
Malton
Bridlington
Snaefell
Ramsey
Laxey
Douglas
Port Erin
Barrow
Oxenholme
Carnforth
Lancaster
Heysham Port
Settle
Blackpool North
Blackpool South
Preston
Clitheroe
Colne
Skipton
Ilkley
Harrogate
Southport
Blackburn
Bradford
Leeds
York
Selby
Gilberdyke
Hull
Wigan
Bolton
Halifax
Wakefield
Westgate
Liverpool
West Kirby
Manchester
Goole
Barton-on-Humber
Habrough
Grimsby
Cleethorpes
Doncaster
Sheffield
Airport
Holyhead
Llandudno
Bangor
Caernarfon
Snowdon
Pwllheli
Blaenau Ffestiniog
Chester
Wrexham
Crewe
Llangollen
Barmouth
Chesterfield
Matlock
Stoke-on-Trent
Retford
Worksop
Gainsborough
Lincoln
Duffield
Derby
Nottingham
Newark
Sleaford
Skegness
Tywyn
Dovey Junction
Aberystwyth
Shrewsbury
Stafford
Rugeley
Burton
East Midlands Parkway
Grantham
Telford
Wolverhampton
Newtown
Knighton
Craven Arms
Birmingham
Ludlow
Nuneaton
Leicester
Oakham
Spalding
King's Lynn
Peterborough
Sheringham
Cromer
Hoveton & Wroxham
Great Yarmouth
Norwich
Lowestoft
Fishguard Harbour
Whitland
Carmarthen
Clarbeston Road
Milford Haven
Pembroke
Tenby
Kidwelly
Llanelli
Swansea
Neath
Merthyr Tydfil
Rhymney
Ebbw Vale
Aberdare
Treherbert
Maesteg
Abercynon
Pontypridd
Hereford
International
Interchange
Coventry
Rugby
Kettering
Worcester
Hatton
Evesham
Stratford
Ledbury
Northampton
Ely
Thetford
Halesworth
Saxmundham
Gloucester
Cheltenham
Lydney
Banbury
Milton Keynes
Bedford
Newmarket
Cambridge
Stowmarket
Bridgend
Cardiff
Newport
Barry
Severn Beach
Stonehouse
Kemble
Yate
B-Parkway
Bicester
Oxford
Aylesbury
Bletchley
Hitchin
Stevenage
Luton
Stansted
Braintree
Sudbury
Ipswich
Harwich
Witham
Colchester
Clacton
Harlow
Barnstaple
Taunton
Bristol
Bath
Swindon
Chippenham
Didcot
Reading
Heathrow
London
Shenfield
Southminster
Southend
Shoeburyness
Basildon
Castle Cary
Westbury
Newbury
Basingstoke
Woking
Croydon
Chatham
Swale
Margate
Minster
Canterbury
Yeovil
Yeoford
Exeter
Salisbury
Winchester
Farnborough
Alton
Guildford
Redhill
Catwick
Swanley
Maidstone
Tonbridge
Ashford
Dover
Folkestone
Rye
Hastings
Newquay
Liskeard
Cunnislake
St. Ives
Truro
Par
Looe
Penzance
St Erth
Falmouth
Plymouth
Exmouth
Newton Abbot
Paignton
Axminster
Dorchester
Wareham
Weymouth
Southampton
Bournemouth
Lymington
Ryde
Shanklin
Fareham
Havant
Portsmouth
Littlehampton
Brighton
Newhaven
Horsham
Edenbridge
Uckfield
Calais
Dunkerque
Fréthun
Lille
* Elektrifizierung mit Oberleitung in Planung
WKZ Grafik

Triebfahrzeuge (ohne Arbeits- und Dienstfahrzeuge)

Reihe (Class)	*Achsfolge*	*Baujahr*	*Hersteller*	*Vmax (mph*)*	*Anzahl*	*EVU, Einsatz, Bemerkungen*
Diesellokomotiven						
08/09	C	1955	BR/EE	15	92	DB, FL, u.a.; Rangierlok
20	Bo'Bo'	1957	EE	75	25	DRS, GBRf u.a. (A)
37	Co'Co'	1960	EE	80	67	DRS u.a.
43	Bo'Bo'	1976	BREL	125	173	GW, VTEC, EMT, XC, GC; HST-Triebköpfe
47	Co'Co'	1963	BR/Brush	95	51	DB, CRF, DRS, FL, GBRf u.a.
56	Co'Co'	1976	BREL/Brush	80	31	CRF, GBRf, u.a. (A)
57	Co'Co'	1964	Brush*	75	31	DRS, WCR u.a.; ab 1997 mod. Class 47
59	Co'Co'	1985	GM/GMD	60/75	14	MR, DB
60	Co'Co'	1989	Brush	60	28	DB, CRF, GBRf
66	Co'Co'	1998	GMD	75	343	DB, FL, GBRf, DRS, CRF
67	Bo'Bo'	1999	Alstom	125	25	DB, CRF
68	Bo'Bo'	2013	Vossloh	99	34	DRS (teilweise an Chiltern und TPR vermietet)
69	Co'Co'	2019	Doncaster	80	10	GBRf (Umbau aus Class 56 mit neuen EMD-Motoren)
70	Co'Co'	2009	General Electric	75	37	FL, CRF
Elektro-Diesellokomotiven (Stromschiene DC 750 V und Dieselantrieb)						
73	Bo'Bo'	1965	Vulcan	90	27	GBRf, Network Rail u.a. 1)
Elektro-Diesellokomotiven (Fahrleitung 25 kV 50 Hz und Dieselantrieb)						
88	Bo'Bo'	2016	Vossloh	100	10	DRS
Elektrolokomotiven (Fahrleitung 25 kV 50 Hz)						
86	Bo'Bo'	1965	BR/EE/Vulcan	110	15	FL (A) 2)
90	Bo'Bo'	1986	BREL/CE	110	36	CA, DB, FL
91	Bo'Bo'	1988	BREL/CE	125	30	LNER
92	Co'Co'	1993	Brush	87	33	DB, GBRf; 3)
Dieseltriebwagen/-triebzüge						
139		2008	PPM	20	2	»Parry People Mover«; WMT
142, 143, 144		1984	Alexander/BREL	75	93	»Pacer«; GW, NT, TfW (A)
150		1984	BREL	75	135	»Sprinter«; NT, AW, GW, NT, TfW
153, 155		1987	Leyland	75	77	»Super Sprinter«; EMR,GW, GA, NT, TfW, WMT
156		1987	Metro-Cammell	75	114	»Super Sprinter«; SR, NR, EMT, GA
158, 159		1989	BREL Derby	90	198	SR,SWT, EMT,GW, NT, TfW
165, 166		1991	BREL (ABB)	90	96	»Network Turbo«; GW, CR
168		1997	Adtranz	100	24	»Clubman«; CR
170, 171		1998	Adtranz (BT)	100	142	»Turbostar«; SR, XC, GTR, GA, TP, WMT
172		2010	BT	100	39	»Turbostar«; ARL, CH, WMT
175		1999	Alstom	100	27	»Coradia 1000«; TfW
180		2000	Alstom	125	14	»Adelante«;HT, GC
185		2005	Siemens	100	51	»Desiro UK«; TP
195		ab 2018	CAF	100	58	»Civity«; NT
196		ab 2020	CAF	100	26	»Civity«; WMT
220		2000	Bombardier	125	34	»Voyager«; XC
221		2001	Bombardier	125	43	»Super Voyager«; XC, VT
222		2004	Bombardier	125	27	»Meridian«; EMR
230		ab 2018	Vivarail	60	8	»D-train«; TfW, WMT; (Umbau aus LU D78-Zügen)
Elektrotriebzüge (für Fahrleitung 25 kV 50 Hz)						
313, 315, 317		1976	BREL York	75	196	GA, FCC, GTR; 4)
314, 318		1979	BREL York	90	37	SR (Raum Glasgow)
319		1987	BREL York	100	14	NT, WMT; (A) 4)
320		1990	BREL York	75	22	SR (Raum Glasgow)
321, 322		1988	BREL York	100	118	GA, GTR, WMT, NT
323		1992	Hunslet	100	43	NT, WMT
325		1994	ABB Derby	100	15	DB (Posttriebwagen); 4)
331		ab 2019	CAF	100	43	»Civity«; TP; (in Auslieferung)
332		1997	Siemens/CAF	100	14	HE
333		2000	Siemens/CAF	100	16	NR (Raum Leeds)
334		1999	Alstom	100	40	SR
345		ab 2015	Bombardier	90	70	»Aventra«; TL; (in Auslieferung)
350		2004	Siemens	100	87	»Desiro UK«; WMT, TP; 4)
357		1999	Adtranz (BT)	100	74	»Electrostar«; c2c
360		2003	Siemens	100	26	»Desiro UK«; GA, HC
365		1994	ABB York	100	40	»Networker Express«; GTR; 4)
373		1992	GEC-Alsthom	186	57	»Eurostar«-Halbzüge; EI, SNCF, SNCB: (Nr. 3xxx)
374		2013	Siemens	200	28	»Eurostar e320«-Halbzüge (in Auslieferung); EI; (Nr. 40xx)
375, 377		1999	Adtranz (BT)	100	351	»Electrostar«; GTR, SE; 4)
378		2008	Bombardier	75	57	»Capitalstar«; ARL; 4)
379		2010	Bombardier	100	30	»Electrostar«; GA;
380		2010	Siemens	100	38	»Desiro UK«; SR
385		ab 2018	Hitachi	100	80	»A-train«; SR
387		2014	Bombardier	110	107	»Electrostar«; c2c, GTR, GW; 4)
390		2001	Alstom	125	56	»Pendolino«; VT

Schöne und sehenswerte Strecken

Betrieblich oder historisch interessant:

- **Great Western** von London Paddington in den Westen des Landes und nach Südwales: mit viel Weitsicht gebaut von I. K. Brunel Mitte des 19. Jahrhunderts. Zwischen London und Didcot sehr reger Betrieb auf vier Gleisen. Die Elektrifizierung zwischen London und Newbury, Oxford und Bristol Parkway sowie nach Cardiff ist inzwischen abgeschlossen. Sehenswert: Royal Albert Bridge als große Eisenkonstruktion von 1859 bei Saltash, westlich von Plymouth.
- **West Coast Main Line** von London Euston nach Glasgow/Liverpool/Manchester/Birmingham: äußerst dichter Verkehr im Großraum London; Eisenbahnknotenpunkt Crewe; schöner Abschnitt durch die Berge zwischen Lancaster und Carlisle.
- **Midland Main Line** von London St. Pancras nach Nottingham und Sheffield: nur teilweise elektrifizierte Hauptstrecke mit dichtem Verkehr.
- **East Coast Main Line** von London Kings Cross nach Edinburgh: Sehenswerte Bahnhofshallen in London Kings Cross, York, Darlington und Newcastle; im Raum Berwick Streckenführung längs der Küste.
- **Strecken südlich von London**: zumeist elektrifiziert mit Gleichstrom 750 V; sehr dichter Verkehr mit älteren und modernen Triebzügen.
- **»High Speed One«**: Hochgeschwindigkeitsstrecke vom Kanaltunnel nach London, befahrbar mit 300 km/h. Wird auch von Inlandszügen mit der vom Shinkansen abgeleiteten Baureihe 395 genutzt. Der komplett modernisierte Endbahnhof London St Pancras mit seiner historischen Bahnhofshalle ist für sich sehenswert.
- **Edinburgh–Dundee**: Brücke über den Firth of Forth, eine der imposantesten Eisenbahnbrücken in der Welt, zu besichtigen von Dalmeny und North Queensferry aus. sowie die Brücke über den Firth of Tay bei Dundee, mit 3,5 km eine der längsten Eisenbahnbrücken.

Landschaftlich besonders sehenswert:

- **Exeter–Teignmouth** (direkt an der Küste von Devon entlang)
- **St Erth–St Ives** (an der Steilküste von Cornwall)

395		2007	Hitachi	140	29	»Javelin«; SE; 4)
397		ab 2019	CAF	125	12	»Civity«; TP
700		ab 2014	Siemens	100	115	»Desiro City«; GTR; 4) (in Auslieferung);
701		ab 2014	Bombardier	100	90	»Aventra«; SW; 4) (in Auslieferung)
707		ab 2015	Siemens	100	30	»Desiro City«; SW; 4) (in Auslieferung)
710		ab 2017	Bombardier	100	45	»Aventra«; ARL; 4) (in Auslieferung)
717		ab 2018	Siemens	100	25	»Desiro City«; GTR; 4) (in Auslieferung)
720		ab 2019	Bombardier	100	111	»Aventra«; GA; 4) (in Auslieferung)
745		ab 2019	Stadler Rail	100	20	»FLIRT UK«; GA; (in Auslieferung)
755		ab 2019	Stadler Rail	100	38	»FLIRT UK«; GA; (in Auslieferung) 5)
769		ab 2017	BREL / Brush	100	36	GW, NT, TfW; (Umbau aus Class 319) 5)
801		ab 2017	Hitachi	140	42	»AT 300«; LNER (in Auslieferung)
803		ab 2020	Hitachi	140	5	»AT 300«; bestellt für East Coast Trains
Elektrotriebzüge (für Fahrleitung 25 kV 50 Hz und Dieselbetrieb)						
800		seit 2014	Hitachi	140	80	»AT 300«; GW, LNER; (in Auslieferung)
802		seit 2017	Hitachi	140	60	»AT 300«; GW, HT, TP (in Auslieferung)
Elektrotriebzüge* (für Stromschiene DC 750 V)						
376		2004	Bombardier	75	36	»Electrostar«; SE
442		1988	BREL Derby	100	13	SO; (A) 6)
444		2003	Siemens	100	45	»Desiro UK«; SW
450		2003	Siemens	100	127	»Desiro UK«; SW
455		1977	BR York	75	136	SWT, GTR (Southern)
456		1990	BREL York	75	24	SWT
458		1998	Alstom	100	36	»Juniper«; SW
465, 466		1992	BREL/Metro-Cammell	75	190	»Networker«; SE
507, 508		1978	BREL York	75	59	ME
Elektrotriebwagen (für Stromschiene DC 630 V)						
483		1938/1992 (U)	Metro-Cammell	45	6	SW (Isle of Wight) (A); 7)
484		1978/2020 (U)	Metro-Cammell/	45	5	SW (Isle of Wight) Ersatz für 483; 8)
Lokomotiven der Eurotunnel-Gesellschaft (ET)						
0001-0007	Bo'Bo'	1992	MaK	75	(120 km/h)	Rangier- und Hilfszug-Diesellok
0031-0042	B	1989	Hunslet	31	(50 km/h)	Rangier-Diesellok; 9)
9005-9037	Bo'Bo'Bo'	1993	Brush	99	(160 km/h)	»Le Shuttle«-Loks, 25 kV/50 Hz; 12 Fahrzeuge
9701-9707	Bo'Bo'Bo'	2001	Brush	99	(160 km/h)	»Le Shuttle«-Loks, 25 kV/50 Hz
9711-9723	Bo'Bo'Bo'	2001	Brush	99	(160 km/h)	»Le Shuttle«-Loks, 25 kV/50 Hz
9801-9840	Bo'Bo'Bo'	2001	Brush	99	(160 km/h)	»Le Shuttle«-Loks, 25 kV/50 Hz; 25 Fahrzeuge; 10

Anmerkungen: * in mph: 100 m.p.h. = 161 km/h, 125 m.p.h. = 201 km/h; (A) ausmusterungsgefährdete Baureihen; 1) Einsatz für Serco vor dem »Caledomian Sleeper« nördlich von Edinburgh und Glasgow; weitere 33 Loks sind nach Bulgarien und Kroatien verkauft; 2) weitere 17 Loks nach Bulgarien und Ungarn verkauft; 3) Einsatz u.a. vor Güterzügen durch den Kanaltunnel sowie (von GBRf vermietet) vor Nachtzügen London–Schottland; 4) auch für DC 750 V / Stromschiene; 5) Umbau zum bi-modalen Triebzug mit zus. Dieselmotoren; 6) Einsatz als »Gatwick Express«, werden jedoch in Kürze abgelöst von der Baureihe XXX; 7) Umbau 1989/92 durch Eastleigh Works aus Metro-Fahrzeugen von London Underground; 8) Umbau 2019/20 durch Vivarail aus Metro-Fahrzeugen von London Underground; 9) ursprünglich 900 mm Spurweite, 1993 von Schöma umgebaut auf 1435 mm; 10) Umbau aus Class 98xx

- **Settle–Carlisle** (durch den Nationalpark der Yorkshire Dales)
- **Carnforth–Barrow-in-Furness–Carlisle** (Cumbrian Coast Line)
- **Shrewsbury–Swansea** (Heart of Wales Line durch das walisische Hügelland)
- **Welshpool–Pwllheli** (Cambrian Line)
- **Chester–Holyhead** (North Wales Coast Line)
- Llan**dudno–Blaenau Ffestiniog** (Anschluss mit Ffestiniog Railway)
- **Middlesbrough-Whitby** (Esk Valley Line, in Grosmont Anschluss an die NYMR)
- **Glasgow–Oban/Mallaig** (West Highland Line)
- **Perth–Inverness** (Drumochter Summit mit 452 m höchster Punkt im britischen Eisenbahnnetz)
- **Inverness–Kyle of Lochalsh** (ab Kyle Fähr-/Busverbindung über Isle of Skye nach Mallaig)

Dampfzüge auf Hauptstrecken

Immer wieder beliebt sind die Dampfsonderfahrten auf der herrlichen »Settle & Carlisle« und auf der schottischen »West Highland Line«. Letztere bietet in den Sommermonaten jede Woche fünf bis sechs Dampftage von Anfang April bis Ende Oktober täglich (Informationen und Buchung unter https://www.westcoastrailways.co.uk. Daneben haben sich in den letzten Jahren regelmäßige Fahrten von Birmingham nach Stratford-upon-Avon (»Shakespeare Express«), rund um London (»Cathedrals Express«) und um York (»Scarborough Spa Express«) etabliert.
Betriebsfähig vorgehalten werden für diese und zahlreiche weitere Sonderfahrten Dampfloks von allen vier Vorgängergesellschaften der British Railways (Southern Railways, Great Western Railway, London Midland & Scottish Railways, London & North Eastern Railways) sowie von British Railways selbst, hauptsächlich Schnellzuglokomotiven. Der Star unter den Dampfloks ist die 2009 in Betrieb genommene Neubau-Pazifik 60163 »Tornado« der Baureihe A1. »Tornado« verkehrt sowohl vor Sonderzügen auf Hauptstrecken als auch bei Gastauftritten auf Museumsbahnen.

Museumsbahnen und Fahrzeugsammlungen

Wohl nirgendwo auf der Welt ist die Dichte an Museumsbahnen und Eisenbahnmuseen größer als in Großbritannien. Unsere Auswahl beschränkt sich daher auf die besonders sehenswerten Bahnen. Eine Übersicht über alle britischen und irischen Museumsbahnen (mit Kurzbeschreibung in englischer Sprache und Angabe der jeweiligen Internetseite) findet man unter www.heritage-railways.com.

Südostengland:

Romney, Hythe and Dymchurch Light Railway 1
22 km, 381 mm. New Romney, Kent; im Jahr 1926 eröffnete, teilweise zweigleisige »Miniatur-Hauptbahn« im Maßstab 1:3; Strecke Hythe–New Romney–Dungeness; Depot in New Romney; Betrieb: Januar bis März und Dezember an Sa und So, von April bis Oktober täglich; nächste Bahnstationen: Ashford und Rye (jeweils Busanschluss). www.rhdr.org.uk.

Kent & East Sussex Railway 2
16 km, 1 435 mm. Tenterden Town Station, Tenterden, Kent; Strecke Tenterden Town–Bodiam. Depot in Rolvenden. Betrieb: von April bis Oktober an bis zu 7 Tagen je Woche; typisch südenglische Lt. Col. Stephens'sche Nebenbahn; Busverbindungen von Ashford und Hastings. http://kesr.org.uk.

Bluebell Railway 3
18 km, 1 435 mm, Sheffield Park Station, Uckfield, East Sussex; Strecke Sheffield Park–East Grinstead (Bahnanschluss); Depot in Sheffield Park; Betrieb: Februar bis Oktober an Sa und So, April bis September täglich; Großbritanniens ältester regelspuriger Museumsbahnbetrieb (seit 1959); komplett mit Dampf betrieben. www.bluebell-railway. com.

Mid-Hants Railway–The Watercress Line 4
16 km, 1 435 mm. Alresford Station, Alresford, Hantshire; Strecke Alton–Alresford; mit Hauptbahnstandard gebaut und für schwere Lokomotiven zugelassen, mit langer 1,7%-Steigung; Depot in Ropley; Betrieb: von Februar bis Oktober an 2 bis 7 Tagen je Woche; Bahnanschluss in Alton. www.watercressline.co.uk.

Isle of Wight Steam Railway 5
8 km, 1 435 mm. Haven Street Station, Ryde, Isle of Wight; Strecke Smallbrook Jct.–Wootton; Depot in Haven Street; Betrieb: April bis Dezember an 2 bis 7 Tagen die Woche. Bahnanschluss in Smallbrook Jct. www.iwsteamrailway.co.uk.

Didcot Railway Centre, Great Western Society Ltd. 6
Bahnhof Didcot, Oxfordshire; geöffnet: ganzjährig an Sa/So, Juni bis August täglich; Sammlung von Fahrzeugen der Great Western Railway im ehemaligen Depot; ca. 30 Dampflokomotiven und der legendäre Dampftriebwagen »Railmotor 93« von 1908 sowie mehrere Dampfkräne und Kleinlokomotiven; zwei Demonstrationsgleise, Dampftage Juni bis August an Sa, So, August auch Mi. www.didcotrailwaycentre.org.uk.

Südwestengland:

Swanage Railway 7
11 km, 1 435 mm. The Station, Swanage, Dorset; Strecke Swanage–Norden; Depot in Swanage; Betrieb: März, November, Dezember an Sa und So, April bis Oktober täglich. Nächste Bahnstation: Wareham (Busanschluss). www.swanagerailway.co.uk.

South Devon Railway 8
11 km, 1 435 mm. Buckfastleigh Station; Strecke Buckfastleigh–Totnes; Depot in Buckfastleigh; Betrieb: Februar und März Sa und So, von April bis Oktober täglich. Bahnanschluss in Totnes. www.southdevonrailway.co.uk.

Mit einem grandiosem Ambiente begeistert die Severn Valley Railway. In den Kreuzungsbahnhof Bewdley fuhr Class 50 049 am 04.10.2018 im Rahmen der »Class 50 Golden Jubilee Gala« ein. Foto: Tobias Pohlman.

Dartmouth Steam Railway 9
11 km, 1 435 mm. Queen's Park Station, Paignton, Devon; Strecke Paignton–Kingswear; Depot in Churston; Betrieb: von April bis Oktober täglich. Bahnanschluss in Paignton. www.dartmouthrailriver.co.uk.

Bodmin & Wenford Railway 10
10 km, 1 435 mm. Bodmin General Station, Bodmin, Cornwall; Strecke Bodmin Parkway (Bahnanschluss)–Bodmin General–Boscarne Junction; Depot in Bodmin General; Betrieb: März bis Oktober an 2 bis 7 Tagen die Woche. www.bodminrailway.co.uk.

West Somerset Railway 11
32 km, 1 435 mm. The Railway Station, Minehead, Somerset; Strecke Minehead–Bishops Lydeard; Depot in Washford; Betrieb: Februar bis Oktober an 2 bis 7 Tagen die Woche. Großbritanniens längste und eine der schönsten Museumsbahnen. Nächste Bahnstation in Taunton (Busanschluss nach Bishop's Lydeard). http://west-somerset-railway.

Gloucestershire Warwickshire Railway 12
19 km, 1 435 mm. Toddington Station, Toddington, Gloucestershire; Strecke Cheltenham Racecourse–Toddington–Laverton (kein Aus- und Zustieg); Das Depot befindet sich in Toddington; Betrieb: März bis Oktober an 2 bis 6 Tagen die Woche. Fahrzeugpark und Anlagen halten das Erbe der Great Western Railway (GWR) hoch. Nächste Bahnstation: Cheltenham. www.gwsr.com.

STEAM-Museum of the Great Western Railway (GWR) 13
Kemble Drive, Swindon; Museum im früheren Ausbesserungswerk der GWR; täglich geöffnet; ca. 20 min. Fußweg vom Bahnhof Swindon. www. steam-museum. org.uk.

Wales:

Vale of Rheidol Railway 14
18,5 km, 600 mm. Park Avenue, Aberystwyth, Dyfed; Strecke Aberystwyth (Bahnanschluss)–Devils's Bridge; Depot in Aberystwyth; Betrieb: April bis Oktober täglich, Februar, März, November an Sa und So. www.rheidolrailway.co.uk.

Welshpool and Llanfair Light Railway 15
13 km, 762 mm. Llanfair Station, Llanfair Caereinion, Powys; Strecke Llanfair Caereinion–Welshpool Raven Square; Depot in Llanfair Caereinion; Betrieb: April bis Oktober an 2 bis 7 Tagen die Woche. Bahnanschluss in Welshpool (ca. 2 km Fußweg). www.wllr.org.uk.

Talyllyn Railway 16
12 km, 686 mm. Wharf Station, Tywyn, Gwynedd; Strecke Tywyn Wharf–Nant Gwernol; Depot in Tywyn Pendre; Betrieb: April bis Oktober tgl, Februar und März Sa und So. Gegründet 1951, damit die älteste Museumsbahn-Gesellschaft der Welt. Bahnanschluss in Tywyn. www. talyllyn.co.uk.

Welsh Highland Railway (Caernarfon) **17**
27 km, 597 mm. Harbour Station, Porthmadog, Gwynedd; Strecke Caernarfon–Porthmadog Harbour; Depot in Dinas; Betrieb: März bis Dezember an 3 bis 7 Tagen die Woche. Spektakuläre Strecke durch den Snowdonia-Nationalpark. Im Bestand befinden sich mehrere Garratts aus Südafrika und die erste Garratt- Lok aus Tasmanien. Nächste Bahnstationen: Bangor (Bus nach Caernarfon) und Porthmadog (ca. 2 km Fußweg). www.festrail.co.uk.

Ffestiniog Railway 18
22 km, 597 mm. Harbour Station, Porthmadog, Gwynedd; Strecke Porthmadog Harbour–Minfford–Blaenau Ffestiniog; Depot in Boston Lodge; Betrieb: März bis Dezem-

ber an 3 bis 7 Tagen die Woche. Eine der schönsten Strecken; Heimat der Fairlie-Doppellokomotiven. Bahnanschluss in Minfford und Blaenau Ffestiniog. www.festrail.co.uk.

Snowdon Mountain Railway 19
7,5 km, 800 mm, Llanberis, Gwynedd; Zahnradbahn auf den 1 085 m hohen Snowdon; Depot in Llanberis; Betrieb: März bis Okt. täglich. Bestand: 7 Dampflokomotiven (gebaut von SLM) und 5 V-Tfz. Nächste Bahnstation: Bangor (Busanschluss). www.snowdonrailway. co.uk.

Llangollen Railway 20
16 km, 1 435 mm. The Station, Abbey Road, Llangollen, Denbighshire; Strecke Llangollen–Carrog–Corwen; Depot in Llangollen, VT-Depot in Glyndyfrdwy; Betrieb: von Mai bis September täglich, außerdem an einigen Tagen im Februar, März, Oktober, Dezember. Nächste Bahnstation: Ruabon, von dort stündlich (sonntags zweistündlich) Busse nach Llangollen; Landschaftlich schöne Strecke im Tal des River Dee. www.llangollen-railway.co.uk.

Mittel- und Ostengland:

Churnet Valley Railway 21
8 km, 1 435 mm, Cheddleton Station, Station Road, Cheddleton; Strecke Kingsley & Froghall–Cheddleton–Leekbrook Junction (kein Ein- und Ausstieg); Depot in Cheddleton; Betrieb: Februar bis Oktober an 1 bis 4 Tagen die Woche; schöne und stimmungsvolle Gebäude, vor allem in Cheddleton; nächste Bahnstation: Stoke-on-Trent (Bus über Hanley nach Cheddleton). www. churnet-valley-railway.co.uk.

Severn Valley Railway 22
26,5 km, 1 435 mm. The Railway Station, Bewdley, Worcestershire; Strecke Kidderminster (SVR)–Bewdley–Bridgnorth; Depot in Bridgnorth; Betrieb: Februar bis November an 2 bis 7 Tagen die Woche; eine der bekanntesten Bahnen des Landes; häufige Gastauftritte fremder Lokomotiven; Bahnanschluss in Kidderminster. www.svr.co.uk.

Great Central Railway 23
13 km, 1 435 mm. Great Central Station, Loughborough, Leicestershire; Loughborough Central–Leicester North; Depot in Loughborough; Betrieb ganzjährig an Sa und So, Juni bis September an 3 bis 5 Tagen die Woche. Museumsbahn im detailgetreuen Stil einer Hauptstrecke der fünfziger/sechziger Jahre; größtenteils zweigleisig. Nächster Bhf.: Loughborough (15 Min. Fußweg). www.gcrailway.co.uk.

Nene Valley Railway 24
11 km, 1 435 mm. Wansford Station, Old North Road, Stibbington, Peterborough; Strecke Peterborough (NVR)–Wansford; Depot in Wansford; Betrieb: Januar bis Oktober an zwei bis sieben Tagen die Woche. Da die Strecke das kontinentale Lichtraumprofil aufweist, können auch ausländische Fahrzeuge zum Einsatz kommen. Derzeit jedoch nur der schwedische Y2-Triebwagen betriebsfähig; ex-DB 64 305 ist nicht betriebsfähig. www.nvr.org.uk.

North Norfolk Railway 25
9 km, 1 435 mm, The Station, Sheringham, Norfolk; Sheringham–Holt; Depot in Sheringham; Betrieb: März bis Oktober an 2 bis 7 Tagen die Woche; Bestand: 8 Dampfloks, darunter die 1994 in Mansfeld überholte LNER-8572, und 14 Diesel-Tfz. Bahnanschluss in Sheringham. www.nnrailway.co.uk.

Crich Tramway Village 26
Crich, nr. Matlock, Derbyshire; Geöffnet: April bis Oktober täglich; Bestand: etwa 70 Straßenbahntrieb- und -beiwagen, davon etwa ein Drittel betriebsfähig. Auch ein T4D aus Halle und ein Reko-Tw aus Berlin gehören zum Bestand. Die etwa eine Meile lange Museumsstrecke führt durch eine Szenerie mit authentisch rekonstruierten Straßen und Häusern; nächste Bahnstationen: Whatstandwell (2 km Fußweg), Matlock und Alfreton. www.tramway.co.uk.

Midland Railway Centre 27
6 km, 1 435 mm. Butterley Station, Ripley, Derbyshire; Strecke Hammersmith–Butterley–Riddings; großes Museumsgelände in Swanwick Jct mit vielen Fahrzeugen; Betrieb: ganzjährig an 2 bis 7 Tagen die Woche; nächste Bahnstationen: Derby und Alfreton (jeweils mit Busanschluss nach Butterley). www.midlandrailway-butterley.co.uk.

Nordwestengland:

East Lancashire Railway 28
13 km, 1 435 mm. Bolton Street Station, Bury, Lancashire; Heywood–Bury–Rawtenstall; Depot in Bury; Betrieb: von März bis November an zwei bis fünf Tagen pro Woche; ambitionierte Bahn mit häufigen Diesel- und Dampfereignissen (»Galas«); erreichbar ab Manchester mit Metrolink. www.eastlancsrailway.org.uk.

Keighley & Worth Valley Railway 29
8 km, 1 435 mm. Haworth Station, Keighley, West Yorkshire; Strecke Keighley (Bahnanschluss)–Haworth–Oxenhope; Depots in Haworth und Oxenhope; Betrieb: ganzjährig an 2 bis 7 Tagen die Woche; im Einsatz ist auch ein Schienenbus von Waggon- & Maschinenbau; authentisch erhaltene Zweigstrecke durch »Brontë-Land«. www.kwvr.co.uk.

Ravenglass & Eskdale Railway 30
11 km, 381 mm. Ravenglass, Cumbria; Strecke Ravenglass–Eskdale (Dalegarth); Depot in Ravenglass; Betrieb: von April bis Oktober täglich; »Kleinbahn« im Lake District mit dichtem Zugbetrieb; Bahnanschluss in Ravenglass. http://ravenglass-railway.co.uk.

Nordostengland:

North Yorkshire Moors Railway 31
29 km, 1 435 mm. Pickering Station, North Yorkshire; Strecke Pickering–Grosmont; dort Depot und Bahnanschluss; Betrieb April bis Oktober täglich, im Winter an einzelnen Wochenenden; eine der schönsten und

Eine der Gastlokomotiven bei der Gala der Bo'ness & Kinneil Railway 34 Anfang November 2018 war die Caledonian Railway Nr. 828. Darüber hinaus stand die Nr. 419 zur Verfügung. Foto: Ad van Sten.

längsten Museumsbahnen in Großbritannien, hier sind besonders viele Schnellzuglokomotiven zu sehen. Einige Züge verkehren von und nach dem pittoresken Hafenstädtchen Whitby. http://www.nymr.co.uk.

National Railway Museum, York 32
Leemann Road, York; geöffnet: ganzjährig täglich (außer Weihnachten) 10 bis 17 Uhr, Eintritt frei! Das größte und vielleicht beste Eisenbahnmuseum der Welt; ausgestellt sind neben vielen anderen Fahrzeugen die Rekordlokomotive »Mallard«, die letzte für die BR gebaute Dampflokomotive »Evening Star« (Baujahr 1960) und ein Shinkansen-Triebwagen Baujahr 1976 aus Japan. www.nrm.org.uk.

Locomotion, Shildon 33
Geöffnet: ganzjährig täglich (außer Weihnachten und Neujahr) 10 bis 17 Uhr, im Winterhalbjahr bis 16 Uhr. Eintritt frei! Außenstelle des National Railway Museum, um einen größeren Teil der Fahrzeugsammlung ausstellen zu können, an historischem Ort–Shildon war Depotstandort an der ersten öffentlichen Eisenbahn der Welt, der Stockton & Darlington Railway. Das Museum liegt direkt am Bahnhof Shildon. www.nrm.org. uk.

Schottland:

Bo'ness & Kinneil Railway 34
6 km, 1 435 mm. Union Street, Bo'ness, West Lothian; Strecke Bo'ness–Birkhill; Depot in Bo'ness; Betrieb: von April bis Oktober an 2 bis 7 Tagen je Woche. Busverbindungen von Linlithgow, Falkirk, Edinburgh und Glasgow. www.bkrailway.co.uk.

Strathspey Steam Railway 35
14 km, 1 435 mm. Aviemore (Speyside) Station, Aviemore, Invernessshire; Strecke Aviemore–Broomhill; Depot in Aviemore; Betrieb: April bis Oktober an 4 bis 7 Tagen je Woche; Bahnanschluss in Aviemore. www. strathspeyrailway.co.uk.

Isle of Man:

Für alle Auskünfte über Betriebstage, Fahrpläne und Pauschalangebote wende man sich an Transport Headquarters, Banks Circus, Douglas, Isle of Man, www.gov.im/publictransport.

Isle of Man Steam Railway 36
24 km, 914 mm. Terminus Building, Strathallan Crescent, Douglas, Isle of Man. Douglas–Port Erin. Betrieb: März bis Oktober an 4 bis 7 Tagen die Woche. www.iomsrsa.com.

Manx Electric Railway 36
27 km, 914 mm. Strecke Douglas–Ramsey; Depot in Douglas; Bestand: über 50 Straßenbahnfahrzeuge, darunter die ältesten Fahrzeuge von 1893; Betrieb: April bis September täglich, Oktober an 5 Tagen die Woche. http://manxelectricrailway.co.uk.

Snaefell Mountain Railway 36
8 km, 1 067 mm. Strecke Laxey–Snaefell; Depot in Laxey; Betrieb: April bis September täglich, Oktober an 5 Tagen die Woche. Bestand: 6 Straßenbahntriebwagen in Originalausstattung von 1895; als Notbremse wird noch die Fell'sche Zangenbremse mit im Gleis verlegter Bremsschiene eingesetzt. www.gov.im/publictransport/ Rail/snaefell.

Groudle Glen Railway 36
3 km, 610 mm. Strecke Groudle Glen–Sea Lion Rocks; Betrieb: Mai bis September an 1 bis 2 Tagen die Woche. http://ggr.org.uk.

Douglas Horse Tram 36
3,3 km. Pferdebahnstrecke im Zuge der Strandpromenade von Douglas. Seit Januar 2016 auf Beschluss der Lokalpolitik stillgelegt, da erhebliche Investitionen anstanden und der Betrieb defizitär war. www.douglashorsetramway.net. ■

Irland (einschließlich Nordirland)

Peter Pohlmann

Am 30.10.2019 erreichte der Triebwagen 22243 den Bahnhof Dromod, auf der Fahrt von Dublin nach Sligo. Im Hintergrund ist das alte Schmalspur-Bahnhofgebäude zu erkennen, das heute das Schmalspurmuseum der Cavan & Leitrim Railway beheimatet **8**. Foto: Peter Pohlmann.

In der Republik Irland gilt der Euro (€), in Nordirland das britische Pfund (£, GBP). Fotografieren ist im Allgemeinen erlaubt.
Bei Bahnreisen über England können die Globalpreis-Angebote Köln–Brüssel–London genutzt werden (siehe Großbritannien). Bahnverbindungen nach Irland: London Euston–Holyhead mit Schiffsanschluss nach Dublin (Ticket für die Strecke London-Dublin inkl. Fähre z.B.: „Sail&Rail" für 50.00 GBP) oder London Paddington–Fishguard mit Schiffsanschluss nach Rosslare. Für Reisen in der Republik Irland gibt es neben den InterRail-Tickets die (nur in Irland erhältlichen) Netzkarten »Trekker Four Day« (4 Tage ohne Bus, 110,- €) und »Explorer« (5 Tage innerhalb von 15 ohne Bus 160,- €). Einzelfahrscheine die bei Irish Rail online gebucht werden, sind stark rabattiert. In Nordirland kostet die Tageskarte »Family & Friends Tickez«, gültig in allen Bussen und Bahnen Nordirlands, 18,00 GBP (£), die Wochenkarte 58,00 GBP (£)
Die Fahrplantabellen für die Republik Irland kann man sich einzeln als pdf-Datei unter www.irishrail.ie/timetables herunterladen, die Fahrpläne der Bahnverbindungen in Nordirland findet man unter www.translink.co.uk/timetables.

IÉ–Iarnród Éireann/Irish Rail

Direktion
Iarnród Éireann HQ, Connolly Station, Amien Street, Dublin 1, D01 V6V6 (im Internet: www.irishrail.ie).

Streckennetz
Streckenlänge ca. 2060 km (Breitspur 1 600 mm)
- davon elektrifiziert 53 km (DART-Netz DC 1,5 kV)

Zum Ausbau des Vorortbahnnetzes von Dublin (DART) auf den Strecken nach Drogheda, Maynooth und Hazelhatch plant die IÉ die Beschaffung von über 60 neuen elektrischen Triebzügen, die nach einer gesicherten Finanzierung ab 2025 geliefert werden können.

Schöne Strecken
Fast alle Strecken führen durch eine sanfthügelige, sattgrüne Landschaft. Hervorzuheben ist die Strecke Dublin–Rosslare: Zwischen Dun Laoghaire (sprich: Dan Liri) und Greystones verläuft sie direkt an der irischen Steilküste, der Hafen von Wexford wird als »Hafenhauptbahn« mit Schrittgeschwindigkeit durchfahren.

LUAS–Dublin Light Railway System

2004 eröffnete moderne Stadtbahn mit zwei Strecken von zusammen 42,1 km Länge. Sie verbindet durch die »Green Line« das Zentrum der Hauptstadt mit dem Süden und die »Red Line« das Zentrum und die beiden großen Bahnhöfe mit dem Westen. Erweiterungen sind geplant und teilweise bereits in Bau. Informationen zu Fahrplänen und Tarifen gibt es unter www.luas.ie. Der Fahrzeugpark besteht aus 73 »Citadis«-Triebwagen von Alstom.

NIR–Translink Northern Ireland Railways

Direktion
Central Station, Belfast, www.translink.co.uk/Services/NI-Railways.

Streckennetz
Streckenlänge 342 km (Breitspur 1 600 mm), kein elektrischer Betrieb.

Schöne Strecken
Die an der Küste verlaufenden Strecken Coleraine–Londonderry und Belfast–Larne sind landschaftlich lohnenswert.

IE-Triebfahrzeuge

Diesellokomotiven

Baureihe	*Achsfolge*	*erstes Baujahr*	*Hersteller*	*Anzahl*	*Anmerkung*
071	Co'Co'	1976	EMD	18	1)
201	Co'Co'	1994	EMD	32	2)

Dieseltriebwagen

Baureihe	*Wagen je Einheit*	*erstes Baujahr*	*Hersteller*	*Anzahl Einheiten*	*Anmerkung*
2600	2	1993	Tokyu	8	
2800	2	2000	Tokyu	8	
22000	3	2007	Tokyu	28	3)
22000	4	2007	Tokyu	25	3)
22000	5	2007	Tokyu	10	3)
29000	4	2002	CAF	29	

Elektrische Triebwagen (Vorortverkehr Dublin, Strecke Howth/Malahide –Greystones, Oberleitung)

8100	2	1983	LHB	37	
8500	4	2001	Mitsui	4	
8510	4	2002	Mitsui	3	
8520	4	2004	Mitsui	10	

Anmerkungen: 1) im Güterzugdienst; 2) Einsatz vor Wendezügen Dublin–Cork und Dublin–Belfast. ; 10 Loks (201-205, 210-214) dauerhaft abgestellt, Modernisierung geplant; 3) Ende Oktober 2019 gab IE den Kauf von 41 Mittelwagen bekannt, mit denen bis 2022 die Tz der Reihe 22000 erweitert werden sollen; zukünftig: 21 3-tlg., 20 4-tlg., 22 6-tlg. Tz.

NIR-Triebfahrzeuge

Diesellokomotiven

Baureihe	*Achsfolge*	*erstes Baujahr*	*Hersteller*	*Anzahl*	*Anmerkung*
8111–8113	Co'Co'	1980	General Motors	3	1)
8208 und 8209	Co'Co'	1994	General Motors	2	2)

Dieseltriebwagen

Baureihe	*Wagen je Einheit*	*Baujahr*	*Hersteller*	*Anzahl Einheiten*
3000	3	2004–05	CAF	23
4000	3	2011–13	CAF	20

Anmerkungen: 1) identisch mit IE-Class 071; 2) identisch mit IE-Class 201, Einsatz vor »Enterprise«-Zügen Dublin–Belfast

Schmalspur- und Torfbahnen

Von den früher zahlreichen Schmalspurbahnen, die in der Mitte des letzten Jahrhunderts insgesamt mit einer Länge von 570 Meilen (über 900 km) große Bedeutung für den Verkehr im Lande hatten, sind nur einige Museumsbahnen übrig geblieben. Lediglich die nicht öffentlichen Bahnen des staatlichen Unternehmen »Bord na Móna« mit einer Spurweite von 914 mm dienen noch dem Abtransport von Torf. Besichtigungen sind bei den Torfbahnen nicht möglich, Möglichkeiten zum Fotografieren bestehen in unmittelbarer Umgebung der Torfkraftwerke. z. B. in Shannonbridge Co. Offaly oder Lanesborough, Co. Longford.

Museen und Museumsbahnen

Ulster Folk and Transport Museum 1
Cultra, Co. Down (zwischen Belfast und Bangor); geöffnet dienstags bis sonntags. Dampflokomotiven für 1 600 mm und für 914 mm Spurweite, Dieseltriebfahrzeuge und mehrere Reisezug- und Güterwagen ausgestellt. (www.heritageisland.com/attractions/ulster-transport-museum)

Railway Preservation Society of Ireland (RPSI) 2
RPSI besitzt eine große Anzahl betriebsfähiger irischer Dampf- und Diesellokomotiven und führt auf den Streckennetzen von IE und NIR regelmäßig Sonderfahrten durch. Außerdem ist das RPSI Railway Museum in Whitehead (Co. Antrim, Nordirland), donnerstags bis samstags von 10.00 bis 16.00 Uhr geöffnet. Informationen zum Museum und zu Sonderfahrten: www.steamtrainsireland.com.

Downpatrick & County Down Railway 3
Downpatrick, Co. Down, Nordirland; 5 km Strecke in 1 600 mm Spurweite; Betrieb: von Mitte Juni bis Mitte September an Wochenenden. Bestand: 3 Dampfloks, darunter 2 von O&K (1935), diverse Dieselfahrzeuge. (www.downrail.co.uk)

Giant's Causeway and Bushmills Railway 4
Runkerry Road, Bushmills, Co. Antrim, Nordirland; 3 km wiederaufgebaute Schmalspurstrecke (914 mm) in der Nähe des Naturmonuments Giant's Causeway; Betrieb Juli und August täglich, September und Oktober an Samstagen und Sonntagen. Bestand: 2 Dampf-, eine V Lok. (www.freewebs.com/giantscausewayrailway)

Foyle Valley Railway Museum 5
Foyle Road, Derry; derzeit geschlossen; wird umgebaut und einer sozialen Einrichtung übergeben. Was das für das Eisenbahnmuseum heißt, ist noch unklar. (www.facebook.com/FoyleValleyRailway)

County Donegal Railway Restoration Ltd 6
The Old Station House, Tyrconnell Street, Donegal, Co. Donegal, Irland; geöffnet montags bis freitags. Museum, Restaurierung einiger Fahrzeuge der früheren schmalspurigen County Donegal Railway, darunter einer Dampflokomotive. (www.donegalrailway.com)

Stradbally Woodland Railway 7
Main Street, Stradbally, County Laois; Betriebstage: Bank Holiday So/Mo und weitere ausgewählte Tage. Rundkurs in

914 mm Spurweite. (https://www.facebook.com/stradbally-woodlandrailway)

Cavan & Leitrim Railway 8
The Narrow Gauge Station, Dromod, Co. Leitrim; 1 km Strecke in 914 mm Spurweite; Betrieb: im Sommer samstags bis montags. Bestand: drei Dampf- und fünf Diesellokomotiven. (www.cavanandleitrim.wixsite.com)

Fintown Railway 9
Fintown Railway Station, Fintown, Co. Donegal; 4 km Strecke in 914 mm Spurweite; Betrieb: Juni bis Anfang September täglich. Bestand: 2 Dieselloks, ein antriebsloser VT. (www.fintownrailway.com)

West Clare Railway 10
Moyasta Station, Kilrush, Kilkee, Co. Clare; 2 km Schmalspurstrecke. Bestand: 1 Dampf-, 2 Dieselloks. Außerdem hat die Irish Traction Group hier fünf ex- IÉ-Streckendieselloks stationiert. Betrieb: April bis September täglich, Dampfbetrieb sonntags und montags. (www.westclarerailway.ie)

Waterford & Suir Valley Railway 11
Kilmeadan Station, Kilmeadan, Co Waterford; 8,5 km Schmalspurstrecke ab Kilmeadan. Betrieb: Mai bis September täglich. Bestand: eine Diesellok. (www.wsvrailway.ie)

Tralee & Blennerville Railway 12
Derzeit ist diese Bahn nicht in Betrieb. Eine Initiative von Eisenbahnfreunden möchte dies ändern. (www.traleesteamrailway.webs.com)

Lartigue Monorailway 13
John B Keane Road, Listowel, Co. Kerry; Wiederaufbau eines Teils der 1888 eröffneten und 1924 stillgelegten Einschienenbahn mit einer Diesellok; Demonstrationsstrecke von 1 km Länge. Betrieb: von Mai bis Mitte September täglich. (www.lartiguemonorail.com) ■

Deutschland

Rüdiger Lüders, Andreas Stange

Mit schweren Baustoffzügen fährt Freightliner DE mehrmals im Jahr nach Milmersdorf in der Schorfheide. So auch am 19.09.2018, als 66007 in der Nähe von Ahrensdorf angetroffen werden konnte. Foto: Tobias Pohlman.

Aufgrund der zunehmenden Bedeutung und Vergrößerung der Marktanteile der »Nichtbundeseigenen Eisenbahnen« (NE) sowie der fortschreitenden Vermischung von Fahrzeugeinsätzen stellen wir hier den Triebfahrzeugbestand der Deutschen Bahn AG nur mit einem kurzen Überblick vor. Im anschließenden Abschnitt wird auf die übrigen Eisenbahnunternehmen eingegangen, wobei die Auflistung dieser Bahnen wegen des großen Umfangs und ständiger Veränderungen nicht vollständig sein kann. Deshalb haben wir uns in erster Linie auf diejenigen »NE-Bahnen« beschränkt, welche eigene Strecken des öffentlichen Verkehrs unterhalten oder auf dem DB-Netz planmäßigen Verkehr betreiben.

Deutsche Bahn AG

Die Deutsche Bahn AG ist die am 1.1.1994 als Aktiengesellschaft gebildete Nachfolgerin der Deutschen Bundesbahn (DB) und der Deutschen Reichsbahn (DR); im Handelsregister eingetragen als »Deutsche Bahn Aktiengesellschaft«. 1999 wurden die bis dahin existierenden »Geschäftsbereiche« in fünf eigenständige Aktiengesellschaften umgewandelt, deren Nachfolger heute in einer Doppelholding als »Deutsche Bahn AG (DB AG) / DB Mobility Logistics AG (DB ML AG)« mit der gemeinsamen Zentrale in Berlin zusammengefasst sind. Dabei führt die DB AG die Geschäftsfelder DB Netze Energie, DB Netze Fahrweg und DB Netze Personenbahnhöfe direkt, während die übrigen Geschäftsfelder für Personenverkehr, Transport und Logistik, Infrastruktur sowie Dienstleistungen in der Tochtergesellschaft DB ML AG zusammen gefasst sind. Hauptsitz: DB-Zentrale, Potsdamer Platz 2, 10785 Berlin; www.deutschebahn.com oder www.db.de.

Streckennetz

Streckenlänge 1)	33 229 km
– davon Normalspur	33 293 km
– Schmalspur 2)	6 km
– elektrifiziert (15 kV 16,7 Hz) 3)	20 28 km

1) Quelle: Deutsche Bahn – Daten & Fakten 2018, mit 25 127 Brücken und 739 Tunnel von zusammen 590,7 km Länge

2) 1 000 mm: Inselbahn Wangerooge;

3) andere Stromsysteme: Rübelandbahn (AC 25 kV / 50 Hz, 19 km, seit 2006 betrieben von der Fels Netz GmbH); Berliner S-Bahn (DC 800 V mit Stromschiene, 324 km); Hamburger S-Bahn (DC 1 200 V mit Stromschiene, 110 km); Oberweißbacher Bergbahn (DC 500 V mit Fahrleitung, 3 km)

Die Triebfahrzeuge der Deutschen Bahn

Die nachfolgende Aufstellung erfolgt einschließlich langfristig gemieteter Lokomotiven, jedoch ausschließlich der Tfz-Gattungen 7, 8 und 9 (Dienst- und Museumsfahrzeuge sowie Steuer- und antriebslose Mittelwagen). Die Fahrzeuge sind zwar formal den verschiedenen Konzerngesellschaften zugeordnet, auf eine Differenzierung wird in der folgenden Aufstellung jedoch verzichtet, da auch ein Einsatz für jeweils andere Gesellschaften der DB immer wieder festzustellen ist.

Zur Entwicklung des Triebfahrzeugbestandes

Die Altbaureihen der ehemaligen Bundesbahn und Reichsbahn stehen kurz vor der endgültigen Ausmusterung, soweit sie in den vergangenen Jahren nicht bereits aus dem Bestand gestrichen sind. In großer Stückzahl sind hingegen jetzt die TRAXX AC3 von Bombardier (BR 187) und Vectron von Siemens (BR 193) unterwegs und vor Güterzügen anzutreffen.

Triebfahrzeuge Deutsche Bahn AG

Baureihe	*Achsfolge*	*Vmax*	*Baujahr*	*Anzahl*	*(davon Z)*	*Bemerkungen*
Elektrolokomotiven						
101	Bo'Bo'	220 km/h	1997–99	145		
103	Co'Co'	200 km/h	1970–74	4	(1)	2 Loks DB-Museum
110	Bo'Bo'	150 km/h	1957–69	3	(2)	
111	Bo'Bo'	160 km/h	1975–84	147	(39)	
112	Bo'Bo'	160 km/h	1992–94	81	(11)	
114	Bo'Bo'	160 km/h	1990–91	38	(1)	vormals BR 112.0
115	Bo'Bo'	150 km/h	1957–69	7	(5)	
120	Bo'Bo'	200 km/h	1987–89	40	(12)	
139	Bo'Bo'	110 km/h	1959–65	7	(7)	Umbau aus BR 110/140
140	Bo'Bo'	110 km/h	1957–73	31	(31)	
143	Bo'Bo'	120 km/h	1984–90	213	(122)	davon 6 Loks vermietet
145	Bo'Bo'	140 km/h	1997–99	79	(43)	alle 43 Loks vermietet
146	Bo'Bo'	160 km/h	2000–08	172		Bombardier »TRAXX«
147	Bo'Bo'	160 km/h	2000–08	41		Bombardier »TRAXX«
151	Co'Co'	120 km/h	1973–77	101	(46)	alle 2017 an Railpool/Toshiba verkauft und zurückgeleast
152	Bo'Bo'	140 km/h	1997–99	170	(1)	
155	Co'Co'	125 km/h	1974–84	98	(82)	alle 2017 an Railpool/Toshiba verkauft und zurückgeleast
181	Bo'Bo'	160 km/h	1974–75	4	(4)	
182	Bo'Bo'	230 km/h	2001–08	30		
185	Bo'Bo'	140 Km/h	2000–10	379	(2)	Mehrsystem-Variante der BR 145; 1)
187	Bo'Bo'	140 Km/h	ab 20011	100		Bombardier »TRAXX« mit »Last Mile Diesel«
189	Bo'Bo'	140 km/h	2002–05	90	(2)	Mehrsystem-Variante der BR 152
193	Bo'Bo'	160 km/h	ab 2014	118		Siemens »Vectron«
Diesellokomotiven						
215	B'B'-dh	140 km/h	1968–70	13	(13)	
218	B'B'-dh	140 km/h	1968–79	119	(27)	
219	C'C'-dh	120 km/h	1976–85	2	(1)	1 Lok DB-Museum
225	B'B'-dh	120 km/h	1968–71	8	(8)	
232	Co'Co'-de	120 km/h	1973–82	52	(7)	
233	Co'Co'-de	120 km/h	ab 2001	46	(27)	Umbau aus BR 232
245	Bo'Bo'	160 km/h	ab 2012	45		Bombardier »TRAXX P160 DE ME«
247	Bo'Bo'	160 km/h	ab 2014	4		Siemens »Vectron DE«
261	B'B'-dh	100 km/h	ab 2009	109		Voith »Cravita 10BB«
265	B'B'-dh	100 km/h	ab 2009	31		Voith »Cravita 15BB«
266	Co'Co'-de	120 km/h	ab 1998	52		»Class 66«
290	B'B'-dh	80 km/h	1964–74	21	(1)	
291	B'B'-dh	80 km/h	1965–78	2	(1)	
294	B'B'-dh	80 km/h	1995–	309	(4)	Funkfernsteuerung; Umbau aus BR 290
295	B'B'-dh	80 km/h	1995–	23	(2)	Funkfernsteuerung; Umbau aus BR 291
296	B'B'-dh	80 km/h	2007–08	29		Funkfernsteuerung; Umbau aus BR 290
298	B'B'-dh	65 km/h	1996–98	28	(3)	Funkfernsteuerung; Umbau aus BR 293
Kleinlokomotiven						
333	B	45 km/h	1965–78	9		
335	B	45 km/h	ab 1986	53	(6)	Funkfernsteuerung; Umbau aus BR 333
352	B	60 km/h	ab 1996	4	(4)	Vossloh »G322/G400B«; 2)
362	C	60 km/h	1955-63	56	(16)	
363	C	60 km/h	1955-63	106	(22)	
364	C	60 km/h	1955-63	4	(3)	Funkfernsteuerung; Umbau aus BR 360/362
365	C	60 km/h	1955-63	2		Funkfernsteuerung; Umbau aus BR 361/363
399	C	25 km/h	1992-99	4		je 2 Loks FAUR L18H-C / Schöma CFL150DCL; 3)
Elektrotriebwagen/–triebzüge						
401		280 km/h	1991–93	59		Anzahl der Triebzüge, »ICE 1«
402		280 km/h	1995–97	44		Anzahl der Triebzüge, »ICE 2«
403		330 km/h	ab 1999	49		Anzahl der Triebzüge, »ICE 3«
406		330 km/h	ab 1999	16		Anzahl der Triebzüge, »ICE 3M«
407		330 km/h	ab 1999	17		Anzahl der Triebzüge, »Velaro D«
410		330 km/h	1996/97	1		Anzahl der Triebzug »ICE S«
411		230 km/h	ab 1999	67		Anzahl der Triebzüge, davon 3 für ÖBB, »ICE-T«
412		250 km/h	ab 2013	39		Anzahl der Triebzüge, »ICE 4« (zwölfteilig)
415		230 km/h	ab 1999	11		Anzahl der Triebzüge, »ICE-T« (fünfteilig)
420/421		120 km/h	1969–97	78	(1)	S-Bahn-Züge Mü, Stg, Ffm, Ruhr
422/432		140 km/h	ab 2008	84		Nachfolgeserie der BR 423;
423/433		140 km/h	ab 1999	462		
424/434		160 km/h	ab 1999	40		S-Bahn Hannover (bis Dez. 2021)
425/435		160 km/h	ab 1999	249		
426		160 km/h	ab 1999	42		zweiteilige Ausführung der BR 425
429		160 km/h	ab 2008	33		fünfteilige Triebzüge, Typ »Flirt«
430		140 km/h	ab 2012	188		
440		160 km/h	ab 2008	141		Typ »Coradia Lirex«; 4)
442		160 km/h	ab 2010	347		Typ »TALENT 2«; 5)
445		160 km/h	ab 2013	104		Anzahl Triebköpfe, Bombardier »TWINDEXX« ohne ZWS

446		160 km/h	ab 2015	46		Anzahl Triebköpfe, Bombardier »TWINDEXX« mit ZWS
472/473		100 km/h	1974–84	47		S-Bahn Hamburg; 6)
474		100 km/h	ab 1997	116		S-Bahn Hamburg; 6)
479.2	Bo	45 km/h	1967–73	3		Oberweißbacher Bergbahn
480		100 km/h	1987–95	71	(2)	Anzahl der Viertelzüge; 7)
481/482		100 km/h	1997–2005	500		Anzahl der Viertelzüge; 7)
485		90 km/h	1987–93	92		Anzahl der Viertelzüge; 7)
490		140 km/h	ab 2013	92		S-Bahn Hamburg; 6)
Dieseltriebwagen/-triebzüge						
605		200 km/h	ab 2000	15	(13)	Typ »ICE-TD«; 8)
610		160 km/h	1991–92	2	(2)	Anzahl der Einheiten;
611		160 km/h	1996–97	49	(49)	Anzahl der Einheiten,
612		160 km/h	ab 1999	184	(12)	Anzahl der Einheiten
620		140 km/h	ab 2011	49		Anzahl der Einheiten, Typ »LINT 81«
622		140 km/h	ab 2014	49		Anzahl der Einheiten, Typ »LINT 54«
623		140 km/h	ab 2015	31		Anzahl der Einheiten, Typ »LINT 41«
628	2'B'+2'2'	120 km/h	1974–95	351	(203)	Anzahl der Einheiten
629	2'B'+B'2'	120 km/h	1995/99	12	(6)	Anzahl der Einheiten
632	B'(2)B'	140 km/h	ab 2012	22		Anzahl der Einheiten
633	B'(2)(2)B'	140 km/h	ab 2012	26		Anzahl der Einheiten
640	B'2'	120 km/h	ab 1999	30	(2)	Typ »LINT 27«
641	(1A)'(A1)'	120 km/h	ab 2000	29		wie SNCF X 73500
642	B'(2)B'	120 km/h	ab 1999	235	(3)	Typ »Desiro«
643	B'(2)(2)B'	120 km/h	ab 1999	98	(1)	Typ »TALENT« (diesel-mechanisch)
644	Bo'2'2'2'Bo'	120 km/h	ab 1998	62	(2)	Typ »TALENT« (diesel-elektrisch)
646	2'+Bo+2'	120 km/h	ab 1999	29	(11)	Typ »GTW«;
648	B'(2)B'	120 km/h	ab 2000	132	(6)	Typ »LINT 41«
650	B'B'	120 km/h	ab 1999	79		Typ »RegioShuttle« (RS1)
672	1'A'	100 km/h	1998/99	13		Burgenlandbahn

Anmerkungen: 1) eine Lok vermietet; 2) angemietet von northrail GmbH; 3) Inselbahn Wangerooge; 4) einschließlich der als Baureihe 1440 bei der S-Bahn Rhein-Ruhr, der Breisgau S-Bahn und im E-Netz Saar eingesetzten Triebzüge; 5) einschließlich der als 1442/2442/3442 eingereihten Triebzüge für die Mitteldeutsche S-Bahn, für das Werdenfelsnetz und für das Netz Gäu-Murr; 6) Einsatz durch S-Bahn Hamburg GmbH; 7) Einsatz durch S-Bahn Berlin GmbH; 8) zwei Tz seit Ende 2018 als »advanced TrainLab« im Einsatz;

Bewährt haben sich bei der DB die Loks der »Class 66«, die als BR 266 für DB Cargo vor allem von Oberhausen und Mühldorf aus im Programmverkehr eingesetzt werden, während die »Voith-Gravita 10BB / 15BB« (BR 261/265) in den letzten Jahren an mehreren Standorten den schweren Rangierdienst und Güternahverkehr übernommen haben.

Bereits 2011 hatte die DB mit dem Hersteller Bombardier einen Rahmenvertrag über 200 Mehrmotoren-Diesselloks TRAXX P160 DE ME abgeschlossen, welche inzwischen als Baureihe 245 bei DB Regio in Bayern und Hessen sowie auf der Marschbahn Hamburg-Westerland die letzten Loks der BR 218 fast vollständig abgelöst haben. Von DB Cargo kommen seit 2017 als neueste Erwerbung zwei Vectron DE von Siemens unter der Baureihenbezeichnung 247 zum Einsatz.

Neben den ICE der ersten Generation befahren die ICE3-Triebzüge vorrangig die Hochgeschwindigkeitsstrecken, die Baureihen 403 und 406/407 insbesondere die Strecken Köln–Frankfurt (Main) sowie deren Anschlussstrecken bis hin nach Amsterdam und Paris. Dazu sind seit 2017 die neuen ICE4-Triebzüge in den Einsatzbestand gelangt, deren Auslieferung sich bis 2023 hinziehen wird und dann eine Flotte von 37 siebenteiligen sowie je 50 zwölf- und dreizehnteiligen Einheiten umfassen soll.

Ebenfalls auf Triebzüge setzt DB Regio. Das S-Bahn-Netz im Ruhrgebiet bedient vorrangig die Baureihe 422, auf dem S-Bahn-Netz Hannover fahren noch bis zur Betriebsübernahme durch die »NordWestBahn« im Dezember 2021 40 Triebzüge der Baureihe 424; während für die Stuttgarter S-Bahn sowie die S-Bahn Rhein-Main seit 2012 insgesamt 177 Triebzüge der BR 430 geliefert worden sind, welche als weitere Modifizierung der Baureihe 422 die neuesten Normen und Vorschriften des EBA erfüllen.

Bundesweit sind in vielen »klassischen« Nahverkehrsdiensten die vierteiligen Triebzüge der Reihe 425 sowie 42 Zweiteiler der Baureihe 426 (für niedrigere Bahnsteighöhen) anzutreffen, während seit 2009 die drei-, vier- und fünfteiligen Triebzüge der Baureihe 440 (»Coradia Continental« von Alstom) den Regionalverkehr rund um Augsburg, Nürnberg und Würzburg sowie auf der Strecke München–Passau übernommen haben. Hinzu kommen die drei- und vierteiligen Triebzüge der leicht modifizierten BR 1440 für die S-Bahn-Linien Dortmund Hagen-Mönchengladbach und für die Breisgau-S-Bahn sowie das Elektronetz Saar.

Die Triebzüge der Baureihe 442 bzw. 1442 (»TALENT 2« von Bombardier) sind in den Diensten von DB Regio in fast allen Bundesländern anzutreffen. Als neue Baureihe 445 bzw. 446 setzt DB Regio seit Mitte 2017 die »TWINDEXX Vario« genannten Doppelstocktriebzüge von Bombardier in Bayern, Hessen, Mecklenburg-Vorpommern und in Schleswig-Holstein ein. Die neuen Triebzüge »Desiro HC« (Doppelstock) und »Mireo« (einstöckige Dreiteiler) soll Siemens als Baureihen 462 und 463 noch 2020 ausliefern.

Ein breites Einsatzspektrum decken die unterschiedlichen Dieseltriebwagen bzw. -triebzüge ab, wobei die Verteilung der einzelnen Baureihen sich zuletzt mehrfach räumlich gendert hat.

Die neuen Baureihen 620/621 und 622 (dreiteiliger »LINT 81« und zweiteiliger »LINT 54« von Alstom) sind inzwischen aus dem »Kölner Dieselnetz« und in Rheinland-Pfalz nicht mehr wegzudenken, hinzugekommen sind die Baureihen 623 und 654, unter der neue Fahr-

zeuge des Typs »LINT 41« eingereiht wurden, nachdem alle Ordnungsnummern der Baureihe 648 vergeben waren.

Selbst die zwei- und dreiteiligen Triebzüge der Baureihen 632 und 633 (PESA-Typ »Link«) sind nach jahrelanger Verzögerung wegen technischer Probleme und der nicht rechtzeitig erteilten Zulassung seit Mitte 2019 bei DB Regio im Probeeinsatz. Im Sauerland-Netz und im Allgäu sind diese Fahrzeuge jetzt anzutreffen.

Nichtbundeseigene Eisenbahnen

An dieser Stelle werden nur die EVU aufgeführt, die mit planmäßigem Personenverkehr (PV) innerhalb Deutschlands vertreten sind; die DB bleibt weitgehend unberücksichtigt, lediglich einige DB-Tochtergesellschaften sind mit aufgeführt. Die Aufteilung nach PV auf eigenen und fremden Strecken ist dabei nicht konsequent vollzogen, Bahnen, die beide Bedingungen erfüllen, wurden überwiegend dem Abschnitt »auf eigener Infrastruktur« zugeschlagen. Berücksich-tigt sind Regelverkehre, soweit bei Redaktionsschluss in Betrieb bzw. bereits vergeben. Sonstige Aktivitäten im Ausflugs- und Gelegenheitsverkehr

Mit einem Autotransport durchfuhr am 06.04.2019 die blaue 140 007-7 der PRESS, die frühere 140 825-1 der DB, den Bahnhof Altenburg. Foto: Jens Blume.

NE-Bahnen mit Personenverkehr auf eigener Infrastruktur

AKN Eisenbahn AG: VTA 2.51 bis 2.68 (LHB) sowie 622 151/651–164/664 (LINT 54), KBS 133, 137, 138, 139; 29); 28)
Albtal Verkehrsgesellschaft mbH: 501ff, 801ff, 900–922, 923ff, KBS 710.1–710.6, 710.9; 1)
Bentheimer Eisenbahn AG: VT 111-115 (LINT41) seit Juli 2019 wieder als RB 56 von Bad Bentheim nach Neuenhaus
Bergbahnen im Siebengebirge AG (Drachenfelsbahn): ET 2-6, KBS 11001
Borkumer Kleinbahn und Dampfschifffahrt GmbH: div. Dieselloks, Dampflok und Triebwagen für hist. Züge, KBS 12100
Brohltal-Schmalspur-Eisenbahn Betriebs-GmbH: D1– D3 (O&K MV10), D5 (Henschel DHG1200BB), VT30 (Fuchs), 11sm (Dampflok), KBS 12426
Bayerische Zugspitzbahn: ET 1–6, 10–12, 14–16, 309 sowie Elloks, KBS 11031
Chiemsee-Bahn: Tramway-Kastenlok »1813« (Krauss 1887) und Deutz 1962 , Strecke Prien–Stock
Döllnitzbahn GmbH: Dampf- und Dieselloks und ein Triebwagen, KBS 502 (hauptsächlich Schüler- und Ausflugsverkehr)
Eisenbahnen und Verkehrsbetriebe Elbe-Weser GmbH: VT101–114 (LINT41) und VT 150-151 (BR 628.4), KBS 122, 125; 2)
Elektrische Bahnen der Stadt Bonn und des Rhein-Sieg-Kreises: 7571–7578, 8371–8378 (Typ Köln), KBS 467/468
Harzer Schmalspurbahnen GmbH: div. Dampfloks BR 99, Dieselloks BR 199.8 und Triebwagen BR 187; KBS 333, 325, 326
HLB Hessenbahn GmbH: VT01–21 (VT2E); VT72 (629); VT201–210 (LINT41), KBS 637, 643, 646; 17)
Hohenzollerische Landesbahn (als Unternehmen nach Fusion mit SWEG nicht mehr existent, Marke bleibt): VT41–43, 121 (NE81), VT46+47, 200, 202, 204–221, 231–254 (RS1), KBS 768; 766 (TÜ-SIG), 769, 732, 742/743, 755/757; 18)
Inselbahn Langeoog: Lok 1–5, KBS 10005
Kölner Verkehrsbetriebe: Stadtbahnwagen, KBS 473.1+2 sowie ehem. KFBE
Mecklenburgische Bäderbahn Molli GmbH: 99 321–324; 331, 332, KBS 186
neg Niebüll GmbH: DL 2, T4 (627 193) VT71 (628 071) und 628/629 505/506, KBS 136
Netinera Deutschland GmbH/Die Länderbahn GmbH (ehem. Regental Bahnbetriebs-GmbH): VT02 (NE81), VT15-28, 31–41 (RS1); 1648 201–212 (LINT 41), KBS 875–877, 905–907; 544, 855; 5)
Niederbarnimer Eisenbahn AG: VT 643 01-03 (Talent ex Eurobahn), VT 731–738, 0010–0013 (ex OME), VT001–020, (650 064, 533-552, RS1) sowie 632 001– 011/SA139 015-021, 027-030 (PESA Link) und weitere Leihfahrzeuge; Einsatz auf KBS 209.12, 209.25–209.27, 209.35, 209.36, 209.54, 209.00–209.00
Regiobahn-Gesellschaft Kaarst-Düsseldorf-Mettmann:1001-1012 (0643 228-239, Talent), KBS 450.28; 3)
Regionalverkehr Alb-Bodensee GmbH (RAB) BR 650, KBS 763 (Ermstalbahn; Elektrifizierung geplant)
Rhein-Neckar Verkehrsgesellschaft mbH: 4111, 4113–4116 (GTW8), 4117– 4162 (Variobahn), KBS 669 (OEG); 4)
Rhein-Neckar Verkehrsgesellschaft mbH: 1031, 1032, 1041–1043 (Duewag GTW14); weitere Tfz von RNV, KBS 668 (RHB)
Rurtalbahn GmbH: 740–747 (RS1), VT211– 214 (LINT54), KBS 483, 484, neu: RB28
Rügensche Bäderbahn: div. Dampfloks, V51 901, 650 032 (RS1), KBS 199
Sächsische Dampfeisenbahngesellschaft mbH: div. Dampfloks, KBS 509, 513, 518
Sächsisch-Oberlausitzer Eisenbahngesellschaft mbH: div. Dampfloks, KBS 238
Stadtbahn Saar GmbH: 1001–1028 (GT8 »Flexity Link«), KBS 684 + Stadtbahn-Neubaustrecken
Stadtwerke Dessau-DVE: 670 003, 670 004, 672 902, 672 913, 672 915 (LVT/S), KBS 257
Stauden-Verkehrs GmbH: VT08 und VS28 (NE81) auf der Staudenbahn (Augsburg–) Gessertshausen–Markt Wald (Ausflugsverkehr an Wochenenden und Feiertagen)
Südwestdeutsche Verkehrs AG: 509–532 (RS1 für OSB), KBS 717, 722
Südwestdeutsche Verkehrs AG: VT28 (MAN), 126–130 (NE81), VT501–508, 533/534, ex HzL VT201/203 (RS1), 1442 150/151, KBS 723, 724, 725 19)
Wendelsteinbahn GmbH: Tw 11und 12, KBS 11030
Westerwaldbahn des Kreises Altenkirchen GmbH: 646 417 und 418 (GTW2/6), KBS 463
Württembergische Eisenbahn-Gesellschaft mbH: VT 442, 445–447 (RS1), KBS 762
Zweckverband Schönbuchbahn: VT 414–416, 423, 430–433 (RS1), KBS 790.72; 6); 7)
Zweckverband Strohgäubahn: VT 361–368 (RS1), KBS 790.61; 6)
Zweckverband Verkehrsverband Wieslauftalbahn: VT421, 422 (NE81); VT440, 441 (RS1), KBS 790.21; 6)

Anmerkungen: siehe nächste Tabelle »NE-Bahnen mit Personenverkehr auf fremder Infrastruktur«

NE-Bahnen mit Personenverkehr auf fremder Infrastruktur

Abellio Rail Baden-Württemberg GmbH: Los 1a Neckartal mit den Strecken von Stuttgart nach Pforzheim/Bruchsal, Mannheim/Osterburken und Tübingen mit 48 TALENT 3 (drei- und fünfteilig)
Abellio Rail Mitteldeutschland GmbH: 1648 401-454 (LINT 41) KBS 315, 328, 330 sowie Harz-Berlin-Express; 15)
Abellio Rail Mitteldeutschland GmbH: 9442 101–120 (TALENT 2, 3-tlg.), 9442 301–315 (TALENT 2, 5-tlg.), KBS 590, 595, 600, 605/581/582, 560
Abellio Rail NRW GmbH: VT11 001–003 (LINT 41), KBS 428; 20)
Abellio Rail NRW GmbH: ET23 2101–009, ET22 2101–008 (FLIRT), KBS 427, 440
Abellio Rail NRW GmbH: VT12 12 01–09 (LINT41), KBS 458 (S 7)
Abellio Rail NRW GmbH: ET25 2201–2213, ET25 2301–2307 (alles 5-tlg. FLIRT3; KBS 420/425, 450.1/3/420; 8)
Abellio Rail NRW GmbH: RRX mit Desiro HC-Doppelstocktriebwagen auf den Linien RE 11 (ab Dez. 2018) und RE 1 (ab Juni 2020)
Abellio Rail NRW GmbH: S2, S3, S9, RB 3, RB 40 (Ruhr-Sieg-Netz) und RB 41 mit FLIRT3 XL ab Dezember 2019 (S-Bahn Rhein-Ruhr); 21)
Agilis Verkehrsgesellschaft: 440 101–105, 401–421 (Coradia Continental), KBS 880, 930, 993
Agilis Verkehrsgesellschaft: VT650.701–738 (RS1), KBS 512, 821, 826, 830/831, 850/852, 853, 855, 857, 858, 862, 867
Arriva Tog (DK): LINT41, KBS 136.1
Bayerische Oberlandbahn GmbH (Transdev): VT 101–117 (Typ Integral), div. Talent-Triebwagen, KBS 955, 956
Bayerische Oberlandbahn GmbH (Transdev »Meridian«): ET351–357 (3tlg.) und ET301–328 (6tlg.), KBS 950, 951, 958
Bayerische Regiobahn GmbH (Transdev): VT211–242 (LINT41), KBS 985, 962; 983, 990/991
Bayerische Regiobahn GmbH (Transdev): 4 LINT54, 5 LINT81 und 19 LINT41, KBS 987/974, 986
Berchtesgadener Land-Bahn: ET130–134 (FLIRT), KBS 954
Bodensee-Oberschwaben-Bahn GmbH & Co. KG: VT 63–71 (RS1), KBS 751
Breisgau-S-Bahn (BSB, Marke der SWEG):bis 2020: VT 001–021 (RS1), danach TALENT 3; KBS 726 und 729; 19)
BTE BahnTouristikExpress GmbH: siehe FlixTrain
Cantus Verkehrsgesellschaft mbH: 427 001–007, 051–057; 428 001–003, 051–053 (FLIRT), KBS 605, 610, 611, 613
CFL (Société Nationale des Chemins de Fer Luxembourgeois), Reihe 2300 (KISS), KBS 690 bis Luxemburg; 9)
City-Bahn Chemnitz GmbH: 411–416 (Variobahn), VT511–516 (RS1), 431ff (CityLink); KBS 516, 520, 522, 523, 525
Die Länderbahn GmbH: 183 001–005, 223 061–072, KBS 855/930, 970/975 (Südabschnitt); 875 (Durchlauf bis Prag); 26)
Die Länderbahn GmbH (als Vogtlandbahn GmbH): VT 01–26 (Desiro), VT 31–48 (RegioSprinter), VT 50–57 (RS1), KBS 230, 235, 236; 539, 541, 544, 855, 858; 5)
Erfurter Bahn GmbH: VT 001–023, 301–339 (RS1), KBS 544, 546, 550, 555, 557, 559, 561, 565, 566, 570, 579, 580, 594, 803, 815 (z.T. nur abschnittsweise)
Erixx GmbH: 648 470/970–496/996 (LINT 41), KBS 116, 123
Erixx GmbH: 622 201/701ff (28 Stk. LINT 54), KBS 112, 115, 353, 360.4/320
Eurobahn (Keolis Deutschland): VT2.01–2.09, VT3.01-3.14 (Talent Classic), KBS 386, 404, 406
Eurobahn (Keolis Deutschland): ET5.01–5.25 (Flirt), KBS 400, 410, 411, 430, 431; 11)
Eurobahn (Keolis Deutschland): ET6.01–6.04 und ET7.01–7.14 (FLIRT), KBS 416, 455/485
Eurobahn (Keolis, Deutschland): 427 001–014, 429 001–005 (FLIRT), ET4.01–08 (FLIRT3 EMU5), KBS 124, 370/375, 385, 405, 410; 16)
FlixTrain GmbH (FlixMobility GmbH) Personenverkehr Berlin–Erfurt-Stuttgart Hbf in Zusammenarbeit mit LEO Express GmbH, sowie Hamburg-Altona–Köln Hbf und Leipzig Hbf-Berlin-Dortmund-Köln Hbf in Zusammenarbeit mit BahnTouristikExpress GmbH (BTE)
Go-Ahead Verkehrsgesellschaft Deutschland mbH: (Tochter der britischen Go-Ahead Group) Betreiber der Lose 1b und 1c – Neckartal sowie des Loses 3a – Murrbahn seit Dezember 2019; 22)
Hanseatische Eisenbahn (HANS): 6 LVT/S (672), 3 LINT 27, 2 NE81, ein RS1 und 798 610 als Reserve, KBS 172, 173, 209 73/74 und 269
HLB Hessenbahn GmbH, 508 101–103, 509 104–115 und HLB 119–122, 124–127, 130 (alles Gtw2/6), KBS 630, 631, 632, 636
HLB Hessenbahn GmbH: 427 031–033, 429 041–046 (FLIRT), 4 weitere 5tlg. FLIRT für Kassel–Frankfurt, KBS 445/630, 620
HLB Hessenbahn GmbH: VT 271–294 (LINT41); VT 201, 204, 210 (LINT 27) sowie Desiro (aus VT301-306), KBS 616, 625, 635
HLB Hessenbahn GmbH: VT 202, 203, 205–209 (LINT27), 251–268 (LINT41), 123, 128, 129 (GTW 2/6), 501-507 (LINT41, Neubau), KBS 440, 442, 443, 445, 461, 462, 629; VT301–306 (Desiro) für KBS 627; 525 116 (Gtw2/6, ehem. Hellertalbahn) für KBS 462
HLB Hessenbahn GmbH: 22 vier-.und 13 dreitlg.ET 1440.1/1440.3 (Coradia Continental); KBS 640, 651
Kreisbahn Mansfelder Land GmbH: VT405, 407, 408, KBS 337 (nur Ausflugsverkehr, weitere VT avh)
LEO Express: siehe FlixTrain
Metronom GmbH: ME146-01–18, 146 531–539, 541–543, KBS 120/110, 350
Metronom GmbH: 1440 101–120 (Coradia Lirex), KBS 300, 301/313/350
National Express: ET151–160 (TALENT 2, 3tlg.), 351–375 (5tlg.), KBS 455/495/470
National Express: RRX mit Desiro HC-Doppelstocktriebwagen auf den Linien RE 5 (ab Juni 2019), RE 6 (ab Dez. 2019) und RE 4 (ab Dez. 2020)
Netinera Deutschland GmbH (Vlexx): 620 400–417 (LINT81), 622 400–444 (LINT 54), KBS 471/680, 660/661/662, 661.1, 672, Ausflugszüge Koblenz/Mainz–Wissembourg (F)
Netinera Deutschland GmbH (Vlexx): ab Mitte 2020 RB-Züge (21 dreitlg. TALENT 3) im E-Netz Saar auf den KBS 680, 681,683
Nordbahn Eisenbahnges. mbH: VT2.71–2.77 (LINT41), KBS 142, 132
Nordbahn Eisenbahnges. mbH: ET5.01–5.07 (FLIRT 3tlg.), ET6.01–6.08 (6tlg.), KBS 103
Nord-West-Bahn GmbH: VT501–533 (mit Lücken), 648 370/870–379/879 (LINT 41), KBS 392, 393, 394
Nord-West-Bahn GmbH: VT701–727, 771-776 (Talent), KBS 354, 356.1, 372, 373, 402, 403
Nord-West-Bahn GmbH: VT739–745 (Talent), 648 361/861-369/869 (LINT 41), KBS 423, 424
Nord-West-Bahn GmbH: VT4.01–4.11 (LINT41), KBS 372, 373

Nord-West-Bahn GmbH: ET440 210–226, 330–347 (Coradia Continental), KBS 125, 126, 127, 380, 385, 390, 391
Nord-West-Bahn GmbH: VT551–580 (LINT41), KBS 423, 447, 495, 498
Ostdeutsche Eisenbahn GmbH: VT650.51–57 (RS1), KBS 172
Ostdeutsche Eisenbahn GmbH: VT643 (2 Stk.), VT650 (3 Stk.), KBS 152
Ostdeutsche Eisenbahn GmbH: 642.411–416 (Desiro), KBS 209.46, 220, 229
Ostdeutsche Eisenbahn GmbH: 646.040–045 (GTW2/6), KBS 209.33, 209.51; 14)
Ostdeutsche Eisenbahn GmbH: 445.100–115 KISS (4-tlg.), KBS 202, 204
Ortenau S-Bahn GmbH: VT 509–532 (RS1), KBS 717–722
Pressnitztalbahn: 650 032 (RS1), KBS 198
Regionalbahn Kassel / RegioTram GmbH: 613–622 (8NGTW); 701–718 (8NRTW-E, BR 452, Citadis) und 751–760 (8NRTW-D, BR 689, Citadis), KBS 614.3/4/5 mit Durchbindung in die Kasseler Innenstadt
Rhenus Veniro: 650 131, 132 (RS1), KBS 691 (Moselweinbahn)
Rhenus Veniro: VT3.01–3.03 (RS1), KBS 514 (Freiberger Eisenbahn)
Rhenus Veniro: 650 350–352 (RS1), KBS 479 (Hunsrückbahn)
SBB GmbH: 521 001–010 (FLIRT), KBS 720, Abschnitt Konstanz-Engen
SBB GmbH: 526 651–659 (FLIRT), KBS 735 (sowie rund um Basel)
Süd-Thüringen-Bahn GmbH: VT101–132 (RS1), 5 weitere ab Dez. 2017; KBS 564, 566, 569, 570, 573, 575; KBS 606
Transdev Regio Ost (Mitteldeutsche Regionalbahn): 642 327-346 mit Lücken (Desiro); KBS 226, 227, 246, 248
Transdev Regio Ost (Mitteldeutsche Regionalbahn): 223 144 + DE2000.01–03/223 053–055, KBS 525
Transdev Regio Ost (Mitteldeutsche Regionalbahn): 1440 328–340 (3tlg.), 1440 201-216 (5tlg.) Coradia Continental, KBS 510, 520
TransRegio-Deutsche Regionalbahn GmbH: 460 001–016 (Desiro-ML), KBS 470/471
Usedomer Bäderbahn GmbH: 646 101–129 (GTW2/6), KBS 193, 194; 24)
Veolia Transport Sverige (»Snälltåget«): Tfz bei Redaktionsschluss noch unbekannt, EN 300/301 »Berlin-Night-Express« Berlin–Saßnitz Fährhafen (–Malmö) in den Sommermonaten
Verkehrsgesellschaft Start Unterelbe mbH (DB Regio) 246 002–009 (Traxx P160DE), KBS 121; 23)
VIAS GmbH: VT101–126 (Itino),4 LINT54; KBS 641
VIAS GmbH: ET301-305, 401–414 (Flirt), KBS 466/645.1
VIAS GmbH: 648 251– 253 (LINT41) und 622 261– 269 (LINT 54) für KBS 481 und 487; 25)
Westfalenbahn GmbH: ET401–415 (FLIRT 4-tlg.), KBS 395/410
Westfalenbahn GmbH: ET601–613 (KISS, 6-tlg.), KBS 375/370/310

Anmerkungen: 1) Ab 12.2022 werden die AVG-Stadtbahnwagen nur noch die Linien bedienen, die als Zweisystemstrecken auch durch die Karlsruher Innenstadt führen; die übrigen Linien wurden neu ausgeschrieben und an DB Regio vergeben; 2) Ab Dezember 2021 Einsatz von 14 »iLINT« (Basis LINT54) im Elbe-Weser-Dreieck, wofür seit 2018 Probeeinsätze zweier Prototypen (u.a. 654 101/601) laufen. 3) Bis 2021 Elektrifizierung vorgesehen, zum Einsatz kommen dann 10 FLIRT3 XL-Tz. 4) die noch einsatzfähigen GT8 werden i.d.R. nur noch im Berufsverkehr ab Käfertal eingesetzt; 5) die Leistungen auf den KBS 858 und 544 sind z.T. bis nach Tschechien durchgebunden, auf der KBS 858 verkehrt die DLB im Wechsel mit agilis, die jedoch in Selb enden; seit September 2016 für 2 Jahre probeweise regulärer SPNV auf der RBG-Stammstrecke Gotteszell–Viechtach mit 5 angemieteten RegioShuttle der ODEG; 6) Betrieb durch WEG; 7) mittelfristig wurde die Elektrifizierung beschlossen, 9 Elektrotriebzüge von CAF sind bereits bestellt und sollen ab 2020 eingesetzt werden; 8) ET25 2301ff besitzen eine Dreisystemausrüstung zur Durchbindung nach Arnhem (Niederlande); 9) die CFL verkehrt im Nahverkehr von Luxemburg nach Koblenz, ab Trier werden die Triebwagen in Doppeltraktion mit KISS-Triebzügen der DB durchgebunden; seit 12.2017 fährt ein KISS-Triebzug der CFL als IC nach Düsseldorf. 11) die auf der KBS 430 in Warburg/Westf. endenden Züge werden 2x täglich mit Halt in Hofgeismar bis nach Kassel-Wilhelmshöhe durchgebunden; 14) ein Großteil der bis Ende 2014 bzw. 2015 im Großraum Berlin eingesetzten RegioShuttle der ODEG sind derzeit an andere EVU vermietet; 15) seit Dez. 2018 im sog. Dieselnetz Sachsen-Anhalt durch Abellio (Mitteldeutschland) mit LINT-Triebwagen, zusätzlich auch die KBS 301, 308, 334, 335, 585 (Unstrutbahn); die Triebwagen werden komplett getauscht, einige der LINT27 werden ab Dezember 2018 durch HANS eingesetzt. 16) Die »alten« Flirts wurden vom vorherigen Betreiber (Westfalenbahn) übernommen, die ET4.01ff sind Neubaufahrzeuge und mehrsystemfähig, da sie im Durchlauf über Bad Bentheim hinaus nach Hengelo eingesetzt werden sollten. 17) Zum Fahrplanwechsel 12.2022 wurden die Taunusstrecken neu ausgeschrieben, zum Einsatz gelangen 27 neue iLINT (BR 654); das Einsatzende der VT2E ist daher abzusehen. 18) ab Juni 2019 werden im sog. »Ulmer Stern« 10 neue LINT54 eingesetzt. 19 Ab Mitte/Ende 2020 werden die KBS 723-726 und 729 mit ET bedient. Zum Einsatz gelangen drei- und vierteilige Triebzüge vom Typ TALENT 3. Auf den übrigen Strecken der SWEG und BSB im Raum Freiburg wird künftig die DB verkehren. 20) ein LINT verkehrt im Niederrhein-Netz zwischen Wesel und Bocholt bis zur Elektrifizierung der Strecke, auf der KBS 428 tlw. auch Einsatz von FLIRT aus dem Ruhr-Sieg-Netz. 21) insgesamt 41 Triebwagen in 2 Varianten einschl. der Exemplare für die RegioBahn; 22) Los 1b Rems-Fils mit 11 FLIRT3 XL und 15 fünf-tlg. FLIRT3; Los 1c Franken-Enz mit 9 vier-tlg. und 10 sechs-tlg. FLIRT3; Los 3a Murrbahn 11 FLIRT3 XL (BR 3427); 23) bis Dezember 2018, dann übernimmt DB Regio Fahrzeuge und Einsatzgebiet; Wartung erfolgt weiterhin durch Bombardier in Bremervörde bei der FVB; 24) ab Dezember 2017 übernimmt DB Regio für 13 Jahre den Nahverkehr auf Usedom, ab Dezember 2019 geht die Verbindung Züssow–Stralsund ins Netz »Östseekuste«; die Darßbahn (Stralsund–) Velgast–Barth wird seit dem Fahrplanwechsel 12.2017 für zunächst zwei Jahre weiterbetrieben; 25) Auf der RB 38 nur zwischen Düsseldorf und Bedburg, Richtung Horrem / Köln weiterhin DB Regio; 26) Im Los Nord (München–Regensburg–Hof/Prag) bis 12.2022, im Los Süd (München–Lindau / Oberstdorf) bis 12.2020; im Allgäu übernimmt auf dann elektrifizierten Strecke DB Regio; 28) 2014 übernahm die AKN den Abschnitt Kiel-Gaaden– Kiel-Oppendorf der ehem. Kiel-Schönberger Eisenbahn. Seit dem 04.09.2017 findet zwischen Kiel Hbf und Kiel-Oppendorf wieder planmäßiger SPNV statt, ab 2022 soll nach erfolgtem Ausbau die Strecke bis Schönberg bedient werden; derzeit fährt DB Regio bis Kiel-Oppendorf.

bleiben unberücksichtigt. Der Abschnitt »auf eigener Infrastruktur« enthält auch die Sonderfälle »DB Regio auf Nichtbundeseigener Eisenbahnstrecke«.

Nach Möglichkeit sind die Unternehmen, die in mehreren Netzen tätig sind, entsprechend aufgegliedert, wobei der Fahrzeugeinsatz nach den Netzen getrennt erfolgen kann. Die angegebenen Kursbuchstrecken können auch Teilleistungen auf diesen Strecken beinhalten. Zusätzlich zu den aufgeführten Fahrzeugen können auch weitere angemietete Triebfahrzeuge zum Einsatz gelangen, insbesondere im Transdev-Konzern werden Pool-Fahrzeuge auch unter den Bahnen getauscht.

Auf eine Übersicht der Güterverkehrsaktivitäten wird insbesondere wegen der sich ständig ändernden Fahrzeugbestände und der häufig wechselnden Verkehrsbeziehungen bei den überregionalen Verkehren verzichtet. Wer nähere Informationen hierzu sucht, sei auf das Buch »Europäische Bahnen« von Karl Arne Richter verwiesen, erschienen bei ri:works Bahnwissen GmbH (siehe www.eu-bahnen.info).

Der T2 der Museums-Eisenbahn Minden nahm im Oktober 2019 an der saisonalen Abschlußfahrt teil. Foto: Dr. Jochen Christoph.

Eisenbahnmuseen und Museumsbahnen

Die Erinnerung an Entwicklung und Bedeutung der Eisenbahn in den vergangenen mehr als 185 Jahren wird vielerorts in großen und kleinen Museen aufrecht erhalten und gepflegt. Ebenso stehen unzählige Museumsbahnen in Deutschland im Blickfeld vieler Eisenbahnfreunde, kommen doch hier noch häufig die geliebten »Dampfrösser«, aber auch andere historische Schienenfahrzeuge zum Einsatz.
Der kompakten Form dieses Reiseführers entsprechend, können wir jedoch nur einige Hinweise geben, wie sich der interessierte Leser mit dieser Materie vertraut machen kann. Eine umfassende Darstellung aller Eisenbahnmuseen und Museumsbahnen in Deutschland lässt sich nicht auf wenigen Seiten zusammenfassen, weshalb wir nachfolgend auf andere Quellen verweisen möchten.

Eisenbahnmuseen

Beispielhaft seien als überregional bedeutende Eisenbahnmuseen die folgenden erwähnt:

- **DB Museum in Nürnberg** (www.dbmuseum.de): Lessingstraße 6, 90443 Nürnberg (10 min Fußweg vom Hbf entfernt), geöffnet dienstags bis freitags 9.00-17.00 Uhr, am Wochenende 10.00-18.00, Eintritt 6,- Euro, ermäßigt 5,- Euro; Kinder 3,- Euro;
- **DB Museum, Außenstelle Halle/Saale**: Im Lokschuppen IV des ehemaligen Bw Halle P (nahe S-Bf. Steintorbrücke), geöffnet samstags 10.00-16.00 Uhr, Eintritt 2,50 Euro, Kinder 1,- Euro, Familien (2 E. + max. 4 K.) 5,- Euro;
- **DB Museum, Außenstelle Koblenz/Mosel**: Im ehemaligen Bw Koblenz-Lützel (Wagenhalle am Bf. Koblenz-Lützel), geöffnet samstags sowie im Juli und August täglich außer montags 10.00-16.00 Uhr, Eintritt 3,- Euro, Kinder 1,50 Euro, Familien (2 E. + max. 4 K.) 6,- Euro;
- **DDM – Dampflok-Museum Neuenmarkt-Wirsberg** (www.dampflokmuseum.de): Birkenstraße 5, 95339 Neuenmarkt (am Bf. Neuenmarkt-Wirsberg), geöffnet dienstags bis sonntags 10.00-15.00, März-Oktober 10.00-17.00 Uhr, Eintritt 7,- Euro, ermäßigt 5,- Euro, Familienkarte 15,- Euro;
- **DGEG Museum Bochum-Dahlhausen** (www.eisenbahnmuseum-bochum.de): Dr.-C.-Otto-Straße 191, 44879 Bochum; an Sonn- und Feiertagen Pendelverkehr mit dem museumseigenen Triebwagen vom S-Bahnhof Bochum-Dahlhausen zum Museum u.z.; geöffnet 01.03.-15.11. täglich außer montags und samstags 10.00-17.00 Uhr, Eintritt 8,- Euro, Kinder 4,- Euro, bei Sonderveranstaltungen abweichende Eintrittspreise;
- **DGEG Museum Neustadt/Weinstr.** (www.eisenbahnmuseum-neustadt.de): Im Lokschuppen gegenüber dem Bf. Neustadt/W. (10 min Fußweg vom Hbf entfernt, geöffnet Di-Fr 10.00-13.00 Uhr, Sa/So 10.00-16.00 Uhr, Eintritt 3,- Euro, ermäßigt 1,50 Euro;
- **DTMB – Deutsches Technik-Museum Berlin** (www.sdtb.de): Trebbiner Straße 9, 10963 Berlin-Kreuzberg (Nähe U-Bf. Gleisdreick) , geöffnet dienstags bis freitags 9.00-17.30 Uhr, Sa/So ab 10.00, Eintritt 8,- Euro, ermäßigt 4 Euro, Maxi-Familienkarte (2 E. + max. 3 K.) 17,- Euro;
- **VMD – Verkehrsmuseum Dresden** (www.verkehrsmuseum-dresden.de): Augustusstraße 1, 01067 Dresden (im Johanneum am Neumarkt, 15 min Fußweg vom Hbf entfernt), geöffnet täglich außer montags 10.00-18.00 Uhr, Eintritt 9,- Euro, ermäßigt 4,- Euro, Familien (2 E. + max. 4 K.) 18,- Euro.

Museumsbahnen

Die meisten Museumsbahnen in Deutschland sind im VDMT – Verband Deutscher Museums- und Touristikbahnen e.V. organisiert. Eine Liste der Mitgliedsbahnen kann gegen Einsendung eines frankierten Rückumschlags (Format DIN lang) bezogen werden: VDMT, Bonhoefferweg 23, 91058 Erlangen oder lässt sich aus dem Internet unter www.museumsbahnen.de herunterladen. Ausführliche Informationen zu den deutschen Museumsbahnen bietet auch das alljährlich beim Eisenbahnkurier-Verlag erscheinende »Kursbuch der deutschen Museumseisenbahnen« (Buch-Ausgabe 2019 zum Preis von 7.90 Euro zzgl. Versand). ■

Polen

Peter Wilhelm

SU46-047 ist eine der letzten betriebsfähigen SU46. Am 07.09.2019 konnte die farblich in den Zustand der 90er Jahre zurück versetzte Lok mit einem Sonderzug im Bahnhof Bukowina Bobrzańska zwischen Żagań und Niegosławice aufgenommen werden. Foto: Peter Wilhelm.

Zur Einreise nach Polen reicht für EU-Bürger der Personalausweis. Polen ist Mitglied im Schengener Abkommen, somit gibt es zwischen Deutschland und Polen im Regelfall keine Grenzkontrolle. 100 Złoty (PLN) entsprechen rund € 23,- (Stand 11/2019). Geldautomaten sind flächendeckend vorhanden (teure »garantierte Umtauschkurse« abwählen), EC- und Kreditkarten werden akzeptiert (immer in PLN abrechnen, EUR ist meist unvorteilhaft). Bargeldumtausch ist in Wechselstuben »Kantor« möglich.

Zur Anreise mit der Bahn aus Deutschland sind im Fernverkehr nur die über Frankfurt (Oder) verkehrenden EC/EN sowie der Kurswagen nach Przemyśl im Nachtzug nach Wien nutzbar. Nahverkehrsangebote bestehen nach Szczecin, Kostrzyn, Rzepin, Żary, Wrocław und Zgorzelec.

Einige Ländertickets gelten von und nach bestimmten Bahnhöfen in Polen sowie im Stettiner Stadtverkehrsbetrieb ZDiTM. Von Südostsachsen aus kann das Euro-Neiße-Ticket genutzt werden.

Die Onlineauskunft findet man unter portalpasazera.pl. Ein Kursbuch gibt es nur noch in Form von online abrufbaren Tabellen (portalpasazera.pl/Tablice/RozkladWformieTablic). Das Tarifsystem ist mit der Einführung vieler Gesellschaften komplizierter geworden. Über Regelungen zur gegenseitigen Anerkennung von Fahrkarten sollte man sich aktuell auf den Webseiten der Unternehmen informieren. Einige Regionalbahnen haben eine Tagesnetzkarte »Wspólny Bilet Samorządowy« für 38 PLN aufgelegt: Arriva RP, KD, KM, KMAL, KŚ, KW, ŁKA, WKD.

An allen öffentlich zugänglichen Stellen ist das Fotografieren erlaubt; wo nicht, ist ein Fotografierverbotsschild aufgehängt.

Infrastruktur

- **PKP Polskie Linie Kolejowe**: PKP Polskie Linie PKP Polskie Linie Kolejowe: PKP Polskie Linie Kolejowe: www.plk-sa.pl, staatliches Bahnnetz der Republik Polen (18 536 km)
- **PKP Linia Hutnicza Szerokotorowa**: lhs.com.pl, Breitspurstrecke Hrubieszów Grenze–Sławków Południowy (395 km)
- **Kopalnia Piasku Kotlarnia – Linie Kolejowe**: www.kotlarnia.com.pl/html/linie.html, Strecken der Sandbahn KP Kotlarnia (ca. 80 km)
- **Infra Silesia**: www.infrasilesia.pl, Strecken der ehemaligen Sandbahnen um Jęzor Centralny und Rybnik (ca. 50 km)
- **Jastrzębska Spółka Kolejowa**: www.jsk.pl, Strecken der Bergwerksgesellschaft Jastrzębska Spółka Węglowa südöstlich von Rybnik (ca. 40 km).
- **Dolnośląska Służba Dróg i Kolei we Wrocławiu**: dsdik.wroc.pl, Wrocław Zakrzów–Trzebnica, Szklarska Poręba Górna–Staatsgrenze, Bielawa Zachodnia–Dzierżoniów (37 km)
- **PKP Szybka Kolej Miejska w Trójmieście**: www.skm.pkp.pl, S-Bahn-Strecke Gdańsk Śródmieście–Rumia und Gdynia Chylonia–Gdynia Cisowa (34 km)
- **Pomorska Kolej Metropolitalna**: www.pkm-sa.pl, Flughafenanbindung Gdańsk Wrzeszcz–Gdańsk Osowa/Rębiechowo (18 km)
- **CTL Maczki-Bór**: www.ctl.pl, Strecken der ehemaligen Sandbahnen von Bór Górny bis Hołdunów (ca. 18 km)
- **Euroterminal Sławków**: www.euterminal.pl, Sosnowiec Maczki–Sławków Euroterminal (6 km) und Sławków LHS–Sławków Euroterminal (3 km, 1520 mm)

Eisenbahnen in Polen
Dänemark
zu Russland
Litauen
Weiß-russland
Deutschland
Tschechische Republik
Slowakische Republik
Ukraine
Schnellfahrstrecke/Projekt
Normalspur ein-/mehrgleisig
elektrifizierte Strecken
Breitspur
Schmalspur
Strecke außer Betrieb
Strecke in Planung
Strecken im Ausland
Strecken ohne Personenverkehr
Hafenbahn
Museen, Museumsbahnen
75 km
WKZ Grafik
Sand- und Industriebahnen
AM = ArcelorMittal Poland Sosnowiec
ES = Euroterminal Sławków
PC = Polski Gaz
SL = Sławków LHS
ZPR = Verladebahnhof
ZM = Z. Makoszowy
ZMK = Z. Mak. Kopalnia

Triebfahrzeuge in Polen

PKP	*Typ, andere Bez.*	*Hersteller*	*Baujahr*	*Achsfolge*	*vmax*	*Bemerkungen*
Elektrolokomotiven						
EP05	44E	Škoda (CS)	1960-1961	Bo'Bo'	160	
EU07, EU07E	4E, 303E	Pafawag, Cegielski	1963–1992	Bo'Bo'	125	
EP07	4E, 303E	diverse	1995–2005	Bo'Bo'	125	ex EU07
EP07.10	-	diverse	2007–2008	Bo'Bo'	125	ex EU/EP07
EU07A	303Ea	ZNTK Oleśnica, Olkol	2011–2017	Bo'Bo'	125/160	ex EU07
EU07.15	303Eb	ZNLE Gliwice	2011–2013	Bo'Bo'	125	ex EU07
EU07.16	303Ec	ZNLE Gliwice	2011–2012	Bo'Bo'	125	ex EU07
EP07P	-	ZNLE Gliwice	2012	Bo'Bo'	125	ex EU/EP07
EP08	4Ea, 102Ea	Pafawag	1972–1976	Bo'Bo'	140	
EP09	104E	Pafawag	1987–1997	Bo'Bo'	160	
EP09	104Ec	Pafawag	1987–1997	Bo'Bo'	160	
ET21	3E/1	Pafawag	1960–1971	Co'Co'	100	
-	3E/1M	ZNTK Oleśnica, Newag Gliwice	2009–2015	Co'Co'	100	ex 3E/1
-	3E-100	Newag Gliwice	2009–2014	Co'Co'	100	ex 3E/1
ET22	201E	Pafawag	1971–1990	Co'Co'	125	
ET22.12	201El	ZNLE Gliwice	2011–2012	Co'Co'	125	ex ET22
ET22.20	201Em, 201Ek	ZNLE Gliwice	2004–2011	Co'Co'	125	ex ET22
-	201Eo	ZNTK Oleśnica	2012–2015	Co'Co'	125	ex ONCF 201Eg
ET40	77E	Škoda (CS)	1975-1978	Bo'Bo'+Bo'Bo'	100	Doppellok
ET41	203E	Cegielski	1977–1983	Bo'Bo'+Bo'Bo'	125	Doppellok
ET42	-	Nowočerkask (SU)	1978–1982	Bo'Bo'+Bo'Bo'	100	Doppellok
-	E186	Bombardier (D)	2006–2018	Bo'Bo'	140	Traxx F140 MS
-	E483	Bombardier (D)	2010–2016	Bo'Bo'	140	Traxx F140 DC
-	EU47	Bombardier (D)	2010–2011	Bo'Bo'	160	Traxx P160 DC
EU44	5 370	Siemens (D)	2008–2009	Bo'Bo'	200	ES 64 U4
EU45	E189	Siemens (D)	2003–2011	Bo'Bo'	140	ES 64 F4
-	5 170, 191	Siemens (D)	2010–2014	Bo'Bo'	160	Vectron DC
EU46	193, X4E	Siemens (D)	2013–2019	Bo'Bo'	160	Vectron MS
-	111Ed	Pesa	2012–2019	Bo'Bo'	160	Gama
-	111Eb	Pesa	2015–2016	Bo'Bo'	160	Gama
-	E6ACT	ZNLE Gliwice, Newag Gliwice	2009–2014	Co'Co'	120	Dragon
-	E6ACTd, E6DCF-DP	Newag, Newag Gliwice	2016–2017	Co'Co'	120	Dragon, Last Mile
ET25	E6ACTa	Newag	2018–2019	Co'Co'	120	Dragon 2
ET26	E6ACTad	Newag	2019	Co'Co'	120	Dragon 2, Last Mile
-	E4MSU	Newag Gliwice	2013	Bo'Bo'	160	Griffin
-	E4DCUd, E4DCU-DP	Newag	2017	Bo'Bo'	160	Griffin, Last Mile
EU160	E4DCU	Newag	2019	Bo'Bo'	160	Griffin
-	58E1, 131	Škoda (CS)	1980–1982	Bo'Bo'+Bo'Bo'	100	ŽSSK 131
-	12E, 140	Škoda (CS)	1957–1958	Bo'Bo'	120	ŽSSK 140
-	31E, 181	Škoda (CS)	1961–1962	Co'Co'	90	ČD 181
-	59E, 182	Škoda (CS)	1963–1965	Co'Co'	90	ČD/ŽSSK 182
-	61E, 183	Škoda (CS)	1971	Co'Co'	90	ŽSSK 183
-	71E, 163	Škoda (CS)	1984–1992	Bo'Bo'	120	ČD 163
-	79E, 130	Škoda (CS)	1977	Bo'Bo'	100	ČD 130
-	207E	Rail Polska	2017	Co'Co'	100	Umbau ex M62
-	EL2	LEW	1952–1988	Bo'Bo'	65	
Elektrotriebwagen/-triebzüge						
EN57	5B/6B	Pafawag	1961–1992	3-teilig	110	
EN57.20	5Bk/6Bk	diverse	2006–2007	3-teilig	110	ex EN57
-	EN57KM	ZNTK Mińsk Maz.	2007–2008	3-teilig	110	ex YU
EN57, EN57A...	EN57A...	diverse	2009–2018	3-teilig	120	ex EN57
EN57FPS	5B/6B mod.	Cegielski	2017–2018	3-teilig	120	ex EN57
ED59	16WE	Pesa	2006	3-teilig	140	Acatus, abg.
EW60	6WEh	Pafawag	1990	3-teilig	120	modernisiert
EN61	14WE	Newag	2005–2017	3-teilig	110	ex EN57
EN62	21WE	Pesa	2012	3-teilig	160	Elf
-	21WEa	Pesa	2017	3-teilig	160	Elf2
EN62A	21WEb	Pesa	2017–2018	3-teilig	160	Elf2
EN63	36WE	Newag	2013–2014	3-teilig	160	Impuls
EN63A	36WEa	Newag Gliwice, Newag	2014–2018	3-teilig	160	Impuls
-	36WEd	Newag	2018–2019	3-teilig	160	Impuls 2
EN64	40WE	Pesa	2014–2016	3-teilig	160	Acatus Plus
EN71	5Bh/6Bh	Pafawag	1976	4-teilig	110	001-020
EN71	5B/6B	diverse	1976–2011	4-teilig	110	021-052, ex EN57
-	EN71KM	ZNTK Mińsk Maz.	2010–2011	4-teilig	120	ex YU
EN71	EN71AKS	Newag	2009–2012	4-teilig	120	ex EN57
ED72	5Bs/6Bs	Pafawag	1993–1996	4-teilig	110	
ED72A	5Bs/6Bs	ZNTK Mińsk Maz.	2011–2013	4-teilig	120	ex ED72
ED72Ac	5Bs/6Bs	ZNTK Mińsk Maz.	2018	4-teilig	120	ex ED72
ED74	15WE/16WEk	Pesa	2007–2008	4-teilig	160	Bydgostia
EN75	L4158, ER75	Stadler	2008	4-teilig	160	Flirt
-	L4268	Stadler	2014–2015	2-teilig	160	Flirt 3
-	L4423	Stadler	2019	5-teilig	160	Flirt 3
EN76	22WE	Pesa	2010–2011	4-teilig	160	Elf
EN76	22WEa	Pesa	2012–2014	4-teilig	160	Elf
EN76	22WEb	Pesa	2011	4-teilig	160	Elf
EN76	22WEc	Pesa	2014–2016	4-teilig	120/160	Elf

-	22WEd	Pesa	2017–2019	4-teilig	160	Elf2
EN76	22WEe	Pesa	2011–2012	4-teilig	160	Elf
EN76A	22WEf	Pesa	2018	4-teilig	160	Elf2
EN77	32WE	Pesa	2011	4-teilig	160	Acatus II
ED78, EN78	31WE	Newag	2013–2018	4-teilig	160	Impuls
EN79, EN90	45WE	Newag	2014–2019	5-teilig	160	Impuls
EN81	308B	Pesa	2005–2007	1-teilig	120	
EN95	13WE	Pesa	2004	4-teilig	90	Mazovia
EN96	34WE	Pesa	2011	2-teilig	160	Elf
EN96A	34WEa	Pesa	2017–2018	2-teilig	160	Elf2
EN97	33WE	Pesa	2011–2012	6-teilig	80	
EN98	37WE	Newag	2014–2015	2-teilig	160	Impuls
EN99	41WE	Pesa	2014–2015	2-teilig	160	Acatus Plus
EN100	39WE	Newag	2016	6-teilig	80	für WKD
ED160	L4292	Stadler/Newag	2015	6-teilig	160	Flirt 3
ED161	43WE	Pesa	2015	8-teilig	160	Dart
ED250	ETR 610	Alstom	2013–2014	7-teilig	250	Pendolino
-	19WE	Newag	2008–2010	4-teilig	130	
-	27WE	Pesa	2011	6-teilig	160	Elf
-	27WEb	Pesa	2013	6-teilig	160	Elf
-	35WE	Newag	2012–2013	6-teilig	160	Impuls
-	48WE	Pesa	2019	5-teilig	160	Elf2
Diesellokomotiven						
-	Ls40	Chrzanów	1952–1961	B	11	
-	Ls60	Chrzanów, Zastal	1961–1971	B	11	
SM03	Ls150	Chrzanów, Zastal	1959–1968	B	25/45	
SM04	409Da, Ls180	Zastal, Mystal, ZNTK Oleśnica	1969–1995	B	30	
-	410D	Zastal	1972–1975	B	22	
SM30	Ls300E	Chrzanów	1957–1970	Bo'Bo'	60	
SM31	Ls1200, 411D	Chrzanów	1976–1985	Co'Co'	80	
SM32	401Da, Ls350E	Chrzanów	1971–1979	C	60	
-	311D	Newag	2007–2008	Co'Co'	100	ex M62
ST40s	311Da	Newag	2008–2018	Co'Co'	100	ex M62, 1520 mm
SM42	6D, Ls800	Chrzanów	1964–1992	Bo'Bo'	90	
-	6Dd, Ls1000	PTKiGK Rybnik	1999–2003	Bo'Bo'	90	ex SM42
-	6De	ZNTK Poznań ?	199_	Bo'Bo'	35	ex SM42, Fernsteuerung
SM42.12	6Dg	Newag	2007–2019	Bo'Bo'	90	ex SM42
-	6Dh	Tabor Dębica	2016–2019	Bo'Bo'	90	ex SM42, Alf
SM42	6Di	Pesa	2015–2016	Bo'Bo'	90	ex SM42
SM42.16	6Dk	Pesa	2009–2012	Bo'Bo'	90	ex SM42
-	6Dm	Orion Kolej	2015	Bo'Bo'	90	ex SM42
SM42.30-31	18D	Newag	2014	Bo'Bo'	90	ex SM42, Hybridlok
SU42.5	101D	ZNTK Nowy Sącz	1999–2000	Bo'Bo'	90	ex SP42
SU42.10	6Dl	Newag	2014–2015	Bo'Bo'	90	ex SM42
ST43	LDE2100, 060DA	Electroputere (RO)	1965–1974	Co'Co'	100	
ST44	M62	LTZ (SU)	1966–1988	Co'Co'	100	
-	M62У	LTZ (UA)	1992	Co'Co'	100	ex 2M62У
ST44.12	M62Ko	Pesa	2007–2019	Co'Co'	100	ex ST44
ST44.20	M62Ko	Pesa	2007–2011	Co'Co'	100	ex ST44, 1520 mm
ST44.30	M62	Chrzanów	2005	Co'Co'	100	ex M62
-	M62M	Rail Polska	2005–2012	Co'Co'	100	ex M62
-	M62BF	Chrzanów	2009	Co'Co'	100	ex M62
-	313D, M62	Pesa	2014	Co'Co'	100	ex M62
SU45	301Db	Cegielski	1967–1977	Co'Co'	120	ex SP45
ST45	301Dd	Pesa	2009–2012	Co'Co'	120	ex SU45
SU46	303D	Cegielski	1973–1985	Co'Co'	120	
ST46	303Da	Pesa	2011	Co'Co'	120	ex SU46
SM48	TEM2	Brjansk (SU)	1976–1988	Co'Co'	100	auch 1520 mm
ST48	15D	Newag	2010–2019	Co'Co'	100	ex TEM2
-	16D	Newag	2010–2013	Co'Co'	100	ex TEM2 (1520 mm)
-	19D	Pesa	2017	Co'Co'	100	Umbau aus TEM2
SU160	111Db	Pesa	2014–2015	Bo'Bo'	160	Gama
-	231, BR231	LTZ (SU)	1972–1973	Co'Co'	100	DB 231
-	232, BR232	LTZ (SU)	1973–1981	Co'Co'	120	DB 232
-	753, T478.3	ČKD (CS)	1970–1977	Bo'Bo'	100	Brillenschlange
-	754, T478.4	ČKD (CS)	1975–1980	Bo'Bo'	100	Brillenschlange
-	JT42CWRM	EMD (USA)	2006–2007	Co'Co'	120	Class 66
-	JT42CWR	EMD, GM-EMD (USA)	1999–2008	Co'Co'	120/105	Class 66
-	BR285	Bombardier (D)	2010–2011	Bo'Bo'	140	Traxx F140 DE
-	S200, 770	ČKD (CS)	1966–1990	Co'Co'	90	T669.0
-	T448.0, 740	ČKD (CS)	1973–1989	Bo'Bo'	70	
-	T448p	ČKD (CS)	1976–1989	Bo'Bo'	70	
-	T458	ČKD (CS)	1963–1972	Bo'Bo'	80	
-	LDH19	FAUR (RO)	1988	B	40	
-	LDH45	FAUR (RO)	1980–1989	B'B'	70	
-	DE 6400	MaK (D)	1988–1993	Bo'Bo'	120	
-	418D	Kolzam	1999	AA	unbek.	
-	418Da	Kolzam	2002	AA	unbek.	
-	TGM23B	Murom (SU)	1978	C	30/60	1520 mm
-	TGM40	KMZ (SU)	1989–1990	B'B'	40	
-	LM-400.00	ZPS Stargard Szcz.	2012	B	40	
-	797.8	CZ Loko (CZ)	2007–2011	B	40	

Dieseltriebwagen/-triebzüge						
SA103	214Ma	Pesa	2005–2007	1-teilig	120	
SA105.0	213M	ZNTK Poznań	2002	1-teilig	100	Regio Tramp
SA105.1	213Ma	ZNTK Poznań	2003–2005	1-teilig	100	Regio Tramp
SA106	214M	Pesa	2002–2007	1-teilig	120	
SA107	211M	Kolzam	2003–2004	1-teilig	100	Regiovan
SA108	215M	ZNTK Poznań	2003–2007	2-teilig	100	Regio Tramp
SA109	212M	Kolzam, Chrzanów	2003–2012	2-teilig	100	Regiovan
SA131	218M	Pesa	2005	2-teilig	120	
SA132	218Ma	Pesa	2006–2007	2-teilig	120	
SA132	218Mb	Pesa	2005–2006	2-teilig	120	
SA133	218Mc	Pesa	2006–2015	2-teilig	120	
SA134	218Md	Pesa, ZNTK Mińsk Maz.	2007–2014	2-teilig	120	
SA135	214Mb	Pesa, ZNTK Mińsk Maz.	2008–2014	1-teilig	120	
SA136	219M	Pesa	2010–2015	3-teilig	120	Atribo
SA137	220M	Newag	2010–2014	2-teilig	120	
SA138	221M	Newag	2010–2012	3-teilig	120	
-	222M	Newag	2013–2015	2-teilig	130	
SA139	223M	Pesa	2012–2019	2-teilig	120	Link
SA140	222Ma	Newag	2018	2-teilig	130	
-	VT 627	LHB/MaK (D)	1974–1981	1-teilig	120	ex DB
-	VT 628	Uerdingen/LHB (D)	1974	2-teilig	120	ex DB
-	628.4	Düwag, LHB, AEG (D)	1992–1995	2-teilig	120	ex DB
-	MR/MRD	Uerdingen (D)/Scandia (DK)	1978–1985	2-teilig	130	ex DK
SN82	DH 1	Uerdingen (D)	1983	1-teilig	100	ex NL
SN83	DH 2	Uerdingen (D)	1981–1982	2-teilig	100	ex NL
SN84	614	Uerdingen/MAN (D)	1973–1976	2-teilig	140	ex DB
-	642	Siemens	1999–	2-teilig	120	Desiro Classic
-	646	Stadler (CH)	1998–2002	2-teilig	120	GTW 2/6
-	810	Studénka (CS)	1975–1982	1-teilig	80	

- **PMT Linie Kolejowe**: www.pmtlk.pl, öffentliche Infrastruktur des Kupferindustrie um Lubin und Legnica, Mścice – Mielno Kosz. (8 km)
- **UBB Polska**: www.ubb-online.com, Ahlbeck Staatsgrenze–Świnoujście Centrum (1,4 km)

Interessante Strecken

An den Bahnhofsbauten kann man noch heute erkennen, in wessen Machtbereich der jeweilige Teil Polens zu Zeiten des Bahnbaus lag. Während im Westen und Norden vielerorts der klassische preußische Baustil vorherrscht, findet sich im Südosten typisch österreichische Architektur. Im Osten des Landes schließlich sind viele Strecken russischen Ursprungs, z. T. trifft man hier auf Bahnhofsgebäude in Holzbauweise. Immer noch läuft ein umfangreiches Strecken-Modernisierungsprogramm. Die für die Reisenden oft mit Umleitungen und SEV verbundenen Bauprojekte werden meist verspätet fertiggestellt. Am Ende bringt dies neben positiven Effekten wie Fahrzeitverkürzungen und verbessertem Reisekomfort vielerorts den Verlust von Bausubstanz und historischem Flair mit sich.

Polen ist von Flachland geprägt. Gebirge finden sich nur im äußersten Süden des Landes. Alle Strecken, die hier in Richtung der tschechischen oder slowakischen Grenze verlaufen, sind sehr sehenswert. Weitere Abwechslungen bringen die Pommersche und Masurische Seenplatte sowie das Heiligkreuzgebirge.

Das Oberschlesische Industriegebiet (GOP) rund um Katowice ist der wichtigste industrielle Ballungsraum Polens. Das Gebiet unterliegt einem rasanten Wandel, der mit Betriebsschließungen im traditionellen Bergbau und der Schwerindustrie einher geht. Trotzdem bieten die verbleibende Industrie sowie alte Bergarbeitersiedlungen noch genug Motive für den Fotografen.

Zwischen Grodzisk Mazowiecki und Zawiercie verläuft die CMK (Zentrale Eisenbahnmagistrale), die als Schnellfahrstrecke zwischen Warschau und Südpolen dient. Der Güterverkehr in Polen beläuft sich hauptsächlich auf Massengut- oder KV-Ganzzüge. Schwerpunkte sind die Strecken zwischen den Ostseehäfen und Oberschlesien sowie zwischen den Grenzbahnhöfen zu Deutschland, Tschechien und den Breitspurländern im Osten. Bemerkenswert ist die nicht elektrifizierte Breitspurstrecke der PKP LHS, welche von der ukrainischen Grenze bis an den Rand des GOP reicht. Dieselstrecken mit nennenswertem Güterverkehr zahlreicher EVU finden sich in Niederschlesien. Durch den EU-geförderten Bauboom in Polen laufen die dortigen Steinbrüche auf Hochtouren. Größere Betriebe befinden sich rund um Ścinawka Średnia und Jerzmanice-Zdrój, sowie bei Piława Górna, Sulików, Jawor und Rogoźnica.

Triebfahrzeuge

Auf nicht elektrifizierten Strecken kommen im Regionalverkehr ausschließlich Triebwagen zum Einsatz, nur noch selten gibt es lokbespannte Ersatzverkehre. Dagegen sind Fernzüge von PKP IC auf Dieselstrecken klassische Wagenzüge. Nur während der Sommersaison kann man noch auf eine der wenig verbliebenen SM42 spekulieren, ansonsten werden nur Neubauten, Modernisierungen und angemietete tschechische »Brillenschlangen« eingesetzt. Im Fernverkehr sind neben Wagenzügen mit EU/EP07, EP08 und EP09 auch diverse E-Triebzüge anzutreffen. Im Regionalverkehr ist mittelfristig mit dem Ende der für Polen so typischen »Kibel« EN57 und EN71 zu rechnen. In einigen Woiwodschaften wurden sie bereits komplett durch moderne Fahrzeuge abgelöst.

Der Güterverkehr wird von überregionalen Ganzzügen dominiert. PKP Cargo bespannt sie hauptsächlich mit ET22, bei den privaten EVU übernehmen die von den tschechischen und slowakischen Bahnen übernommenen 181, 182 und 183 die Rolle der Landplage. Viele

EU07 fahren inzwischen bei privaten EVU, so dass diese Reihe derzeit in sehr vielen Farbvarianten im Einsatz ist. Die Altbauelloks ET21 (3E/1) sind nur noch bei privaten EVU anzutreffen. Landesweit sieht man die imposanten Doppel-Elektroloks ET41 und ET42 von PKP Cargo. Die ET40 sind bei Redaktionsschluss ohne neuen Mieter abgestellt.
Sollte PKP Cargo keine neuen Entscheidungen treffen, ist ein Ende der Einsätze der Dieselloks SU46 absehbar. Derzeit steht nach Möglichkeit je eine Lok in Węgliniec und Olsztyn zur Bespannung von Militärzügen zur Verfügung. PKP Cargo setzt für die Zukunft auf die modernisierten SM42.12, ST44.12, ST45 und ST48. Die letzten nicht modernisierten ST44 können bis zum Ende des Umbauprogramms in ST44.12 in Masuren und Nordostpolen angetroffen werden, die privaten Pendants M62, von denen es viele Motorisierungs- und Modernisierungsvarianten gibt, dagegen landesweit. Derzeit existieren noch zwei betriebsfähige SU45: eine bespannt für Orlen Koltrans Erdölzüge zwischen Barnówko und Kostrzyn, die andere wird durch das EVU Karpiel im Großraum Kraków eingesetzt. In den letzten Jahren wurden mehrere 231 und 232 nach Polen importiert.

Die Bedeutung der PKP-Baureihenbezeichnungen:
- 1. Buchstabe:
  E = (elektryczny/a) Ellok, E-Triebwagen;
  S = (spalinowy/a) Diesellokomotive, -triebwagen;
- 2. Buchstabe bei Lokomotiven:
  P = (pasażerska) Personenzuglok;
  T = (towarowa) Güterzuglok;
  U = (uniwersalna) Allzwecklok;
  M = (manewrowa) Rangierlok;
- 2. Buchstabe bei Triebwagen:
  N = (niskoperonowy) für niedrige Bahnsteige;
  W = (wysokoperonowy) für Hochbahnsteige;
  D = (dalekobieżny) für Fernverkehr;
  A = (autobus szynowy) Schienenbus.

Die NVR-Nummern sind in Polen nach Traktionsart und Leistungsgruppe gruppiert (pl.wikipedia.org/wiki/Oznaczenia_UIC_taboru_kolejowego). Die Vergabe der Ordnungsnummer erfolgt laufend nach Einreichung durch die EVU. Damit sind Rückschlüsse auf eine konkrete Baureihe oder gar Lok ohne Kenntnis des genauen Umzeichnungsplans unmöglich. Die Bedeutung des nationalen Teils ist:

- Ziffer 5: Verwendung (0: sonstige, 1, 2: Reisezug-, 3, 4: Güterzug-, 5, 6: Universal-, 7, 8: Rangier-, 9: Spezial-Tfz)
- Ziffer 6: Traktionsart (0: Dampf; 1: E, einsystem; 2: E, zweisystem; 3: E, mehrsystem; 4: E/Diesel; 5: Tender; 6: Diesel, elektrische Kraftübertragung [KÜ]; 7: Diesel, mechanische KÜ; 8: Diesel, hydraulische KÜ)
- Ziffer 7: Leistungsgruppe (0: Museums-Tfz; 1: bis 0,5 MW; 2: 0,5-1 MW; 3: 1-1,5 MW; 4: 1,5-2 MW; 5: 2-3 MW; 6: 3-5 MW; 7: > 5 MW)
- Ziffer 8-11: Ordnungsnummer

Eisenbahnverkehrsunternehmen (Reiseverkehr)

- **Arriva RP**, Toruń: Die DB-Tochter führt vorerst bis den SPNV auf mehreren nicht elektrifizierten Strecken der Woiwodschaft Kujawien-Pommern durch, teilweise auch nach Pommern und Masowien hinein. www.arriva.pl. Triebfahrzeuge: 13 SA106, 4 SA133, 2 SA134, 4 628.4, 14 MR/MRD.
- **Koleje Dolnośląskie**, Legnica:Diese Regionalbahngesellschaft führt Nahverkehr in der Woiwodschaft Niederschlesien durch. www.kolejedolnoslaskie.eu. Triebfahrzeuge: 1 EN57, 4 EN57AL/AKD, 6 36WEa, 10 31WE, 11 45WE, 1 SA106, 2 SA109 (abgestellt), 1 SA132, 8 SA134, 9 SA135, 5 SA139.
- **Koleje Małopolskie**, Kraków: Die Regionalbahngesellschaft der Woiwodschaft Kleinpolen wickelt SPNV auf einigen Strecken um Kraków ab, u. a. zum dortigen Flughafen. www.malopolskiekoleje.pl. Triebfahrzeuge: 4 EN64, 5 EN77, 8 EN78, 5 EN79.
- **Koleje Mazowieckie–KM**, Warszawa: Diese Regionalbahngesellschaft der Woiwodschaft Masowien führt SPNV in der Region rund um die Hauptstadt Warschau durch. Neben E-Triebzügen kommen auch Doppelstockwagen und Elloks von Bombardier und Pesa im Wendezugbetrieb zum Einsatz. In der Einsatzstelle Tłuszcz sind einige letzte ex-DB-627 und 628 für Reservezwecke vorhanden. www.mazowieckie.com.pl. Triebfahrzeuge: 11 EU47, 2 111Eb, 46 EN57, 139 EN57AL/AKM, 2 EW60, 1 EN71, 5 EN71KM, 0 ER75, 16 EN76, 12 45WE, 7 SA135, 2 222M, 6 VT 627, 11 VT 628.
- **Koleje Śląskie,** Katowice: Diese Regionalbahngesellschaft führt den gesamten in der der Woiwodschaft Schlesien liegenden SPNV durch. www.kolejeslaskie.com. Triebfahrzeuge: 1 EN57, 7 EN57AKŚ, 2 EN57KM, 4 14WE, 3 21WEa, 3 36WEa, 2 EN71AKS, 4 EN75, 8 EN76 (22WE), 1 EN76 (22WEb), 12 22WEd, 2 EN81, 4 34WEa, 6 27WEb, 1 35WE.
- **Koleje Wielkopolskie**, Poznań: Die Regionalbahngesellschaft der Woiwodschaft Großpolen erbringt SPNV auf mehreren von Poznań ausgehenden Strecken sowie auf Gniezno–Jarocin, Zbąszynek–Leszno–Ostrów Wlkp. www.koleje-wielkopolskie.com.pl. Triebfahrzeuge: 12 EN57/EN57AL, 22 EN76, 7 48WE, 2 SA105.0, 5 SA108, 10 SA132 (218Ma), 1 SA132 (218Mb), 4 SA134, 2 SA139, 2 628.4.
- **Łódzka Kolej Aglomeracyjna**, Łódź: Diese woiwodschaftseigene Regionalbahngesellschaft erbringt SPNV auf mehreren von Łódź ausgehenden Strecken sowie einige Züge zwischen Łódź und Warszawa Wschodnia. Die Fahrzeugbasis befindet sich in Łódź Widzew. lka.lodzkie.pl. Triebfahrzeuge: 14 36WEd, 20 L4268.
- **PKP Intercity**, Warszawa: PKP Intercity wickelt den hochwertigen Reiseverkehr in Polen und internationalen Fernverkehr ab. Im Binnenverkehr repräsentiert die Marke TLK das normale Schnellzugangebot, EIC und IC sind aus modernem Fahrzeugmaterial gebildete Züge und als EIP werden die 250 km/h schnellen ED250 bezeichnet. Alle Züge sind reservierungspflichtig. www.intercity.pl. Triebfahrzeuge: 1 EP05, 67 EP07, 79 EU07, 69 EP07.10, 10 EU07A, 9 EP08, 46 EP09, 10 EU44, 2 193, 14 ED74, 20

ED160, 20 ED161, 20 ED250, 33 SM42, 10 SM42.30-31, 10 SU42.10, 10 SU160, 7 754.

- **PKP Szybka Kolej Miejska w Trójmieście**, Gdynia: Der SPNV im Großraum der Dreistadt Gdańsk–Gdynia–Sopot ist das Hauptgeschäftsfeld von PKP SKM, welche traditionell die Relation Gdańsk Śródmieście–Lębork bedient. Nur an Veranstaltungstagen verkehren auf der Strecke Gdańsk Główny–Gdańsk Stadion Expo Züge. Die VT verkehren auf der 2015 eröffneten Flughafenstrecke sowie nach Kartuzy und Kościerzyna. Die Fahrzeugwerkstatt befindet sich in Gdynia Chylonia. www.skm.pkp.pl. Triebfahrzeuge: 20 EN57, 26 EN57/EN57AKM, 11 EN71, 1 EN71(A), 2 31WE, 3 SA133, 7 SA136.
- **Przewozy Regionalne**, Warszawa: Die ehemalige PKP-Tochter führt unter dem Markennamen »Polregio« in vielen Woiwodschaften noch den Regionalverkehr durch. Personenzüge heißen Regio, darüber hinaus gibt es nur wenige als Interregio bezeichnete Fernzüge. www.polregio.pl. Triebfahrzeuge: 5 EP07P, 240 EN57, 74 EN57.20, 113 EN57AP/AKŁ/AL/ALc/ALd/AKM, 14 EN57FPS, 1 ED59, 1 EN61, 1 EN62, 5 EN62A, 1 EN63, 42 EN63A, 5 EN64, 21 EN71, 9 ED72, 6 ED72A, 6 ED72Ac, 6 EN76, 2 EN76A, 30 ED78, 9 EN90, 6 EN81, 4 EN96, 4 EN96A, 3 EN98, 4 EN99, 7 SM04, 18 SM42, 18 SU42.5, 13 SA103, 5 SA105.1, 5 SA106, 2 SA107, 6 SA108, 7 SA109, 1 SA131, 3 SA132, 24 SA133, 17 SA134, 8 SA135, 12 SA136, 9 SA137, 5 SA138, 14 SA139, 2 SA140.
- **SKPL Cargo**, Zbiersk: Die aus der Vergangenheit von mehreren Schmalspurbahnen bekannte Gesellschaft wickelt den Betrieb auf der mit Dreischienengleis versehenen Strecke Pleszew Miasto–Pleszew mit einem aus Tschechien importierten 810 ab. In der Sommersaison gibt es eventuell auf anderen Strecken Touristenzüge. Darüber hinaus ist SKPL Cargo im Güterverkehr aktiv. www.shortlines.pl. Triebfahrzeuge: 1 Ls60, 2 SM03, 1 409Da, 3 SM30, 1 SM31, 2 401Da, 1 SM42, 1 ST43 (abg.), 1 SU45 (abg.), 8 S200, 5 T448p, 1 T458, 1 LDH45, 4 TGM40, 1 SN82, 2 SN83, 6 SN84 (abg.), 4 810.
- **Szybka Kolej Miejska**, Warszawa: Die in kommunaler Hand befindliche Stadtschnellbahn Warschau fährt mit modernen Triebzügen eigene Züge parallel zur KM zu mehreren Vororten sowie zum Chopin-Flughafen. Es gilt der Tarif des Warschauer Stadtverkehrsbetriebes ZTM. www.skm.warszawa.pl. Triebfahrzeuge: 2 14WE, 4 19WE, 13 27WE, 9 35WE.
- **Warszawska Kolej Dojazdowa**, Grodzisk Mazowiecki: WKD betreibt eigene Strecken im Großraum Warschau (Warszawa Śródmieście WKD–Grodzisk Mazowiecki Radońska, Podkowa Leśna Zachodnia–Milanówek Grudów, Komorów–Pruszków, zusammen 38 km). Das Betriebswerk befindet sich in Grodzisk Mazowiecki Radońska. www.wkd.com.pl. Triebfahrzeuge: 1 EN95, 14 EN97, 6 EN100, 1 409Da, 1 401Da.

Eisenbahnverkehrsunternehmen (Güterverkehr)

- **Captrain Polska**, Wrocław: Der Ableger der französischen Staatsbahn ist vorrangig im grenzüberschreitenden Ganzzugverkehr von und nach Deutschland aktiv. www.captrain.pl. Triebfahrzeuge: 13 EU07, 2 E186, 2 E483, 1 E189, 1 409Da, 3 SM42, 1 M62(Ko), 3 TEM2, 3 BR232.
- **CD Cargo Poland**, Warszawa: Die tschechische Güterbahntochter wickelt schwerpunktmäßig Massenguttransporte zwischen Polen und Tschechien ab. www.kolejeczeskie.pl. Triebfahrzeuge: 3 EU07, 1 ET22, 1 201Eo, 1 E483, 3 E6ACT, 1 E6ACTa, 3 130, 2 181, 39 182, 1 183. Im Durchlauf Polen–Tschechien sind auch 163 und 753 von ČD Cargo anzutreffen.
- **Ciech Cargo**, Inowrocław: Ganzzüge (Kohle aus Oberschlesien und Gdynia, Soda zu mehreren Glaswerken) und Bedienung von Anschlussbahnen für die Ciech-Gruppe. ciechgroup.com. Triebfahrzeuge: 2 E483, 1 E6ACTa, 4 181, 1 409Da, 4 SM42, 2 M62, 2 62 , 1 M62(Ko), 1 M62M, 2 BR231, 6 T448p.
- **CTL Logistics**, Warszawa: Landesweiter Güterverkehr und Anschlussbahnbetrieb. www.ctl.pl. Triebfahrzeuge: 11 ET21, 10 ET22, 2 E6ACTa, 41 182, 4 401Da, 3 311D, 22 SM42, 10 ST43, 1 ST44 (M62Ko), 20 TEM2, 2 BR232.
- **DB Cargo Polska**, Zabrze: DB Cargo Polska entstand durch eine Reihe von Firmenübernahmen, die einzig verbliebene Tochtergesellschaft ist DB Cargo Spedkol. Landesweite Gütertransporte und Anschlussbahnbetrieb, vor allem im Raum Rybnik. www.pl.dbcargo.com. Triebfahrzeuge: 9 3E/1, 8 3E-100, 1 E189, 23 5 170, 1 Ls60, 1 SM03, 2 409Da, 15 311D, 3 SM42, 1 Ls1000, 1 M62Ko, 39 TEM2, 15 JT42CWR, 24 S200, 41 T448p, 39 DE 6400. Darüber hinaus laufen 189 und 193 von DB Cargo Deutschland durch.
- **Freightliner PL**, Warszawa: Ganzzüge mit Massengütern wie Baustoffen, Kohle und Getreide in allen Teilen von Polen. www.freightliner.eu. Triebfahrzeuge: 5 E6ACTd, 9 JT42CWRM, 21 JT42CWR.
- **Inter Cargo**, Katowice: Die Tochter der slowakischen Spedition Budamar Logistics wickelt Massenguttransporte zwischen den polnischen Ostseehäfen, Oberschlesien und den tschechischen und slowakischen Grenzbahnhöfen ab. www.intercargo.eu. Triebfahrzeuge: 1 182, 12 183, sowie wechselnde 131 von ZSSK Cargo im Durchlauf SK-PL.
- **Lotos Kolej**, Gdańsk: Bahnsparte der Lotos-Gruppe, dem zweitgrößten Treibstoffproduzenten Polens, die sowohl die Werkbahnen der Gruppe betreibt als auch überregionale Züge fährt. Diese verbinden hauptsächlich die großen Standorte des Konzerns in Gdańsk, Czechowice, Jasło und Gorlice. Die Fahrzeugwerkstatt befindet sich in Gdańsk Olszynka. In Zduńska Wola Karsznice besitzt Lotos Kolej eine Lok- und Personalwechselstelle. www.lotoskolej.pl. Triebfahrzeuge: 8 EU07, 3 201E, 5 201Eo, 8 E186, 1 193, 1 111Ed, 1 111Eb, 5 E6ACT, 3 E6ACTa, 2 E4DCUd, 31 181, 4 182, 2 183, 2 SM30, 26 SM42, 14 6Dg, 1 SM42 (6Di), 1 M62(Ko), 1 TEM2, 2 BR232, 10 BR285, 1 S200.
- **Orlen Koltrans**, Płock: Tochtergesellschaft des größten polnischen Mineralölkonzerns Orlen. Neben dem Betrieb der Werkbahnen der Gruppe steht auch die Beförderung überregionaler Güterzüge zwischen den Orlen-Raffinerien (Płock Trzepowo, Trzebinia, Jedlicze) und weiteren Zielen im Programm, z. B. nach

Świnoujście, Warszawa Okęcie und Ostrów Wlkp. Zachodni. Die Basis der Firma befindet sich in Płock Trzepowo. www.orlenkoltrans.pl. Triebfahrzeuge: Triebfahrzeuge: 1 3E/1M, 7 E186, 6 E483, 1 111Ed, 1 E6ACT, 1 E4MSU, 3 E4DCUd, 1 SM03, 2 401Da, 5 SM42, 1 6Dg, 6 060DA, 3 M62, 2 M62(Ko), 3 M62M, 1 301Db, 11 TEM2, 4 15D, 9 T448p.

- **PCC Intermodal**, Gdynia: Containerzüge zwischen den PCC-Terminals (Stara Wieś bei Kutno, Gliwice Port, Brzeg Dolni) und zu Grenzbahnhöfen. www.pccintermodal.pl, Triebfahrzeuge: 3 EU07, 3 E186, 2 E189, 2 SM42, 1 S200.
- **PKP Cargo, Warszawa**: PKP Cargo ist die teilprivatisierte Güterverkehrstochter der PKP und hat nach wie vor den größten Anteil am polnischen Eisenbahngütertransportmarkt. Es bestehen sieben nach Regionen benannte Werke, die jeweils die Sparten Güterverkehr und Fahrzeugwerke vereinigen. Die Tochtergesellschaft PKP Cargo Service ist Dienstleister für Anschlussbahnbetrieb. www.pkp-cargo.pl, Triebfahrzeuge: 55 EU07, 28 EU07.15, 1 EU07.16, 17 ET21 (abg.), 627 ET22, 17 ET22.12, 27 ET22.20, 147 ET41, 46 ET42, 1 EU45, 18 EU46, 3 ET25, 8 ET26, 1 E6ACTad, 16 SM03, 32 SM30, 83 SM31, 14 311D, 463 SM42, 118 SM42.12, 5 SM42.16, 84 ST43 (abg.), 32 ST44, 60 ST44.12, 6 SU45 (abg.), 19 ST45, 32 SU46, 1 ST46, 37 SM48, 70 ST48, 2 BR232.
- **PKP Linia Hutnicza Szerokotorowa**, Zamoś: PKP LHS betreibt eine Breitspurstrecke von der Staatsgrenze zur Ukraine bei Hrubieszów nach Sławków in Oberschlesien und wickelt dort Güterverkehr ab. Die Werkstatt befindet sich in Zamość Bortatycze. lhs.com.pl. Triebfahrzeuge: 1 SM30, 1 SM32, 27 ST40s, 32 ST44.20, 2 ST44.30, 7 TEM2, 7 16D.
- **Pol-Miedz Trans**, Lubin: PMT ist die für das Transportwesen zuständige Tochter der KGHM Polska Miedź, einem der größten Kupfer- und Silberhersteller der Welt. Betriebsmittelpunkt im Bahnbereich ist Połkowice. Von hier aus führt eine eigene Strecke, die eine Reihe von Bergwerken, Erzaufbereitungswerken und Sandgruben anschließt, bis zum Bahnhof Lubin Kopalnia. PMT fährt Züge zu den Kupferhütten in Pawłowice Małe, Wróblin Głogowski und Orsk, ferner auch überregionale Züge. www.pmtrans.pl. Triebfahrzeuge: 1 EU07, 2 3E/1M, 2 201Eo, 2 E483, 3 111Ed, 1 111Eb, 2 409Da, 1 SM31, 19 6Dg, 8 M62(Ko), 4 M62BF, 7 TEM2, 1 19D, 2 T448p.
- **PUK Kolprem**, Dąbrowa Górnicza: Der Bahnbetrieb von Arcelor Mittal Poland führt neben innerbetrieblichen Transporten auch umfangreiche Verkehre im PLK-Netz zwischen den Hütten (Dąbrowa Górnicza, Kraków, Sosnowiec, Świętochłowice) sowie zur Kokerei Zdzieszowice durch. Einige TEM2 und die 16D in Katowice sind zur Bedienung des Anschlusses an die LHS breitspurig. www.kolprem.pl. Triebfahrzeuge: 23 EU07, 2 E186, 2 111Ed, 1 E6ACTa, 1 182, 1 SM30, 1 401Da, 62 SM42, 12 6Dg, 1 M62M, 14 TEM2, 1 15D, 1 16D, 2 BR232, 49 S200.
- **Rail Polska**, Warszawa: Die wichtigsten Niederlassungen befinden sich in Włosienica (bei Oświęcim) und in Wrocław. Vor allem von Oberschlesien aus werden überregionale Güterzüge bespannt. www.railpolska.pl. Triebfahrzeuge: 6 201Eo, 2 140, 2 182, 5 183, 1 207E, 1 SM30, 1 401Da, 6 SM42, 18 M62M, 7 TEM2.

Weitere Güterverkehrsunternehmen

Weitere wichtige Güterverkehrs-EVU sind: Colas Rail Polska, Ecco Rail (Verkehre werden gegenwärtig durch Octopus Rail übernommen), HSL Polska, JSW Logistics, Koltar, LTE Polska, Logistics & Transport Company, Majkoltrans, Metrans Polonia, Olavion, Orion Rail Logistics, Railpolonia, Rail Time Polska (ÖBB-Tochter), STK, Tabor Rail, Transchem und ZIK. Eisenbahnbaubetriebe mit eigener Lizenz, die Baustofftransporte und Arbeitszüge selbst abwickeln, sind Budimex Kolejnictwo, Dolkom, PKP Energetyka, PPM-T, PNiUIK Kraków, Swietelsky Rail Polska, Torpol, Torrems, Trakcja PRKiI, ZRK-DOM und ZUE. Größere polnische Tfz-Vermieter sind Industrial Division, Aspekt und Orion Kolej.

Werkbahnen

Die größte Industriedichte Polens findet sich in Oberschlesien. Hier gibt es trotz vieler Betriebsschließungen immer noch mehrere Bergwerken und Eisenhütten. Die oberschlesischen Sandbahnen sind fast Geschichte. Lediglich zwischen Kotlarnia und der Entladestelle Wojciech in Zabrze fahren noch einige Male pro Woche Sandzüge mit klassischen Rollenwagen.

Nördlich von Konin gibt es ein ausgedehntes elektrifiziertes Werkbahnnetz, auf dem Braunkohle von mehreren Tagebauen mit EL2 zum Kraftwerk Pątnów transportiert wird. Das Steinkohlenbergwerk Lubelski Wegiel Bogdanka östlich von Lublin besitzt eine 25 km lange Werkbahnstrecke vom Bf Jaszczów zum Bergwerk in Puchaczów (Tfz: M62M, 15D). Ostseehäfen befinden sich in Świnoujście, Szczecin, Gdańsk und Gdynia; wichtige KV-Terminals in Brzeg Dolny, Gdańsk, Gdynia, Gliwice Port, Poznań, Stara Wieś (bei Kutno), Łódź und Rzepin. An allen Grenzübergängen im Osten befinden sich meist mehrere Terminals zum Umladen zwischen Regel- und Breitspur.

Schmalspurige Werkbahnen gibt es noch in Bergwerken zum Materialtransport sowie im Schwellenwerk Czeremcha. Die letzten Feldbahnen werden hauptsächlich von Torfwerken betrieben: z. B. in Grądy, Parsęcko, Krakulice, Rucianka, Józefowo, Karaska und Podczerwone. In Ziegeleien ist das Kapitel Feldbahnen so gut wie beendet, der letzte Vertreter dürfte Cienia Pierwsza sein.

Schmalspurbahnen

Fast alle früheren PKP-Schmalspurbahnen sind zu reinen Touristenbahnen mit bunten Zügen umgewandelt worden. Einige Betriebe stehen vor einer ungewissen Zukunft. Andere konnten großzügige EU-Finanzen einwerben, die aber oft in Modernisierungen ohne historischen Bezug flossen und so das noch vorhandene Flair zerstörten. Der folgende Überblick von Nordwesten nach Südosten stellt alle in Betrieb befindlichen Bahnen

Mit Baujahr 1958 ist 140 097 von Rail Polska eines der ältesten Triebfahrzeuge im Land. In Rzeszów Główny kam sie am 04.04.2019 zusammen mit SM42-2164 kurz zum Halten. Foto: Peter Wilhelm.

vor. Wenn nichts anderes vermerkt ist, haben die Strecken eine Spurweite von 750 mm und es werden saisonal Fahrten angeboten. Der Fahrplan ist auf den meist polnischen Internetseiten unter »Rozkład Jazdy« oder »Oferta« zu finden.

- **Gryfice–Pogorzelica Gryficka** (www.kolejwaskotorowa.wrewalu.com, 1000 mm) Der Ostseeküstenabschnitt Trzęsacz–Pogorzelica Gryficka wurde modernisiert.
- **Koszalin–Rosnowo** (www.waskotorowka.koszalin.pl, 1000 mm)
- **Nowy Dwór Gdański–Stegna Gd.–Prawy Brzeg Wisły/Sztutowo** (ex Westpreußische Kleinbahnen ptmkz.pl)
- **Białośliwie–Łobżenica** (ex Wirsitzer Kreisbahn, 600 mm, Facebook »Towarzystwo Wyrzyska Kolejka Powiatowa«) Einmal im Jahr gibt es ein Schmalspurfest.
- **Żnin–Gąsawa** (600 mm, muzeumznin.pl)
- **Środa–Zaniemysl** (www.sredzkakolej.pl)
- **Stare Bojanowo–Śmigiel–Bielawy** (www.kolejka.smigiel.pl): Nur Sonderzüge.
- **Opatówek–Zbiersk** (shortlines.pl): Eventuell Touristenzüge im Sommer.
- **Ełk–Sypitki** (muzeum.elk.pl/kolej-waskotorowa)
- **Sochaczew–Wilcze Tuł.** (stacjamuzeum.pl/pl.mkw_sochaczew.html)
- **Piaseczno–Tarczyn** (www.kolejka-piaseczno.com, 1000 mm)
- **Starachowice–Lipie** und **Iłża–Marcule Nadleśnictwo** (www.skw.org.pl): Eingestellt, evtl. Wiedereröffnung.
- **Rogów–Biała Rawska** (kolejrogowska.pl)
- **Jędrzejów–Pińczów** (www.ciuchcia.eu): Auf eine österreichische Militärfeldbahn zurückgehende Strecke mit der längsten Schmalspurbahnbrücke Polens über die Nida nahe Umianowice. Derzeit Wechsel des Betreibers.
- **Przeworsk–Dynów** (pogorzanin.powiatprzeworsk.pl): Landschaftlich schöne Strecke ins Gebirge mit dem einzigen Schmalspurtunnel Polens.
- **Karczmiska–Opole Lubelskie** (www.nadwislanskakolejka.pl)
- **Bytom–Miasteczko Śląskie** (www.sgkw.eu, 785 mm): Rest des umfangreichen oberschlesischen Schmalspurnetzes.
- **Rybnik Stodoły–Rudy–Stanica** (www.kolejkarudy.pl, 785 mm)
- **Waldbahnen** existieren nur noch als Touristenbahnen. Zu nennen sind hier Hajnówka und Płociczno (600 mm, www.hajnowka.pl und www.augustowska.pl) im Nordosten und Cisna (kolejka.bieszczady.pl) im Südosten des Landes.
- **Parkeisenbahnen** verkehren in Poznań (600 mm, www.mpk.poznan.pl/maltanka) und in Krośnice (nordöstlich von Wrocław, kolejka.krosnice.pl). In Chorzów (785 mm, waskotorowka.parkslaski.pl) ist der Betrieb immer noch bis auf weiteres eingestellt.

Bemühungen zu einer Reaktivierung werden in Gniezno und Krośniewice angestellt

Typische Schmalspurfahrzeuge sind Dieselloks Lxd2 (B'B', Faur L45H) und Lyd1 (C, Chrzanów WLs150) sowie Dieseltriebwagen MBxd2 (B'2', Faur A20D-P). Betriebsfähige Dampfloks gibt es in Żnin (Px38-805), Białośliwie (LKM 26004), Sochaczew (Px29-1704), Środa (Px48-1756), Krośnice (Px48-1907), Cisna (Kp4-3772), Rudy (Las49-3343) und Poznań (Borsig 11458).

Museen und Museumsbahnen

Wolsztyn (Wollstein) 1
Der planmäßige Dampfeinsatz des Bw Wolsztyn wird durch eine Kulturorganisation »Parowozownia Wolsztyn« sicher gestellt, wofür derzeit Ol49-59 und Pt47-65 zur Verfügung stehen. Darüber hinaus werden regelmäßig Sonderzüge für Turkol (www.turkol.pl) bespannt. Das Bw kann täglich zwischen 8 und 15 Uhr besichtigt werden.
www.parowozowniawolsztyn.pl, www.parowozy.com.pl.

Chabówka 2
Im ehemaligen Bahnbetriebswerk ist heute ein Museum mit interessanten Exponaten untergebracht, das auch historische Fahrzeuge für Sonderfahrten auf den wunderschönen Gebirgsstrecken im Südosten Polens unterhält. Für die Bespannung stehen mehrere betriebsfähige Loks aller Traktionsarten sowie Wagen zur Verfügung. Im Sommer werden Sonderzüge nach Mszana Dolna und andere Ziele angeboten. Jährlich Anfang September findet ein Dampflokfest »Parowozjada« statt. Geöffnet täglich 9-15, an Sommerwochenenden 8-18 Uhr.
skansenchabowka.pl, www.parowozy.pl.

Kościerzyna (Berent) 3
Dieses Museum im ehemaligen Bahnbetriebswerk umfasst u.a. SN61-86 und 549, SR61-001, SP47-001, Ok1-112 (ex 38 1698 DRB), Ol49-71, Pt47-171 (als »Pt47-100«), Pu29-1 (als »Pu29-3«), Tw1-90 (ex 57 1658 DRB), EW90-12, sowie mehrere Ty2 und Ty42. Geöffnet Mo 10-16, Di-So 10-18 Uhr.
muzeumkolejnictwa.com.pl.

Jaworzyna Śląska (Königszelt) 4
Einige interessante Ausstellungsstücke des Schlesischen Industrie- und Eisenbahnmuseums im ehemaligen Bahnbetriebswerk sind: Ok1-325 (ex 38 3267 DRB), OKi2-27 (ex 74 1234 DRB), OKl2-6 (ex 64 061 DRB), Pt31-49 (ex 19 145 DRB), TKh2-12 (pr. T7; Kat 6948), TKi3-26 (ex 91 449 DRB), Tp2-34 (ex 55 860 DRB), Tr7-3 (ex 56 4103 DRB), Ty23-145, Ty37-17, Ty5-16 (ex 50 1029 DRB). Mit TKt48-18 werden regelmäßig Fahrten in der Region angeboten. Im September findet ein Fest »Gala Parowozów« mit Gastlokomotiven statt. Eine nur nach Absprache zu besichtigende Außenstelle in Dzierżoniów befindet sich im Aufbau. Geöffnet Mai–September täglich 10-18 Uhr, sonst Di-Fr 8-16 Uhr, Sa-So 10-16 Uhr. www.muzeumtechniki.pl..

Zduńska Wola Karsznice 5
Am Bw Zduńska Wola Karsznice sind einige äußerlich aufgearbeitete Dampflokomotiven zu besichtigen (Zugang vom Bahnhof Zduńska Wola Południowa von der ul. Kolejowa). Das Außengelände ist ständig geöffnet. www.skansen.zdunia.pl.

Warszawa (Warschau) 6
Unter dem neuen Namen »Stacja Muzeum« befindet sich das Eisenbahnmuseum immer noch auf dem Warschauer Hauptbahnhof an der ul. Towarowa. Auf dem Freigelände stehen zahlreiche Dampflokomotiven, u.a. Pm2-34 (ex 03 273 DRB), Pm3-5 (ex 03 1015 DRB), OKi1-28 (ex 74 104II DRB), OKl27-26, OKo1-3 (ex 78 189 DRB) und TKi3-119 (ex 91 1696 DRB). Das Museum soll immer noch irgendwann an einen neuen Standort außerhalb des Stadtzentrums umziehen. Geöffnet täglich 9-17 Uhr. www.stacjamuzeum.pl.

Skierniewice 7
Interessantestes Stück dieses im ehemaligen Bahnbetriebswerk untergebrachten privaten Museums ist der Wittfeld-Akkutriebwagen Ma090-802 (ex AT 543/544 KPEV). Weitere Exponate sind z. B. OKl27-10 (Cegielski 1930), TKi3-137 (Hohenzollern 1909), SN51-02 (Wumag 1939) und eine ehemalige deutsche Kleinlok (Klöckner-Humboldt-Deutz 1944). Besichtigungsmöglichkeiten an je einem Tag in den Monaten Mai bis Oktober 11-15 Uhr. www.psmk.org.pl.

Pyskowice (Peiskretscham) 8
Ausstellung von interessanten PKP- und Werkbahnfahrzeugen im ehemaligen Ringlokschuppen der PKP. Neben Dampflokomotiven sind auch interessante Diesellokomotiven und Wagen zu sehen. Besichtigung nur nach Absprache. Betriebsfähig ist Ty42-24. tozk.pl.

Gryfice (Greifenberg) 9
Im pommerschen Gryfice am Schmalspurbahnhof gibt es eine Fahrzeugsammlung. Es sind Dampf- und Diesellokomotiven sowie Triebwagen vorhanden. Öffnungszeiten: täglich 8-16, im Juli und August 10-18.30 Uhr. kolejki.muzeum.szczecin.pl.

Sochaczew 10
Im Schmalspurmuseum sind rund 40 Dampflokomotiven sowie eine Ellok und mehrere Dieselfahrzeuge vorhanden, vorrangig in 750 mm Spurweite. Geöffnet Di-So 9-17 Uhr. stacjamuzeum.pl/pl.mkw_sochaczew.html.

Wenecja (Venetia) 11
Die Sammlung von Lokomotiven in 600 mm Spurweite kann unweit des Bahnhofs Wenecja an der Strecke Żnin–Gąsawa besichtigt werden. Geöffnet täglich Mai bis September 9.30-17.30, Oktober bis April 10-16 Uhr. www.muzeumznin.pl.

Sonstige Museen
Östlich von Warschau befindet sich die nach historischem Vorbild wieder aufgebaute Pferdebahn Mrozy–Rudka Sanatorium 12 (www.mrozy.pl/tramwajkonny), die an nur wenigen Tagen im Jahr öffentliche Fahrten anbietet. Der Verein KSK Wrocław 13 (www.ksk.wroclaw.pl) besitzt mehrere betriebsfähige Diesselloks sowie historische Reisezug- und Güterwagen. Ebenso kümmert sich der Verein um die Dampflok TKh-05353 von DB Cargo Polska. Am südöstlichen Ende des Bahnhofs Warszawa Praga wird ein Verkehrsmuseum »Muzeum Komunikacji« 14 aufgebaut (u. a. EW51-36 und zwei Dampfspeicherloks, muzeumkomunikacji.pl). Weitere Museen und Sammlungen findet man beispielsweise in Jarocin 15 (Dampf- und Dielselloks), Ełk am Schmalspurbahnhof 16 (Ok1, Ol49, Ty2), Repty bei Tarnowskie Góry (Bergwerksmuseum »Kopalnia Zabytkowa« 17, u.a. einige Schmalspurdampfloks), Rudy 18 (viele Schmalspurfahrzeuge) und Hel (Küstenverteidigungsmuseum »Muzeum Obrony Wybrzeża« 19, Museumsfeldbahn). ■

Triebfahrzeuge der ČD Cargo (Güterverkehr, Stand: Nov. 2019)

Reihe neu	*Reihe alt*	*Radsatzfolge*	*Anzahl*	*Bemerkungen*
Elektrolokomotiven (alle Systeme)				
111	E 458.1	Bo´Bo´	5	3 kV
122	E 469.2	Bo´Bo´	35	3 kV
123	E 469.3	Bo´Bo´	21	3 kV
130	E 479.0	Bo´Bo´	41	3 kV
163	E 499.3	Bo´Bo´	31	3 kV
181	E 669.1	Co´Co´	4	3 kV
182	E 669.2	Co´Co´	3	3 kV
210	S 458.1	Bo´Bo´	15	25 kV 50 Hz
218		Bo´Bo´	1	25 kV 50 Hz; V-Motor für Rgd; Umbau aus 210
230	S 489.0	Bo´Bo´	22	25 kV 50 Hz
240	S 499.0	Bo´Bo´	6	25 kV 50 Hz
340		Bo´Bo´	3	25 kV 50 Hz / 15 kV 16,7 Hz; Umbau 240
363	ES 499.1	Bo´Bo´	42	3 kV, 25 kV 50 Hz
363.5		Bo´Bo´	30	3 kV, 25 kV 50 Hz; Umbau aus 163
372	ES 499.2	Bo´Bo´	9	3 kV, 15 kV 16,7 Hz
383		Bo´Bo´	12	3 kV, 15 kV 16,7 Hz / 25 kV 50 Hz
388		Bo´Bo´	1	TRAXX MS3; in Auslieferung; DC 3 kV/15 kV 16,7 Hz/25 kV 50 Hz
Diesellokomotiven				
708		Bo	10	
708.7		Bo	3	Umbau aus 708
709		Bo	2	
730	T 457.0	Bo´Bo´	2	
731	T 457.1	Bo´Bo´	54	
742	T 466.2	Bo´Bo´	75	
742.7		Bo´Bo´	2	in Auslieferung; Umbau aus 742
743	T 466.3	Bo´Bo´	10	
744.1		Bo´Bo´	1	in Auslieferung
749		Bo´Bo´	3	Umbau aus 751
750		Bo´Bo´	11	Umbau aus 753
751	T 478.1	Bo´Bo´	3	
753.6		Bo´Bo´	1	in Auslieferung; Umbau aus 750, 753
753.7		Bo´Bo´	30	Umbau aus 750, 752, 753
771	T 669.1	Co´Co´	2	

- Hersteller aus ganz Europa testen neue Fahrzeuge auf dem **Eisenbahnversuchsring ŽZO Cerhenice** bei Velim nahe Kolín.

České dráhy a.s.–ČD

Nábřeží Ludvíka Svobody 1222/12, 110 15 Praha 1; Tel.: (+420) 972 211 111; www.cd.cz;
Die ČD investierte zuletzt erheblich in Neubeschaffung und Modernisierung ihres Fahrzeugparkes. Zuletzt gelang im EC-Verkehr von Prag in Richtung Hamburg mit dem durchgängigen Einsatz angemieteter Siemens Vectron (BR 193 ELL) ein Modernisierungsschub. Die eigentlich dafür vorgesehenen 20 Maschinen der BR 380 präsentieren dagegen den modernen tschechischen Bahnverkehr in der Slowakei, Österreich und Ungarn. Im Nahverkehr werden sukzessive weitere Triebzüge des Typs »RegioPanter« (BR 440, 640, 650) beschafft und eingesetzt. Die Fernverkehrsvariante »InterPanter« (BR 660/660.1) ist auf den Strecken Olomouc–Břeclav–Brno und Prag–Česká Třebová–Brno anzutreffen. Nicht unerwähnt bleiben sollten die sieben Triebzüge der BR 680 mit Neigetechnik, welche seit über einem Jahrzehnt zuverlässig ihren Dienst versehen. Der überwiegende Teil des Angebotes im Reiseverkehr wird mittelfristig aber weiterhin mit älterem Material abgedeckt. Im Bereich des Wechselstromnetzes sind dies die BR 242 und 560, den Gleichstrombereich beherrschen die BR 150, 151, 162, 163 und 460. Stromsystemüberschreitende Reisezüge sind eine Domäne der BR 362 und 380. Eine Sonderstellung nimmt die BR 371 ein, welche für einen Betrieb unter 3 kV= und 15 kV/16 2/3 Hz ausgerüstet ist, aber fast ausschließlich im nationalen Gleichstromnetz eingesetzt wird.
Die Zweiachser der BR 809, 810, 814 bzw. 814.2 sind auf vielen nichtelektrifizierten Haupt- und Nebenstrecken omnipräsent. Die dreiteilige Variante 814.2 ist in Prag, Veselí nad Moravou, Brno und Olomouc heimisch. Die Schlepptriebwagen der BR 842 werden in Plzeň, Tábor, Brno und Ostrava eingesetzt. Auch die BR 843 ist ein schwerer Schlepptriebwagen, dessen Einsatzdomäne zwischen Liberec und Pardubice, Olomouc, Krnov und Ostrava bzw. Jeseník und Zábřeh na Moravě liegt. Ebenfalls unverzichtbar ist die BR 854, welche in Prag, Rakovník, Trutnov und Brno beheimatet ist. Neueren Datums sind die RS1 (Stadler), deren steilstreckentaugliche Version (BR 840) ab Liberec fährt, während herkömmliche RS1 (BR 841) rund um Havlíčkův Brod/Jihlava, Liberec, Česká Třebová und Hradec Králové eingesetzt werden. Die BR 844 (PESA LINK II) hat Einsatzschwerpunkte in Cheb, Plzeň, Děčín, Pardubice und Valašské Meziříčí.
Die letzten Diesellokomotiven der BR 749 fahren noch immer von Prag und Olomouc aus. Die BR 754 wird planmäßig ab Prag, Plzeň, Tábor/České Budejovice, Trutnov und Brno eingesetzt, vertretungsweise fahren sie auch ab Děčín und Olomouc. Die BR 750.7 trifft man planmäßig in Prag, Brno, Olomouc und Bohumín an. Für Rangier- und wenige Streckendienste setzt man landesweit noch

die BR 714 und 742 ein. Ein Großteil des Rangiergeschäfts übernahm seit 2018 die Reihe 794 (»EffiShunter«).
Auch ausländische Fahrzeuge gelangen mit Reisezügen in die Tschechische Republik. Die ALX-/Ex-Züge über Furth im Wald werden auf der Strecke Regensburg–Plzeň hl.n. durchgehend mit der Reihe 223 (ER20) vom Alex (Netinera) bespannt. Die BR 642 der DB Regio befährt die Strecke Děčín–Sebnitz–Rumburk. Die BR 642 von Netinera (Vogtlandbahn) befährt die Strecke Liberec–Seifhennersdorf/Rybniště. Die Vogtlandbahn ist auch mit Fahrzeugen der BR 650 (Zwickau–Bad Brambach–Cheb) und BR 654 (Zwickau/Mehltheuer–Kraslice–Sokolov) im Nachbarland vertreten. Für den Verkehr auf der Strecke Hof–Aš–Cheb (–Marktredwitz) wird die BR 623 (LINT 41) der Oberpfalzbahn eingesetzt. In Eigenregie ist die Oberpfalzbahn auf der Strecke Furth im Wald–Domažlice präsent, wofür die BR 650 eingesetzt wird. Lokomotiven von PKP IC sind regelmäßige Gäste im Bahnhof Bohumín, die Reihe EP09 erreicht Prag. Die Elektrotriebwagen des polnischen EVU PR erreichen Bohumín und Lichkov. Die BR 350 und 361.1 der ZSSK werden im hochwertigen Reiseverkehr auf der Achse Prag–Brno–Břeclav (–SK–HU) verwendet. Weiterer Grenzgänger der ZSSK ist die BR 813 (Vlárský průsmyk, Velká nad Veličkou). Die Reihen 1116 und 1216 der ÖBB trifft man auf den Strecken České Budejovice–Summerau–Linz, Prag–Brno–Hohenau–Wien–Graz (mit Railjet-Garnituren) und in den Bahnhöfen Znojmo (hier auch 1144) und České Velenice an.

ČD Cargo, a.s.

Jankovcova 1569/2c, 170 00 Praha 1; Tel.: (+420) 972 242 100; www.cdcargo.cz
Vor dem Hintergrund der zunehmenden Konkurrenzsituation im Schienengüterverkehr und der wirtschaftlich schwierig darzustellenden Flächenbedienung strafften die ČD Cargo ihre Organisationsstruktur. Der Einzelwagenverkehr steht aber derzeit nicht zur Disposition und wurde zuletzt sogar offensiv beworben. Die Verjüngung des Triebfahrzeugparks wird in den kommenden Jahren an Fahrt aufnehmen.
Für den Betrieb auf den mit Gleichstrom elektrifizierten Strecken wird mittelfristig auf die älteren BR 122, 123, 163, 181 und 182 gesetzt, wobei ein Teil der Maschinen bei den im Ausland tätigen Tochtergesellschaften (z.B. Polen) eingesetzt werden. Eintönig und dennoch attraktiv für Eisenbahnfreunde gestaltet sich die Triebfahrzeugsituation im Wechselstrombereich. Hier trifft man im Streckendienst überwiegend auf die »Laminátka« genannten BR 230 und 240, welche verstärkt zum Verkauf angeboten werden. Zur Bespannung von systemüberschreitenden Zügen stehen den ČD Cargo auch die BR 340 (České Budìjovice–Summerau bzw. České Velenice–Gmünd NÖ), 363, 363.5, 372 (Dresden–Děčín–Kutná Hora), 383 (VECTRON MS) und 388 (TRAXX MS3) zur Verfügung.
Als Allzweckwaffe auf nichtelektrifizierten Strecken bedienen sich die ČD Cargo der BR 731, 742/743. Für die Bewältigung größerer Lasten stehen die BR 750 und 753.7 zur Verfügung. Ihre Einsatzschwerpunkte werden von den drei SOKV České Budejovice, Ústí nad Labem und Ostrava mitunter recht flexibel gestaltet. Ab České Budejovice werden gelegentlich auch noch die Reihen 749 und 751 eingesetzt. Allmählich kommt aber der Generationswechsel durch Beschaffung von 742.7 (Modernisierung Reihen 742 bei CZ Loko), 744.1 (EffiShunter 1000 von CZ Loko) und 753.6 (von CZ Loko modernisierte 750/753) in Gang.

Weitere Verkehrsunternehmen (Auswahl)

Personenverkehr

ARRIVA vlaky s.r.o. (ARR)
Personenverkehr auf den Strecken Praha Hostivař–Roztoky u Prahy, Prag–Písek–České Budějovice, Prag–Rakovník, Liberec–Turnov–Železný Brod–Stará Paka–Lomnice nad Popelkou, Železný Brod–Tanvald, Kolín–Nový Bor–Rumburk–Šluknov, Velké Karlovice–Vsetín–Horní Lideč–Bylnice, Staré Město u U.H.–Bylnice / Veselí nad Moravou / Luhačovice, Praha–Trenčín–Nitra; Tfz: 628 (ex DB Regio), 642 (ex DB Regio), 832 (LINT 27 ex HEX, Anmietung von LE), 845 (ex 628 DB Regio), 846 (LINT 41 ex HEX, Anmietung von LE) (www.arriva.cz).

AŽD Praha (AZD)
Personenverkehr auf der Strecke Most–Lovosice–Litoměřice horní nádraží, Tfz: 654 (www.azd.cz).

GW Train Regio a.s. (GWTR)
Personenverkehr auf den Strecken Adrspach–Mezimesti (–Wałbrzych–Wrocław), Trutnov–Lubawka (–Wałbrzych/Jelenia Gora), Svoboda nad Úpou–Trutnov, Sokolov–Kraslice (–Zwickau/Mehltheuer), Karlovy Vary dolní nádraží–Marianské Láznì, Plzeò–Most (Schnellzüge), České Budìjovice–Černý Kříž, Číčenice–Nové Údolí, Strakonice–Volary, Milotice nad Opavou–Vrbno pod Pradìdem. Tfz: 628/629 (ex DB Regio), 654 (ex DKB/Rurtalbahn), 810 (ex ČD/ZSSK, tw. angemietet), 814.501 (ex Zeleznice Desná), 816 (modernisierte 810 ex ČD/ZSSK), SA134/135 (Koleje Dolnośląskie) (www.gwtr.cz).

JHMD – Jindřichohradecké místní dráhy a.s.
Reise- und Güterverkehr auf den Schmalspurstrecken (760 mm) Jindřichův Hradec–Obratan und Jindřichův Hradec–Nová Bystřice. Tfz: 702.9 (jetzt als T 29.004 bezeichnet), 705.9 (zum Teil neu motorisiert), M 27 (ex. MBxd2), Dampfzüge mit U 47.001, U 46.001 und U 37.008 (www.jhmd.cz).

KŽC Doprava s.r.o. (KŽC)
bestellter Personenverkehr auf den Strecken Praha Masarykovo nádraží–Praha-Čakovice (S 34; KBS 070) und Čelákovice–Mochov (KBS 233), Ausflugsverkehr auf diversen, teils eigenen Strecken in Tschechien, dazu noch Bauzugdienste. Tfz: 813.2 und historische Triebwagen M 131.1, M 152.0 (810), M 262.0 (830), M 262.1 (831), M 286.1 (851) sowie Diesselloks der Reihen 701, 710, 721, 740 und 749 (www.kzc.cz).

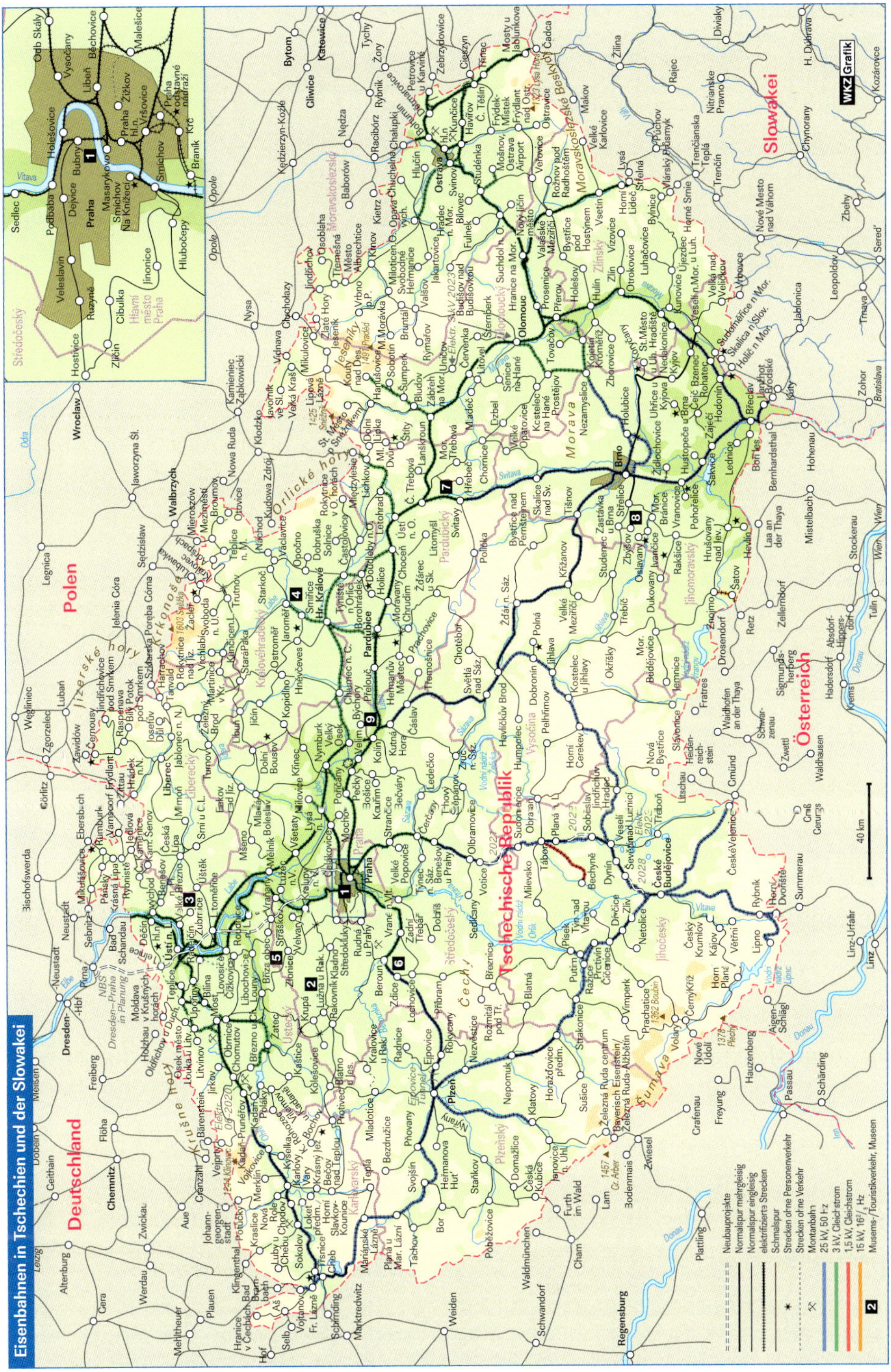
Eisenbahnen in Tschechien und der Slowakei
Tschechische Republik
Deutschland
Polen
Slowakei
Österreich
Neubauprojekte
Normalspur mehrgleisig
Normalspur eingleisig
elektrifizierte Strecken
Schmalspur
Strecken ohne Personenverkehr
Strecken ohne Verkehr
Montanbahn
25 kV, 50 Hz
3 kV, Gleichstrom
1,5 kV, Gleichstrom
15 kV, 16 2/3 Hz
Museums-/Touristikverkehr, Museen
40 km
WKZ Grafik

LEO Express a.s. (LE)
Fernverkehr auf den Strecken Prag–Přerov–Ostrava–Prešov–Košice, Prag–Lichkov–Wrocław und Prag–Kraków, Regionalverkehr auf den Strecken Ústí nad Orlicí–Mlýnický Dvůr und Dolní Lipka–Hanušovice, Tfz: 5 x 5-tlg. Tz Reihe 480 (Stadler) und 3 x 5-tlg. Tz Reihe 665 (von CRRC), sowie Tw der Reihen 832 (LINT 27 ex HEX) und 846 (LINT 41 ex HEX) (www.le.cz).

Railway Capital a.s. (RCAS)
Saisonaler Ausflugsverkehr auf den Strecken Moravské Budejovice–Jemnice, Opava východ–Svobodné Heřmanice, Kadan-Prunéřov–Kaštice–Podbořany, sowie Arbeits-/Bauzugeinsätze; Tfz: 810, 820 und einige Dieselloks (www.railwaycapital.cz).

RegioJet a.s. (RJ)
Eigenwirtschaftlicher Fernverkehr auf den Strecken Prag–Ostrava–Žilina–Kosice–Humenné, Prag–Brno–Wien–Budapest, Prag–Brno–Bratislava–Žilina, bestellter Fernverkehr auf der Strecke Bohumín–Přerov–Brno, Regionalverkehr auf den Strecken Ústí nad Labem-Střekov–Děčín, Ústí nad Labem–Úpořiny–Most, Most–Žatec západ, Ústí nad Labem–Litoměřice–Štětí (einzelne Züge), Teplice–Litvínov (einzelne Züge), Kadaň-Prunéřov–Kadaň (einzelne Züge), Tfz: 9 x 162 (ex. E.630 der Ferrovie Nord Milano), 5 x 193 (von ELL angemietete Siemens Vectron MS), 4 x 386 (Bombardier TRAXX MS2e, weitere Loks sind bestellt), 628 (ex DB Regio), 721 151 und 740 832 für Rangierzwecke (www.regiojet.cz).

Die Länderbahn GmbH / s.r.o. (DLB)
Personenverkehr als »Vogtlandbahn« auf den Strecken Cheb–Bad Brambach–Zwickau und Kraslice–Zwotental, unter dem Markennamen »trilex« auf den Strecken (Dresden–) Zittau–Liberec und Liberec–Varnsdorf–Seifhennersdorf/Rybniště und seit 12/2019 auf den Strecken Jirkov–Chomutov–Žatec–Lužná u Rakovníka, Osek město–Most–Louny–Rakovník, Chomutov–Vejprty (–Cranzahl), Tfz: 642, 650, 654 (www.laenderbahn.com).

Güterverkehr

BF Logistics s.r.o. (B FL)
Verschubdienste und Güterverkehr mit diversen Dieselloks, u.a. 8 x 749,5, 2 x 741.5, 3 x 742.5 sowie 755 502 und 779 536 (www.bfl.cz).

IDS Cargo a.s.
Güterverkehr mit verschiedenen Elloks, u.a. 121 041/065/077/084, 140 042/094, 182 941, 210 037/072, 242 288 und 365 991/003 (ex-SNCB) sowie zahlreichen Diesel-/Verschublokomotiven (www.ids-cargo.cz).

METRANS Rail s.r.o.
Diese 2003 gegründete Gesellschaft betreibt vor allem internationalen Güterverkehr (Containertransport) zwischen Seehäfen an der Nordsee und der Adria sowie Zielen in D / A / CZ / SK / PL. Zum Einsatz kommt eine große Flotte eigener (386 001-040) und angemieteter (BR 185/186/197) TRAXX,von Bombardier, ES64F4, Vectron (383 401-410) und ER20 (761 001-007) von Siemens sowie weiterer Diesellokomotiven (www.metransrail.eu).

Am 28. April 2019 hatte die ČD-Schnellzuglok 380 017 mit Vollwerbung für den Eishockey-Club »HC Kometa Brno« die Aufgabe, den EC 281 »Metropolitan« von Prag nach Budapest zu befördern. Foto: Rüdiger Lüders.

PKP CARGO International a.s. (PKPC)
Seit der Übernahme der Advanced World Transport a.s. (AWT) im Oktober 2019 führt PKPC auch die Güterverkehre der früheren AWT fort (www.pkp-cargo.pl).

SD– Kolejová doprava a.s. (SD-KD)
Güterverkehr, vorwiegend Ganzzüge im Raum Kadan / Chomutov, mit 11 x Reihe 130, 4 x Reihe 184.5 und div. Dieselloks (www.sd-kd.cz).

Unipetrol Doprava, a.s. (UD)
Güterverkehr mit Produkten der erdölverarbeitenden bzw. chemischen Industrie, wobei neben einigen Elloks vor allem Diesellokomotiven der Reihen 740.5, 742.5, 753.6 und 753.7 eingesetzt werden (www.unipetroldoprava.cz).

Industriebahnen

Im Braunkohlerevier um Most finden sich elektrische Grubenbahnen (MUS). Die Braunkohlewerke »Jan Šverma«, »Čs. armáda«, »Komořany« und »Herkules« benutzen Grubenlokomotiven von Škoda (Baureihe 127.5). Bei der regelspurigen Anschlussbahn der »SETUZA a. s. Ústí nad Labem« rangieren Dampfspeicherlokomotiven (BR 998; Meiningen 1988) und einige Kleinlokomotiven der Baureihen 701 und 703 inmitten alter Fabrikhallen. Das Gros jedoch bilden regelspurige, dieselbetriebene Anschlußbahnen. Den umfangreichsten Lokomotivpark betreiben die folgenden Großbetriebe in Ostrava und Umgebung: Eisenwerke TŽ, Třinec, ArcelorMittal, Ostrava und die Vítkovice Doprava, Ostrava sowie im nordböhmischen Kohlerevier die Sokolovska uhelná, a.s. in Vřesová und die Coal Services in Most. Ein umfangreiches Gleisnetz besitzen auch Škoda Doprava, a.s., Plzeň, Unipetrol Raffinerie, a.s., Litvínov, Kaučuk a.s.,

Der Ústecky kraj bestellt auf einigen Touristenstrecken im Sommer Wochenendverkehr. Während auf der T5 regelmäßig die Oldies der Reihe 830/831 von KŽC zum Einsatz kommen, ist der Einsatz des 831 105 von RCAS anstelle der 810 auf der T6 (Doupovská dráha; Kadaň–Podbořany) etwas Besonderes. Am Sonntag, den 13.10.2019, gab sich 831 105 als Os 18370/1 bei Chotěbudice die Ehre. Derzeit kann das Fahrzeug wegen fehlendem GSMR nicht eingesetzt werden, man darf aber auf eine (kreative) Lösung hoffen. Foto: Stefan Lindig.

Kralupy und Českomoravský cement mit den beiden Standorten Beroun-Králův Dvůr und Mokrá u Brna. Die Industriestadt Kladno bietet vielfältigen Anschlussbahnbetrieb zu Kohleschächten und Nachfolgeunternehmen des POLDI-Konzerns.

Museen, Museumsbahnen

Nationales Technisches Museum, Praha (NTM) 1
Národní technické muzeum, Praha, Kostelní 42, CZ-170 78 Praha 7; www.ntm.cz
Das Museum (geöffnet Dienstag–Freitag 9-17.30 Uhr, Samstag und Sonntag 10-18 Uhr) betreut viele Lokomotiven und eisenbahntechnische Ausstellungsstücke auf eigenem Gelände, im ehemaligen ČD-Depot Chomutov und im Archtitekturzentrum Plasy.

ČD–Železniční muzeum Lužná u Rakovníka 2
České dráhy, a. s., Železniční muzeum ČD, ul. 9.května 255, 270 51 Lužná u Rakovníka; www.cd.cz/muzeum
Geöffnet Ende April, Mai, September und Oktober: Sonnabend, Sonn- und Feiertage 9:30–17:00; Juni–August: Dienstag bis Sonntag und Feiertage 9:30–17:00; Fahrzeugsammlung im Ringlokschuppen des alten Betriebswerkes der Buschtěhrader Eisenbahn, zahlreiche betriebsfähige Museumsfahrzeuge der ČD sind hier stationiert, Vorführung von schmalspurigen Fahrzeugen auf einer Ringstrecke im Museumsgelände.

Zubrnická museální železnice (ZMŽ) 3
Hraničářská 107, CZ-403 23 Velké Březno; www.zmz.cz
Von Anfang April bis Ende Oktober findet ein Museumsverkehr mit vier Zugpaaren zwischen Zubrnice, Velké Březno und Ústí nad Labem-Střekov statt. Daneben werden Ausstellungen in Ústí nad Labem-Střekov und Zubrnice betreut.

Společnost železniční »výtopna Jaroměř« 4
Nádražní 227, CZ-551 01 Jaroměř; www.vytopnajaromer.cz
Hist. Heizhaus Jaroměř, geöffnet Juli–August tgl., Mai, Juni, September und Oktober an Sa, So und Feiertagen, jeweils 9-16 Uhr; Dampfzugfahrten in die nähere Umgebung mit Dampflokomotiven oder historischen Triebwagen.

Železniční muzeum Zlonice 5
Tyršova 444, CZ-273 71 Zlonice; www.sweb.cz/zmzlonice
Das Museum befindet sich neu am Standort Lisovice 7, CZ-273 71 Zlonice; Geöffnet Mai–Oktober an Sa, So und Feiertagen, Juli und August täglich außer montags, jeweils 9-15 Uhr; Eisenbahnmuseum und historische Züge.

Muzeum Výtopna Zdice 6
CZ-267 51 Zdice; www.saxi.cz
Restaurierung historischer Schienen- und Straßenfahrzeuge im Depo Zdice.

Mladějovská průmyslová dráha 7
Průmyslové muzeum Mladějov, Mladějov na Moravě č.121, 569 35 Mladějov na Moravě; www.mladejov.cz
Dampfzugfahrten mit Krauss-Stütztenderlok auf der 600 mm-Werkbahn der ehemaligen »Moravské Lupkové a Šamotové závody« von Mladějov na Moravě nach Hřebeč.

Muzeum Průmyslových Železnic Brno 8
Muzeum Průmyslových Železnic, Masarykova 248, CZ-664 11 Zbyšov; www.mpz.cz
Museumsbetrieb mit Dampf- und Diesellokomotiven auf der teilweise wiedererrichteten 600 mm-Werkbahn Zastávka u Brna–Babice–Zbýšov.

Kolínská řepařská drážka 9
Sídlo Kolíské řepařské drážky z.s., Kunětická 373, CZ-280 00 Kolín 4, https://reparskadrazka.cz/uvodni-stranka
Diesel- und Dampfbetrieb auf der teilweise wiedererrichteten Rübenbahn Kolín mit einer Spurweite von 600 mm. Derzeit wird an den Wochenenden von Ende April bis Anfang Oktober und zusätzlich während der Sommerferien auch mittwochs auf einer etwa fünf Kilometer langen Strecke gefahren. ■

Slowakische Republik (Slowakei)

Stefan Lindig

Immer noch sind zwei Loks der Reihe 163 aus Košice (107 und 109) im alten Farbkleid unterwegs. Am 20.01.2017 konnte die Altlackmaschine 163 107 vor dem Os 3417 Žilina–Košice am Tatrablick von Štrba (KBS 180) erlebt werden. Foto: Stefan Lindig.

Die Slowakische Republik ist Mitglied von Europäischer Union und Schengener Abkommen. Der Euro ist gesetzliches Zahlungsmittel und ist an den flächendeckend aufgestellten Geldautomaten verfügbar. Kreditkarten werden vielerorts akzeptiert. Mit der Einführung des Euro haben sich beispielsweise Lebensmittel erheblich verteuert, jedoch kann man abseits der Touristenpfade noch immer verhältnismäßig günstig essen und übernachten.
Für eine Fahrt in die Slowakei bietet die Deutsche Bahn den Super Sparpreis Europa zum Preis ab 34,90 € an. Für längere Reisen durch die Slowakei kann auch das Angebot »Interrail« genutzt werden. Es empfiehlt sich, Fahrkarten vor Ort zum günstigeren Inlandstarif zu erwerben. Es werden ferner verschiedene Angebote unterbreitet, welche eine Reise mit der Bahn noch günstiger gestalten. Rentner und Studenten reisen mit den Zügen der ZSSK (außer IC und Railjet xpress) und RegioJet (nur KBS 131) gratis, wofür aber die Ausstellung eines Ausweises und eines auf 0,- € lautenden Fahrscheines notwendig sind.
Für die eigenwirtschaftlich betriebenen Züge von LEO Express und RegioJet, sowie für die Schmalspurbahnen der Hohen Tatra (TEŽ) und die Zahnradbahn Štrba–Štrbské Pleso (OŽ) gelten besondere Fahrpreise.

Streckennetz

Železnice Slovenskej republiky (ŽSR), Klemensova 8, SK-813 61 Bratislava; www.zsr.sk
Eisenbahnbetrieb und Infrastruktur sind gemäß den Vorgaben der Europäischen Union getrennt. Die ŽSR unterhält und stellt das slowakische Schienennetz allen interessierten EVU bereit.

Länge der staatlich verwalteten Strecken:	3.600 km
▪ eingleisig:	2.614 km
▪ zweigleisig:	1.017 km
▪ Schmalspur (760 bzw. 1 000 mm):	44 km
▪ Breitspurstrecken (1 520 mm):	99 km

Momentan sind 1587 Kilometer des Streckennetzes elektrifiziert, im Süden des Landes mit AC 25 kV/50 Hz bis einschließlich Bahnhof Púchov, ab den Systemtrennstellen westlich bzw. nordöstlich von Púchov dann mit DC 3 kV. Die Strecken in der Hohen Tatra (TEŽ, OŽ) werden abweichend mit DC 1,5 kV betrieben.
Das Hauptvorhaben der kommenden Jahre stellt die grundlegende Modernisierung der Strecke Žilina–Košice–Čierna nad Tisou–Staatsgrenze dar. Ein weiteres ambitioniertes Vorhaben ist Umstellung der mit 3 kV= elektrifizierten Strecken auf 25 kV/50 Hz.

Interessante Strecken

KBS 145 Prievidza–Horná Štubňa

Auf dieser Eisenbahnstrecke dominiert neben der Anbindung der Kohlegruben in Handlová der Personenverkehr, welcher hauptsächlich mit der Reihe 813 durchgeführt wird (ein Zugpaar lokbespannt mit Rh. 757). Die Strecke ist sehr fotogen; hervorzuheben ist der Stadtviadukt Handlová.

KBS 160 Zvolen–Lenartovce–Košice

Nach der elektrifizierten KBS 180 stellt die auf Teilstrecken zweigleisig ausgebaute KBS 160 die zweitwichtigste West-Ost-Verbindung der Slowakei dar. Der Landschaftscharakter verändert sich im Verlauf der 233 Kilometer langen und durchgängig fotogenen Strecke mehrfach. Gebirgige Abschnitte, wie im Bereich der bekannten Rampenstrecken um Kriván und Lipovník, wechseln mit längeren Flachlandabschnitten ab. Der Personenverkehr ist östlich von Fiľakovo schwach ausgeprägt, im Güterverkehr sind in erster Linie die mehrfach täglich verkehrenden Expressgüterzüge der Relation Zvolen–Košice zu erwähnen.

KBS 170 Zvolen–Vrútky/KBS 171 Zvolen–Diviaky

Die Abschnitte Diviaky–Banská Bystrica/Hronská Dúbrava weisen eine spektakuläre Streckenführung auf, dabei wird auch der mit 4697 Metern längste Tunnel der Slowakei passiert. Die Dieselloks der Reihen 754 und 757 lassen sich hier im anspruchsvollen Gebirgseinsatz erleben. Fotografische Ambitionen werden sich – mit Ausnahme einiger Bahnhöfe – wegen des starken Bewuchses und der zum Teil fernab jeglicher Besiedlung verlaufenden Strecke weitgehend auf die beiden Vorgebirgspassagen beschränken müssen.

KBS 172 Banská Bystrica–Červená Skala

Diese Strecke folgt dem Verlauf des Flusses Hron und bietet für Reisende und Fotografen mehrfach ausgezeichnete Blicke auf die sich unmittelbar nördlich erstreckende Niedere Tatra. Der Personenverkehr wird – von wenigen Ausnahmen abgesehen – in Brezno gebrochen. Während der westliche Abschnitt hauptsächlich mit lokomotivbespannten Zügen bedient wird, reicht weiter östlich der Schienenbus aus. Forstwirtschaft, chemische und metallverarbeitende Industrie sorgen westlich von Brezno für Güteraufkommen.

KBS 173 Červená Skala–Margecany

Die Bereisung der wohl schönsten Strecke des Landes ist ein absolutes Muss für jeden Eisenbahnfreund, wobei der Streckenabschnitt Červená Skala–Nálepkovo von nur noch zwei REX-Zugpaaren (planmäßig mit Rh. 757) befahren wird! Ganz besondere Reisegenüsse sind die Passage des Kehrtunnels bei Telgárt und die Fahrt durch das wildromantische »Slowakische Paradies«.

KBS 174 Brezno–Tisovec–Jesenské

Der Verlauf der meisten Eisenbahnstrecken der Slowakei hat sich dem Ost-West-Verlauf der umgebenden Gebirgszüge angepasst. Doch diese Gebirgsquerung in Nord-Süd-Richtung verspricht eine beeindruckende Streckenführung und passable Kunstbauten. Eine Fahrt mit dem Schienenbus ist besonders im einstellungsbedrohten Abschnitt Brezno–Tisovec zu empfehlen.

KBS 180 Žilina–Košice

Die nördlichste der drei slowakischen West-Ost-Strecken ist durchgängig zweigleisig ausgebaut und elektrifiziert. Deshalb wird hier ein Großteil des Güter- und Fernreiseverkehrs dieser Relation abgewickelt. Im Bereich zwischen Ružomberok und Poprad ergeben sich phantastische Ausblicke auf die fast ganzjährig schneebedeckten Gipfel der nahen Hohen Tatra. Die tiefgreifende

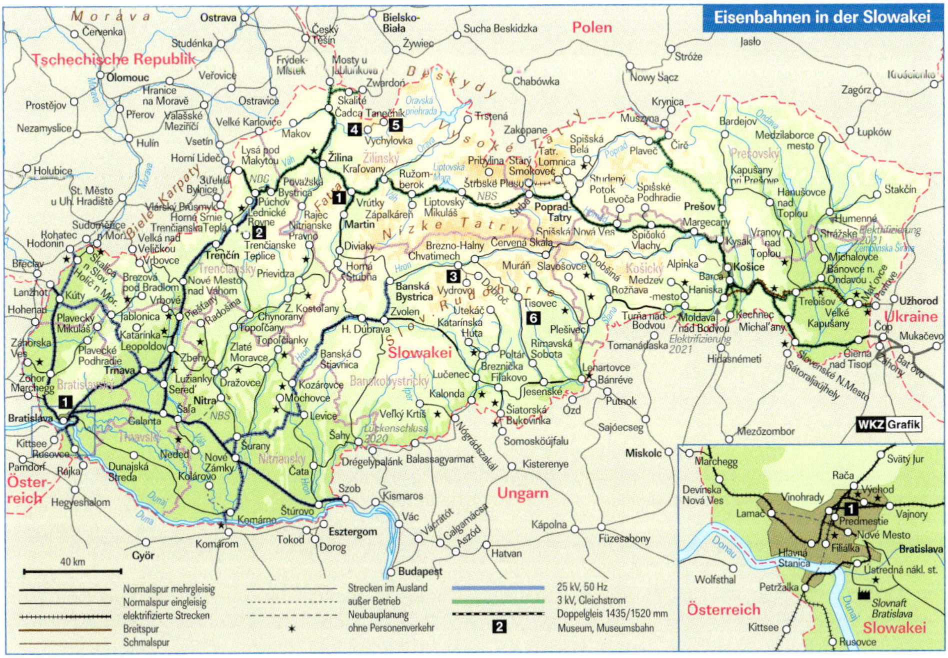

Triebfahrzeuge ZSSK

Baureihe neu	*Baureihe alt*	*Achsfolge*	*Anzahl*	*Bemerkungen*
Elektrolokomotiven (alle Systeme)				
10	E 458.0	Bo´Bo´	2	3 kV=
162		Bo´Bo´	8	3 kV=
163	E 499.3	Bo´Bo´	11	3 kV=
199		B	6	Umbau aus 700-702
199.9		B	1	Umbau aus 701.95; 1000 mm (TEŽ)
210	S 458.1	Bo´Bo´	6	25 kV/50 Hz
240	S 499.0	Bo´Bo´	28	25 kV/50 Hz, teilweise Umbau aus 230
263	S 499.2	Bo´Bo´	10	25 kV/50 Hz
350	ES 499.0	Bo´Bo´	18	3 kV=, 25 kV/50 Hz
361		Bo´Bo´	26	3 kV=, 25 kV/50 Hz, Umbau aus 163
362		Bo´Bo´	21	3 kV=, 25 kV/50 Hz, Umbau aus 363
363	ES 499.1	Bo´Bo´	7	3 kV=, 25 kV/50 Hz
381		Bo´Bo´	2	3 kV=, 25 kV/50 Hz, 15 kV/16 #2/3 Hz
383.1		Bo´Bo´	10	3 kV=, 25 kV/50 Hz, 15 kV/16 #2/3 Hz, geleast
Diesellokomotiven und -triebwagen				
710	T 334.0	C	1	
721	T 458.1	Bo´Bo´	19	
736.1		Bo´Bo´	5	Umbau aus 735
742	T 466.2	Bo´Bo´	1	
750		Bo´Bo´	4	Umbau aus 753
754	T 478.4	Bo´Bo´	24	
757		Bo´Bo´	25	Umbau aus 750
811		Ao´Ao´	12	Umbau aus 810 und 011
812		A´1´	64	Umbau aus 810
813		A´1´	51	Umbau aus 810 und 011
840		2´ Bo 2´	6	
861		B´2´2´B´	36	
Elektrotriebwagen (alle Systeme)				
405.95	EMU 29.0	2´z 2´z	3	1,5 kV=; 1000 mm (OŽ); mit Steuerwagen 905.95
420.95	EMU 89.0	Bo´Bo´Bo´Bo´	1	1,5 kV=; 1000 mm (TEŽ)
425.95		2´ Bo 2´	15	1,5 kV=; 1000 mm (TEŽ)
460	EM 488.0	Bo´Bo´	19 (9)	3 kV=; Konfiguration ET+2*EM+ET
671		Bo´Bo´	19	3 kV=, 25 kV/50 Hz; Konfiguration ET+EM+ES

Triebfahrzeuge ZSSK Cargo

Baureihe neu	*Baureihe alt*	*Achsfolge*	*Anzahl*	*Bemerkungen*
Elektrolokomotiven (alle Systeme)				
125.8	E 469.5	Bo´Bo´	40 (20)	3 kV=; 1520 mm; Doppellok
131	E 479.1	Bo´Bo´	100 (50)	3 kV=; Doppellok
183	E 669.3	Co´Co´	20	3 kV=
199		B	10	Umbau aus 700-702
210	S 458.1	Bo´Bo´	19	25 kV/50 Hz
240	S 499.0	Bo´Bo´	40	25 kV/50 Hz
363	ES 499.1	Bo´Bo´	23	3 kV=, 25 kV/50 Hz
Diesellokomotiven				
731	T 457.1	Bo´Bo´	11	
736		Bo´Bo´	24	Umbau aus 735
742	T 466.2	Bo´Bo´	71	
746		Bo´Bo´	17	Umbau aus 742 (ex. #ÈD)
751	T 478.1	Bo´Bo´	51	
752	T 478.2	Bo´Bo´	16	
756		Bo´Bo´	10	Umbau aus 750 und 753
770	T 669.0	Co´Co´	17	tw. 770.8 (1520 mm)
771	T 669.1	Co´Co´	19	tw. 771.8 (1520 mm)
773.8		Co´Co´	10	1520 mm; Umbau aus 773 (771)
810	M 152.0	A´1´	1	1520 mm

Streckenmodernisierung mit einigen Neutrassierungen birgt in den kommenden Jahren die Gefahr für das Verschwinden einiger prägnanter Fotostellen.

KBS 181 Kraľovany–Trstená

Wunderbarer Lokalbahnbetrieb mit Personen- und Güterverkehr, die Strecke folgt dem Fluss Orava und bietet romantische Motive. Auch abseits des Schienenstrangs bieten sich fotogene Szenarien in teils unverfälschten Dorfkulissen an.

KBS 191/193/196 Strecken rund um Humenné

Ein großenteils sehr abwechslungsreicher Eisenbahnbetrieb in einer wirklich reizvollen Landschaft wird hier rund um den Bahnknoten Humenné abgewickelt. Dabei reicht die Palette vom lebendigen Lokalbahnbetrieb auf der Strecke Humenné–Stakčín bis hin zu der von beeindruckenden Viadukten und Tunneln dominierten KBS 193 Humenné–Prešov.

Im »Slowakischen Paradies« (KBS 172/173) fahren häufig Viererbrillen (BR 754) statt der planmäßigen Siebenerbrillen (BR 757). Am 28.04.2018 hatte 754 069 den REX 1782 von Margecany nach Banská Bystrica im Bf. Mlynky am Haken. Foto: Stefan Lindig.

Železničná spoločnost´ Slovensko, a.s. (ZSSK)

Rožňavská 1, SK-832 72 Bratislava 3; www.slovakrail.sk
Die Freifahrten für Studenten und Rentner führten zur signifikanten Steigerung der Fahrgastzahlen. Entsprechend wurden vielfach Verkehrstagseinschränkungen aufgehoben, Garnituren verlängert und sogar einige neue Züge eingelegt. In den Ballungsräumen Bratislava und Košice und auf einigen Strecken des Ergänzungsnetzes zeigt sich das Fahrplanangebot inzwischen vorbildlich. Die eigenwirtschaftlich betriebenen IC-Züge zwischen Bratislava und Košice kehrten nach kurzer Pause auf die Schiene zurück.

Bei beiden Traktionsarten und im Bereich des Wagenparks trifft man auf einen Mix aus modernen, modernisierten und herkömmlichen Fahrzeugen. Doppelstockwendezüge (Škoda) bedienen zusammen mit Lokomotiven der BR 263 und 381 (Škoda) die Hauptmagistralen rund um Bratislava. Die doppelstöckigen Triebzüge der BR 671 (Škoda) werden rund um Košice, Nové Zámky und auf der Strecke Čadca–Žilina–Košice eingesetzt. Die BR 361, welche aus Spendermaschinen der BR 163 entsteht, wird auch auf internationalen Verbindungen bis Prag und Budapest eingesetzt. Zudem werden weitere Loks der BR 363 in BR 362 umgebaut. Gänzlich neu sind zehn geleaste Siemens Vectron MS (BR 383.1), mit der man besonders der zunehmenden Störanfälligkeit älterer Baureihen und auch den höheren Geschwindigkeiten im Hauptstreckennetz Rechnung trägt. Die BR 460 ist weiterhin rund um Košice im Einsatz.

Im Bahnhofsverschub wird landesweit noch immer die BR 721 herangezogen, in Košice auch die letzten beiden »Bügeleisen« der BR 110. Die BR 750 wird nur noch durch die Retro-Lok 750 183 in Nové Zámky vertreten. Die BR 757 (Umbau aus BR 750) wird ab Humenné, Košice und Prievidza eingesetzt. Die Reihe 754 weist planbare Einsätze ab Zvolen auf. Während die ersten Modernisierungszweiachser der BR 811 nur noch in untergeordneten Diensten anzutreffen sind, decken die BR 812 und 813 den Fahrzeugbedarf auf vielen nicht elektrifizierten Strecken ab. Die BR 840 (Stadler/ŽOS Vrútky) verkehrt zwischen Poprad und Plaveč. Die auf über 32 Exemplare angewachsene Flotte der BR 861 (ŽOS Vrútky) kommt von Humenné und Nové Zámky aus zum Einsatz. Zur Modernisierung des Nahverkehrs um Zvolen werden bis 2021 weitere 21 TW der BR 861 geliefert (bislang 4 St.).

Železničná spoločnosť Cargo Slovakia, a.s. (ZSSK Cargo)

Drieňová 24, SK-820 09 Bratislava; www.zscargo.sk
Als zweites Eisenbahnverkehrsunternehmen ging aus der am 1.1.2005 erfolgten Aufteilung der alten ZSSK (vormals ŽSR) die für Güterverkehrsgeschäfte zuständige ZSSK Cargo hervor.

Für die Bespannung ihrer Züge auf elektrischen Strecken stehen der ZSSK Cargo hauptsächlich ältere Lokomotiven zur Verfügung. Während man im Wechselstromnetz häufig auf die BR 240 trifft, dominieren die BR 125.8 (1520 mm) und BR 131 den Gleichstrombereich. Die sechsachsigen Lokomotiven der BR 183 trifft man noch im Bereich von Čadca, Žilina, Špisská Nová Ves und Košice an. Das jeweilige Stromsystem überschreitende Züge werden mit der BR 363 befördert. Neueste Errungenschaft sind 10 geleaste Vectron MS (BR 383.2) mit Länderpaket DE-AT-PL-CZ-SK-HU-RO-HI-SI.

Einen nicht ganz unerheblichen Anteil am Dieselpark haben die aus älteren Lokomotiven rekonstruierten BR 736 (aus 735), 746 (aus 742) und 756 (aus 750 und 753). Mit der BR 773 (aus 771) ging nach deren Umspurung und Umzeichnung zur BR 773.8 eine teilweise Ablösung der breitspurigen BR 770.8 bzw. 771.8 einher. Die älteren BR 742, 751 und 752 trifft man landesweit im Streckendienst an. Deutlich zurückgegangen sind die Einsätze der BR 770 und 771, nennenswerte Leistungen finden nur noch auf der Strecke Žilina–Rajec statt.

Weitere Eisenbahnverkehrsunternehmen (Auswahl)

Personenverkehr

- **RegioJet Slovakia** (RJ): RegioJet bietet hochwertigen SPFV auf der Strecke Prag–Čadca–Humenné und Prag-Brno-Bratislava an und setzt dafür neben der BR 162 auch angemietete Maschinen der BR 193 (Siemens Vectron MS) ein. Außerdem betreibt RegioJet den Reiseverkehr auf der KBS 131 Bratislava–Komárno mit Dieseltriebwagen der ex-DB-BR 628, 642 und 643. Im Berufsverkehr kommt eine ER20 mit ex-DB-Doppelstockwagen zum Einsatz (www.regiojet.sk).
- **LEO Express** (LE): LEO Express betreibt internationalen SPFV auf der Strecke Prag–Čadca–Prešov–Košice und setzt dazu Triebzüge der Reihe 480 (Stadler Flirt) ein (www.le.cz).

Güterverkehr

- **Carbo Rail, s.r.o.** (CRR): Güterverkehr mit 182 096, 230 024/084/085/107 und einigen Verschublokomotiven Reihe 742 (www.carborail.sk).
- **Central Railways** (CRW): Güterverkehr mit 182 115 und verschiedenen anderen Lokomotiven, darunter ex-CFR 43, jetzt CRW-241 001-005 (www.crw.sk).
- **Express Group** (ER): Güterverkehr, auch grenzüberschreitend, mit 183 002, 183 018, 390 001 (189 845), 189 159/157/842 (von MRCE gemietet) sowie 761 101 (ER20-009) (www.expressgroup.sk).
- **I.G. Rail**, (vormals Slovenská železničná dopravná spoločnosť, SŽDS): Güterverkehr mit 121 004, 140 076, 242 250/559 (ex-BDŽ 43.5) und einigen Loks der Reihen 740/742 (www.igrail.sk).
- **Logistik a Transport Slovakia, s.r.o.** (LTE): Slowakische Filiale der österreichischen LTE Group, im Güterverkehr aktiv mit 182 053 und einigen Loks BR 740 (www.LTE-group.eu).
- **LOKORAIL, a.s.** (LR): Güterverkehr mit 182 072, 230 045, 242 555 (ex-BDŽ 43.5) und verschiedenen anderen Lokomotiven (www.lokorail.sk).
- **METRANS a.s.** (Danubia): Slowakische Niederlassung der tschechischen METRANS Rail mit Güterterminal in Dunajska Streda (www.metrans.eu).
- **PKP CARGO International, a.s.** (PKPC): Mit der Übernahme der Aedvanced World Transport a.s. (AWT) im Oktober 2019 führt PKPC auch die Güterverkehre der früheren AWT in der Slowakei fort (www.pkp-cargo.pl).
- **Prvá Slovenská Železničná, a.s.** (PSZ): Güterverkehr, vorwiegend Ganzzüge mit 186 352, 193 924, ex-CFR Marfa 40-0076/0921, 240.039/126/128, 242 206/262/282/287, 740 148/826/855, 742 213/384, 753 608, 770 538/602 und anderen Lokomotiven (www.psz.sk).
- **Railtrans International, s.r.o.** (RTI): Güterverkehr, zumeist Ganzzüge mit 242 543/557 (ex-BDŽ 43.5) und der in Bulgarien registrierten 44 135-9 (www.railtrans.eu).

Museen und Museumsbahnen

ŽSR-Výskumný a vývojový ústav železníc múzejno-dokumentačné centrum (MDC) 1
Koordinierung sämtlicher Aktivitäten im Bereich des musealen Eisenbahnbetriebes der Slowakei, Durchführung von Sonderfahrten, Sammlungen historischer Eisenbahnfahrzeuge an den Standorten Depo Bratislava východ, STM Bratislava und Depo Vrútky, Verlagstätigkeit (Dopravná 2, SK-831 06 Bratislava; www.mdc.sk).

Trenčianska elektrická železnica, n.o. (TREŽ) 2
Nach der Betriebseinstellung durch die ZSSK übernahm der Kreis Trenčianska Teplá im Jahr 2012 Strecke und Fahrzeuge. Von Mitte Juni bis Anfang September wird ein Wochenendbetrieb mit vier Zugpaaren angeboten, im restlichen Jahr findet nur Gelegenheitsverkehr statt (M. R. Štefánika 376/30, SK-914 01 Trenčianska Teplá; www.trezka.sk).

Čiernohronská Železnica n.o. (ČHŽ) 3
Saisonaler Museumsverkehr auf den in 760 mm Spurweite ausgeführten Waldbahnstrecken Chvatimech–Čierny Balog–Vydrovo/Dobroč. Verkehrstage und Fahrpläne sind im ŽSR-Kursbuch unter den KBS 902, 902a und 902b abgedruckt (Hlavná 56, SK-976 52 Čierny Balog, www.chz.sk).

Historická lesná úvraťová železnica Vychylovka (HLÚŽ) 4
Von Anfang Mai bis Ende Oktober findet täglicher Museumsverkehr mit Diesel- und Dampflokomotiven auf einem Teil der in 760 mm Spurweite ausgeführten Waldbahn statt. Zwischen der Spitzkehre km 3,4 und Sedlo Beskyd (Verbindung zur OLŽ) findet bisher nur bescheidener Motordraisinenverkehr statt. Verkehrstage und Fahrpläne sind im ŽSR-Kursbuch unter den KBS 900a und 900b abgedruckt (Kysucké múzeum Čadca, Moyzesova 50, SK-022 01 Čadca oder SK-023 05 Nová Bystrica–Vychylovka, www.kysuckemuzeum.sk).

Oravská lesná železnica (OLŽ) 5
Es findet ganzjähriger Museumsverkehr mit Diesel- und Dampflokomotiven auf der in 760 mm Spurweite ausgeführten Waldbahnstrecke Tanečník–Sedlo Beskyd (Verbindung zur HLÚŽ) statt. Das Waldbahn-Museum ist ganzjährig während der Verkehrszeiten der Züge geöffnet. Verkehrstage und Fahrplan sind im ŽSR-Kursbuch unter der KBS 901 abgedruckt (Tanečník, Oravská Lesná, SK-029 57 (Vermarktung: Oravský hrad, Oravský Podzámok SK-027 41), www.oravamuzeum.sk).

Občianske združenie Zubačka (OZ) 6
An ausgewählten Terminen zwischen Ende April und Mitte September verkehrt die aufgearbeitete Zahnradbahn-Dampflokomotive 4296 (40.006; ex. Karánsébes–Subcetate in Siebenbürgen) mit einem passenden Wagenpark zwischen Tisovec und Zbojská, gelegentlich unterstützt vom historischen Dieseltriebwagen 820 039. Anschlussverkehr mit einem historischen Dieseltriebwagen auf der Strecke Podbrezová–Zbojská (Nám. Dr. V. Clementisa 1, SK-980 61 Tisovec; www.zubacka.sk). ■

Schweiz

Markus Manske

Die Züge des »Voralpen-Express« der Südostbahn zwischen St.Gallen und Luzern wurden zum Dezember 2019 von Pendelzügen auf die neuen TRAVERSO RABe 526.1 umgestellt. Im Vorlaufbetrieb fuhr RABe 526 106/206 am 04.12.2019 bei Kaltbrunn über den Dorfbach. Foto: Georg Trüb.

Für die Einreise in die nicht der EU angehörigen Schweiz ist ein Personalausweis oder Reisepass erforderlich. Es gilt als Landeswährung der Schweizer Franken (CHF), wobei (Stand Dezember 2019) 100,- € = 110,- CHF gerechnet werden können.

Für Bahnreisende aus Deutschland werden im Rahmen des Angebotes Swiss Travel System – Bahncards Schweiz verschiedene günstige Fahrausweise für Touristen angeboten. Für den Eisenbahnfan bietet sich dabei der Swiss Travel Pass an. Dieser ist an 3, 4, 8 oder 15 Tagen gültig und berechtigt zu beliebig vielen freien Fahrten auf fast allen schweizerischen Bahnen, den Postautolinien und dazu in Straßenbahnen und Bussen in 75 Städten und Dörfern. Berg- und Luftseilbahnen gewähren bis zu 50% Rabatt auf den vollen Fahrpreis. Enthalten ist auch der Eintritt in ca. 500 Museen. Als Alternative gibt es den Swiss Travel Pass Flex der zwar das gleiche Angebot beinhaltet, dem Reisenden aber die freie Wahl der 3, 4, 8, oder 15 Reisetage innerhalb eines Monats lässt. Für den Bahnfan bis 26 Jahre gibt es den Swiss Travel Pass Youth der ca. 15 % billiger ist.

Darüber hinaus gelten auch für die Schweiz die internationalen Angebote (siehe »Tipps für Bahnreisen durch Europa«) wie z.B. InterRail.

Weitere Angebote, auch für Gruppen, können über RailAway bei fast allen Bahnhöfen gebucht werden.

Streckennetz

Das Bahnnetz der Schweiz umfasst ca. 5400 km Bahnlinien in Normal- und Schmalspur sowie 300 km Straßenbahnen (Basel, Bern, Genf, Neuchâtel, Zürich).

Den Fernverkehr auf den Normalspurstrecken betreiben die SBB mit Doppelstock- oder EW-IV-Pendelzügen und Lokomotiven der Reihe Re 420 bzw. Re 460 sowie mit Triebwagen verschiedener Baureihen. Außerdem erreichen auch DB-ICE und SNCF-TGV die Schweiz. Die SBB-»Pendolino« RABe 503 befahren die Strecken in Richtung Italien über den Gotthard und den Simplon sowie nach München über Lindau. Im Nah- und Bezirksverkehr werden z.T. mit den Kantonen und deren EVU regionale Partnerschaften gebildet. Zum Einsatz kommen fast nur noch Triebwagen. Größere S-Bahn-Netze gibt es in den Räumen Zürich, St. Gallen und Genf.

Der Güterverkehr im Einzelwagenladungsverkehr wird flächendeckend von den SBB durchgeführt. Dadurch sind bei den EVU keine eigenen Stationsrangierloks mehr vorhanden, es sei denn, die SBB mietet solche Fahrzeuge an oder beauftragt die EVU mit der Durchführung des Rangierdienstes.

Baureihenbezeichnungen

Traditionelle Klassifizierung

Kennzeichnend für die Schweiz war bis Ende 1995 eine durchgängige einheitliche Systematik für die Bezeichnung aller Lokomotiven, Triebwagen und Wagen, sowohl bei den SBB wie auch bei den Privatbahnen, sei es Normal- oder Schmalspur. Diese bestand bei den Triebfahrzeugen aus einer Kombination von großen und kleinen Buchstaben sowie einer in Bruchform geschriebenen Zahlenkombination, die zusammen gesehen einen Aufschluss über Fahrzeugart, Gesamtachszahl und Anzahl der Treibachsen gab. Obwohl diese Bezeichnungsart bei

Triebfahrzeuge der SBB mit neuer Bezeichnung

Reihe	*alt*	*Typ*	*Achsfolge*	*Leistung*	*Baujahr*	*Anzahl*	*Bemerkungen*
Lokomotiven *							
Re 420	Re 4/4''	E	Bo'Bo'	4700 kW	1964–1985	ca. 200	Ausmusterung läuft
Re 421	Re 4/4''	E	Bo'Bo'	4700 kW	1983–1985	19	CH/D-Zulassung, Verkauf/Ausmusterung läuft
Re 430	Re 4/4'''	E	Bo'Bo'	4700 kW	1967/1971	18	
Re 450	S-Bahn	E	Bo'Bo'	3200 kW	1989–1997	113	S-Bahn Zürich
Re 460		E	Bo'Bo'	6100 kW	1992–1996	119	
Re 474		E	Bo'Bo'	6400 kW	2004–2005	12	CH/I-Zulassung
Re 482		E	Bo'Bo'	5600 kW	2002–2006	48	CH/D-Zulassung
Re 484		E	Bo'Bo'	5600 kW	2004	21	CH/I-Zulassung
Re 620	Re 6/6	E	Bo'Bo'Bo'	6100 kW	1972–1980	82	
Bm 840.5	Bm 4/4	DE	Bo'Bo'	620 kW	1957–1970	ca. 20	Ausmusterung läuft
Am 841		DE	Bo'Bo'	900 kW	1996–1998	39	Baudienste, Verkauf/Ausmusterung ab 2021
Am 842		DH	B'B'	1000 kW	1993/2005	2	MaK G1204BB
Am 843		DH	B'B'	1500 kW	2003–2006	76	
Triebwagen/Triebzüge							
RABDe 500	ICN	ET	7-tlg.	5200 kW	1999–2003	44	Neigezüge
RABe 501	Giruno	ET	11-tlg.	4700 kW	ab 2018	29	in Ablieferung bzw. im Bau
RABDe 502.0	FV-Dosto IC	ET	8-tlg.		ab 2018	23	Twindexx IC200, in Ablieferung bzw. im Bau
RABe 502.2	FV-Dosto IC	ET	8-tlg.		ab 2018	30	Twindexx IR200, in Ablieferung bzw. im Bau
RABe 502.4	FV-Dosto IC	ET	4-tlg.		ab 2018	9	Twindexx IR100, in Ablieferung bzw. im Bau
RABe 503	ETR610	ET	7-tlg.	5500 kW	2007-09/2017	19	Pendolino
RABe 511	Regio-Dosto	ET	6-tlg.	3200 kW	2010-2018	69	Stadler Typ KISS
RABe 511.1	Regio-Dosto	ET	4-tlg.	2400 kW	ab 2010	24	Stadler Typ KISS
RABe 514	DTZ	ET	4-tlg.	3200 kW	2005–2008	61	S-Bahn Zürich
RABe 520	GTW 2/8	ET	4-tlg.	520 kW	2002–2003	17	Seetal
RABe 521.0	Flirt	ET	4-tlg.	2000 kW	2005–2007	30	Regio-S-Bahn Basell
RABe 521.2	Flirt Seehas	ET	4-tlg.	2000 kW	2008	9	Einsatz Konstanz-Engen
RABe 522.2	Flirt France	ET	4-tlg.	2000 kW	2010–2019	32	mit F-Zulassung, auch für »Léman-Express«
RABe 523.0	Flirt Schweiz	ET	4-tlg.	2000 kW	2005-2017	73	
RABe 523.1	Flirt NG	ET	4-tlg.	2000 kW	ab 2021	14	S-Bahn Waadt
RABe 523.5	Flirt 3	ET	4-tlg.		ab 2021	7	Version Fernverkehr
RABe 524.0	Flirt ETR524	ET	4-tlg.	2000 kW	2006-2008	19	mit I-Zulassung, Einsatz für TILO
RABe 524.1	Flirt ETR524	ET	6-tlg.	2000 kW	2010–2012	17	mit I-Zulassung, Einsatz für TILO
RABe 524.2	Flirt ETR524	ET	6-tlg.	2000 kW	2012	4	mit I-Zulassung, vermietet an I-Trenord
RABe 524.3		ET	6-tlg.		ab 2020	5	mit I-Zulassung, Einsatz für TILO
RBDe 560.2		ET	Bo'Bo'	1650 kW	U 2009	99	NPZ-DOMINO
RBDe 562		ET	Bo'Bo'	1650 kW	1995	5	CH/F-Zulassung

*) Dazu kommen noch mehrere, von ELL, LokRoll, MRCE sowie Süd Leasing langfristig gemietet Streckenlokomotiven der Baureihen 189 und 193. Außerdem werden DB-Lokomotiven Baureihe 185 in eigenen Dienstplänen eingesetzt.

den Normalspurbahnen nahezu verschwunden ist, wird sie hier noch dargestellt, da die meisten Schmalspurbahnen diese weiterhin verwenden. Außerdem sind diese Bezeichnungen an den Museumsfahrzeugen angeschrieben.

Bei Lokomotiven richtet sich die Klassifizierung nach der bauartbedingten höchsten zulässigen Kurvengeschwindigkeit:

- R über 110 km/h Höchstgeschwindigkeit (Vmax) und erhöhte Kurvengeschwindigkeit;
- A über 80 km/h Vmax, Ausnahme: die Ae 6/6 läuft 125 km/h, jedoch nicht durch Kurven;
- B 70–80 km/h Vmax;
- E Rangierloks;
- G Schmalspurloks;
- H Zahnradloks;
- T Traktoren (vergleichbar mit dem deutschen Begriff »Kleinlok«).

Bei Triebwagen gilt für R dasselbe wie für Lokomotiven. Nach dem R wird die Wagenbezeichnung angeführt, wobei die internationale Klassifizierung benutzt wird. A = 1.Kl., B = 2.Kl., usw.

Der folgende kleine Buchstabe gibt die Betriebsart an:

- e elektrisches Fahrzeug,
- m Fahrzeug mit Dieselmotor,
- a mit Akkumulatorbatterie,
- h mit Zahnradantrieb,
- f mit Funkfernsteuerung.

Dabei ist auch die Kombination von Buchstaben möglich.

Bei Zahnradtriebwagen gibt es noch eine Besonderheit: Steht das h vor der Betriebsart, so handelt es sich um ein reines Zahnradfahrzeug; steht es danach, besitzt das Fahrzeug auch einen Adhäsionsantrieb.

Bei Schlepptender-Dampfloks gibt es nur den großen Buchstaben. Bei Tenderloks (Gattung E) wird die Vmax mit einem kleinen Buchstaben angegeben.

Nach dem/den Buchstabe folgt die Angabe der Achsenzahl in Bruchform. Dabei steht die erste Zahl für die angetriebenen Achsen und die zweite für die Gesamtachszahl.

Ferner gibt es nun noch einen Index, mit dem Fahrzeuggenerationen unterschieden werden. So gibt es z. B. von der Gattung Re 4/4 mehrere Entwicklungen, und um diese unterscheiden zu können, werden hinter der Bauartbezeichnung hochgestellte Indizes angefügt, wie etwa Re 4/4'' oder Re 4/4''' (für die zweite bzw. dritte Generation der Re 4/4).

Tipp: Viele ältere Eisenbahner benutzen weiterhin diese Baureihenbezeichnungen. Der geneigte Bahnfan sollte deshalb diese Systematik kennen um bei Gesprächen alles verstehen zu können.

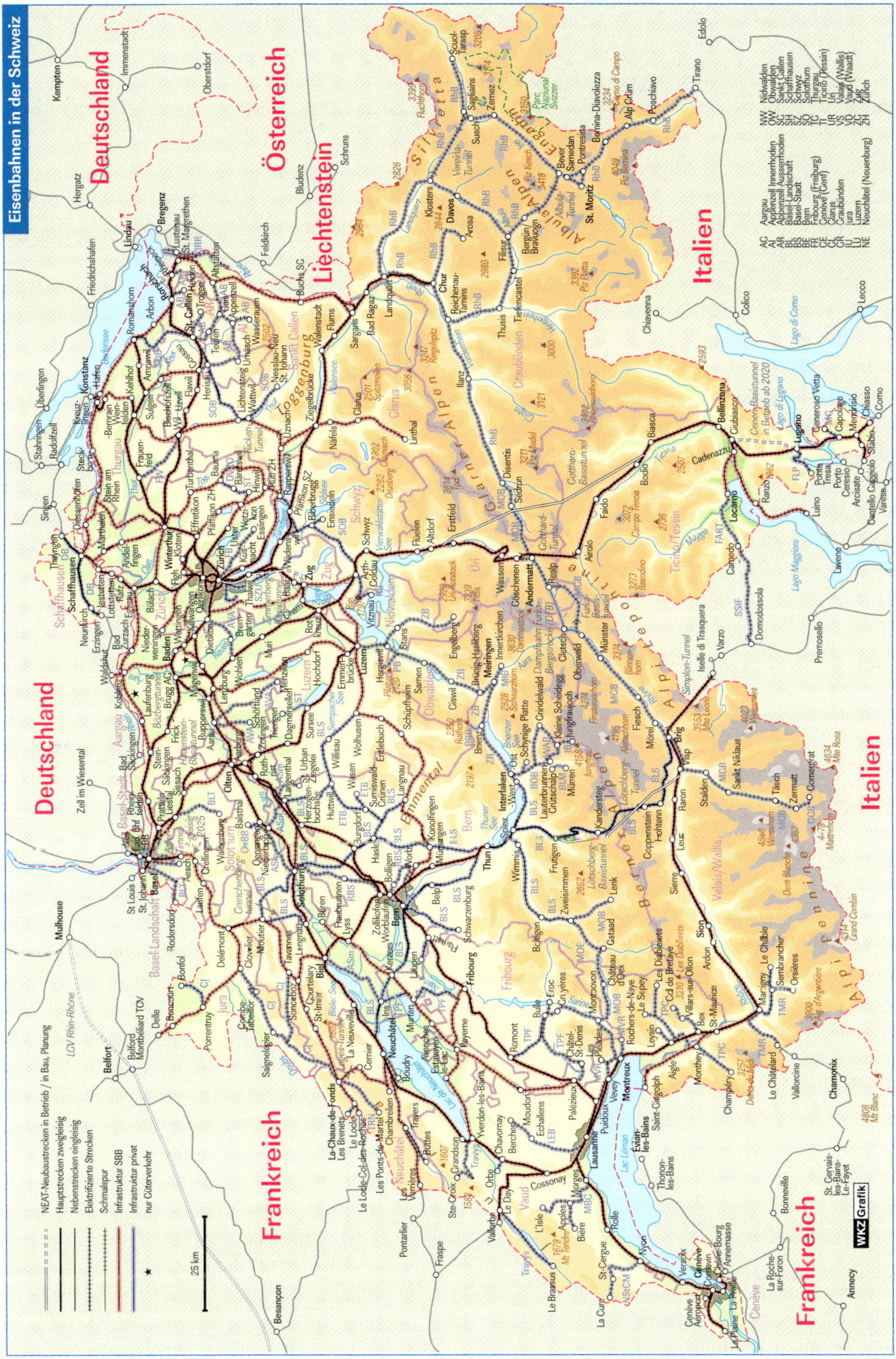
Eisenbahnen in der Schweiz
NEAT-Neubaustrecken in Betrieb / in Bau, Planung
Hauptstrecken zweigleisig
Nebenstrecken eingleisig
Elektrifizierte Strecken
Schmalspur
Infrastruktur SBB
Infrastruktur privat
nur Güterverkehr
25 km
Deutschland
Österreich
Liechtenstein
Frankreich
Italien
AG Aargau
AI Appenzell Innerrhoden
AR Appenzell Ausserrhoden
BL Basel-Landschaft
BS Basel-Stadt
BE Bern
FR Fribourg (Freiburg)
GE Genève (Genf)
GL Glarus
GR Graubünden
JU Jura
LU Luzern
NE Neuchâtel (Neuenburg)
NW Nidwalden
OW Obwalden
SG Sankt Gallen
SH Schaffhausen
SZ Schwyz
SO Solothurn
TG Thurgau
TI Ticino (Tessin)
UR Uri
VS Valais (Wallis)
VD Vaud (Waadt)
ZG Zug
ZH Zürich
WKZ Grafik

Aktuelle Klassifizierung

Im Jahre 1996 wurde ein EDV-Nummernschema nach UIC (mit 6 Ziffern plus Kontrollziffer) eingeführt, wie es auch von der DB und anderen europäischen Bahnen bereits bekannt ist. Mit der Erweiterung der EDV-Nummer auf den seit 2007 gültigen NVR-Standard mit Fahrzeughaltercode nach VKM sind die alten Baureihenbezeichnungen entfallen.

Die sechste Ziffer kennzeichnet nun die Hauptgruppen wie z.B. 2 für Traktoren, 4 für 4-achsige und 6 für 6-achsige E-Loks, 5 für Elektrotriebwagen und 8 für Streckendieselloks. Die siebte Ziffer bezeichnet bei den E-Loks die Lokgeneration. Für neu zugelassene nichtschweizerische Lokomotiven werden die Baureihenbezeichnungen des Herkunftslandes übernommen, wie z.B. 1042 für die ex-ÖBB 1042er des EVU WRSCH.

Die Betriebsnummern werden zentral vergeben und müssen bei der Inbetriebnahme eines Triebfahrzeuges wie in jedem Land vorher beantragt werden. Auch sämtliche normalspurigen Werk- oder Baulokomotiven die öffentliche Strecken befahren, müssen die EDV-Nummer tragen. Bei den Schmalspurbahnen wurden bisher nur bei der Zentralbahn EDV-Nummern eingeführt.

Schweizerische Bundesbahnen–SBB/CFF/FFS

Die SBB bestehen aus den Divisionen Infrastruktur (I), Güter- (G) und Personenverkehr (P), dem Bereich Immobilien sowie den zentralen Bereichen (Finanzen und Personal). Dazu kommen Tochterbetriebe wie die Thurbo (THB) und die Zentralbahn (ZB).

Ausbesserungs- und Bahnbetriebswerke

Ausbesserungswerke (Industriewerke)

Die Industriewerke Zürich, Olten, Bellinzona, Biel und Yverdon haben zwar in der Hauptsache ihre alte Zweckbindung behalten, stehen aber auf Grund der Eigenwirtschaftlichkeit in Konkurrenz zueinander. In Bellinzona werden auch Lokomotiven anderer EVU untersucht. Der Standort für den Neubau des Werkes Bellinzona steht nun fest, für den Zeitraum bis 2021 besteht aber das alte Werk weiter.

Bahnbetriebswerke (Depots)

Die Triebfahrzeuge werden von den einzelnen Divisionen disponiert, wobei P von Lausanne und Zürich sowie G (Cargo) von Olten aus operieren. Für den Unterhalt gibt es nach wie vor einige größere Depots in Basel, Zürich, Oberwinterthur, Biel und Bellinzona sowie kleinere Depots wie z.B. Brig, Genève, und Chiasso.

Interessante Strecken

Rorschach–St. Gallen–Zürich–Bern–Fribourg–Lausanne–Genève

Die wichtigste Ost-West-Transversale der Schweiz mit dichtem IC-Verkehr führt durch das landwirtschaftliche Zentrum der Schweiz und durch die größten Städte. Ab Puidoux-Chexbres bietet die Strecke bis zur Einfahrt in Lausanne einen schönen Überblick über den Genfer See.

Basel–Olten–Luzern–Gotthard–Lugano–Chiasso

Eine der wichtigsten Nord-Süd Verbindungen Europas mit dem Gotthard-Basistunnel als zentralem Element des Transportkorridors Nordeuropa–Italien. Die Gotthard-Bergstrecke Erstfeld–Göschenen-Airolo–Biasca mit ihrer einzigartigen Linienführung mit Doppelkehrschleifen und Kehrtunneln wird nur noch von stündlichen Regionalzügen bedient. Dienstags und Sonntags verkehrt als spezielles touristisches Angebot in den Monaten April bis Oktober der Gotthard-Panorama-Express als kombinierte Schiffs-Bahnreise ab Luzern. Man sollte sich aber vorher über die Auslastung informieren.

Genève–Lausanne–Sion–Brig–Simplon–Domodossola

Die Verkehrsachse Frankreich–Schweiz–Italien mit reizvoller Linienführung entlang des Genfer Sees, durch das Rhonetal und nach Durchquerung des Simplontunnels durch das Val Divedro über den italienischen Teil der Strecke zum Systemwechselbahnhof Domodossola.

Basel–Delémont–Biel–Neuchâtel–Yverdon–Lausanne

Die Jurafußlinie führt zunächst durch den Schweizer Jura und den BLS-eigenen Grenchenbergtunnel bis Biel, anschließend entlang des Bieler Sees und des Neuenburger Sees bis Yverdon und weiter nach Lausanne.

Interessante Eisenbahnverkehrsunternehmen (EVU)

Sie wurden früher als Konzessionierte Transportunternehmen (KTU) bezeichnet, wurden aber durch die Liberalisierung des Eisenbahnmarktes umbenannt. Dabei wird nicht zwischen Normalspur- und Schmalspurbahnen unterschieden. Es gibt aber bei den Schmalspurbahnen der Schweiz derzeit keinen Einsatz eines EVU auf einem fremden Streckennetz.

Appenzeller Bahnen (AB)

Nach der Fusion von AB und SGA Ende der 80-er Jahre wurden 2006 durch Integration der Trogener Bahn (TB), der Bahn Rheineck–Walzenhausen (RW) und der Rorschach–Heiden Bergbahn (RHB) die neuen Appenzeller Bahnen gegründet.

Strecken 1000 mm: Gossau–Herisau–Appenzell–Wasserauen (ex AB), St.Gallen–Gais–Appenzell (ex SGA) und Trogen–Speicher–St.Gallen (ex TB). Die ex TB und ex SGA-Linien bilden seit 2019 die Durchmesserlinie mit durchgehendem Fahrzeugeinsatz von Trogen bis Appenzell.

1000 mm mit Zahnstange: Altstätten–Gais (ex SGA).

1200 mm mit Zahnstange: Rheineck–Walzenhausen (ex RW).

Normalspur mit Zahnstange: Rorschach–Heiden (ex RHB).

Depots und Werkstätten sind in Appenzell, Gais (zur Schließung vorgesehen), Speicher, Heiden; Fahrzeug-Schuppen in Rheineck und Rorschach.

Eingesetzt werden auf den 1000-mm-Linien neue Triebwagen von Stadler, Dazu ist noch eine Lok (Einzelstück von Stadler), die früher im Rollbockdienst gelaufen ist, im Bestand. Als Reserve dienen zwei BDe 4/4+ABt Züge.

Die Re 460 113 erhielt ein weißes Kleid für »100 Jahre SEV« (Gewerkschaft des Verkehrspersonals). Am 18.April 2019 schob sie einen IC2000-Pendelzug bei Tecknau auf der Hauensteinlinie Richtung Basel. Foto: Georg Trüb.

Für die Zahnradstrecke sind noch zwei BDeh 4/4+ABt Züge vorhanden. Planmäßig wird einer benötigt.
Auf der Walzenhausener Linie läuft nur ein einzelner Triebwagen. Diese Strecke ist im Moment im Bestand gefährdet.
Für die ex RHB besitzen die AB zwei Zahnrad-Gepäckloks DZeh 2/4 (Baujahr 1930), zwei Triebwagen ABDeh 2/4 (Baujahr 1953) und einen ABDeh3/6 (Stadler 1998) der den Planbetrieb abwickelt. Im Sommer kann die Strecke nach Heiden in offenen Wagen aus der Eröffnungszeit der Bahn bereist werden.
Derzeit wird auch die Betriebsführung der Frauenfeld–Will Bahn (FW) von den AB ausgeübt.

Bern-Lötschberg-Simplon Alpenbahngesellschaft (BLS)
Strecken (Normalspur): Lötschbergbasistunnel, Bern–Belp–Thun, Spiez–Lötschberg–Brig, Bern–Schwarzenburg, Bern–Ins–Neuchâtel, Scherzlingen–Spiez–Interlaken Ost, Moutier–Solothurn–Burgdorf, Burgdorf–Hasle–Rüegsau–Konolfingen–Thun, Hasle-Rüegsau–Ramsei–Langnau, Langenthal–Huttwil–Wolhusen, Ramsei–Huttwil. Betrieben wird auch die S-Bahn Bern.
Depots und Werkstätten befinden sich in Spiez, Oberburg und Bönigen. Eingesetzte eigene Lokomotiven sind (Stand Anfang 2020) 3x 420.5, 25x 425, 18x 465, 15x 475, 20x 485 und 10x 486, außerdem sind Triebzüge der Bauart Privatbahn-NPZ, MUTZ, Lötschberger und NINA im Einsatz. Durch die Ablieferung neuer 475 und Triebwagen werden sich bis 2021 die Fahrzeugeinsätze z. T. stark verändern.
Die 425 sind alle immer noch im klassischen braun lackiert, werden bei größeren Schäden aber ausgemustert.
Eine interessante Linienführung mit zwei Kehrtunnels weist die Lötschberg Nordrampe auf. Die Südrampe ist als Hangtrasse von Goppenstein bis Brig ausgeführt und bietet einen guten Überblick über das Rhônetal. Entlang dieses Streckenteils gibt es einen Bahnwanderpfad, von dem aus sich schöne Fotomotive bieten. Der inzwischen spärliche Personen- und Güterverkehr über die Bergstrecke erfordert aber viel Geduld.
Zur BLS AG gehört inzwischen auch das EVU Crossrail (XRAIL), somit gehören auch die von XRAIL eingesetzten Mietlokomotiven zum Bestand, die hier aber nicht extra aufgelistet werden.

Brienzer Rothorn Bahn (BRB)
800-mm-Zahnrad-Bergbahn von Brienz hinauf zum Brienzer Rothorn.
Im Personenverkehr werden zwischen Mai und Oktober acht Dampfloks eingesetzt, die auf Grund der Bergstrecke eine schräge Kessellage aufweisen; hierbei sind auch vier Neubaudampfloks von SLM im Einsatz. In Spitzenzeiten werden auch noch drei Dieselloks eingesetzt. Es gibt keinen Winterbetrieb. Das Depot befindet sich in der Nähe des Bahnhofes. Der Berggipfel kann auch teilweise neben der Bahnstrecke erwandert werden.

Chemins de fer du Jura (CJ)
Normalspur: Porrentruy–Bonfol. Dort sind zwei Triebwagen, drei Ee 3/3 ex PTT sowie ein Dieseltraktor vorhanden. Das Depot befindet sich in Bonfol.
Schmalspur (1000 mm): Glovelier–Le Noirmont–La Chaux de Fonds, Le Noirmont–Tramelan–Tavannes.
Die Werkstätte befindet sich in Tramelan, ein Depot gibt es zusätzlich noch in Seignelegier. Eingesetzt werden Triebwagen verschiedener Bauserien.
Für den Anstieg in den Schweizer Jura musste ausgehend von Glovelier in Combe-Tabeillon mitten im Wald eine Spitzkehre gebaut werden, doch auch die weitere Strecke über die Hochebene der Freiberge (Franches-Montagnes) ist landschaftlich sehr reizvoll. Als letzter Meterspurbahn in der Schweiz gibt es hier noch Güterverkehr auf Rollwagen ab Glovelier.

Ferrovie e Autolinee Regionali Ticinesi (FART)
Strecke (1000 mm): Locarno–Camedo (–Domodossola) Die Gesamtstrecke wird in Betriebsgemeinschaft mit der italienischen Societa Subalpina Italiana Ferrovia (SSIF) betrieben, mit der auch gemeinsame Fahrzeugserien beschafft wurden. Eingesetzt werden ausschließlich Triebwagen verschiedener Bauserien, darunter auch Panoramatriebwagen.

Jungfraubahn Holding (JB)
Die JB Holding wurde u. a. durch die Zusammenlegung der Jungfraubahn (JB), der Wengernalpbahn (WAB) und der Bergbahn Lauterbrunnen-Mürren (BLM), gegründet. Es ist eine Zweckgemeinschaft zur Einsparung von Kosten in der Verwaltung und Planung der auch Standseilbahnen, Seilbahnen, Skilifte und ein Wasserkraftwerk angehören. Es besteht eine sogenannte strategische Allianz mit der Berner Oberland Bahnen (BOB) und der Schynige Platte Bahn (SPB). Damit soll dem erhöhten Kostendruck entgegengewirkt werden, da die Schmalspur-Bahnen untereinander fast nicht zusammenpassen. Nur WAB und SPB passen technisch zusammen und haben bereits früher dank gemeinsamer Verwaltung Lokomotiven ausgetauscht. Gemeinsam ist aber allen, dass sie in einer grandiosen Landschaft verkehren und man sie deshalb auch touristisch gemeinsam vermarkten kann. Ende 2020 wird zusätzlich eine Express-Seilbahn von Grindelwald zum Eigergletscher eröffnet.
JB (9,3 km, 1000 mm, Zahnstange System Strub, Drehstrom 1125V/50Hz): Die reine Zahnstangen-Strecke beginnt in Kleine Scheidegg in 2061m Höhe und führt aufs Jungfraujoch in 3454 m Höhe. Der Betrieb wird mit 8 Doppeltriebwagen Baujahr 1993 bzw. 2002 und 4 Doppeltriebwagen Baujahr 2016 abgewickelt. Für Sonderfahrten ist noch eine Rowan-Komposition von 1912 vorhanden. Eine Wagenhalle befindet sich unterhalb der Station Kleine Scheidegg, die höchstgelegene Eisenbahnwerkstatt Europas bei der Station Eigergletscher. Die Bergstation Jungfraujoch ist der höchstgelegene Bahnhof Europas.
WAB (19 km, 800mm, Zahnstange System Riggenbach, 1500 V Gleichstrom): Die WAB bedient zwei Streckenäste beginnend in Lauterbrunnen bzw. in Grindelwald, wo jeweils Anschluss zur BOB besteht, zur Bergstation Kleine Scheidegg am Fuß der Eiger-Nordwand. Auch die WAB ist eine reine Zahnradbahn. Depots sind in Lauterbrunnen und Grindelwald Grund. Mehrere Züge sind aber immer in Kleine Scjheidegg abgestellt. Dort besteht Anschluss zur JB. Eingesetzt werden Triebwagen verschiedener Bauarten. Für Dienstzüge stehen noch 2 moderne und 5 alte Elektrolokomotiven zur Verfügung.
BLM (4,2 km, 1000mm, 525 V Gleichstrom): Die Bahn ist zweigeteilt. Sie beginnt in Lauterbrunnen gegenüber dem BOB/WAB-Bahnhof mit einer Luftseilbahn, die bis zur Bergstation Grütschalp führt. Von dort führt die Strecke bis ins autofreie Mürren, wo sich ein einmaliger Ausblick auf Eiger, Mönch und Jungfrau bietet. Die Strecke wird mit den Triebwagen Be 4/4 21-23 und 31 bedient. Die Beschaffung neuer Triebwagen ist in Planung. Für Sonderfahrten ist noch der BDe 2/4 11 von 1913 vorhanden. Das Depot ist in Grütschalp.
BOB (24 km, 1000 mm, Zahnstange System Riggenbach, 1500 V Gleichstrom): Die Strecke beginnt in Interlaken wo Anschluss zu SBB, BLS und Zentralbahn besteht und führt zunächst nach Zweilütschinen. Dort verzweigt sich die BOB nach Lauterbrunnen und nach Grindelwald wo jeweils Anschluss zur WAB besteht. Die Strecke besteht aus Adhäsions- und Zahnstangen-Abschnitten. In Zweilütschinen befindet sich auch das Depot. Der Betrieb wird mit 6 neuen Triebwagen von Stadler abgewickelt. Als Reserve stehen noch 3 ABeh 4/4 Triebwagen von 1986 zur Verfügung.
SPB (7,3 km, 800mm, Zahnstange System Riggenbach, 1500 V Gleichstrom): Diese reine Zahnstangen- Strecke führt ab Wilderswil wo Anschluss zur BOB besteht, auf den Berg Schynige Platte auf 1967m Höhe. Auf Grund der Steigung bis zu 25% wird nur im Lok-Wagen Betrieb gefahren Dafür stehen eine Dampflok und 11 Elektrolokomotiven zur Verfügung. Das Depot ist in Wilderswil gegenüber des Bahnhofes. Die Bahn wird nur von Frühjahr bis Herbst betrieben. Betriebsbeginn und Ende sind dabei von der Schneehöhe abhängig.

Lyria
Diese Firma ist eine Gemeinschaftsgesellschaft von SNCF (74 %) und SBB (26 %) für die TGV-Verbindungen von Paris nach Genf, Lausanne, Zürich und Basel aber kein EVU. Der Betrieb wird seit Ende 2019 mit 15 aufgearbeiteten TGV-2N2-Zügen (Doppelstock-TGV) abgewickelt. Die Züge gehören der Gesellschaft, sind aber bei der SNCF eingestellt.

Matterhorn-Gotthard-Bahn (MGB)
Strecken (1000 mm, z. T. mit Zahnstangen System Abt): Disentis–Andermatt–Realp–Oberwald–Brig, Brig–Visp–Zermatt und Andermatt–Göschenen (Schöllenen-Bahn). In Disentis besteht Anschluss zur Rhätischen Bahn (RhB), in Göschenen zur SBB, in Brig zu BLS und SBB und in Visp zur SBB. Das Depot und die Hauptwerkstatt befindet sich in Brig-Glisergrund und ist nicht per Bahn erreichbar. Ein weiteres Depot befindet sich in Andermatt. Der Bahnhof Andermatt wird im Zeitraum 2019 bis 2021 komplett umgebaut.
Die berühmten »Glacier-Express«-Züge werden von den 13 HGe 4/4" gezogen. Ansonsten herrscht Triebwagenverkehr mit Triebzügen und Gepäcktriebwagen Deh 4/4 mit Pendelzügen. Die HGe 4/4' 36 (ex FO) und HGe 4/4' 15 und 16 (ex BVZ) sind noch bei MGB Historic vorhanden, wobei nur die 36 betriebsfähig ist. Für die Autopendelzüge durch den Furkatunnel zwischen Realp und Oberwald ist nur noch eine reine Adhäsionslok Ge 4/4''' vorhanden. In Realp und in Oberwald besteht jeweils Abschluss zur Dampfbahn Furka Bergstrecke (DFB).
Zum Betrieb gehört auch die Gornergratbahn (GGB). Diese meterspurige Zahnradbahn führt von Zermatt zum Gornergrat, wird mit Drehstrom gespeist und mit Triebwagen betrieben. Für Dienstzüge existieren noch modernisierte Elektrolokomotiven aus der Eröffnungszeit. Das Depot befindet sich in Zermatt.

Die Re 486 506, eine Bombardier TRAXX F140 MS, zog am 22.03.2019 den Ambrogio-Intermodal-Zug von Neuss nach Gallarate über die Südrampe der Bözberglinie bei Umiken. Foto: Georg Trüb.

Montreux-Oberland Bernois (MOB)

Strecken (1000 mm): Zweisimmen–Gstaad–Montreux, Zweisimmen–Lenk. Depots und Werkstätten sind in Chernex und Zweisimmen.

Bekannt wurde diese Bahn durch die »Panoramic-Express«-Züge. Diese werden von neuen Stadler Triebwagen im Sandwich-Betrieb befördert. Ab Fahrplanwechsel 2020/21 sollen diese Züge mit Hilfe von Spurwechseldrehgestellen von Montreux bis Interlaken durchfahren. Die Umspurung erfolgt dann in Zweisimmen.

Drei Lokomotiven Ge 4/4''' laufen im Pendelzugdienst als Regionalzüge. Im MVR-Verkehr ab Montreux werden die neuen Zahnrad-Triebwagen ABeh 2/6 eingesetzt. Diese kommen auch auf der CEV-Strecke Vevey-Blonay-Les Pleiades (mit Zahnstange ab Blonay) zum Einsatz.

Mitverwaltet werden die Chemins de fer electriques Veveysans (CEV) und die Montreux–Glion–Rochers de Naye (MTGN) die in der Gesellschaft Montreux-Vevey-Riviera (MVR) aufgegangen sind. Von Glion aus bietet sich übrigens ein wunderbarer Blick auf den gesamten Genfer See.

Rhätische Bahn (RhB)

Strecken (1000 mm): Landquart–Chur–Disentis, Reichenau–Filisur–Samedan–St. Moritz, Landquart–Davos–Filisur, Samedan–Scuol Tarasp, Samedan–Pontresina, Vereinatunnel (alle zusammen werden Stammnetz genannt), Chur–Arosa (Aroserbahn) und St. Moritz–Pontresina–Tirano (Berninabahn). Depots und Werkstätten sind in Landquart, Samedan, Pontresina und Poschiavo.

Auf dem Stammnetz werden noch in der Mehrzahl lokbespannte Züge eingesetzt. 2020 stehen 4 Ge 4/4', 22 Ge 4/4'', 13 Ge 4/4''' und 7 Ge 6/6'' zur Verfügung. Durch die Inbetriebnahme der »ALVRA"-Garnituren wird auf der Albula-Linie der Pendelzugverkehr bei Schnellzügen eingeführt. Sehr große Veränderungen bringt die Ablieferung der »Capricorn«-Triebwagen, die schrittweise ab Ende 2020 eingesetzt werden. Der gesamte Regionalverkehr wird in wenigen Jahren durch die neuen Triebwagen erbracht.

Auf der Aroserlinie und der Berninabahn werden fast ausschließlich die »Allegra«-Triebwagen eingesetzt.. Für die Berninabahn stehen noch die Triebwagen ABe 4/4 51-56 (Baujahr 1988) zur Verfügung. Ältere Triebwagen werden nur noch für Dienstzüge genutzt.

Die Museumsfahrzeuge werden durch RhB-Historic in Samedan gepflegt. Einige davon, insbesondere die beiden »Krokodile« Ge 6/6' 414 und 415, kommen in der Sommersaison in Planzügen zwischen Davos und Filisur zum Einsatz.

Besonders erwähnenswert ist die Streckenführung der Albula-Bahn im Abschnitt Bergün–Preda sowie die gesamte Berninabahn mit der offenen Kehre in Brusio. Sie überquert übrigens den namengebenden Pass als eine der wenigen Strecken ohne Scheiteltunnel. Die Arosabahn führt immer noch als »Straßenbahn« durch Chur vom Hauptbahnhof bis zum aufgelassenen Depot Chur-Sand.

Entlang der Albulabahn gibt es einen Bahnwanderpfad, von dem aus die Linienführung mit den Kehren und Kehrtunnels beobachtet werden kann. An markanten Punkten hängen Fahrpläne aus um die Zugbeobachtung zu erleichtern.

Thurbo (THB)

Gemeinschaftsunternehmen von SBB (90 %) und Kanton Thurgau (10 %) für den Nahverkehr in der gesamten Ostschweiz.

Unterhalten werden die Fahrzeuge im SBB Depot Oberwinterthur.

Eingesetzt werden RABe 526.6 (GTW 2/6 1.Serie, ausmusterungsgefährdet) undRABe 526.7 (GTW 2/6 bzw GTW 2/8) sowie RABe 521.2.

Transports Publics du Chablais (TPC)
Zusammenschluss der 1000-mm-Bahnen Bex–Villars–Bretaye (BVB), Aigle–Leysin (AL), Aigle–Ollon–Monthey–Champéry (AOMC) und Aigle–Le Sepey–Les Diablerets (ASD). Während zur BVB keine Schienenverbindung besteht, können die Fahrzeuge der anderen drei Bahnen zusammen auf dem Bahnhofplatz in Aigle angetroffen werden. BVB, AL und AOMC weisen Streckenabschnitte mit Zahnstangen auf, während die ASD eine reine Adhäsionsbahn ist. Auf der ex AOMC sind seit Ende 2017 neue Stadler-Triebwagen im Einsatz, während auf der ex ASD und der ex-AL noch die älteren Fahrzeuge im Einsatz sind. Das Depot der Bahnen um Aigle ist am östlichen Ortsausgang von Aigle und das der BVB in Bévieux.

Transports de Martigny et Régions (TMR)
Zusammenschluss der Bahnen Martigny–Châtelard (MC) und Martigny–Orsières (MO).
Die 18 km lange, meterspurige MC verkehrt grenzüberschreitend nach Frankreich und stellt die Verbindung zur ebenfalls meterspurigen SNCF-Strecke Châtelard Frontière–Chamonix–St. Gervais her. Dabei wird beginnend in Vernayaz ein längerer Zahnstangenabschnitt in Hanglage mit wunderbarer Aussicht über das Rhônetal befahren. Diese Strecke ist teilweise mit seitlicher Stromschiene ausgerüstet, während auf der SNCF-Strecke nur Stromschienenbetrieb herrscht. Das Depot befindet sich in Vernayaz. Eingesetzt werden ausschließlich Triebwagen.
Die normalspurige MO bedient die Strecken Martigny–Sembrancher–Orsières (19 km) und die Abzweigstrecke Sembrancher–Le Châble (6 km). Das Depot befindet sich in Orsières.
Nennenswerten GV gibt es keinen mehr. Eingesetzt werden drei Triebwagen ABDe 537 auf dem Stammnetz und zwei RABe 527 »NINA«, welche in Betriebsgemeinschaft mit der SBB im Rahmen der Gemeinschaftsgesellschaft RegionAlps AG auch die Rhônetalstrecke befahren. Der RegionAlps gehören auch 16 RBDe 560.2 DOMINO.

Transports publics Fribourgeois (TPF)
Zusammenschluss der GFM-Bahnen mit den städt. Verkehrsbetrieben Fribourg.
Strecken (Normalspur): Bulle–Romont, Fribourg–Murten–Ins. Eingesetzt werden Triebwagen verschiedener Bauarten wobei Bulle auch von Fahrzeugen der SBB erreicht wird.
Strecken (1000 mm): Palezieux–Bulle, Bulle–Broc Fabrique, Bulle–Montbovon. Es werden auch hier nur Triebwagen verschiedener Bauserien eingesetzt. In Bulle befindet sich noch eine Rollbockanlage, die aber nicht mehr benötigt wird.
Die Werkstätte für beide Spurweiten befindet sich im Industriegebiet Bulle. Ein normalspuriges Depot existiert auch noch in Fribourg.

Schweizerische Südostbahn (SOB)
Strecken (Normalspur): Romanshorn–St.Gallen–Wattwil–Nesslau, Pfäffikon–Samstagern–Biberbrugg–Arth-Goldau, Biberbrugg–Einsiedeln und Wädenswil–Samstagern. Mitbenutzt wird die SBB-Strecke Wattwil–Rickentunnel–Rapperswil–Pfäffikon. Dazu kommen auch Einsätze auf der S-Bahn St. Gallen.
Depots und Werkstätten befinden sich in Samstagern und Herisau. Planmäßig werden nur noch Triebzüge eingesetzt.
Bekanntestes Produkt der SOB sind die »Voralpenexpress«-Züge St. Gallen–Luzern, wofür die neuen Triebzüge »Traverso« von Stadler beschafft wurden und seit Ende 2019 eingesetzt werden. Die bisherigen Lok-Wagen Garnituren sind seit Fahrplanwechsel 2019 alle ausgemustert.

Zentralbahn (ZB)
Die ZB entstand 2005 aus der Fusion der SBB Brünigbahn mit der Luzern-Stans-Engelberg-Bahn (LSE). Strecken (1000 mm, z.T. mit Zahnstange): Luzern–Stansstad–Brünig–Meiringen–Interlaken Ost, Stansstad–Engelberg. Die Brünigbahn verläuft ohne Tunnels über den namengebenden Pass und trifft in Interlaken Ost auf die BLS und die BOB.
Depots und Werkstätten befinden sich in Luzern, Stansstad und Meiringen. Eingesetzt werden neben acht Lokomotiven HGe 101 noch mehrere moderne Triebwagen aus dem Hause Stadler.

Pilatus Bahn (PB)
Die PB (Spurweite 800mm, Länge 4618 m, 48 % Steigung) ist die steilste Zahnradbahn der Welt. Sie beginnt in Alpnachstad (Anschluss zur Zentralbahn) und führt auf den 2132 m hohen Pilatus.
Die Strecke ist mit einer liegenden Zahnstange nach System Locher ausgerüstet. Es sind 10 Triebwagen vorhanden, die bei starkem Besucherandrang wie bei anderen Zahnradbahnen im Sichtabstand unterwegs sind. Auf Grund der Streckenverhältnisse wird die Bahn nur von Mai bis November betrieben. Es sollen neue Triebwagen beschafft werden.

Weitere Bahnen
Der Vollständigkeit halber seien noch folgende Bahnen erwähnt: Aargau Verkehr AG (AVA) ex Bremgarten–Dietikon (BDWM) und Wynental- und Suhrentalbahn (WSB), Dolderbahn (Db), Forchbahn (FB), Ferrovia Lugano–Ponte Tresa (FLP), Lausanne–Echallens–Bercher (LEB), Transports de la Région Morges – Bière – Cossonay (MBC), Meiringen–Innertkirchen Bahn (MIB), Ferrovia Monte Generoso (MG), Nyon–St. Cergue–Morez (NStCM), Oensingen–Balsthal Bahn (OeBB), Rigi Bahnen (RB), Sursee–Triengen (ST), Sihltalbahn (SZU), Travys (ex YStC, ex OC und ex PBr), Transports Régionaux Neuchâtelois (TRN), Waldenburger Bahn (WB).
Daneben sind auch einige EVU als reine Traktionsdienstleister aktiv, wie z. B. Verein Depot uns Schienenfahrzeuge Koblenz (DSF), Eisenbahn Dienstleister (EDG) oder Swiss-Rail Traffic (SRT). In Basel können Lokomotiven von EVU aus Deutschland und Frankreich und in Domodossola von mehreren italienischen EVU angetroffen werden.

Am 11. Januar 2019 zog die Ge 4/4 II 618 der RhB den Glacier-Express 923 von St. Moritz nach Zermatt über den 35 m hohen Schmittentobel-Viadukt zwischen Filisur und Alvaneu auf der Albulalinie. Foto: Georg Trüb.

Museen und Museumsbahnen / Touristikbahnen

Museumsbahn Blonay–Chamby (BC)
Vorhanden ist eine große 1000-mm-Fahrzeugsammlung im Museums-Depot Chaulin. Es befinden sich auch ex DB 99 193 sowie die ex Zell-Todtnau-Malletloks 104 (C'C') und 105 (B'B') dort. Auf der Strecke Blonay–Chamby wird ein Museumsbetrieb mit Dampfloks oder historischen Triebwagen durchgeführt. Jedes Jahr gibt es auch größere Veranstaltungen, die ein bestimmtes Motto zum Thema haben.

Dampfbahn Furka Bergstrecke (DFB)
Die meterspurige Museumsdampfbahn über den Furkapass – von Realp (1 420 m ü.M.) über Furka (2 160 m ü.M.) nach Oberwald (1 377 m ü.M.) – ist eine der bekanntesten der Schweiz. Vorhanden sind die Dampfloks HG 2/3 6 und 7, HG 3/4 1, 4 und 9 sowie HG 4/4 704. Damit wird ein reger Betrieb abgewickelt, zusätzlich ist eine HGm 4/4 der MGB angemietet. In jedem Jahr wird der Wagenpark durch neu aufgearbeitete Fahrzeuge ex MGB oder ex RhB ergänzt. Dabei erhalten manche Wagen völlig neu restaurierte Aufbauten. Das Depot und die neue Wagenhalle befinden sich in Realp. In Uzwil wird zusätzlich eine Halle als Werkstätte für Lokomotiven genutzt, in der noch die HG 4/4 708 in Aufarbeitung ist. Eine besondere Attraktion wird ab 2020 die betriebsfähige Dampfschneeschleuder Xrotd R12 sein.

Parc d'Attractions du Châtelard VS SA (ex SATEB)
Vom MC-Bahnhof Châtelard-Giétroz führt eine Standseilbahn auf 1800m ü. M. bis zur Station Château d'Eau. Dort wird in die 600-mm-Panoramabahn zur Barberine-Staumauer umgestiegen, die über 1,7 km auf der Trasse der ehemaligen Baubahn errichtet wurde. Der Betrieb wird mit vier Siemens-Akkuloks durchgeführt. Es stehen aber auch eine Dampf- und eine Diesellok zur Verfügung.

Verkehrshaus der Schweiz, Luzern (VHS)
Das VHS ist das offizielle Verkehrsmuseum der Schweiz mit einer sehr umfangreichen Fahrzeugsammlung, die einen guten Überblick über die Entwicklung der Schienenfahrzeuge in der Schweiz bietet.

Sonstige Bahnen und Fahrzeuge
Weitere Vereine die Dampfloks oder andere historische Fahrzeuge einsetzen sind die Ballenberg Dampfbahn (1000 mm ZB), Club 1889 (1000 mm RhB), Club del San Gottardo, Dampfbahn Bern, der Dampfbahnverein Zürcher Oberland (Bauma–Bäretswil), Eurovapor, La Traction (1000 mm CJ), Mikado 1244, Vapeur Val de Travers, Verein 241 A 65 und Verein Pacific 01 202.

Straßenbahnbetriebe

Die Städte Basel, Bern, Zürich und Genf betreiben z. T. sehr umfangreiche meterspurige Straßenbahnnetze, die laufend erweitert werden. In Neuchatel gibt es noch eine meterspurige Überlandbahn nach Cortaillod und in Lausanne den normalspurigen Stadtbahnbetrieb der TSOL nach Renens sowie die steilste Pneu-Metro Europas nach Ouchy.

Werkbahnen

Eine große Anzahl von Firmen mit Gleisanschlüssen besitzen eigene Rangierloks aber größere Werkbahnen gibt es nicht. Trotzdem findet man Betriebe mit mehreren Loks wie Holcim in Untervaz, Lonza Visp, Rio Tinto/Alcan Chippis, von Moos Emmenbrücke oder von Roll Gerlafingen.
Die Lokomotiven stammen von schweizerischen (Aebi, Kronenberg, SLM) oder deutschen Herstellern, es finden sich aber auch einige Loks aus Frankreich (CFD) oder Österreich (Jenbacher Werke).

Seit Sommer 2019 ist auf der Dampfbahn Furka Bergstrecke (DFB) die grosse HG 4/4 704 im Einsatz, die 1923 durch die SLM gebaut wurde und direkt nach Vietnam geliefert worden war. 1990 als Wrack zurück in die Schweiz geholt, ist die Lok nach umfangreicher Aufarbeitung so gut wie neu. Sie überquert am 04.09.2019 anlässlich einer Fotofahrt den Steinstafel-Viadukt oberhalb Tiefenbach. Foto: Georg Trüb.

Bauunternehmen

Seit einigen Jahren ist es auch in der Schweiz üblich, dass die größeren Baufirmen wie Müller, Scheuchzer, Sersa oder Vanoli bei Gleisbaustellen eigene Lokomotiven einsetzen. Diese stammen fast alle aus Deutschland, wobei noch eine ex-DB V 100 (Sersa) als auch die gängigen Werkstypen von MaK bzw. Vossloh, Henschel und Gmeinder angetroffen werden können.

Freunde von Gleisbaumaschinen finden hier viele Produkte der Firma Matisa, Eigenbauten wie den meterspurigen Steinbrecher »Tyrex« von Sersa und die Eigenkonstruktionen der Firma Scheuchzer Lausanne insbesondere auf dem Gebiet des Schienenschleifens.

Feldbahnen

Feldbahnen gibt es nur noch sehr wenige. Die bekannteste ist die Schinznacher Baumschul-Bahn (600 mm), die aber auf Grund der Dampflokfahrten fast schon zu den Touristikbahnen zu rechnen ist.

Ebenfalls auf 600 mm fährt die Bahn der Ziegelei Körblingen bei Inwil. Hier findet noch regelmäßiger Betrieb mit einer Schöma-Lok von 1990 sowie modernen 2-achsigen Einseitenkippern statt. Außerdem existieren noch weitere historische Feldbahnfahrzeuge wie eine Montania-Lok.

Grubenbahnen

Das einzige noch in Betrieb stehende Bergwerk in der Schweiz ist die Salzmine von Bex. Dort sind vier Akkuloks vorhanden, die auch für die Besucherzüge des Bergwerks verwendet werden.

Die Bahn des ehemaligen Kohlenbergwerks Käpfnach bei Horgen wurde als Museumsbetrieb wiederaufgebaut und wird mit zwei LEW-Akkuloks betrieben. Im ehemaligen Erzbergwerk Gonzen bei Sargans sind noch fünf originale Loks vorhanden, die für die Besucherzüge verwendet werden. Diesen drei Bahnen gemeinsam ist die Spurweite von 600 mm.

Standseilbahnen

Freunde von Standseilbahnen kommen in der Schweiz voll auf ihre Kosten. Die Palette reicht von kleinen Kabinenbahnen im Automatikbetrieb, z. B. in Bern, über modernste Massentransportmittel wie in Saas Fee oder Davos bis hin zu liebevoll restaurierten Kleinoden wie der Bahn auf die Heimwehfluh in Interlaken. Die neuste ist die Stoosbahn in Schwyz, welche seit Ende 2017 in Betrieb und mit 1100 ‰ die steilste Standseilbahn der Welt ist. ■

Ce 6/8 III 14305 von SBB Historic Depot Olten durchquerte mit einem Extrazug den Lerchenbühltunnel zwischen Meggen und Luzern am 03.05.2019. Foto: Georg Trüb.

Österreich

Roland Beier

ÖBB 4020.254 + 212 in Pfaffstätten am 26.10.2019. Foto: Roland Beier.

Für Bahnreisen von mehr als ca. 500 km zwischen deutschen und österreichischen Bahnhöfen ist der Tarif »Sparpreis Europa« interessant (ab 23,90 Euro 2. Klasse, einfache Fahrt). Bei mehrtägigen Reisen durch Österreich lohnt es sich auch, vor Reisebeginn im Heimatland ein Interrail-Ticket zu kaufen. Die von den ÖBB angebotene »Vorteils-Card« zu rund 100,- Euro (online nur 66,- Euro) bietet auf Fahrkarten innerhalb Österreichs 45 Prozent Ermäßigung; sie gilt ein Jahr.

Österreichische Bundesbahnen–ÖBB

Der ÖBB Holding unterstehen sowohl die Infrastruktur AG als auch die Betreibergesellschaften Personenverkehrs AG und Rail Cargo Austria AG.

Streckennetz

Streckenlänge	4 864 km
▪ davon elektrifiziert (15 kV 16 2/3 Hz)	3 584 km
▪ zweigleisig	2 110 km

Interessante Strecken

Unter den zahlreichen schönen Bahnlinien in Österreich ragen drei besonders hervor:

Semmeringbahn (Wiener Neustadt–Bruck an der Mur, KBS 500)
Sie ist die älteste europäische Gebirgsbahn mit zahlreichen Tunnels und Viadukten (Kalte Rinne, 184 m lang). Ein Basistunnel ist seit 2013 im Bau, die alte Strecke bleibt jedoch erhalten.

Arlbergbahn (Innsbruck–Feldkirch, KBS 400)
Höhepunkt der schon seit 1925 elektrifizierten Bahnlinie ist der 1884 fertiggestellte 10.250 m lange Arlbergtunnel.

Tauernbahn (Salzburg–Villach, KBS 220)
Die wichtige Nord-Süd-Verbindung ist teilweise zweigleisig ausgebaut, auch die Neubaubrücken fügen sich harmonisch in die Landschaft ein.

Außerdem sehenswert: Gmunden–Stainach-Irdning (KBS 170), Hieflau–Selzthal (KBS 130), Innsbruck–Brenner (KBS 300), Innsbruck–Garmisch (KBS 410), Innsbruck–Salzburg (KBS 201), Klagenfurt–Unzmarkt (KBS 600), Krems–Emmersdorf (KBS 811), Hieflau–Steyr (KBS 131).

Triebfahrzeuge

Die Lokomotiven der ÖBB gehören der Produktion GmbH (Tochter von Personenverkehrs AG und Rail Cargo Austria), die Triebwagen gehören direkt der Personenverkehrs AG.

Regionale Bahngesellschaften

Achenseebahn (AB)
Jenbach–Achensee: 6,8 km, 1 000 mm, teilweise Zahnrad, KBS 311. Dampflokomotiven: 1 bis 3 (Bn2zt, Baujahr 1889), 4 (Bn2zt, Wiederaufbau 2004); Diesellokomotive: D1 ex Langeoog Kö3 (Schöma 1949, B-dm) für Verschub in Jenbach.

CargoServ GmbH, Linz (CARGO)
Diese Tochtergesellschaft der Voestalpine-Stahlwerke betreibt Güterzüge im ÖBB-Netz: 2 bis 3 Zugpaare verkehren

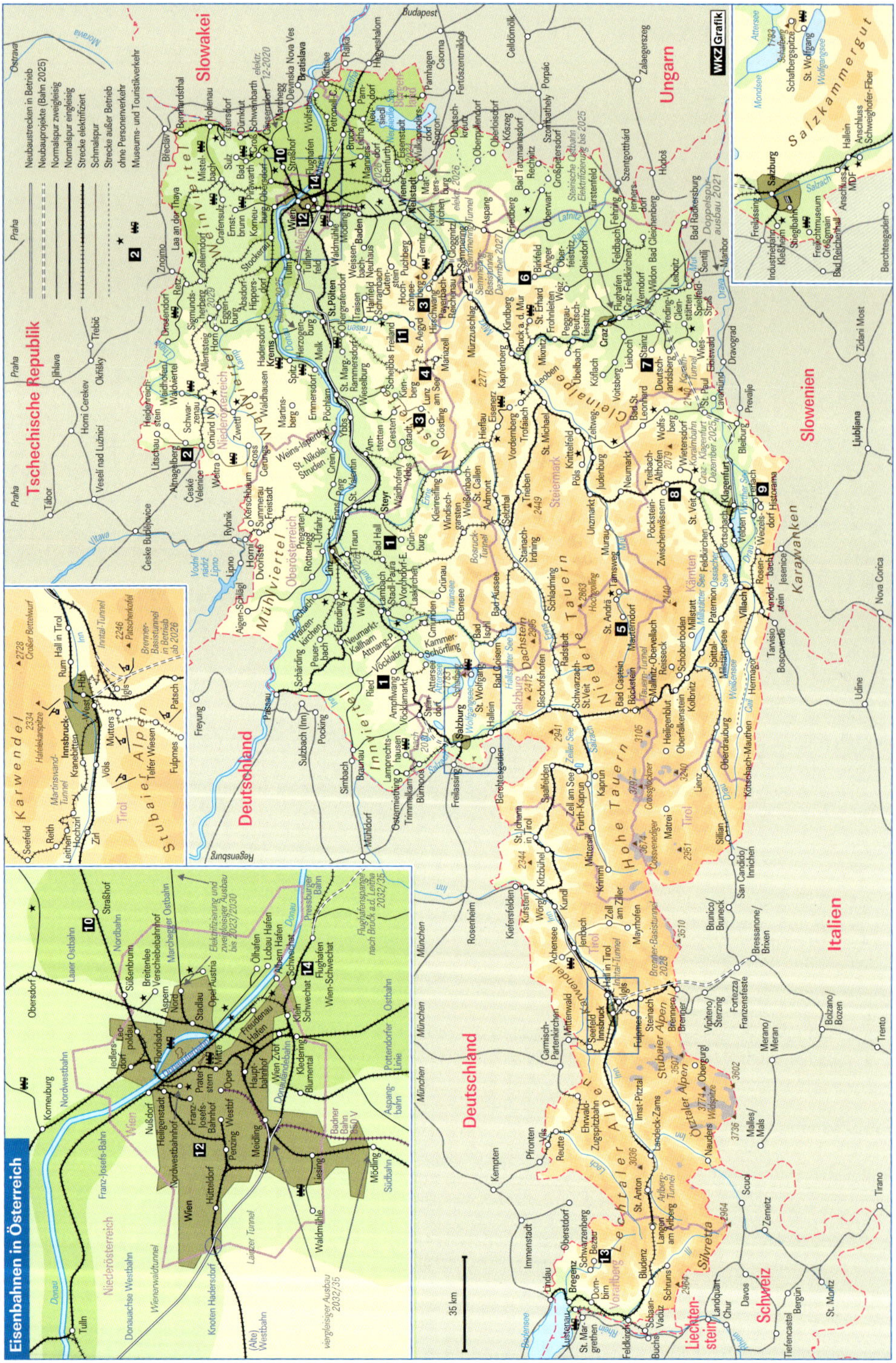
Eisenbahnen in Österreich
Neubaustrecken in Betrieb
Neubauprojekte (Bahn 2025)
Normalspur zweigleisig
Normalspur eingleisig
Strecke elektrifiziert
Schmalspur
Strecke außer Betrieb ohne Personenverkehr
Museums- und Touristikverkehr
Tschechische Republik
Slowakei
Ungarn
Slowenien
Italien
Schweiz
Liechtenstein
Deutschland
Wien
Salzkammergut
Karwendel
Stubaier Alpen
Tirol
35 km
WKZ Grafik

Im Zuge der Semmeringbahn-Sperre im Mai 2019 wurde der Euronight 1236 via Selzthal und Rudolfsbahn über Amstetten nach Wien umgeleitet. Vorbei an Hilm-Kematen führte die 1116.136 den Zug nach Wien Hauptbahnhof. Foto: Paul Gregor Liebhart.

täglich mit Kalkzügen auf der Relation Linz–Steyrling, weiters Erzzüge Linz–Eisenerz, Kohlezüge Linz–Breclav, Stahlzüge Linz–Tarvisio, Erzzüge Petrzalka–Linz. Diesellokomotiven: V1500.01 bis 03 (B'B'-dh, Adtranz ex DR V100.4); Elektrolokomotiven: ES64U2 060, 080, 081 und 082, 1216 930, 931, 932 und 933, 193 250 und 267, 1193 890.

Ecco-Rail GmbH, Wien (ECCO)
Das EVU betreibt Spotverkehre im ÖBB-Netz, vorwiegend Passau–Hegyeshalom. Ellok: 185 631, 193 202, 211, 217, 225, 241, 244, 247, 758, 760.

Grampetcargo Austria (GCA)
Die Tochter der rumänischen Grampet-Gruppe fährt Schlackezüge Moosbierbaum–Mistelbach und diverse Spotverkehre. Elektrolok: 1142 630, 642, 656 und 696 (ex ÖBB).

Győr-Sopron-Ebenfurti Vasút (GYSEV/Raaberbahn)
Es handelt sich um eine ungarische Privatbahn, deren Strecken Pamhagen–Neusiedl und Baumgarten–Ebenfurth in Österreich liegen und mit ungarischen Fahrzeugen bedient werden.
Die Tochter Raaberbahn Cargo GmbH (RBC) betreibt Güterverkehr im ÖBB-Netz. Bestand siehe Angaben im Ungarn-Kapitel.

Montafonerbahn (MBS)
Bludenz–Schruns: 12,9 km, elektrischer Betrieb AC 15 kV, KBS 420; Tw: ET 10.104 (ex DB VT 63 906, Umbau, Museumsfahrzeug), ET 10.107–110, 121–122 (Neubau) und ET 10.903 (ex ÖBB-5081, Arbeitstriebwagen); Diesellok: V 10.017 (B'B'-dh, ex DR V100.4).

Triebfahrzeuge ÖBB

Reihe	*Bauart*	*vmax*	*Baujahre*	*Anz.*	*Heimatdienststellen*
Elektrolokomotiven					
1016	Bo'Bo'	230 km/h	2000–01	50	Innsbruck, Wien Hbf
1063	Bo'Bo'	100 km/h	1982–91	48	Bludenz, Innsbruck, Wien Hbf, Linz, Graz
1064	Co'Co'	80 km/h	1984–90	10	Villach, Wien Hbf
1116	Bo'Bo'	230 km/h	2001–06	282	Salzburg, Wien West, Villach, Innsbruck, Wien Hbf, Budapest
1142	Bo'Bo'	150 km/h	1970–77	59	Wien Hbf, Graz, Linz, nur noch 30-40 betriebsfähig, 1)
1144	Bo'Bo'	160 km/h	1974–95	210	Wien West, Bludenz, Linz, Villach, Graz, Innsbruck
1163	Bo'Bo'	120 km/h	1994–95	20	Villach, Salzburg
1216	Bo'Bo'	230 km/h	2005–08	50	Innsbruck, Villach, Wien Hbf, Graz
1293	Bo'Bo'	160 km/h	2018–19	47	Villach, Innsbruck, Wien West 2)
Elektrotriebzüge (Anzahl der Triebwagen bzw. -köpfe)					
4011	Bo'Bo'+2'2'+.	230 km/h	1999	3	München (ex DB 411)
4020	Bo'Bo'+2'2'+.	120 km/h	1979–87	93	Floridsdorf 1)
4023	Bo'(2)(2)Bo'	140 km/h	2003–04	10	Salzburg, Villach, Graz
4024	Bo'(2)(2)(2)Bo'	140 km/h	2004–08	140	Innsbruck, Wien West, Salzburg, Graz, Bludenz, Villach, Linz, Floridsdorf
4124	Bo'(2)(2)(2)Bo'	140 km/h	2006–08	37	Floridsdorf
4744	Bo'Bo' + 2'2' + Bo'Bo'	160 km/h	2016–17	70	Floridsdorf, Linz, Graz
4746	Bo'Bo' + 2'2' + Bo'Bo'	160 km/h	2015–19	95	Floridsdorf, Salzburg 3)
Diesellokomotiven					
2016	Bo'Bo'-de	140 km/h	2002–04	100	Wiener Neustadt, Villach, Linz, Graz, Innsbruck
2043	B'B'-dh	110 km/h	1964–77	9	Linz 1)
2067	C-dh	65 km/h	1959–77	23	insgesamt acht Standorte 1)
2068	B'B'-dh	100 km/h	1990–95	58	Knittelfeld, Bludenz, Innsbruck, Villach, Graz, Salzburg, 1)
2070	B'B'-dh	100 km/h	2000–04	90	St. Pölten, Wien Hbf, Linz, Salzburg, Innsbruck, Salzburg
2143	B'B'-dh	110 km/h	1964–77	13	Wiener Neustadt, St.Pölten, Graz, Knittelfeld, Krems, Innsbruck 1)
Dieseltriebwagen					
5022	Bo'Bo'-dm	120 km/h	2004–07	60	Graz, Linz, Villach, Wiener Neustadt, Rottenegg
5047	Bo'2'-dh	120 km/h	1987–95	89	Krems, Linz, Wiener Neustadt, Rottenegg

Anmerkung: 1) zahlreiche Fahrzeuge abgestellt oder z-gestellt; 2) weitere 61 Stück werden ab 2020 geliefert; 3) weitere 35 Stück werden ab 2020 geliefert

Niederösterreichische Schneebergbahn (NÖSBB)
Puchberg–Hochschneeberg: 9,8 km, KBS 523. Dampflokomotiven: 999.01 bis 05; Dieseltriebzüge: 11-13 (Bj. 1999); Diesellok: 14 (Bj. 2010).

Niederösterr. Verkehrsorganisations GmbH (NÖVOG)
Die NÖVOG hat 2010 zahlreiche Nebenbahnen von den ÖBB übernommen, die meisten sind jedoch stillgelegt.
▪ *St. Pölten–Mariazell:* 84,3 km, 760 mm, elektrischer Betrieb 6,5 kV / 25 Hz, KBS 115. Ellok: E 7, E10, E13 (Ersatzteilspender), E14 (C'C', ex ÖBB 1099); Diesellok: V 9, V 10, V15 (B'B'-dh, ex ÖBB 2095); ET: ET 1-ET 9 (Neubau Stadler); VT: VT 16 (B'B'-de; ex ÖBB 5090).
▪ *Waidhofen–Gstadt:* 5,5 km, 760 mm, KBS 132. VT: VT 9, VT 10, VT 12, VT 17 (B'B'-de; ex ÖBB 5090)
▪ *Gmünd–Litschau, Gmünd–Groß Gerungs:* 68,6 km, 760 mm, KBS 801, 802; nur Ausflugsfahrten an bestimmten Tagen im Sommer. Dampflok: 399.001, 004 (D2- h2st; ex ÖBB, in Mh.1 und Mh. 4 umgezeichnet); Diesellok: V 5, V 12 (B'B'-dh; ex ÖBB 2095), VT: VT 8, VT 11, VT 13, VT 14 (B'B'-de; ex ÖBB 5090).
▪ *Krems–Emmersdorf:* 36 km, KBS 811, Ausflugsverkehr während der Sommermonate. VT: 651.031, 032, 035, 036, 038 (Regiosprinter ex Länderbahn GmbH DLB), 5081.051 (B dh, ex ÖBB, 2019 Sonderfahrten Retz–Drosendorf).
▪ *Retz–Drosendorf:* 41 km, KBS 941, Ausflugsverkehr während der Sommermonate. Diesellok: 2043.024 (B'B'-dh, ex ÖBB).

Graz–Köflacher Eisenbahn (GKB)
Graz–Köflach (40 km), Lieboch–Wies-Eibiswald (50,8 km), beide unter KBS 550; außerdem findet Betrieb auf der ÖBB-Neubaustrecke Werndorf–Wettmannstetten statt. In Zusammenarbeit mit den Steirischen Eisenbahnfreunden (StEF) verkehren auch noch Dampfsonderzüge. Dampflok: 671 (Baujahr 1860), 56.3115 (Baujahr 1914, abg.); Diesellokomotiven: V 80.1, V 100.1 und 2, V 600.1 bis 3, DH 700.1 (MaK), V 1100.1 bis 2 (ex DB 211), V 1500.1 bis 6, V1700.1 bis 2; Triebwagen: VT 10.03 und 09, 5063.001 bis 013 (Neubau).

Logistik und Transport GmbH (LTE)
Diese Tochtergesellschaft der GKB betreibt Güterzüge im ÖBB-Netz. Diesellokomotiven: 2016 903-904, 909, 920-922 (Bo'Bo'-de); Elektrolokomotiven: 185 592, 596, 608, 621, 186 240, 941-943, 1286 940, ES64U2-068, 074, 193 203, 216, 232, 261-263, 270, 272, 280, 286, 620, 685, 720, 723, 729, 730, 733, 739, 740, 876, 187 312, 1187 930-932 sowie 1216 910, 920-922, 1822 001 und 004 (alle Bo'Bo').

Metrans Railprofi Austria GmbH (RPA)
Wurde als Rail Professionals Stütz (RPS) gegründet und mittlerweile mehrheitlich an Metrans verkauft, betreibt vorwiegend Containerzüge. Folgende Fahrzeuge sind bei der ProLok GmbH eingestellt und fahren für RPA: Diesellokomotiven: 2060.082 (B-dh), 2143.058, 067 (B'B'-dh ex ÖBB); Elektrolokomotiven: 1041.202, 1141.24, 1042.023, 1142.579, 617, 635, 671, 679 (alle Bo'Bo', ex ÖBB), 1020.041, 044 (Co'Co', ex ÖBB).

Rail Transport Service GmbH (RTS)
Diese Tochtergesellschaft der Gleisbaufirma Swietelsky hat die Diesellokomotiven 2143.004, 005, 010, 014, 016, 025, 026, 031, 032 und 077 sowie 2067.017, 023 und 091 von den ÖBB erworben und verwendet sie vor Bauzügen. Außerdem Elektrolokomotive 1216.901 sowie Diesellokomotiven 2016.905–908 und 247.902–903 (Vectron DE) für diverse Sonderverkehre.

S-Rail GmbH (SRA)
Diese Gesellschaft der SETG-Gruppe ist seit Dezember 2019 im Güterverkehr tätig. Diesellokomotiven: V100.53 und 54 (ex SLB V84 und V85).

Salzburger Lokalbahn (SLB)
▪ *Salzburg–Lamprechtshausen:* 26,2 km, DC 1 kV; Bürmoos–Ostermiething: 13,8 km, KBS 210; Zell am See–Krimml: 53 km, 760 mmm Spur, KBS 230; ferner Betrieb von Anschlussbahnen in Salzburg und Hallein. Ellok: E 11 (Bo, ex Monheim), E 61 bis 63 (Bo'Bo'), E 71 (Bo'Bo', Neubau), E 91 (1216.940, für Netzverkehr). Diesellok: V 83, V86, V87 (B'B'-dh, ex ÖBB 2048, Güterverkehr im ÖBB-Netz); Tw: ET 10 (Gepäck-Tw), ET 1 (Museums-Tw), ET 3 und 6 (Baujahre 1908-11, Reserve), ET 7 (ex DR), ET 32 (SGP/1952), ET 33 und ET 41 bis 58 (Neubau).
▪ *Schmalspur:* Dampflok: Ds 02 (ex ÖBB 399.02, abg.), Ds 03 (ex ÖBB 399.03), Ds 07 (ex ÖBB 498.07), 73-019 (ex JŽ); Diesellok: Vs 51 (ex ÖBB 2092), Vs 61 (ex ÖBB 2091), Vs 71-74 (ex ÖBB 2095), Vs 81-84 (Gmeinder B'B'-dh); Tw: VTs 12-17 (ex ÖBB 5090), ET 4090 001-003 (ex NÖVOG, Ersatzteilspender).
Im Güterverkehr im ÖBB-Netz werden außerdem Mietloks eingesetzt. Im Sommer auf KBS 230 Ausflugsfahrten mit Dampflok und historischen Dieselloks.

Salzkammergutbahn (SKGB)
St. Wolfgang–Schafbergspitze: 5,9 km, 1 000 mm Zahnradbahn, KBS 173. Dampfloks: Z1-4, 6, Z11-14 (alle ex ÖBB); Diesellok: VZ31 (ex NÖSBB), VZ32, VZ 33 , VZ 34 (Stadler); VT: VTZ22 (ex ÖBB).

Steiermärkische Landesbahnen (StLB)
Die StLB ist mittlerweile nur mehr als Infrastrukturunternehmen tätig, den Betrieb führen die EVU-Töchter Steiermarkbahn und Bus (STBB) sowie Steiermarkbahn Transport und Logistik (STBTL). Die Fahrzeuge sind ungeachtet der Eigentümerschaft bei den einzelnen Strecken angeführt.
▪ *Peggau–Übelbach:* 10 km, elektrischer Betrieb AC 15 kV, KBS 540. Triebwagen: ET 15 (ex Schweiz), 4062.002–003 (Neubau).
▪ *Gleisdorf–Weiz:* 15,2 km, KBS 531. Diesellokomotiven: D 3 bis D 6 (B'B'-dh, Gmeinder), V 60 und 61 (ex DR V60D); Triebwagen: VT 51 und 52 (gleich ÖBB 5047), 5062.001-003 (Neubau).
▪ *Feldbach–Bad Gleichenberg:* 21,3 km, elektrischer Betrieb DC 800 V, KBS 532. Tfz: ET 1 und 2 (Bj. 1930), E 41 (Bo'Bo', Bj. 1930), RT 1 (Kleindiesellokomotive).
▪ *Güterterminal Graz Süd (Kalsdorf):* Betriebsführung durch StLB. Diesellokomotiven: DE 1, DE 2 (Co-de),

Auf der Inno Trans 2018 wurde in Berlin erstmals der Testzug Cityjet ECO für den Betrieb auf nicht elektrifizierten Strecken im Batteriebetrieb vorgestellt. Nach umfangreichen Testfahrten fand der erste Fahrgastbetrieb auf der 1889 eröffneten Kamptalbahn-Linie statt. Mit dem Testzug 93272 fuhr 4746.049 an den für die Region typischen Villen bei Rosenburg vorbei. Paul Gregor Liebhart.

2048.024 und 035 (B'B'-dh, ex ÖBB 2048), 203.594 (B'B'-dh ex DR V100), 212.381 (ex DB).

- *Weiz–Birkfeld:* 24 km, 760 mm, Strecke eingestellt und an Club U44 übergeben. Dampfbummelzüge an Mi, Sa und So von Anfang Juli bis Anfang September. Diesellok: RT 3 (B-dh, ex Braubach), VL 8 (B-dm), VL 12 und VL 16 (Bo'Bo'-de); Dampflok: Kh 101 (Eh2t), U 8 und U 44 (C1'n2t). Die gesamte Strecke wird nur mehr von Bummelzügen befahren (siehe Club U44).
- *Mixnitz–St. Erhard:* 10 km, 760 mm, nur GV, Ausflugszüge (www.breitenauerbahn.at), Elloks E 1 und 2 (Bo), E 3 und 4 (Bo'Bo'), Diesellok VL 6 (B-dh).
- *Unzmarkt–Tamsweg:* 64 km, 760 mm, KBS 630. Dampfzüge an Di und Mi von Anfang Juli bis Anfang September; Diesellokomotiven: VL 13 (Bo'Bo'-de), VL 22 und VL 23 (ex JŽ, B'B'-dh); Triebwagen: VT 31 bis 35 (Neubau); Dampfloks: U 11 (C1'n2t), U 40, U 43 (beide C1'h2t), Stainz 2 (Bn2t), Bh 1 (C1'h2t, ex BBÖ/ÖBB/Club 760).
- *Netzverkehr der STBTL im ÖBB-Netz:* Diesellok: 2016.901-902, 223.004, Ellok: 1216.960, 183.717, 1142.562, 578, 613, 623, 628 (ex ÖBB).

NÖVOG VT09 und 17 am 04.11.2019 bei Waidhofen/Ybbs. Foto: Roland Beier.

Im Zug der Hauptausbesserung der ab 2003 beschafften Talent 1 erhalten die Fahrzeuge das aktuelle Nahverkehrsdesign Cityjet. Kurz nach Ottakring strebte der 4024.127 dem Zielbahnhof Handelskai entgegen. Foto: Paul Gregor Liebhart.

Stern & Hafferl Verkehr GmbH (StH)

Betreibt in Oberösterreich elektrische Lokalbahnen im Auftrag verschiedener Unternehmen. Charakteristisch war bisher das teilweise sehr alte Fahrzeugmaterial. Wegen der Fahrzeuge und den meist landschaftlich schönen Strecken ist ein Besuch zu empfehlen. Werkstätten befinden sich in Eferding und Vorchdorf. Zudem betreibt die StH die Straßenbahn Gmunden und die Atterseeschiffahrt.

- *Linzer Lokalbahn (LiLo):* Linz–Eferding–Waizenkirchen und Neumarkt–Waizenkirchen–Peuerbach, 58,9 km, elektrischer Betrieb DC 800 V, KBS 143. Triebwagen: ET 22.105–107, 109, ET 22.137 (ex KFBE), ET 22.151–164; Diesellokomotiven: V 20.011 (ex Tegernseebahn),

ÖBB 5047.082 in Wels Lokalbahn am 11.10.2019. Foto: Roland Beier

V20.012 (ex GKB), 247.905 (Vectron DE), 2016.910–913 für Leistungen im ÖBB-Netz; Elloks (alle Bo'Bo'): 188 333 (Traxx3), E 20.006 (ex SLB E 64), E 20.007, E 22.001 (ex Wöllersdorf), E 22.002 (Bo), E 22.005 (ex ÖBB).

- *Lambach–Vorchdorf–Eggenberg (LVE):* 15,5 km, elektrischer Betrieb DC 800 V, KBS 160. Tw: ET 20.109 und ET 20.111 (ex Extertal), ET22.133 und 136 (ex KFBE), ET 24.101, ET 24.103; Ellok: E 24.010 (Bo'Bo', ex Wuppertal).
- *Gmunden–Vorchdorf (GV):* 18 km einschließlich Straßenbahnstrecke in Gmunden, 1 000 mm, elektrischer Betrieb DC 800 V bzw. 600 V, KBS 161; Tw: ET 23.103 (für Bummelzüge), ET 23.112 (Arbeits-Tw), ET 121–123, 127–131 (Vossloh TramLink).
- *Vöcklamarkt–Attersee (VA):* 13,4 km, 1 000 mm, elektrischer Betrieb DC 800 V, KBS 180; Triebwagen: ET 20.104 (ex Preßburg), ET 23.111 (Arbeits-Tw), ET 124–126 (Vossloh TramLink); im Juli und August Bummelzüge mit dem ET 20.104.

Stubaitalbahn (StB)
Innsbruck–Fulpmes: 18,3 km, 1 000 mm, elektrischer Betrieb DC 750/900 V, KBS 320; Tw: Nr. 325, 326, 351–356 (Bombardier Flexity Outlook). Während der Sommermonate verkehren Nostalgiezüge mit historischen Garnituren der Innsbrucker Straßenbahn.

Walser Eisenbahngesellschaft (WEG)
Diese Güter-EVU gehört der Logistikgruppe Wenzel. Ellok: ES64U2-019, 027, 193.865.

Westbahn Management GmbH (WSTBA)
Das mehrheitlich in Privatbesitz stehende EVU betreibt eigenwirtschaftlichen Personenfernverkehr zwischen Wien und Salzburg und ist Betriebsführer der Regiojetzüge Wien–Prag in Österreich. ET: 4010.001–008 (Stadler Kiss, 6tlg): 15 neue Kiss sollen 2021 geliefert werden.

Wiener Lokalbahnen AG (WLB)
Wien (Oper)–Baden: 30 km, elektrischer Betrieb DC 850 V, KBS 515. Tw: VT 01-02 (Arbeitstriebwagen), ET 101–104, 105–106, 108–126 (Neubau), ET 401 bis 414 (Neubau), ET 200 (Hofsalonwagen), ET 223, 224 und 231 (Museumswagen), 16 neue Züge bestellt.

Wiener Lokalbahnen Cargo GmbH (WLC)
Tochtergesellschaft der WLB für Güterverkehr im ÖBB-Netz. Diesellokomotiven: V 83 (C-dh), V90 bis V92 (Bombardier, Adtranz, ex DR V100.4); Elektrolokomotiven: 1216.950 bis 955, 185.563, 187.321 bis 326, 193.208, 213, 223, 224, 236, 237, 238, 242, 251, 284, 601, 602, 605, 606, 742, 744, 1193.980 (alle Bo'Bo'); derzeit vorwiegend Containerzüge auf der Donauachse und am Semmering sowie diverse Spotverkehre.

Zillertalbahn (ZB)
Jenbach–Mayrhofen: 31,7 km, 760 mm, KBS 310; Dampflokomotiven: Lok 3 »TIROL«, Lok 5 »GERLOS« (alle C1'h2t), Lok 4 ex JŽ 83-076 (D1'h2), Lok 6 (Bn2t); Diesellok: D 1 und D 2 (B-dh, Diema), D 8, (D-dh, abg.), D 10 (B'B'-dh, ex JŽ, abg.), D 14 bis D 16 (Gmeinder); Tw: VT 1, VT 3–8. Neue Triebwagen mit Wasserstoffantrieb sind vorgesehen.

Museen und Museumsbahnen

Österreichische Gesellschaft für Eisenbahngeschichte (ÖGEG) 1
Postfach 11, A-4018 Linz. Große Sammlung von Normalspurfahrzeugen in Ampflwang, regelmäßige Sonderfahrten im ÖBB-Netz.
Außerdem wird auf dem Abschnitt Steyr Lokalbahn–Grünburg ein Museumsbetrieb durchgeführt (www.oegeg.at).

Das klassische Motiv vom Achensee – der Anschluss Bahn/Schiff in Seespitz im Oktober 2019. Foto: Gunter Mackinger.

Waldviertler Schmalspurverein 2
Postfach 24, A-3950 Gmünd. Der Verein lässt Dampf- und Dieselzüge auf der ÖBB-Strecke von Altnagelberg nach Heidenreichstein fahren, sie verkehren nach vorheriger Ankündigung im Sommer (www.wsv.or.at).

Österreichische Gesellschaft für Lokalbahnen (ÖGLB) 3, Pf. 125, A-1151 Wien. Museumsbetrieb auf der ehemaligen Lokalbahn Payerbach–Hirschwang (760 mm, 5,2 km) sowie zwischen zwischen Kienberg YB und Lunz am See.

Interessengemeinschaft Museumstramway Mariazell 4
Morzingasse 6, A-8630 Mariazell. Normalspurige Museumsbahn von Mariazell zum Erlaufsee.

Club 760–Freunde der Murtalbahn 5
Postfach 47, A-8850 Murau. Zum einen unterhält der Club 760 in der Fahrzeughalle in Frojach-Katschtal eine Sammlung nicht betriebsfähiger 760-mm-Dampflokomotiven, zum anderen hat der Club die 1980 eingestellte Taurachtalbahn (ehem. Abschnitt Tamsweg–Mauterndorf der Murtalbahn, 760 mm, 11,6 km) instand gesetzt und führt dort im Sommer Zugbetrieb durch.

Club U 44–Freunde der Feistritztalbahn 6
Postfach 523, A-7011 Graz. Der Verein betreibt die Dampfzüge auf der Strecke Weiz–Birkfeld (www.feistritztalbahn.at).

Stainzerbahn Preding-Wieselsdorf–Stainz 7
11,3 km, 760-mm-Strecke wird durch die Gemeinde Stainz von Mai bis Oktober als Museumsbahn betrieben.

Gurkthalbahn (GTB) 8
Dampfzüge auf der Strecke Pöckstein-Zwischenwässern–Treibach-Althofen (www.gurkthalbahn.at).

Nostalgiebahnen in Kärnten (NBiK) 9
Postfach 27, A-9028 Klagenfurt. Dampfbummelzüge auf der Strecke Weizelsdorf–Ferlach; Museum in Ferlach (www.nostalgiebahn.at).

Eisenbahnmuseum Straßhof, ÖSEK 10
Sillerstr. 123, A-2231 Straßhof. Die staatliche Eisenbahnsammlung im ehemaligen Heizhaus kann an Sonn- und Feiertagen (10 bis 16 Uhr) von April bis September besichtigt werden.

Feld- und Industriebahnmuseum 11
Auwerk 27, A-3183 Freiland. Die Fahrzeugsammlung des FIM ist in Freiland untergebracht und kann an So ab Mai besichtigt werden.

Brenner + Brenner (B + B) 12
Schanzstraße 39, A-1140 Wien. Die B + B veranstaltet unregelmäßig Sonderfahrten, die unter www.bb-bluetrain.at bekanntgegeben werden.

Bregenzerwaldbahn 13
Postfach 32, A-6863 Egg. Der Verein hat auf einem Teilstück der Bregenzerwaldbahn von Bregenz nach Bezau einen Museumsbahnbetrieb eingerichtet.

Verein zur Förderung von Klein- und Lokalbahnen 14
Groß-Schwechat. In Zusammenarbeit mit dem Verband der Eisenbahnfreunde Graz (VEF) betreut der Verein in Groß-Schwechat eine Feldbahnfahrzeug-Sammlung. ■

Ungarn

Roland Beier

GySEV 471.002 verließ am 25. November 2019 den Bahnhof Győr. Foto: Roland Beier.

Seit dem Beitritt Ungarns zum Schengenraum am 21. Dezember 2007 entfallen die Grenzkontrollen. Für 100,- Euro erhält man ca. 33.000,- Forint (HUF) und umgekehrt entsprechen 10.000,- HUF etwa 30,- Euro (Stand: November 2019). Kreditkarten werden nicht überall akzeptiert, doch ist an den weit verbreiteten Geldautomaten jederzeit Bargeld zu einem relativ günstigen Wechselkurs erhältlich. Die Kursbuchtabellen sind unter www.mavcsoport.hu im Internet zu finden.

Magyar Államvasútak–MÁV

Generaldirektion: H-1087 Budapest, Könyves Kálmán krt. 54-60. Nach dem Verkauf der MÁV Cargo an die österreichische RCA gehört zur MÁV neben der Infrastruktur nur noch MÁV-START Zrt. (Personenverkehr), während MÁV-TRAKCIÓ (Lokomotiven und Personal) seit 2013 mit MÁV-START verschmolzen ist.

Streckennetz

Streckenlänge	7 352 km
▪ zweigleisig	1 141 km
▪ Schmalspur (760 mm)	14 km
▪ Breitspur (1 520 mm)	35 km
▪ elektrifiziert (25 kV 50 Hz)	3 037 km

Landschaftlich interessant sind die Balaton-Norduferstrecke, die Strecken in Nordostungarn und das Dreieck Budapest–Esztergom–Tatabanya; Breitspurlokomotiven werden bei Záhony, dem Grenzbahnhof zur Ukraine, eingesetzt.

Rail Cargo Hungaria (RCH, vormals MÁV Cargo)

Die privatisierte und zur ÖBB-Tochter RailCargo Group gehörende Güterbahn RCH verwendet neben Fahrzeugen der MÁV-Start auch Loks der ÖBB-Reihe 1116.

Regionale Bahngesellschaften

Bobo, Miskolc
Privates EVU, Dieselloks: 449.010-014, 103 (ex A25/ MÁV M44), 439.004, 015 (ex A29/MÁV M43), 468.001 (ex ZSSK 753), 269.030, 032 (ex A26).

Budapesti helyiérdekű vasút (BHEV)
Ein S-Bahn-ähnliches Verkehrssystem mit 1000 V=, welches Budapest mit den Vororten im Umland verbindet, seit 2016 gehört es zur MÁV-HÉV Zrt. Vorwiegend Elektrotriebzüge, es gibt aber auch Elektro- und Diesellokomotiven. Streckennetz: Batthyány tér–Szentendre, Boráros tér–Csepel, Vágóhid–Ráckeve, Örs vezér tére–Gödöllő, Cinkota–Csömör.

Central European Railway Rt. (CER)
Privates EVU, Dieselloks: 449.023–028 (ex A25/ M44), 439.002, 005 (ex A29/M43). Ellok: 610.100, 102 (Co'Co', Softronic)

Continental Railway Solutions (CRS)
Privates EVU für Güter- und Personenverkehr (Charterzüge), Dieselloks: 742.112, 275, T4485.152 (alle B'B'dh), 47 375 (Bo'Bo'-de, ex British Rail); Ellok: 242.286 (Bo'Bo, ex CD).

DB Cargo Hungária Kft.
Tochterunternehmen der DB Cargo Rail, vormals Logistic Center Hungaria Kft. (LCH); Diesellokomotiven: 499.001–002 (ex DB 345/346), 469.100–115 (ex DB 290).

Floyd Zrt. (Floyd)
Privates EVU, Elektrolokomotiven: 450.001–008 (ex BR Class 86), Diesellokomotiven: 429.002–005 (ex Werklok Tschechien 748.531, Rumänien LDE125), 609.003 (ex Rumänien 060-DA), 659.001–003 (ex BR Class 56), 185.673 und 186.143 (Bo'Bo', gem. von Railpool)

Foxrail Zrt. (FOX)
2013 gegründetes privates EVU, Diesellokomotiven: 609.008–009, 014–015 (ex Rumänien 060-DA), 429.010–011 (ex Rumänien LDE125), Ellok: 600.003, 004 (ex CFR 40).

Győr-Sopron-Ebenfurti Vasút (GYSEV)
Raab-Oedenburg-Ebenfurter Eisenbahn/Raaberbahn
Das ungarische Streckennetz der GYSEV umfasst 422 km, davon 230 km elektrifiziert (25 kV 50 Hz). Neben ihrer Stammstrecke Sopron–Győr hat die GYSEV von der MÁV die Strecke Sopron–Szombathely–Szentgotthárd übernommen und imzwischen auch elektrifiziert. Ende 2011 wurden weitere Strecken von der MÁV übernommen: Rajka–Hegyeshalom–Szombathely–Zalaszentiván, Szombathely–Kőszeg, Körmend–Zalalövő.
Diesellok: 448.301 bis 315, 408.401 und 402, 428.001 (alle Bo'Bo'- de); 648.001–002 (ex DB 233); VT: 247.503–509 (ex ÖBB 5047), 5147.511 und 512, 446.513–517 (ex ÖBB 5147); ET: 415.500–509, 435.501–510 (Stadler Flirt 4tlg.); Ellok: 330.320 bis 321, 323 bis 330, 332 bis 335 (B'B'), 470.501 bis 505 (Bo'Bo', gleich ÖBB 1116), 471 001–006, 501–503 (Vectron), 193.235, 245, 246, 753 (gem. von ELL), 193 837. Die Tochter GySEV Cargo Zrt (GYC) fährt Güterzüge im gesamten Netz von MÁV und GySEV.

Kárpát Vasút Vasútüzemi Szolgáltató Kft. (KARP)
Privates EVU, Diesellokomotiven: 269.066 (ex A26), 449.021, 052 127 (ex A25/M44), 459.021, 022 (ex DSB MY 1125, 1156), 628.168 (ex M62), 648.003–004 (ex DB 233); Dieseltriebwagen: 247 501–502 (ex GySEV 5047 501–502).

Magyar Magánvasút Zrt. (MMV)
Privates EVU, Diesellokomotiven: 429.001, 009 (ex Rumänien LDE125), 449.029 (ex A25/M44), 609.006–007, 013 (ex Rumänien 060-DA), Elektrolokomotiven: 600.002 (ex CFR 40), 601.001, 002 (ex CFR 47), 602.001 (modernisierte CFR 40), 610.001, 103 (Co'Co', Softronic), 193.212, 228 (gem. von ELL).

Magyar Vasúti Áruszállító Kft. (MVA)
Privates EVU, Diesellokomotiven: 329.002, 009 (ex A28/M32), 449.022 (ex A25/M44).

PKP Cargo International HU Zrt.
Ehemals AWT Rail HU Zrt.; verwendet Lokomotiven der Muttergesellschaft.

Rail Cargo Carrier Kft. (RCC)
Tochterunternehmen der RCH, derzeit nur Bedienung von Terminals. Diesellokomotiven: 409.001–002 (ex ÖBB 2068).

Triebfahrzeuge MÁV Start

Reihe	*alt*	*Bauart*	*Leistung*	*Hersteller*	*Baujahr*	*Anzahl*	*Bemerkungen*
Elektrolokomotiven							
431	V43	B'B'	2140 kW	Krupp (D), Ganz-MÁVAG	1963–82	206	
432	V43.2	B'B'	2140 kW	Ganz-MÁVAG (H)	1963–82	56	
433	V43.3	B'B'	2140 kW	Ganz-MÁVAG (H)	1963–82	30	
460	V46	Bo'Bo'	820 kW	Ganz-MÁVAG (H)	1983–92	28	
470	1047	Bo'Bo'	6400 kW	Siemens (D)	2002	10	Typ »ES64U2« (wie ÖBB 1116)
480		Bo'Bo'	5600 kW	Bombardier (D)	2010–12	25	Typ »TRAXX P160AC«
630	V63	Co'Co'	3600 kW	Ganz-MÁVAG (H)	1975–89	49	»Cigant«
Diesellokomotiven							
288	M28	B-dm	96 kW	Rába, Győr (H)	1956–62	8	
408	M40	Bo'Bo'-de	736 kW	Ganz-MÁVAG (H)	1963–70	7	
418	M41	B'B'-de	1325 kW	Ganz-MÁVAG (H)	1972–83	82	
438	M43	B'B'-dh	330 kW	Faur (RO)	1974–79	9	
448	M44	Bo'Bo'-de	442 kW	Ganz-MÁVAG (H)	1957–71	40	
478	M47	B'B'-dh	514 kW	Faur (RO)	1974–79	69	
628	M62	Co'Co'-de	1472 kW	LTPL (SU)	1965–74	71	
628.5	M62.5	Co'Co'-de	1472 kW	LTPL (SU)	1970–78	8	1520 mm
C50		B-dm	40 kW	Északi Fm. (H)	1958–60	7	760 mm
Mk45		B'B'-dh	150 kW	Faur (RO)	1972	6	760 mm
Mk48		B'B'-dh	100 kW	Rába, Győr (H)	1960–61	4	760 mm
Elektrolotriebwagen							
414	BDVmot	B'B'	1520 kW	Ganz-Mavag (H)	1988–92	19	
415	5341	Bo'2'2'2'Bo'	2000 kW	Stadler (CH)	2007–15	123	Typ »FLIRT«
424	BVhmot	Bo'Bo'	1755 kW	Ganz-Hunslet (H)	1996	2	
425	5342	Bo'2'2'2'Bo'	1520 kW	Bombardier (D)	2007	10	Typ »Talent E« (wie ÖBB 4124)
434	BVmot	Bo'Bo'	1755 kW	Ganz-Hunslet (H)	1994	3	
815		Bo'Bo'+2'2'+...	4000 kW	Stadler (CH)	2019-22	1	Typ »KISS«; 40 Tz bstellt
Dieseltriebwagen							
117	Bzmot	1A-dh	140 kW	Vagónka Studénka (ÈS)	1977–99	217	
127	Bzmot	1A-dh	140 kW	Vagónka Studénka (ÈS)	1986–99	23	»Interpici«
136	6312	1A'2-dm'	206 kW	Szombathely (H)	2005	1	2)
416	6341	B'2'2'B'-dm	630 kW	MVM (RU)	2002–05	40	
426	6342	B'(2)'B'-dm	550 kW	Siemens (D)	2003–05	31	Typ »Desiro«

Anmerkung: 1) weitere Fahrzeuge sind z-gestellt vorhanden; 2) Umbau aus Bzmot + Beiwagen

Train Hungary Magánvasút Kft. (TH)
Privates EVU, Diesellokomotiven: 609.005, 012 (ex CFR 60), Elektrolokomotive: 600.001 (ex CFR 40) sowie weitere aus Rumänien gemietete Lokomotiven.

Schmalspurbahnen

Die MÁV betreibt nur noch eine Schmalspurbahn in 760-mm-Spur: Balatonfenyves–Somogyszentpál, KBS 39.

Waldbahnen

In Ungarn gibt es zahlreiche Waldbahnen, welche vorwiegend dem Tourismus dienen, siehe www.kisvasut.hu.

Museen und Museumsbahnen

Ungarisches Verkehrsmuseum 1
Városligeti körút, Budapest XIV., an der Haltestelle Hősök tére der Metrolinie 1, derzeit geschlossen (Umbau).

Eisenbahnpark Budapest 2
Im ehemaligen Heizhaus Budapest Északi (Tatai útca, Budapest XIII, montags geschlossen) wurde mit dem Eisenbahnpark Budapest eines der schönsten Eisenbahnmuseen Mitteleuropas geschaffen. Man erreicht es entweder mit der Buslinie 30 ab Budapest keleti pu. oder an Wochenenden mit einem Zubringerzug ab Budapest Nyugati pu.

Széchenyi Museumsbahn, Fertöboz 3
Als Museumsbahn betreibt die GySEV die 760-mm-Schmalspurstrecke Fertöboz–Kastély (KBS 8a), 3 km, Betrieb Mai–Oktober; Besuchertag: 3. Sa im Sept.

Lokalbahnmuseum Szentendre (Städtisches Museum des Massenverkehrs) 4
Am Ende der Lokalbahnstrecke wurde in Szentendre in der alten Remise ein Lokalbahnmuseum eingerichtet.

Freilichtmuseum Szentendre 5
Das Freilichtmuseum verfügt über eine eigene normalspurige Museumsbahn, Betrieb in den Sommermonaten mit zwei Triebwagen vom Typ BCmot (ex MÁV).

Kindereisenbahn Széchenyi-hegy, KBS 7 6
Die mit Mk45 bespannten Züge der ehemaligen Pioniereisenbahn (760 mm) verkehren täglich außer Montag. Es sind auch zwei Dampfloks der Reihe 490 (Dt) betriebsfähig vorhanden.

Kleinbahn Vál-völgyi 7
Die neue Schmalspurbahn in Felcsút ist 5,7 km lang und wird mit Loks der Reihe Mk48 betrieben. ■

Spanien

Daniel Wipf

Am Abend des 01.06.2019 verließ der Talgo 463 Barcelona–Murcia–Lorca die Hafenstadt Alicante. Noch verkehren die wenigen Fernverkehrszüge von Alicante nach Murcia zusammen mit der S-Bahn auf der Strecke via Alicante Sant Gabriel, doch mit der geplanten Eröffnung der Neubaustrecke nach Murcia ist von einem veränderten Laufweg auszugehen. Foto: Daniel Wipf.

Spanien bildet zusammen mit Portugal die iberische Halbinsel. Das Land mit einer Gesamtfläche von 504.782 qkm hat rund 47 Mio. Einwohner. Davon lebt mehr als die Hälfte in den Ballungszentren Madrid, Barcelona, Sevilla, Malaga, Oviedo/Gijón, Valencia, Zaragoza und Bilbao. Das Hinterland ist recht dünn besiedelt. Daher beschränkt sich das Eisenbahnwesen verstärkt auf den Verkehr in den Ballungsräumen und zwischen ihnen. Die ländlichen Bereiche, insbesondere der Westen Spaniens (Estremadura), werden häufig nur mit wenigen täglichen Verbindungen im Regionalverkehr bedient. Grenzübergänge des Schienenverkehrs zu Frankreich gibt es in Irun, Port Bou und Puigcerda, zu Portugal in Tuy, Fuentes de Oñoro und Badajoz. Seit der Eröffnung der Hochgeschwindigkeitsstrecke Barcelona–Perpignan verkehren im internationalen Hochgeschwindigkeitsverkehr von Madrid direkte Züge nach Marseille, sowie von Barcelona nach Paris, Lyon und Toulouse. Von einer ehemals geplanten Erweiterung des Netzes nach Genf wurde bisher abgesehen.

Die Fahrpreise sind in Spanien günstiger als in Deutschland. Das ist besonders im Nah- und Regionalverkehr zu spüren, wo die durchschnittlichen Preise unter 12 Cent/km liegen. Für die Züge im Schnell- und Fernverkehr sind jedoch Zuschläge zu zahlen, die den Fahrpreis mehr als verdoppeln können. Grundsätzlich werden in spanischen Fernverkehrszügen zwei unterschiedliche Wagenklassen angeboten. Die als Turista gekennzeichnete 2. Wagenklasse sowie als Preferente bezeichnete 1. Wagenklasse bilden das Grundangebot. In einigen Zügen des Typs AVE gibt es zusätzlich eine als Turista Plus gekennzeichnete Klasse, welche mehr Komfort und Platz verspricht als die Turista-Klasse, jedoch weniger Annehmlichkeiten als die Preferente. So haben Fahrgäste der Preferente zusätzlich Zugang zu Lounges und erhalten in AVE oder Euromed-Zügen während der Fahrt montags bis freitags eine kostenlose Mahlzeit am Sitzplatz serviert. In den meisten Zügen des Regionalverkehrs wird nur die Tourista-Klasse angeboten. Anders als in Deutschland gilt eine gelöste Einzelfahrkarte nur für die gewählte Zuggattung und bei Zügen mit Reservierungspflicht auch nur für den ursprünglich gewählten Zug. Für ihre Nahverkehrszonen in den Großstädten bietet die RENFE Tageskarten an. In den Großräumen Madrid und Barcelona gibt es übergreifende Tageskarten, die alle Nahverkehrsanbieter, wie private Eisenbahnunter nehmen, Metro, Straßenbahn und Busse berücksichtigen. Für Touristen ist seit einigen Jahren ein »Spain Pass« im Angebot, mit welchem innerhalb eines Monats die Züge der RENFE für 4, 6, 8 oder 10 Fahrten genutzt werden können. Neben einem Pass in der Clase Turista ist auch ein Pass für die Clase Preferente erhältlich. Gekauft werden kann der Spain Pass vorgängig unter www.renfe.es sowie an Ticketschaltern in Spanien. Alternativ dazu ist der InterRail One Country Pass erhältlich, jedoch maximal für 8 Tage im Monat und preislich etwas teurer, wobei zusätzlich 5,- bis 10,- EUR für jede Platzreservierung zu zahlen sind. Zudem gelten die beiden Passangebote nicht in den Nahverkehrszügen von Cercanias!

Fahrpläne zu den jeweiligen Zügen finden sich auf der Internetseite der RENFE (www.renfe.com). Kursbücher werden

RENFE-Triebfahrzeugeinheiten für den hochwertigen Personenverkehr

Reihe	*Bauart*	*Leistung/kW*	*Baujahr*	*Anzahl*	*Einsatz*	*Beheimatungen/Bemerkung*
Spurweite 1435 mm						
252	Bo'Bo'	5600	1991-92	12	AVE, LD	MaCN, BaCT, Lok Typ Eurosprinter
S100	10-teilig	8800	1992-97	24	AVE	MaCN, BaCT
S102	14-teilig	8000	2005	16	AVE	Mg
S103	8-teilig	8800	2005	26	AVE	MaSC Velaro,
S104	4-teilig	4000	2003	20	MD	MaSC, Mg
S106	14-teilig	8800	ab 2020	15	AVE, AVRIL	bei Talgo bestellt
S107	14-teilig	8800	ab 2020	13	AVE, AVRIL	bei Talge bestellt, Wiederverwendung von Talgo VII Wagen
S112	14-teilig	8000	2008-10	30	AVE	MaSC, MaF, Mg, basiert auf Reihe S102, 5 Einheiten für EVA*) vorgesehen
S114	4-teilig	4000	20092	13	MD	MaCN, Ma
Spurweite 1435/1668 mm						
S120	4-teilig	4000	2006-10	27	LD	MaSC, MaF, BaCT
S121	4-teilig	4000	2009	29	MD	MaSC, MaF, Po
S130	11-teilig	4000	2006-09	30	LD	MaF, BaCT
S131	14-teilig	8800	2020	15	AVRIL	bei Talgo bestellt, 10 Einheiten für EVA*) vorgesehen
S730	11-teilig	4000	2011-19	14	LD	MaF (Zweikrafttriebzüge aus S130)

RENFE-Lokomotiven für den Güter- und Personenverkehr

Reihe	*Bauart*	*Leistung/kW*	*Baujahr*	*Anzahl*	*Einsatz*	*Beheimatungen/Bemerkung*
Spurweite 1435 mm						
251	B'B'B'	4650	1982-84	28	Merc	Llanera (Asturien), Tarragona
Spurweite 1668 mm						
251	B'B'B'	4650	1982-84	28	Merc	Llanera (Asturien), Tarragona
252	Bo'Bo'	5600	1991-92	48	LD	Ba, MaF, Po, Va, Typ Eurosprinter
253	B'B'	5600	2007-10	100	Merc	BaCT, MaV, Typ TRAXX, 4 Loks durch RENFE Alquiler vermietet
269	B'B'	3100	1973-84	6		alle 6 verbleibenden Loks sind durch RENFE Alquiler vermietet
319	Co'Co'	1641	1984-92	29	LD, Merc	einzelne Loks im ganzen Land, 2 Loks für RENFE Alquiler
333	Co'Co'	2400	1974-09	89	Merc	Ma, Ou, Sa, Ve und andere; diverse Loks vermietet
334	Bo'Bo'	3000	2006-08	28	LD	MaF, Ou, Se

RENFE-Fahrzeuge des Nah- und Regionalverkehrs

Reihe	*Bauart*	*Leistung/kW*	*Baujahr*	*Anzahl*	*Einsatz*	*Beheimatungen/Bemerkung*
440R	dreiteilig	1160	1974-84	8	MD	Le, St
442	zweiteilig	524	1976-82	5	Cer	Cercedilla (einzige Schmalspurfahrzeuge der RENFE Cercanías)
446	dreiteilig	2400	1989-93	130	Cer	Ma, Mg, Bi
447	dreiteilig	2400	1993-01	163	Cer	Ba, Ma, Ve und andere
448R	3-teilig	1160	1987	26	MD	Ba
449	fünfteilig	2400	2008-11	56	Cer	Ma, Le, Se und andere
450	6-teilig	2960	1988	24	Cer	Ba, Ma
451	dreiteilig	1480	1995	12	Cer	Ba
463	dreiteilig	1400	2004-13	35	Cer	Ba, Ca, Ov, Se, St, Ve
464	vierteilig	2100	2003	30	Cer	Ba, Mg, Se
465	fünfteilig	2200	2004-08	180	Cer	Ma, Ba, Se
470	dreiteilig	1160	1993-02	50	MD	Ba, Ir, Le, Se, Ma; ex Baureihe 440
592	dreiteilig	920	1982-84	63	Cer	Ma, Mu, Se, Ve, Vi und andere (auslaufend), **)
594	zweiteilig	1200	1997-98	20	MD	Ma, Sa, Se, Ve, Vi, Za (mit neuer Front versehen) sonst ähnlich DSB IC3
596	einteilig	600	1996-00	17	Cer	Cr, Ma, Ou, Sa, Se, Va, Za, Mu (auslaufend)
598	dreiteilig	1352	2004	20	MD / Cer	Ma, Se, Vi
599	dreiteilig	1528	2008	47	MD	Sa, Vigo, Za und andere
800	dreiteilig	900	2009	7		Tram-Train Bahía de Cádiz

nicht mehr verlegt, einzig Fahrplaninfos für einzelne Regionen sind als Prospekt vor Ort erhältlich.
Offiziell ist das Fotografieren für private Zwecke seit 2008 erlaubt. Bei Aufnahmen in den Bahnhofsgebäuden (vor allem in Madrid) ist jedoch mit der Präsenz von viel Sicherheitspersonal und etwaigen Zurechtweisungen zu rechnen. Wer auf Nummer sicher gehen möchte, kann sich von ADIF vorgängig eine Fotoerlaubnis besorgen. Genauere Infos finden sich auf der Website des Infrastrukturbetreibers ADIF unter »Ocio y Cultura« > »Fotografía Ferroviaria«. Wichtig ist jedoch, dass auch eine Fotoerlaubnis keinen freien Zugang zu Bahnsteigen mit Sperren oder anderen Eingangskontrollen bedeutet. Hierzu ist ein gültiger Fahrschein notwendig.

Staatsbahnnetz

Seit dem 1.Januar 2005 sind das spanische Eisenbahnnetz und der Eisenbahnbetrieb getrennt worden. Damit folgte Spanien einer Empfehlung der EU in Brüssel. Als Eigentümer des Bahnnetzes (bzw. Eisenbahninfrastrukturunternehmen EIU) ist die staatliche ADIF (El Administador de Infrastructuras Ferroviarias) für Planung, Bau, Unterhaltung und Betrieb der Eisenbahninfrastruktur zuständig. Per 31. Dezember 2013 wurde das Netz innerhalb der ADIF noch weiter aufgeteilt. So befinden sich sämtliche Hochgeschschwindigkeitsstrecken sowie die vorläufig in der Spurweite 1668 mm betriebene Verbindung Orense–Santiago de Com-

Rangierlokomotiven der ADIF

Reihe	*Bauart*	*Leistung/kW*	*Baujahr*	*Anzahl*	*Beheimatungen/Bemerkung*
309	C	589	1986	5	Irun, Miranda, Santander
310	Bo'Bo'	808	1989	56	Sevilla, Granada, Valencia und andere im Süden
311	Bo'Bo'	785	1989	60	Madrid, Barcelona, Orense und andere im Norden
319	Co'Co'	1641		7	Normal- und Breitspur, Arbeitszüge im ganzen Land
321	Co'Co'	1250	1965	5	Arbeitszüge im ganzen Land
330	Bo'Bo'	4000	2006	1	»Seneca«, 5-teiliger Laborzug, basierend auf Talgo350 (S-102), nur 1435mm, Vmax 360km/h
355	Bo'Bo'	1500	1998/99	2	Laborzug, Dieseltriebköpfe, spurweitenvariabel, Vmax 220km/h
	Bo'Bo'	8000	2020	1	bestellter Laborzug »Dr. Avril", spurweitenvariabel, Vmax 330km/h
	Bo'Bo	2800	2021	22	EuroLight bei Stadler bestellt, normalspurige Diesellok

Abkürzungen RENFE-Bereiche:AVE: Alta Velocidad Española, Cer: Cercanías, LD: Larga Distancia, MD: Media Distancia, Merc: Mercancias

Abkürzungen für Beheimatungen:Ba = Barcelona, BaCT = Barcelona Can Tunis, Bi = Bilbao, Ca = Cadiz, Gr = Granada, Ir = Irun, Le = Léon, Ma = Madrid, MaCN = Madrid Cerro Negro, MaF = Madrid Fuencarral, MaSC = Madrid Sta. Catalina, MaV = Madrid Vicálvaro, Mg = Málaga, Mu = Murcia, Ou = Ourense, Ov = Oviedo, Po = Pontevedra Redondela, Sa = Salamanca, Se = Sevilla, St = Santander, Va = Valladolid, Ve = Valencia, Vi = Vigo, Za = Zaragoza

*) EVA: zukünftiger AVE-Verkehr nach El Prat de Llobregat (bei Barcelona)

**) 27 Einheiten durch RERNFE Alquiler an CP in Portugal vermietet.

postela unter der Obhut von ADIF Alta Velocidad. Beide Gesellschaften unterstehen zwar nach wie vor dem Ministerio de Fomento sind aber wirtschaftlich jeweils eigenständig.

ADIF (ohne ADIF Alta Velocidad)	11.981 km
▪ davon elektrifiziert (25 kV, 3 kV, 1,5 kV)	6.736 km
▪ Normalspur 1435 mm	57 km
▪ Breitspur 1668 mm	10.594 km
▪ Spurweiten gemischt 1668/1435 mm	119 km
▪ Schmalspur 1000 mm (frühere FEVE)	1.193 km
▪ Schmalspur 1000 mm (Cercedilla-Cotos)	18 km
▪ Bahnhöfe des Personenverkehrs (PV)	1.463
▪ Bahnhöfe/Terminals/Umschlagpunkte des GV	38

ADIF Alta Velocidad	3.147 km
▪ davon elektrifiziert (AC 25 kV, DC 3 kV)	2.862 km
▪ Normalspur 1435 mm (LAV)	2.534 km
▪ Breitspur 1668 mm	613 km
▪ Bahnhöfe des PV (nur ADIF Alta Velocidad)	42

Etwas mehr als 50 % des Breitspurnetzes sind mit DC 3kV elektrifiziert, während das normalspurige Hochgeschwindigkeitsnetz zu 100 % mit einer Spannung von AC 25kV 50Hz ausgerüstet ist.
Neben der Verwaltung und Unterhaltung der vorhandenen Strecken schreitet trotz Wirtschaftskriese der Neubau von Hochgeschwindigkeitstrassen (span.: LAV) und die Verbesserung vorhandener Strecken voran. So sind seit 2012 mehr als 600 km Hochgeschwindigkeitsstrecken in Betrieb gegangen, wovon auch die jüngst vollendete Anbindung Grenadas an das Normalspurnetz zeugt. Neben dem Neubau von Strecken schreitet auch der Ausbau von konventionellen Strecken weiter voran. So wurde beispielsweise die 84 km lange Strecke von Medina del Campo nach Salamanca elektrifiziert bzw. stellenweise neu trassiert. Eine Fortsetzung der Elektrifizierung bis an die portugiesische Grenze und dadurch ein bedeutender Lückenschluss im Europäischen Eisenbahnnetz wird zurzeit umgesetzt und soll zwischen 2021 und 2023 fertiggestellt sein. Neben den erwähnten Strecken sind zur Zeit folgende LAV in Planung oder im Bau:

- **LAV Léon–Asturias**: Anschluss der Nordküste an das HGV-Netz der RENFE mit dem in Vergangenheit aufgrund geologischen und finanziellen Problemen mehrmals verschobenen Eröffnungstermin des rund 25 km langen Pajares-Tunnel zwischen La Pola de Gordón und Telledo. Die geplante Inbetriebnahme im Jahr 2015 wurde in Vergangenheit mehrmals verschoben. Der Baubeginn liegt damit mehr als 20 Jahre zurück. Momentan wird nicht mit einer Eröffnung vor 2021 gerechnet. Vorerst soll eine Tunnelröhre mit einem Normalspurgleis eröffnet werden, die zweite Tunnelröhre sowie ein Dreischienengleis folgen in Zukunft.
- **LAV Anschluss Burgos**: Die östlich von Léon gelegene Provinzhauptstadt Burgos soll nun wahrscheinlich 2021 mit einer 91 km langen Neubaustrecke, welche in Venta de Baños von der LAV Asturias abzweigt, an das AVE-Netzwerk angebunden werden. Bautechnische Mangel an einem Brückenbauwerk verzögerten die Eröffnung der Strecke kurz vor deren Inbetriebnahme.
- **LAV Burgos–Vitoria–Bilbao/San Sebastián (Y-Vasca)**: Diese Neubaustrecke bildet die Fortsetzung des LAV-Anschlusses nach Burgos mit jüngsten Anpassungen und damit verbundene Änderungen. So wird gemäss aktuellen Planungsstand auf den Bau einer Neubaustrecke zwischen Burgos und Vitoria verzichtet und stattdessen über eine dritte Schiene erfolgen. Die Weiterführung der Neubaustrecke nach Bilbao sowie der Ast in Richtung französische Grenze wird nicht vor 2023 erfolgen.
- **LAV Galicia/EJE Atlantico**: Anschluss der Region Galicien im HGV mit Madrid, wobei die Neubaustrecke zwischen Madrid und Zamora bzw. Ourense und A Coruña bzw. Pontevedra und Vigo bereits in Betrieb ist. Der Abschnitt Zamora–Ourense wird voraussichtlich 2020/21 in Betrieb gehen.
- **LAV Madrid–Estremadura**: Der Bau einer normalspurigen Verbindung nach Portugal schreitet weiter voran. Während in Spanien die Strecke als Hochgeschwindigkeitsstrecke bis Badajoz trassiert wird,

spricht man in Portugal von einem normalspurigen Güterverkehrskorridor bis an den Hafen von Sines. Die Eröffnung wird jedoch nicht vor 2023 erfolgen.

- **Verbindungstunnel Atocha–Chamartín**: Die Fertigstellung zieht sich seit Jahren in die Länge, doch gemäss neusten Planungen kann mit einer Eröffnung bis 2021 gerechnet werden. Dadurch wird das zurzeit getrennte spanische Hochgeschwindigkeitsnetz verbunden und eine normalspurige Verbindung von La Coruña bis Malaga vorhanden vorliegen.
- **Corredor Mediteráneo**: Eine hohe Priorität im Streckenausbau sowie bei der EU bzw. den Europäischen Güterbahnen hat derzeit auch der Corredor Mediteraneo zwischen Barcelona und Alicante bzw. Algeciras. Neben einem stellenweisen Ausbau der Bestandsstrecke (u.a. mit dritter Schiene) werden auch diverse Neubauabschnitte erstellt. Nach der Eröffnung des 3. Gleises zwischen Valencia und Castellé im Jahr 2018 und der Eröffnung der Umfahrung Tarragona im Jahr 2019 fehlen noch ca. 160 km bis zur durchgängigen Normalspur bis nach Valencia. Die Fortsetzung südlich von Valencia sowie die Anbindung von Murcia sind zurzeit im Bau

Interessante Streckenabschnitte

Bei Fototouren in Spanien sollte beachtet werden, dass die Neu- und Ausbaustrecken häufig weiträumig eingezäunt sind. Trotzdem bietet sich aufgrund der Vielzahl an Kunstbauten eindrückliche Motive an Tunneleingängen oder Brückenköpfen. Besonders zu erwähnen sind hier die Strecke zwischen Calatayud und Zaragoza, Córdoba und Malaga und auch die Region Cuenca an der LGV Madrid–València. Fahrverbote und Absperrungen müssen dabei jedoch unbedingt beachtet werden, da ansonst Komplikationen mit den spanischen Behörden zu erwarten sind (Videoüberwachung der Kunstbauten!).

Spanien hat auf Grund seiner topografischen Gegebenheiten viele reizvolle Streckenabschnitte zu bieten. So sind die Künstenstrecken Kataloniens an der Costa Brava, die Gebirgsstrecken Asturiens (Leon–Oviedo), Kanabriens (nahe Reinosa) und den Pyrenäen (nahe Ripoll) besonders reizvoll. Auch eine Fahrt von Orense nach Vigo oder nach Santiago de Compostela ist ein besonderes Erlebnis. In Andalusien ist es die Landschaft, die sowohl den Fotografen, als auch den Reisenden begeistern kann. Da gibt es zum Beispiel die El Chorro Schlucht (Breitspurstrecke Bobadilla–Malaga), die Olivenplantagen rechts und links der Strecken nördlich der Sierra Nevada. In den Regionen Valencia und Murcia bieten Zitrushaine eine reizvolle Kulisse zu den durchfahrenden Zügen. Sehr interessant ist auch die Strecke Murcia-Cartagena zwischen Ramos Alquerias und Balsica de Mar Menor. Die teilweise äusserst geringe Anzahl der Züge auf Nebenstrecken fordern allerdings die Geduld des Fotografen heraus. Die großzügige Ausdünnung im Regionalverkehr oder gar Stillegung einzelner Regionallinien vergrößerte die Probleme für die Reisenden wie auch für die Fotografen. Der fortschreitende Bau von Neubaustrecken führt teilweise zur Stilllegung von Bestandstrecken. So bleibt dem Fotografen z. B. für die äusserst reizvolle Strecke Leon–Oviedo nur noch Zeit bis zur Eröffnung des Pajarestunnels, danach wird die Bergstrecke eingestellt.

An Bahnhofsbauten hat Spanien ebenfalls einiges zu bieten. Hervorzuheben sind die Bahnhöfe Valencia Nord mit seiner noch ursprünglichen Schalterhalle, Almeria und Leon (heute jeweils ein Neubau, während das ehemalige Empfangsgebäude als Architekturdenkmal erhalten ist) abgelöst wurde, sowie Jerez de la Frontera, Madrid Atocha (heute ist die ehemalige Bahnhofshalle ein Kulturzentrum), Medina del Campo, Valladolid, Bilbao und nicht zuletzt die Grenzbahnhöfe Port Bou (dieser Bahnhof liegt in einem Taleinschnitt direkt am Mittelmeer) sowie Canfranc. In Barcelona ist der Bahnhof Estacion Francia sehenswert.

RENFE

Die RENFE Operadora als größte Holding-Gesellschaft ist in die Bereiche Nah- und Regionalverkehr, Fern- und Hochgeschwindigkeitsverkehr, Güterverkehr und die Unterhaltung des gesamten Fahrzeugparks gegliedert. Seit 2013 befinden sich die Fahrzeuge bzw. der Betrieb der ehemaligen FEVE unter der Obhut der RENFE. Finanzielle Gründe führten zu einer Übernahme, der Name FEVE lebt jedoch unter RENFE FEVE weiter.

Bahnbetriebswerke der RENFE (die größeren sind meist auch Ausbesserungswerke) befinden sich in Alcazar de San Juan, Barcelona (Can Tunis und San Andreu Comtal), Cercedilla (Schmalspurfahrzeuge), Granada, Irun, Leon, Lugo de Llanera (Oviedo), Madrid (Atocha, Cerro Negro, Fuencarral, und Las Matas), Toledo (La Sagra), Malaga, Miranda de Ebro, Monforte de Lemos, Murcia, Olargan (Bilbao), Orense, Salamanca, Santander, Sevilla (Santa Justa), Tarragona, Valencia, Valladolid, Vigo und Zaragoza. Die Betriebswerke der ehemaligen FEVE sind dort erwähnt.

Der *Nahverkehr in den Ballungsräumen* wird durch die Sparte RENFE-Cercanias betrieben. Es gibt mit Alicante/Murcia, Asturien, Barcelona, Bilbao, Cadiz, Cantabrien, Madrid, Malaga, San Sebastian/Irun, Sevilla, Valencia und Zaragoza 12 Nahverkehrszonen. Für diese werden auch Tagesfahrscheine nach Entfernungszonen ausgegeben. In Madrid, Barcelona und Asturien sind andere Anbieter wie Bus, Metro oder die FEVE mit eingebunden. Im Raum Barcelona ist die RENFE mit ihren Fahrzeugen aber nur noch Dienstleister für die Region Katalonien. Neu ist seit gut einem Jahr auch die begrenzte Möglichkeit der Fahrradmitnahme in den Triebwagen des Nahverkehrs der RENFE. Zum Einsatz auf den durch die RENFE betriebenen Strecken des Nahverkehrs kommen ausschließlich Triebwageneinheiten. Deren älteste, die Baureihe 440, ist seit 2013 nicht mehr im Einsatz und durch die neuen Reihen 463, 464 und 465 ersetzt worden.

Weitere Fahrzeuge im Nahverkehr sind die Baureihen 442, 446, 447, 450 und 451. Die Reihe 442 ist speziell für die Meterspurstrecke Cercedilla–Los Cotos beschafft worden. Die Fahrzeuge der Reihe 446 versehen ihre Aufgaben in den Bereichen Madrid, Malaga, Irun, Bilbao und Santander, die der Reihe 447 in Valencia, Madrid und Barcelona. Die Doppelstockeinheiten der Reihe 450 sind in Madrid und Barcelona anzutreffen. Die Baureihe 451 wird im Raum Barcelona eingesetzt. In den Bereichen Valencia und Murcia/Alicante

Fahrzeuge der RENFE FEVE

Reihe	Bauart	Antrieb	Leistung/kW	Baujahre	Beheimatung (Anmerkungen)
315 (ex FEVE 1500)	B'B'	Diesel	802	ab 1965	El Berrón, Balmaseda (auslaufend, 6 im Einsatz, 5 in Argentinien)
316 (ex FEVE 1600)	B'B'	Diesel	1130	1982	El Berrón, Santander, Balmaseda
316 (ex FEVE 1650)	B'B'	Diesel	1130	ab 1985	Balmaseda, Santander
316 (ex FEVE 1660)	B'B'	Diesel	1130	ab 1995	Balmaseda
433 (ex FEVE 3300)	2-teilig	elektr.	484	ab 1977	El Berrón
435 (ex FEVE 3500)	2-teilig	elektr.	484	ab 1983	El Berrón
436 (ex FEVE 3600)	2-teilig	elektr.	450	ab 1999	Balmaseda, Santander, El Berrón
438 (ex FEVE 3800)	3-teilig	elektr.	516	1990	Santander
524 (ex FEVE 2415)	2-teilig	Diesel	456	1985	Santander, Ferrol, El Berrón
526 (ex FEVE 2600)	2-teilig	Diesel	326	ab 1984	El Berrón, Cistierna, Cartagena
527 (ex FEVE 2700)	2-teilig	Diesel	780	ab 2010	Balmaseda, Cistierna, El Berrón, Santander, Ferrol
529 (ex FEVE 2900)	einteilig	Diesel	360	ab 2010	Cistierna, El Berrón, Santander, Cartagena, Ferrol
619 (ex FEVE 1900)	B'B'	hybrid	760	ab 2002	Santander (17 Loks gebaut, noch 16 im Einsatz)

Fahrzeuge der ET

Reihe	Bauart	Antrieb	Leistung/kW	Baujahre	Einsatz (Anmerkungen)
TD2000	Bo'Bo'	hybrid	1500	2008	Güterverkehr, 3 von 12 Stück nach Ecuador verkauft
400	5-teilig	elektr.	392	2002	Tram Bilbao
500	5-teilig	elektr.	480	2008	Tram Vitoria
600	7-teilig	elektr.		ab 2019	Tram Vitoria, 7 Fahrzeuge im Bau
900	4-teilig	elektr.	1440	2011	Raum Bilbao
950	3-teilig	elektr.	1440	2016	Lezama-Lutxana, Bilbao Metro

Fahrzeuge der FGV

Reihe	Bauart	Antrieb	Leistung/kW	Baujahre	Einsatz (Anmerkungen)
1000	Bo'Bo'	Diesel	590	1953	Touristenzüge, ex FEVE
2500	2-teilig	Diesel	440	2006	Netz Alicante
3800	3-teilig	Elt	432	1994	Tram Valencia
4100	2-teilig	Eltl	840	2007	Tram Alicante
4200	5-teilig	Elt	420	ab 2006	Netz Valencia/Alicante
4300	4-teilig	Elt	1485	ab 2006	Netz Valencia
5000	3-teilig	Elt. / Diesel	580	ab 2019	Hybridzüge von Stadler für Netz Alicante

Fahrzeuge der FCC

Reihe	Achsfolge	Antrieb	Leistung/kW	Baujahr	Einsatz
112	*4 teilig*	*Elt.*	*2100*	*1996*	*nach Sabadell/Terrassa (1435 mm)*
113	*4 teilig*	*Elt.*	*2100*	*ab 2013*	*ähnlich Baureihe 112*
114	*3 teilig*	*Elt*	*2100*	*2014*	*ähnlich Baureihe 112*
115	*4 teilig*	*Elt.*	*1600*	*2020*	*bestellte bei Stadler für Barcelona–Terrassa/Sabadell*
213	*3 teilig*	*Elt.*	*1440*	*1999–2009*	*Schmalspurstrecken*
254	*Co'Co'*	*Diesel*	*1200*	*1991*	*Einsatz vor Güterzügen*
331	*2 teilig*	*Diesel*	*600*	*ab 2016*	*Stadler-Triebzüge für Lleida-La Pobla de Segur, Breitspur*
353	*Bo'Bo'*	*Diesel*	*592*	*2003*	*1668 mm, Einsatz vor Güterzügen (Cargometro)*
A 5-7	*2 teilig*	*Elt*	*724*	*1985*	*Zahnradstrecke Ribes–Nuria*
A8	*2 teilig*	*Elt*		*1994*	*Zahnradstrecke Ribes–Nuria*
A 10/11	*2 teilig*	*Elt*	*800*	*2003*	*Stadler, Zahnradstrecke Ribes–Nuria*
AM 1–5	*2 teilig*	*Elt*	*800*	*2002*	*Stadler, Zahnradstrecke Montserrat*
E 1–4	*Bo*	*Elt*	*264*	*1930*	*Touristen- und Bauzüge auf Zahnradstrecke Ribes–Nuria*
H 12	*Bo'*	*Elt.+Diesel*	*400*	*2019*	*Zahnrad- und Adhäsionslokomotive von Stadler*

kommen Dieseltriebwagen der Reihe 592 (MAN) zum Einsatz. Um den zukünftigen Kapazitätsanforderungen in den Städten Madrid und Barcelona gerecht zu werden, wurden Anfang 2019 im Zuge eines Zugakquisitionsprogramms im Wert von 3 Mrd. Euro rund 200 neue Nahverkehrszüge ausgeschrieben.

Der *Regionalverkehr* (Media Distancia und Avant) erfolgt häufig in Zusammenarbeit mit den autonomen Regionen und erstreckt sich über das gesamte spanische Netz. In den letzten Jahren wurden große Anstrengungen unternommen, den regionalen Verkehr zu rationalisieren sowie das eingesetzte Rollmaterial zu modernisieren oder durch neue Fahrzeuge zu ergänzen bzw. zu ersetzten. In Vergangenheit wurden der Betrieb auf Linien mit niedrigem Passagieraufkommen rationalisiert oder ganz eingestellt. So fanden sich teilweise Linien, welche pro Tag eine durchschnittliche Frequenz von einem Fahrgast pro Richtung aufwiesen. Die heute noch eingesetzten älteren Baureihen sollen mittelfristig durch eine neue Fahrzeuggeneration ersetzt werden. Hierzu ist Anfangs 2019 eine Ausschreibung gestartet, welche die Lieferung von 43 neuen Einheiten sowie einer Option von weiteren 62 Züge vorsieht. Diese sollen in unterschiedlichen Konfigurationen sowohl elektrisch-, diesel- wie auch dual angetrieben sein.

Strenggenommen zählen die Züge der Produktkategorie Avant auch zu den Regionalverkehrszügen, sie sind nahe den Zügen des Fernverkehrs angesiedelt. So werden mit Zügen der Baureihe S-104, S-114 und S-121 mittlere Distanzen wie beispielsweise Barcelona–Girona, Madrid–Valladolid oder Málaga–Sevilla bedient. Hierbei wird auch über Hochgeschwindigkeitsstrecken gefahren.

Der **Fernverkehr** innerhalb Spaniens und in das benachbarte Ausland (Portugal und Frankreich) wird in folgenden Produktkategorien durchgeführt: AVE (Hochgeschwindigkeitsverkehr), Alaris (Madrid–Valencia–Castellón de la Plana), Altaria (Madrid–Granada/Cartagena), Alvia (umspurbare Hochgeschwindigkeitszüge), Arco (Lokbespannte Züge), Estrella (Nachtzüge), Euromed (Mittelmeerküste), oder Trenhotel (Nachtzüge).

Lokbespannte Züge werden immer mehr von Triebzügen ersetzt, welche teilweise sowohl auf Breitspur wie auch auf Normalspur verkehren können. Ebenso im Einsatz sind Hybridzüge, welche zwischen dem Betrieb unter Fahrdraht und Dieselbetrieb wechseln können. Besonders zu erwähnen sind hierbei die Triebzüge der Reihe 730, welche ab 2012 aus Zügen der Reihe 130 entstanden sind. So wurden bei 15 Einheiten die bestehenden elektrischen Triebköpfe mit zwei Dieseleinheiten je Zugeinheit ergänzt, so dass diese auf nicht elektrifizierten Strecken als Zweikraftfahrzeug zwischen Galicien und dem Mittelmeerraum als Alvia bzw. Euromed verkehren.

Mit dem Einzug des Hochgeschwindigkeitsverkehrs nehmen die angebotenen Verbindungen im Nachtsprung immer mehr ab. Mit der Eröffnung der LAV Barcelona–Figueres–Frankreich sind sämtliche Nachtzüge nach Frankreich, Italien und der Schweiz eingestellt worden. Letzter internationaler Nachtzug ist der von Lissabon nach Madrid/Irun verkehrende »Lusitania« bzw. »Sud Express«. Die beiden Zugteile werden in Portugal zusammen geführt, in Medina del Campo jedoch voneinander getrennt. Innerhalb Spaniens werden ganzjährig nur noch die Nachtzüge Madrid–A Coruña–Pontevedra–Ferrol (»Rias Gallegas«) sowie Barcelona–A Coruña–Vigo (»Galicia«) angeboten.

Der **Hochgeschwindigkeitsverkehr (AVE)** auf den bereits fertiggestellten Regelspurstrecken wird mit den Fahrzeugen der Reihe S100, S102 (Pato) S103 (Velaro), S104, S112 (Pato), S114 sowie S120/S121 und S130 (mit Spurweitenänderung) durchgeführt. Der Bestand an Triebzügen der Reihe S100 ist um die sechs ehemaligen Einheiten der Reihe S101 nach deren Umbau aufgestockt worden und erhielt im Rahmen der LAV Barcelona–Figueres–Frankreich die Zulassung für Fahrten in Frankreich.

Gemäß französischem Vorbild soll auch in Spanien das Segment der kostenbewussten Reisenden angesprochen werden. Der kostengünstige Hochgeschwindigkeitsdienst wird im Frühjahr 2020 unter dem Namen »Avlo« in Betrieb gehen wird. Das Rollmaterial soll aus den bestehenden Zügen des Typs S-112 umgebaut und mit rund 20 % zusätzlicher Sitzplatzkapazität ausgerüstet werden. Der neue preisgünstige Hochgeschwindigkeitszug wird zunächst im Korridor Madrid–Zaragoza–Barcelona angeboten und schrittweise in den Jahren 2020 und 2021 auf andere Korridore in Spanien ausgedehnt werden. Eine entsprechende Rollmaterialbestellung ist hierfür bei den neuen AVRIL-Zügen vorgesehen.

Güterverkehr findet vorwiegend auf dem Breitspurnetz statt. Die auf der Schiene beförderten Gütermengen sind jedoch bescheiden, es dominiert der LKW-Verkehr. Auf den von Madrid und Barcelona ausgehenden elektrifizierten Strecken gibt es verhältnismäßig regen Güterverkehr, insbesondere zu den Grenzstationen zu Frankreich (Irun und Port Bou). Aber auch die Strecken zwischen den Zentren Madrid, Barcelona, Bilbao, Asturien und Valencia weisen einigermaßen dichte Frequenzen auf. Seit der Eröffnung der Strecke Barcelona–Frankreich verkehren neben den AVE auch grenzüberschreitende Güterzüge auf der Hochgeschwindigkeitsstrecke.

Die Zugdichte auf den nicht elektrifizierten Strecken ist naturgemäß geringer. In Richtung Portugal über die Grenzbahnhöfe Elvas/Badajoz und Fuentes de Oñoro gibt es täglich mehrere Leistungen. Innerhalb Spaniens sind die Verkehre von und nach Cartagena und Algeciras, die Strecke Sagunto-Teruel-Zaragoza und die von Medina del Campo über Zamora an die Atlantikküste zu erwähnen.

Die 100 Neubaulokomotiven der Reihe 253 (TRAXX) sowie ein Rückgang des Güterverkehrs führten auch in den letzten Jahren zu einer Überprüfung des Fuhrparks. Mittelfristig werden nur noch die Elloks der Reihen 251, 252, 253 sowie die Dieselloks der Reihe 333 das Bild der RENFE prägen. Die Einsätze von Loks der Baureihe 269 und 289 endeten im Jahre 2019, wobei die Loks verkauft oder zukünftig vermietet werden.

Die ehemaligen Rangierlokomotiven der RENFE sind der ADIF übertragen worden. Sie laufen dort unter den gleichen Betriebsnummern weiter.

Darüber hinaus verfügt die ADIF auch über Lokomotiven der Reihe 319 und 321 für Bauzugdienste. Die Rangierlokomotiven der ADIF sind meistens in den kaum zugänglichen ADIF-Terminals im Einsatz. Dennoch ist es möglich immer mal eine oder andere Maschine auf einer Übergabefahrt zu beobachten.

RENFE FEVE (Ferrocarriles Españoles de ViaEstrecha)

Nach mehr als 40 Jahren unabhängigen Bestehens wurde die FEVE 2013 in die Staatsbahn RENFE Operadora eingegliedert. Der Name FEVE bleibt für Kunden weiterhin bestehen. Sämtliches Rollmaterial wurde im Zuge der Übernahme einem neuen Nummernschema untergeordnet. RENFE FEVE betreibt an der Atlantikküste ein rund 1200 km langes Netz in Meterspur. Die Strecken verbinden die Städte Leon und La Robla (bei Leon) über Bilbao mit Santander, Oviedo/Gijón und Ferrol (A Coruña). In Santander und Asturien gibt es Zweigstrecken. Von den etwa 1200 km sind in den Großräumen der Städte Bilbao, Santander und Oviedo/Gijón bereits 400 km mit 1500 V Gleichstrom elektrifiziert. Die Elektrifizierung der Strecke zwischen Oviedo und Bilbao schreitet langsam voran. Im Südwesten Spaniens befährt die FEVE in der Provinz Murcia die nicht elektrifizierte Strecke Cartagena–Los Nietos (16 km) nur im Personenverkehr. Im Bereich der oben genannten Städte wird ein reger Nahverkehr betrieben. Im Raum Asturien und Kantabrien kommen elektrische Triebwagen der Reihen 433, 435 und 438 zum Einsatz. Die Reihe 436 ist in Kantabrien und Bilbao anzutreffen. Die Diesel-Tw. der Reihe 2400 sind 2014 ausser Dienst gestellt und nach Costa Rica und Argentinien verkauft worden. Ersetzt wurden die Einheiten durch die neuen Dieseltriebwagen der Reihen 527 und 529 von CAF, die mittlerweile wie die Reihe 526 auf fast allen Schmalspurstrecken der FEVE zu finden sind. Auch auf der FEVE wird es zukünftig neues Rollmaterial geben, ebenfalls im Zuge des grossen Investitionsprogrammes wurden 31 meterspurige Züge ausgeschrieben.

Neben dem erwähnten Nahverkehr werden in der außergewöhnlichen Landschaft Andalusiens mehrere Züge im Luxussegment für Touristen angeboten. Namen wie »El Transcantábrico« oder »El Expreso de La Robla« sollen auch nach der Übernahme von RENFE zahlungskräftige Touristen auf die Bahn locken. Während der »El Transcantábrico« mehrmals pro Monat auf dem gesamten Streckennetz von Ferrol bis nach Bilbao bzw. León verkehrt, fahren die Züge des »El Expreso de La Robla« zwischen Bilbao und León bzw. Oviedo. Die Angaben und Fahrpläne dazu können der Netzseite der RENFE (www.renfe.com/trenesturisticos/) entnommen werden.

Auf dem nordspanischen Netz betreibt die RENFE FEVE mit 50 Lokomotiven und mehr als 1100 Güterwagen einen regen Güterverkehr (Kohle, Stahlprodukte und Mineralien) mit einem jährlichen Volumen von über 2,5 Mio. t. Dabei werden zwischen den Schwerindustriezentren Asturiens und den Zentren der verarbeitenden Industrie im Baskenland Langläufe von mehr als 450 km durchgeführt. Diese Güterzüge werden im Normalfall von zwei Lokomotiven gezogen. Von Arija am Ebrostausee aus werden Spezialsande in Containern in Richtung Bilbao gefahren und ab Bilbao-Ariz über LKW zu dortigen Keramik- und Glasherstellern weiterbefördert. Von den eingesetzten Lokomotiven ist die Reihe 315 vorwiegend auf der Strecke La Robla–Mataporquera im Einsatz. Das hauptsächliche Einsatzgebiet der Reihe 316 ist Asturien; sie verkehrt auch in Kantabrien und auf der Strecke Bilbao-Arija. Die Zweikraftlokomotiven der Reihe 319 sind auf dem gesamten Netz und vor den Zügen des Trancantábrico und anderen Touristenzügen zu sehen.

Die Hauptbahnbetriebswerke befinden sich in Balmaseda (Bilbao), Santander (Kantabrien) und El Berrón (Asturien), kleinere Anlagen sind in Cistierna (Leon), Ferrol und Pravia (Asturien) vorhanden.

Die Strecken bieten auf ihren gesamten Verlauf gute bis sehr gute Fotomotive. Es wechseln sich urbane Bereiche mit solchen am Meer, in der Ebene und im Bergland ab. In León ist nach wie vor der Innenstadtabschnitt Asunción/Universidad León-Matallana wegen Bauarbeiten außer Betrieb, auf der sehr sehenswerten Gesamtstrecke nach Bilbao verkehrt nur ein Zugpaar.

Neue Bahngesellschaften auf dem Netz der ADIF

Nach der Liberalisierung des spanischen Eisenbahnnetzs haben neben der RENFE Viajeros und RENFE Mercancías diverse weitere Anbieter eine Zulassung als Bahnbetreiber erhalten.

Während im Güterverkehrsmarkt schon länger ein freier Markt herrscht, nahmen die zertifizierten Personenverkehrsgesellschaften in den letzten zwei Jahren schnell zu, regelmässige Verkehre gibt es allerdings nur sehr eingeschränkt und ausschließlich im Bereich von Charterverkehren oder historischen Fahrten. Ab Ende 2020 wird der Fernverkehr in den Korridoren Madrid–Barcelona–französische Grenze, Madrid–Levante (Valencia/Alicante) und Madrid–Sur (Sevilla/Malaga) gemäß den europäischen Vorgaben liberalisiert werden und für andere Anbieter frei zugänglich sein. Hierfür ist Ende 2019 eine Vergabe abgeschlossen worden, welche die Aufteilung in 3 Produktkategorien im Fernverkehr vorsieht. Von den sechs Bewerbern konnten drei bei der Vergabe berücksichtigt werden. Dabei wurden die drei Pakete wie folgt vergeben:

- Renfe Viajeros S.M.E. S.A. ist der vorausgewählte Bieter für Paket A (täglich 48 Züge pro Richtung und Korridor)
- Intermodalidad de Levante (Operador Ferroviario de Levante S.L., kontrolliert von Air Nostrum und Trenitalia) ist der vorausgewählte Bieter für Paket B (täglich 16 Züge pro Richtung und Korridor)
- Rielsfera, S.A.U. (SNCF Voyages Développement, S.A.S.) ist der vorausgewählte Bieter für Paket C (täglich 6 Züge pro Richtung und Korridor)

Mit der Vergabe der Leistungspakete soll eine massive Angebotssteigerung auf den Korridoren einhergehen.

Des Weiteren sind mehrere Eisenbahnverkehrsgesellschaften im liberalisierten Güterverkehrsmarkt tätig und erbringen hauptsächlich Leistungen im Baustellen-, Container- oder Autoverkehr. Neben diversen kleineren EVU haben sich folgende Gesellschaften auf dem Markt etabliert:

- **Acciona Rail Services**: Betrieb von Ganzzügen zwischen Gijón und La Robla sowie landesweit Bauzugverkehr. Mit der Einstellung des Kohlekraftwerkes in La Robla ging ein erheblicher Teil des Verkehrs verloren. Eingesetzt werden zwei Lokomotiven der Baureihe 333.3 sowie eine Lok rumänischer Herkunft.
- **Captrain (Comsa Rail Transport)**: Erstes und auch größtes privates EVU in Spanien mit eigenen Lokomotiven auf dem Netz von ADIF. Während früher hauptsächlich Bauzugverkehre gefahren wurden, sind es heute Auto- und Containerverkehre ab Barcelona sowie grenzüberschreitende Verkehre nach Portugal in Zusammenarbeit mit Takargo unter dem Namen Ibercargo Rail. Seit 2013 hält SNCF Geodis (Fret) einen Anteil von rund 25 % der Gesellschaft. Neben drei Lokomotiven der Reihe 253 (Traxx) werden auch eine Lok der Reihe 321, drei der Reihe 335 (Euro 4000), zwei Class 316 (ALCO), zwei Class 317 (G1700), zwei Claas 312 II (ex DSB MZ), 15 Loks LDE2100 aus rumänischer Produktion sowie mehrere Rangier- und Baudienstfahrzeuge eingesetzt.
- **Continental Rail**: Ist auf dem gesamten spanischen Netz hauptsächlich im Baustellen- und Containerverkehr zu finden, vorzugsweise zwischen Madrid und Valencia, Barcelona und Zaragoza (Madrid) sowie ab Algeciras. 1 Lokomotive der Reihe 269, 2 der Reihe 333.3, 4 der Reihe 335 und 6 der Reihe 319 (4 Breitspur, 1 Normalspur).
- **TECSA**: Das Bau- und Wartungsunternehmen TECSA Empresa Constructora besitzt diverse Lokomotiven,

darunter auch 2 Class 318, 2 319 und 3 321, welche alle von der RENFE übernommen worden sind.

- **Tracción Rail**: Tätig im Baudienst- und Ganzzugverkehr, je 2 Lokomotiven der Baureihen 333.3 und 319.3 sowie je eine Lokomotive der Reihe 313 und 316 im Besitz von der in der Baubranche tätigen und am Bau diverser Hochgeschwindigkeitsstrecken beteiligten Groupo AZVI.

Weitere Bahngesellschaften in Spanien

ET – Eusko Trenbideak (EuskoTren)

EuskoTren betreibt als EVU zwischen den Städten Bilbao und San Sebastian (Donostia) ein etwa 198 km langes elektrifiziertes Netz in 1500 V Gleichstrom. Davon sind inzwischen mehr als 73 km zweigleisig.

Die Mittelgebirgslandschaft zwischen Bilbao und San Sebastian bietet im gesamten Streckenverlauf gute Motive. Hervorzuheben ist die Brücke bei Zumaya sowie der Bereich Gernika–Bermeo, dort verläuft die eingleisige Strecke nahe am Meeresarm des Rio de Mundaka.

Das Hauptbetriebswerk liegt in Durango, kleinere Betriebswerke befinden sich in Renteria (San Sebastian) und Lutxana (Bilbao). In Azpeitia unterhält die ET ein sehenswertes Schmalspurmuseum mit regelmäßigem Dampfbetrieb an Wochenenden in den Sommermonaten. Fallweise verkehrt die 1004 (Alstom BB44t) oder die neu aufgebaute Diesellokomotive 1158.

Der Güterverkehr auf dem Netz des zuständigen EIU Euskal Trenbide Sarea (ETS) hat sich wegen der Insolvenz der Firmengruppe Gallardo anders als geplant entwickelt. Es war ursprünglich vorgesehen die Schrotttransporte aus dem Hafen Irun Passaia von der Straße auf die Schiene zu verlagern. Dazu sollte eine Anbindung des Netzes zum Hafen Irun Passaia und der Neuaufbau der Strecke nach Azpeitia bis 2012 durchgeführt werden, wofür ET 12 Zweikraftlokomotiven des Typs TD2000 bestellte. Das Projekt wurde überraschend gestoppt und EuskoTren besitzt nun Lokomotiven, die sie nicht benötigt. Einige werden im eigenen bescheidenen Güterverkehr auf dem ET-Netz (2011 noch ca. 140.000 t) eingesetzt. Die Stahlrollenzüge aus dem Hafen von Bermeo nach Lasarte Orio, wo sie auf LKW umgeladen wurden, sind inzwischen auch passé.

FGV – Ferrocarrils de la Generalitat Valenciana

Die autonome Region Valencia führte die in ihrem Bereich vorhandenen Schmalspurstrecken (1000 mm) der FEVE einer eigenen Gesellschaft zu und gab ihr den Namen FGV (Ferrocarrils de la Generalitat Valenciana). Die FGV besitzen ein Streckennetz von mehr als 250 km, davon gehören 103,6 km (42 km elektrifiziert) zum Netz der Tram Alicante mit dem Streckenverlauf Alicante–Denia. Die anderen 146,8 km bilden das durchgängig in 1500 V Gleichstrom elektrifizierte Netz der MetroValencia mit vier Vorortlinien und drei Straßenbahnlinien.

Die Strecke von Alicante nach Denia ist reizvoll. Sie bietet alles, Strecken am Meer, am Hang und auch gebirgige Streckenabschnitte. Im Bereich der Stadt Alicante sind die Triebwagen der Reihe 4200 (Bombardier), bis Benidorm die Reihe 4100 (Vossloh) und ab Benidorm die Dieseltriebwagen der Reihe 2500 bis Denia eingesetzt.

Die Metro Valencia verläuft im Stadtbereich unterirdisch, daher sind die besten Fotografiergelegenheiten auf den Außenstrecken gegeben. Dort verkehren nur noch die Reihen 3900 und 4300. Die Betriebswerkstätten der Tram Alicante befinden sich seit 2007 in El Campello. Die Werkstätten der Metro Valencia befinden sich neben der Station Valencia Sud (Linie 1), die der Straßenbahn an der Calle de Ingeniero Fausto Ello im Norden der Stadt Valencia.

FGC – Ferrocarrils de la Generalitat de Catalunya

Die FGC betreibt Strecken sehr unterschiedlicher Ausprägung. Das Schmalspurnetz (1000 mm) mit den Strecken Barcelona Plaza de Espanya–Martorell Enllac–Manresa, Martorell Enllac–Igualada, Martorell Enllac–Martorell Central, Manresa–Suria, Manresa–Sallent, Sant Boi–Port de Barcelona bildet ein 140 km langes zusammenhängendes Netz, von dem 101 km in 1500 V Gleichstrom elektrifiziert sind.

Landschaftlich interessant sind die Strecken von Martorell nach Igualada und nach Manresa (vor allem am Montserrat-Gebirge) sowie die nicht elektrifizierten Güterstrecken von Manresa zu den Salzbergwerken in Salent und Suria. Im Personenverkehr kommen nur noch Triebwagen der Reihe 213 zum Einsatz.

Es finden tägliche Transporte aus den Salzbergwerken Suria und Salent nach Martorell und Barcelona statt. Zwischen dem Seat Werk in Martorell und dem Hafen Barcelona fahren seit 2008 werktäglich mindestens zwei Autozüge der Autometro, für die die FGC den Betrieb führt. Der Vertag zwischen SEAT und FGC wurde jüngst bis 2022 erneuert.

Für den Transport der Produkte der Salinen in Sallent und Suria in Richtung Matorell und in den Hafen von Barcelona werden Diesellokomotiven der Reihe 700 bzw. 1000 (Typ BB44t Alstom) und 254 (6-achsige Maschinen von Macosa) eingesetzt. Das Betriebswerk und die Hauptwerkstatt befinden sich neben dem Bahnhof Martorell Enllaç.

Neu aufgenommen wurde 2008 der Teiletransport zwischen der Zona Franca (Barcelona) und dem Seat Werk in Martorell auf dem Breitspurnetz der ADIF. Es finden täglich bis zu sechs Übergabefahrten statt. Mitte 2009 hat die FGC die komplette Betriebsführung übernommen und dazu vier Lokomotiven der Reihe 310 TMD von der RENFE erworben.

Das *Regelspurnetz* (1435 mm) umfasst die Strecken Plaza de Cataluña zur Avenida de Tibidabo (unterirdisch), nach Reina Elisienda (unterirdisch), nach Sabadell (bis Sarria unterirdisch) und den Streckenast von San Cugat nach Terrassa. Die Länge dieser normalspurigen, in 1500 V Gleichstrom elektrifizierten Strecken beträgt 56 km. Zum Einsatz kommen Elektrotriebwagen der Reihen 111 und 112 in dichter Zugfolge. Das neu erbaute Bahnbetriebswerk befindet sich in Rubi. Die Fotografiermöglichkeiten auf den Normalspurstrecken treten wegen vieler Einzäunungen hinter denen der Schmalspurstrecke zurück. Seit Sommer 2016 betreibt die FGC auch den *Breitspurverkehr* (1668 mm) auf der Strecke Lleida–La Pobla de Segur mit neuen Diesel-GTW 2/6.

Die FGC betreibt zwei *Zahnradbahnen*. Die erste (Cremallera de Ribes a Nuria) zweigt von der RENFE Strecke Barcelona–Puigcerda in Ribes ab und führt zum 2000 m hoch

gelegen Kloster Nuria und einem dort vorhandenen Skigebiet. Diese Zahnradbahn ist in 1500 V Gleichstrom elektrifiziert und arbeitet mechanisch nach dem System Abt. Sie wird ausschließlich von Triebfahrzeugen Schweizer Bauart befahren. Zu Spitzenzeiten werden allerdings ältere vorhandene Personenwagen angehängt. Die Elektrolokomotiven kommen nur zu besonderen Anlässen zum Einsatz. Für Aufgaben im Bauzugdienst und gelegentlichen Güterverkehr zum Kloster Nuria wird eine Zahnraddiesellokomotive vorgehalten. Im Bereich des Klosters Nuria bieten parallel verlaufende Wanderwege zurück ins Tal sehr gute Fotomotive.
Seit dem Jahr 2003 verkehrt mit der Cremallera de Montserrat wieder eine Zahnradbahn auf den »heiligen Berg« der Katalanen zum Kloster Montserrat. Der Anschluss an die Katalanischen Eisenbahnen erfolgt in Monistrol Bahnhof, ab Monistrol Stadt wird die alte Trasse benutzt. Diese Zahnradbahn hat eine Lokomotive aus Ribes vor dem Bahnhof Monistrol Ville als Denkmal aufgestellt.

Bahnen der Baleareninsel Mallorca

SFM – Serveris Ferroviaris de Mallorca
Die im Jahre 1994 gegründete SFM reaktivierte in den vergangen Jahren Teile der ehemaligen Eisenbahninfrastruktur in Mallorca und baute ihr Streckennetz auf eine Länge von rund 77km aus. Seit Anfang 2012 ist auch die zuvor mit Dieseltriebwagen bediente Strecke Palma–Enllaç elektrifiziert, seit Januar 2019 auch die beiden Äste nach Manacor und Sa Pobla. Somit ist die gesamte Strecke elektrisch befahrbar und ermöglicht den Kunden Direktverbindungen zwischen Palma und Manacor bzw. Sa Pobla. Ein Teil der zuvor eingesetzten Dieseltriebzüge sollten nach Kenia verkauft werden, werden jedoch zurzeit noch immer im täglichen Betrieb benötigt. Ein weiterer Ausbau des Eisenbahnnetzes ist zwar vorgesehen, doch fehlen die dafür benötigten Gelder. Die ursprüngliche Trasse nach Artá wird mittelfristig als Radweg genutzt.
Im April 2007 wurde die Metro Palma eröffnet. Sie verbindet den unterirdisch angelegten Bahnhof Plaza de Espanya mit der Universität der Balearen. Die Strecke ist 8,5 km lang, zweigleisig in Meterspur gebaut und mit 1500 Volt Gleichstrom elektrifiziert. Die Stromversorgung erfolgt über Oberleitung. Zum Einsatz kommen sechs zweiteilige Einheiten der Reihe 71 von CAF.

FS – Ferrocarril de Soller a Palma
Ebenfalls an der Plaza de Espanya beginnend führt diese 28 km lange in der Spurweite 914 mm und im Jahr 1912 erbaute Bahn zum Ort Soller an der Westküste der Insel. Die Strecke wurde 1929 von der Firma Siemens in 1200 V Gleichstrom elektrifiziert und wird seitdem mit elektrischen Personentriebwagen und angehängten Personenwagen in Holzbauweise befahren. Es können bis zu vier Zuggarnituren eingesetzt werden. Die Bahn hat ihre Bedeutung vor allen im Tourismusverkehr. Das Bahnbetriebswerk befindet sich in Soller. Dort beginnt auch die Straßenbahnstrecke der gleichen Gesellschaft nach Port Soller. Der gebirgige Abschnitt ab Bunyola bis zum 2850 m langen Tunnel durch das Alfabiagebirge und der Abstieg in den Talkessel von Soller gelten als die schönsten Schmalspurstrecke Spaniens. Im Straßenbahnbetrieb zum Hafen von Soller werden auch fünf ehemalige Zweiachser der Straßenbahn Lissabon eingesetzt.
In jüngster Zeit gab es Gerüchte, dass der Verkauf der in der Bevölkerung gehaltenen Aktien an eine Investorengruppe vorgesehen sei. Unter anderen soll unter der Führung der neuen Investorengruppe das Angebot ausgebaut und die Vertriebswege modernisiert werden. Ob und wie diese Übernahme der Mehrheit einer der wichtigsten Touristenattraktionen Mallorcas stattfindet, wird sich in den nächsten Jahren zeigen.

Bahnen mit Dampfzügen und Eisenbahnmuseen

RENFE: Madrid–Aranjuez
Dort finden in den Sommermonaten die Sonderfahrten des »Tren de la Fresa« (»Zug der Erdbeere«) statt. Es werden Dampflokomotiven des Museumsbestandes Madrid Delicias und Holzwagen der ehemaligen Costa-Klasse eingesetzt. Diese Fahrten finden an Wochenenden ab dem Bahnhof Madrid-Atocha statt und führen nach Aranjuez. Mehr Infos auf: https://ffe.es/patrimonio/Tren_Fresa.htm.

FGC: Martorell–Monistrol de Montserrat (Katalonien).
Bei der FGC werden immer wieder historische Aktivitäten für Eisenbahnfreunde geplant und durchgeführt. Ein konstantes Angebot ist der von Oktober bis Juni jeweils sonntags verkehrende historische Dampfzug von Martorell nach Monistrol de Montserrat und zurück. Im reservierungspflichtigen Zug kommen meterspurige Dampflokomotiven des Typs 219 (1'C1't), »Berga« (Ct) und »Olot« (1'C1't) sowie mehrere historische Holzwagen zum Einsatz. Ebenfalls ist eine nicht betriebsfähige Garratt vorhanden. Dir Reise dauert rund 3,5 Stunden und muss vorhergehend reserviert werden. Neben dem eigentlichen Eisenbahnbetrieb bietet FGC auch eine Präsentation zur Geschichte der Eisenbahn. Tickets können im FGC-Shop in »El Triangle » oder über die Nummer +34 932051515 gebucht werden.

Eisenbahnmuseum Azpeitia (Baskenland)
Das Museum feierte im Oktober 2019 sein 25-jähriges Bestehen. Geöffnet: Dienstag bis Samstag 10.00–13.30 Uhr sowie 15.00–18.30 Uhr, Sonntag 10.30–14.00 Uhr; Busverbindung ab Zumaya (Strecke Bilbao-San Sebastian der ET). Das an der stillgelegten Strecke Zumárraga–Zumaya entstandene Eisenbahnmuseum in den ehemaligen Betriebsanlagen der FC Urola bietet vielfältige Exponate (unter anderem Dampf- und Elektrolokomotiven, Elektrotriebwagen und Straßenbahnwagen). Dampflokeinsätze finden auf einem ca. 2,5 km langen wiederaufgebauten Teilstück der Strecke Richtung Zumaya statt. Informationen unter www.bemfundazioa.org.

Eisenbahnmuseum Ponferrada (Nordwestspanien)
Auf dem ehemaligen Bahnhofsgelände der PV (Ponferrada–Villablino, heute MPS) wurde mit Hilfe der Regierung der Region Kastilien/Leon ein Eisenbahnmuseum eingerichtet. Dort sind etliche der verbliebenen Dampflokomotiven der PV mustergültig erneuert worden. Die

Stütztender-Dampflokomotive 31 ist betriebsfähig und soll Museumszüge mit den noch vorhandenen Originalwagen ziehen. Informationen unter: https://www.turismocastillayleon.com/es/arte-cultura-patrimonio/museos/museo-ferrocarril.

Weitere Museen/Historische Fahrzeuge

Eine der wohl größten Fahrzeugsammlung (RENFE-Fahrzeuge) Spaniens kann man im nationalen **Eisenbahnmuseum Madrid-Delicias** bestaunen. Das am Paseo Delicias, 61, gelegene Museum ist einfach zu erreichen und hat Dienstag bis Freitag 09.30–15.00 Uhr sowie am Wochenende 10.00–15.00 Uhr geöffnet und kostet 6 Euro (an Wochenenden nur 3 Euro) Eintritt. Informationen unter: www.museodelferrocarril.org.

Eine weitere sehenswerte Fahrzeugsammlung findet man im **Eisenbahnmuseen von Vilanova i la Geltru**/Provinz Barcelona (www.museudelferrocarril.org, vor allem RENFE-Lokomotiven) sowie in **Castellar d'en Huch**/Pyrenäen (Schmalspurfahrzeuge vorwiegend aus Katalonien, mit neu gebauter 3,5 km langer 600-mm-Strecke und neuer Schöma-Lokomotive); **Gijón-Jovellanes**/Asturien (asturische Fahrzeuge aller Spurweiten, https://museos.gijon.es/), **El Entrego** (asturisches Bergbaumuseum mit einigen interessanten Fahrzeugen, www.mumi.es) und **Rio Tinto**/Provinz Huelva (Bergbau-Bahnen, www.parquemineroderiotinto.es). Das galizische Eisenbahnmuseum in **Monforte de Lemos** bietet eine Reihe von ehemaligen Fahrzeugen der RENFE (www.muferga.es).

Bemerkenswert ist das Unternehmen einer Gruppe, die in **Vallcebre**/Provinz Barcelona eine ehemalige, 1600 Meter hoch gelegene Bergwerksbahnstrecke in den Pyrenäen aufbaute und regelmäßig betreibt (www.trensminersturistics.org).

Erwähnt seien auch rührige Eisenbahnfreunde, die z. B. an der stillgelegten **Ferrocarril de Tajuña** (im Raum Madrid) neben dem Bahnhof La Poveda mehrere Dampflokomotiven aufgearbeitet haben. Ein englischer Reiseführer listet insgesamt über 200 historische Fahrzeuge auf, die über das Land verteilt sind. ■

Portugal

Daniel Wipf

Gezogen von CP5603 wurde IC572 auf seinem Weg von Lissabon nach Faro nahe der Ortschaft Lousal fotografiert. Foto: Daniel Wipf.

Mit rund 12 Millionen Touristen pro Jahr gehört Portugal zu einem der meistbesuchten Länder der Welt. Hierbei spielt der täglich von Madrid nach Lissabon verkehrende Nachtzug »Lusitania« eine zentrale Rolle. Des Weiteren ermöglicht die neue Schnellfahrstrecke von Madrid nach Badajoz sowie eine neu eingeführte grenzüberschreitende Verbindung von Badajoz nach Entroncamento auch einmal pro Tag Portugal bei Tageslicht zu erreichen.
Grosse Flughäfen befinden sich in Faro, Lissabon oder Porto. Der Flughafen Lissabon ist seit 2013 über die »rote Linie« in das U-Bahn-Netz der Stadt integriert. Das Bahnfahren ist in Portugal im Vergleich zu Deutschland relativ preiswert; trotzdem kann es sich lohnen bei mehrtägigen Bahnreisen einen Interrail-Portugal-Pass zu nutzen, der z. B. für 4 Tage in einem Monat ca. 100,- € in der 2. Klasse kostet (zum Vergleich: Normalpreis 22,60 € für die einfache Fahrt Lissabon–Faro). Neben den Normalpreistickets sind auch kontingentierte Bilhete Promo für Frühbucher erhältlich. Ein Kursbuch in gedruckter Form gibt es für Portugal leider nicht mehr; es können jedoch alle Streckenfahrpläne als PDF-Datei von der Webseite der CP unter www.cp.pt heruntergeladen werden.
Neben der Eisenbahn existieren in Portugal vier Straßenbahnbetriebe in Lissabon, Porto (hier sowohl eine Touristenlinie als auch eine moderne Stadtbahn), Sintra (reine Touristenbahn), und die Metro do Sul, eine Straßenbahn am südlichen Ufer des Tejo, welche die Orte Corroios und Cacilhas mit der Universität verbindet.

Streckennetz

Per Juni 2015 wurden die für das Schienennetz zuständige »REFER EP« sowie die für das Straßennetz verantwortliche »Estradas de Portugal SA« zu einer neuen, gemeinsamen Infrastrukturgesellschaft namens Infraestruturas de Portugal, S.A. zusammengeführt. Sie unterliegt der Aufsicht des Ministeriums für Wirtschaft.

Gesamtnetz:	2.536 km	
Schmalspur (1000 mm)	96 km	3,3%
Breitspur (1668 mm)	2.440 km	96,2%
▪ eingleisig	1.925 km	75,9%
▪ mehrgleisig	611 km	24,1%
▪ elektrifiziert (25kV 50Hz)	1.631 km	64,3%
▪ elektrifiziert (1500V DC)	25 km	1,0%

Interessante Strecken

Die Hauptstrecke führt von Lissabon nach Porto. Hier herrscht dichter Schnellzugverkehr (ALFA Pendular sowie InterCity). In Entrocamento zweigt die »Linha da Beira Baixa« ab, welche über Castelo Branco nach Covilhã führt, ursprünglich bis Guarda. Seit 2009 ist die Strecke zwischen Covilhã und Guarda allerdings geschlossen und wird inzwischen auch nicht mehr im Netzbericht von Infraestruturas de Portugal, S.A aufgeführt. Die Elektrifizierungs- und Modernisierungsarbeiten an der Strecke bis nach Covilhã konnten vor einigen Jahren abgeschlossen werden, so dass hier keine großen Dieselloks mehr zu beobachten sind. Täglich verkehren neben den Regionalzügen drei mit Triebwagen der Baureihe 2240 geführte IC bis nach Covilhã. Auch die sich in Porto anschließende und nach Norden führende »Linha do Minho« ist seit Juli 2019 bis Viana do Castelo elektrifiziert, die bis an die spanische Grenze in Valença reichende Reststrecke soll bis Ende 2020 ebenfalls auf elektrischen Betrieb umgestellt werden.
Entlang der Hauptstrecke in Richtung Lissabon zweigt in Pampilhosa die »Linha do Beira Alta« ab, welche bis nach Vilar Formoso an die spanische Grenze führt. Daher besitzt die Linie neben den 3 täglichen IC Lissabon–Guarda, dem Nachtzug nach Madrid und Hendaye sowie den Regionalzügen auch einen verhältnismäßig regen Güterverkehr.
Der Verkehr von Lissabon in den Süden des Landes startet seit einigen Jahren nicht mehr vom südlich des Flusses Tejo gelegenen Bahnhof Barreiro, sondern ebenfalls in Lissabon-

Triebfahrzeuge der CP

Baureihe	Achsfolge	Baujahr	Hersteller	Anzahl	Bemerkungen
Diesellokomotiven					
1400	Bo'Bo'	1966–69	EE/Sorefame	7	auf der Linha do Douro im Einsatz
Elektrolokomotiven					
2600	Bo'Bo'	1974	Alsthom/Sorefame	5	5 Loks 2020 wieder in Betrieb genommen
5600	Bo'Bo'	1993	Sorefame/Siemens	19	»Euro-Sprinter«
Dieseltriebwagen					
0350	Bo'Bo'	1999–2003	Allan/EMEF	4	Umbau aus Reihe 0300, Linha Leste and Oeste
0450	1A'A1'+2'2'	1999	Sorefame/EMEF	19	Umbau aus Reihe 0400, 1)
9630	Bo'Bo'+2'2'	1993	Sorefame/Henschel	7	Meterspur; im Vouga-Tal im Einsatz
592	1A'A1'+2'2'+1A'A'1	1981	MAN	27	2)
Elektrotriebwagen (25 kV/50 Hz)					
2240		2004–5	Sorefame/EMEF	52	Umbau durch EMEF aus der Reihe 2200 , 3)
2300		1974	Sorefame	42	
2400		1997	Sorefame	12	analog Baureihe 2300 jedoch mit Klimaanlage
3400		2002	Bombardier	34	
3500		1999–2000	CAF	12	baugleich zur Fertagus-Reihe 3500 . 4)
4000		1999	FIAT, Adtranz	10	5)
Elektrotriebwagen der »Linha do Cascais« (1,5 kV DC)					
3150		1998	EMEF	13	Modernisierung von bestehendem Material
3250		1998	EMEF	21	Modernisierung von bestehendem Materia

Anmerkungen: 1) teilweise im IC-Einsatz (Casa Branca–Beja); 2) 27 angemietete dreiteilige Einheiten der RENFE-Reihe 592 als Ersatz der Reihen 0350 und 0600; 3) teilweise im IC-Einsatz (Lisboa-Covilha); 4) ähnlich RENFE 450/451, jedoch vierteilig; 5) Neigetechnikzüge, insgesamt zehn Garnituren; an den Triebköpfen mit 4001...10 beschriftet, ab 2017 modernisiert.

Oriente und nimmt den Weg über die »Brücke des 25. April«. Die Strecke durch die Algave ist bis nach Faro elektrifiziert und wird sowohl von IC wie auch von 2 täglichen ALFA Pendular (Direktverbindungen Porto–Faro) befahren. Ebenso ist die Strecke nach Evora elektrifiziert, wo rund 4 IC pro Tag direkt aus Lissabon eintreffen.

In Casa Branca zweigt von der Strecke nach Evora die Linie nach Baja ab, welche allerdings nicht elektrifiziert ist, jedoch ebenfalls von Zügen des Fernverkehrs bedient wird (4x am Tag ein IC Casa Branca–Baja). Hierbei ist jedoch zu bemerken, dass planmäßig auf der nicht elektrifizierten Strecke lokbespannte Züge der Vergangenheit angehören.

Neben den Zügen des Fernverkehrs gibt es auf vielen Linien auch Nahverkehrszüge. In den letzten Jahren wurde auf zahlreichen Nebenstrecken und fast allen Schmalspurbahnen der Personenverkehr eingestellt oder stark ausgedünnt. Neue Angebote wie die »Celta«-Züge zwischen dem spanischen Vigo und dem portugiesischem Porto sowie der grenzüberschreitenden Züge zwischen Entroncamento und dem spanischen Badajoz zeugen zwar von Tatendrang, sind jedoch nur ein schwacher Versuch, den Bahnverkehr in diesen Regionen zu verstärken.

Besonders reizvolle Strecken sind (alle eingleisig und zum Teil nicht elektrifiziert):

- **Strecke Porto–Valença do Minho** (»Linha do Minho«): doppelstöckige Brücke bei Viana do Castelo;
- **Strecke Porto–Pocinho** (»Linha do Douro«): für Fotos ergiebig ist der Streckenabschnitt östlich Régua, allerdings verkehrt hier nur noch 5x am Tag ein Dieseltriebwagen sowie einmal wöchentlich ein Güterzug;
- **Strecke Entroncamento–Castelo Branco–Covilhã**: (»Linha da Beira Baixa): zuerst entlang des Rio Tejo, danach in den Bergen nach Covilhã, landschaftlich reizvoll;
- **»Linha do Tua«**: Schmalspurstrecke Tua–Mirandela, seit einigen Jahren jedoch nicht mehr in Betrieb; zwei Triebwagen der Reihe 9500 fuhren bis Ende 2018 als »Metro de Mirandela« zwischen Carvalhais und Mirandela;
- **»Linha do Vouga«** Schmalspurstrecke von Aveiro über Agueda nach Espinho; Meterspur, Betriebsmittelpunkt (Depot) in Sernada do Vouga. Nach dem strategischen Transportplan der Regierung war die Stilllegung dieser Strecke bis 2015 vorgesehen, inzwischen wurden die Gleise jedoch erneuert, so dass die Strecke bis auf den mittleren Abschnitt Oliveira–Sernada de Vouga wieder im PV befahren wird.

Sämtliche Hochgeschwindigkeitspläne wurden im Zuge der Finanz- und Eurokrise im Jahr 2012 eingestellt. Seit 2016 gibt es jedoch neue Pläne für eine Hochgeschwindigkeitsstrecke zwischen Lissabon und Madrid, welche mit finanzieller Unterstützung durch die EU auf der spanischen Seite bereits im Bau ist.

Bahnbetreiber

Comboios de Portugal–CP

CP besteht aus den Unternehmensbereichen CP Longo Curso, CP Regional (CP Fern- und Regionalverkehr), den beiden Bereichen CP Lisboa und CP Porto (Serviço urbano da Grande Lisboa/do Grande Porto = Vorortbetriebe der Großräume Lissabon und Porto) sowie UFGR (Unidade de Gestão de Frota–Fahrzeugpark). Die Zuordnung der Fahrzeuge zu den einzelnen Unternehmensbereichen kann innerhalb einer Baureihe auch wechseln. Die ehemals zum Unternehmen gehörige CP Cargo (Güterverkehr) wurde im Januar 2016 an den Schweizer Logistikkonzern MSC verkauft und agiert nun unter dem Namen Medway–Transporte & Logistica.

Bezüglich Rollmatrialeinsatz ist sowohl der Lokomotiv- wie auch der Triebwagenbestand weiter dezimiert worden. Die Triebwagen der Baureihe 0350 sind nach wie vor zwischen Lissabon und Leira anzutreffen. Neu hinzugekommen sind einzelne Einsätze zwischen Entroncamento und Portalegre. Während Ende 2016 angekündigt wurde, dass zukünftig kein spanisches Rollmaterial angemietet werde (vorgesehen waren Triebzüge der Reihe S-120), ist eine 2018 begonnene

Triebfahrzeuge der Medway – Transport & Logistica

Baureihe	Achsfolge	Baujahr	Hersteller	Anzahl	Bemerkungen
Diesellokomotiven					
1400	Bo'Bo'	1966–69	EE/Sorefame	13	u.a. auf der »Linha do Douro« im Einsatz
1900	Co'Co'	1981	Sorefame	2	
1930	Co'Co'	1981	Sorefame	1	
1960	Co'Co'	1979	Bombardier	2	
5030	Co'Co'	2017	Stadler	4	»Euro4000«
Elektrolokomotiven					
4700	Bo'Bo'	ab 2009	Siemens/EMEF	25	ähnlich ÖBB Taurus »ES64U4«
5600	Bo'Bo'	1993	Sorefame/Siemens	9	»Eurosprinter«

Triebfahrzeuge der Gesellschaft FERTAGUS

Baureihe	Achsfolge	Baujahr	Hersteller	Anzahl	Bemerkungen
Elektrotriebwagen					
3500		1999–2000	CAF	18	baugleich zur CP-Reihe 3500 , 4)

Triebfahrzeuge der Takargo Rail

Baureihe	Achsfolge	Baujahr	Hersteller	Anzahl	Bemerkungen
Diesellokomotiven					
1400	Bo'Bo'	1966–69	EE/Sorefame	3	
1550	Co'Co'	1973	MLW/Bombardier	4	eine Lok als Ersatzteilspender
6000	Co'Co'	2017	Vossloh/Stadler	7	»Euro4000

Ausschreibung für 22 neue Regionalzüge, wovon 12 in Hybridausführung und 10 mit Dieselmotor ausgestattet sein sollen, bisher nicht abgeschlossen. Die ersten der neuen Züge sollen bereits im Jahr 2023 zum Einsatz kommen. Zugausfälle aufgrund Rollmaterialmangel gehören derzeit noch zur Tagesordnung.

Medway – Transportes & Logistica

Im Jahr 2015 wurde die Güterverkehrssparte der CP privatisiert in eine neue Gesellschaft überführt. Es wurden insgesamt 34 Elektrolokomotiven und 30 Diesellokomotiven übernommen, welche zu einem großen Teil ein neues Erscheinungsbild in den Farben gelb/schwarz erhalten haben.

Fertagus

Die Gesellschaft Fertagus betreibt zurzeit als einziger Konkurrent zur CP den Personenverkehr auf der Strecke Roma-Areeiro (Lissabon)–Pragal–Pinhal Novo–Setúbal und setzt dafür 18 elektrische Doppelstock-Triebwagen 3500 ein

Takargo Rail

Diese Gesellschaft ist seit 2008 der erste private Anbieter im Güterverkehr. Mittlerweile sind 14 Lokomotiven der Reihe Euro 4000 (in Portugal als Baureihe 6000 bezeichnet) von Vossloh ausgeliefert, welche die Nummern 6001 bis 6014 (UIC-Nummern 436 001 bis 014) tragen. Takargo verfügt zurzeit über drei regelmäßige Verkehre: Lissabon–Madrid/Saragossa sowie Entroncamento–Tarragona–Barcelona. Die Züge sind hierbei aus eigenen Containertragwagen gebildet und vor allem auf der Strecke Lissabon–Pampilhosa–Vilar Formoso–Spanien zu sehen. Die roten Lokomotiven beherrschen zunehmend das Bild auf dem portugiesischen Netz. Über eine bestehende Kooperation namens Ibercargo Rail mit der spanischen Comsa Rail gelangen auch die baugleichen Comsa-Lokomotiven nach Portugal, ebenso wie die Takargo in Spanien fahren darf. Für Rangieraufgaben verfügt Takargo außerdem über drei von der CP übernommene Lokomotiven der Baureihe 1400 sowie vier Loks der Baureihe 1550 (1552, 1557 als Ersatzteilspender, 1563 und 1565) für Güterzüge im Raum Setúbal.

Metro do Porto

Obwohl die Metro do Porto im Bereich der Stadt Porto unterirdisch verkehrt, hat sie im Umland den Charakter einer Vorortbahn. Neben Matosinhos und Vila Nova da Gaia wird inzwischen auch der Flughafen von Porto erreicht.

Museen

Portugal verfügt inzwischen über ein nationales Eisenbahnmuseum in Entroncamento, welches eine umfangreiche Sammlung von Rollmaterial beherbergt und stetig erweitert wird (www.fmnf.pt). Darüber hinaus gibt es an zahlreichen Bahnhöfen zusätzlich regional geprägte Museen. Diese befinden sich in den aufgelassenen Depots der Bahnhöfe Lousado, Macinhata do Vouga, Santarém und Valença do Minho. Die Museen in Arco do Baúlhe, Bragança, Chaves und Estremoz sind heute nicht mehr per Zug zu erreichen; stellenweise wurden die kompletten Bahnanlagen um die Museen herum sogar abgebaut.

Museumsverkehr

Zwischen Régua und Tua auf der »Linha do Douro« lockt in den Sommermonaten an Samstagen der »comboio histórico« mit der Dampflok 0186 (1'D 2't, Henschel 19895/1923) und fünf Personenwagen mit Holzaufbau Eisenbahnbegeisterte aus dem ganzen Land in das herrliche Dourotal. Der Zug verkehrt jeweils am Samstag von Anfang Juni bis Ende Oktober. Bei extremer Trockenheit und Waldbrandgefahrt kommt eine Diesellok zum Einsatz. Die CP will das Bahnangebot im Duorotal zukünftig auf die reguläre Personenlinie reduzieren und den historischen Zug aus Kostengründen streichen. Mehr Informationen finden sich unter www.cp.pt oder bei cohistorico@cp.pt. ■

Italien

Gerald Bendrien, Rüdiger Lüders

Die Trenitalia beschafft seit 2013 von Hitachi Rail Spa und Bombardier den V300 Zefiro, der unter der Marke Frecciarossa 1000 im italienischen Hochgeschwindigkeitsnetz zum Einsatz kommt. Die intern als ETR400 bezeichneten Züge verkehren auf den italienischen Hauptachsen, der ETR 400.032 überquert als Frecciarossa 9414 von Napoli die Ponte della Libertà (Brücke der Freiheit) zum Zielbahnhof Venezia Santa Lucia (15.05.2017). Foto: Paul Gregor Liebhart.

Für die Anreise aus Deutschland/Österreich bieten sich die BahnCard mit RailPlus, das »Europa-Spezial Italien« oder die »ÖBB-Sparschiene« an. Für längere Reisen durch Italien gibt es mehrere Varianten an Netzkarten sowie das europaweite Angebot »Interrail« als »Globalpass« oder als »One-Country«-Pass, das jedoch vor Reisebeginn im Heimatland erworben werden muss. Aufgrund des in Italien deutlich niedrigeren Preisniveaus für Fahrkarten, insbesondere bei Regional- und IC-Zügen, ist auf kürzeren Strecken eine vor Ort erworbene Fahrkarte meist preisgünstiger als der »Interrail«-Pass. Außerdem sollte man beachten, dass bei den Hochgeschwindigkeitszügen »Freccia« und Intercity Zuschläge für die obligatorische (Online-) Platzreservierung zu zahlen sind.

Deutschsprachiges Gebiet Südtirol

Die nördlichste Provinz Italiens, die Provinz Bolzano/Bozen bzw. Alto Adige/Südtirol/Sudtirolo besitzt aufgrund der dort lebenden ca. 300 000 deutschsprachigen Bewohner (ca. 68 % der Bevölkerung) einen Autonomiestatus. In allen öffentlichen Einrichtungen ist Zweisprachigkeit vorgeschrieben. In Südtirol verlaufen folgende Bahnlinien: Brenner–Bozen (–Verona), Franzensfeste–Innichen–Winnebach (–Lienz), Bozen–Meran und Meran–Mals (nach umfassender Modernisierung im Jahr 2005 wiedereröffnet), sowie die Rittnerbahn Maria Himmelfahrt–Oberbozen–Klobenstein und die Standseilbahn Kaltern–Mendel.

Ferrovie dello Stato Italiane (FS)

Heute gehören zu der im Jahr 2000 gegründeten Gruppe »Ferrovie dello Stato Italiane S.p.A.« die Tochtergesellschaften RFI (Netz), Trenitalia SpA (PV), Mercitalia Rail (GV), Italfer, Grandi Stazioni, Ferrovie Sud-Est (siehe unten) und Netinera, Train OSE, Trenitalia UK im Auslandsgeschäft sowie weitere Beteiligungen.

Staatsbahnnetz

Der staatliche Netzbetreiber ist Rete Ferroviario Italiano (RFI), eine Gesellschaft der FS-Gruppe, welche gemäß den Richtlinien der EU im Jahr 2000 aus der ehemaligen Staatsbahn FS entstanden ist.

Streckenlänge:	ca. 16 742 km	(Normalspur)
▪ zweigleisig	7 536 km	
▪ elektrifiziert	11 959 km	(3 kV Gleichstrom)*
▪ elektrifiziert	1 342 km	(25 kV Wechselstrom)

* dazu 80 km von Salerno nach Benevento (Elektrifizierung 2019 begonnen) sowie 180 km in Veneto, darunter Treviso–Belluno–Vittorio Veneto–Conegliano (Elektrifizierung 2020) und zukünftig 75 km von Campobasso bis Rocca Ravindola (Elektrifizierung 2019 beschlossen)

Interessante Strecken

Auf den Gebirgslinien Tarvisio–Udine und Brenner–Verona sind zahlreiche Abschnitte nach einer Neutrassie-

rung in Tunnels verlegt worden. Dennoch gibt es noch sehr schöne Streckenabschnitte bei Gemona bzw. südlich des Brenners und bei Mezzocorona (mit Übergang zur schmalspurigen TT). Daneben bieten die Alpenbahnen Torino–Modane sowie Lecco–Tirano und die nicht elektrifizierte Aosta-Bahn (mit bimodalen FLIRT 3 der Reihe BTR 813 über Ivreo–Torino) sowie die meterspurige Domodossolabahn (SSIF) und die Tendabahn zahlreiche interessanteste Abschnitte. Besonders empfehlenswert sind die Küstenlinien Genova–La Spezia (Cinque Terre) und Savona–Ventimiglia, obwohl letztere zum Teil in eine Tunnelstrecke verschwenkt wurde. Auch die Apennin-Strecken Bologna–Pistoia und Faenza–Firenze sowie die alte Strecke Firenze–Roma durchs Arno- und Tiber-Tal bieten sehr schöne Motive. Ein Geheimtip ist die »Garfagnana« von Aulla nach Lucca, die allerdings schon von ATR 220 im neuen FS-DPR (DTR)-Design befahren wird. Das blau-gelb-schwarz-graue » livrea DPR« (Direzione Passeggeri Regionale) bzw. »DTR«(Divisione Treni Regionali) ersetzt nach und nach

das rot-weiß-grün-blaue XMPR an Regionalzügen. Auch 2020 kann man die eingleisigen Bahnen durch die abgelegenen Täler um Sulmona in den Abruzzen auf 1200 m Seehöhe befahren: Hier starten auf der sog. »Transiberiana« etwa 65 Touristenzüge (»Binari senza tempo«) meistens am Sonntag nach Castel di Sangro–Carpinone–Isernia. Empfehlenswert sind auch Napoli–Reggio di Calabria und Reggio d. C.–Taranto. Auf Sizilien sollte man den Strecken Messina–Palermo und Messina–Catania, sowie besonders Catania–Agrigento und der privaten Circumetnea einen Besuch abstatten.
Um die Großstädte gibt es zum Teil dichten Vorortverkehr; sehr lohnenswert ist z. B. ein Besuch der privaten Mailänder Nordbahn (FNM) sowie der zum Teil privaten Strecken (EAV) um Neapel. Bei der FNM werden 31 von 61 neuen vierteiligen »Donizetti« ab 2022 in Fahrt kommen. Sie ähneln den »Pop« bei Trenitalia. Straßenbahnen bzw. moderne Stadtbahnen kann man in Turin, Bergamo, Mailand (noch über 100 Altfahrzeuge von 1928), Genua, Florenz, Padua, Triest (vsl. Mitte 2020 wieder in Betrieb), Rom und Neapel sowie in Cagliari und Sassari (siehe ARST FdS) im Betrieb erleben wie auch die Stadtbahn in Palermo.

Fahrzeugeinsätze Trenitalia

- **E402 B** sind landesweit im IC- und an der Westküste im Nachtzug-Verkehr anzutreffen. Alle E 402.0 wurden zu E 401 umgebaut und fahren (wie die E 464) nun mit einem Führerstand die ersten Wendezug-Intercities im neuen IC-Sun (Giorno)-Design. Dieses ähnelt an den Wagen dem der Deutschen Bahn. Ab 2020 kommt ein hellgraues Fensterband hinzu, das die Fernverkehrs-Elloks und die neu beschafften IC-Z1A-Steuerwagen schon besitzen. Es löst das grün-weiß-rot-blaue »XMPR« von 1996 an allen IC und das Frecciabianca-Design an allen ETR 500 DC (E 414) sowie mehreren E 402.1 ab. Das etwas aktualisierte »Intercity Notte« der Nachtzugwagen ähnelt dem dunkelblauen ÖBB-»Nightjet«-Outfit.
- **E403** schieben neuerdings auch IC zwischen Rom und Bari mit neuen Z1A Steuerwagen.
- **E405** und **E 412** sieht man nur vor Güterzügen auf der Brennerbahn und in der Po-Ebene.
- **E444** verkehren noch bis Fristablauf von Mailand entlang der Adria und Riviera mit den nicht mehr lange farblich passenden IC-Zügen mit häufigeren Halten als die »Frecciabianca« sowie selten vor Nachtzügen. Ihre Ablösung steht unmittelbar bevor. Zwei **E 444** werden zukünftig als historische Fahrzeuge weiterhin verwendet.
- **E464** »Monocabina« sind die landesweit anzutreffenden Standardlokomotiven. Nach und nach tauschen sie ihr grün-weiß-rot-blaues-»XMPR«-Farbkleid gegen das neue blau-grau-gelbe DPR (DTR). Bis Mitte 2021 erhalten 70 Loks der Reihe E 464 das neue Farbschema »Intercity Sun« für Fernzüge.
- **E 652** und **E 483** fahren Güterzüge für Mercitalia Rail (Halterkennung I-MIR), die auch auf gemietete MRCE-Vectron zurückgreift und die ersten von 40 TRAXX DC 3 (E 494) bekommt. Die E 652 erhalten das neue dunkelgrau-rot-silber Design anstelle von »XMPR«.
- **E656** haben sich auf Sizilien zu den letzten hochwertigen Nacht- und IC-Zügen zurückgezogen, die per Fähre trajektiert werden. Voll im Gange ist ihre Ablösung: Zwischen Messina und Siracusa pendeln zwei E 464 im »Sandwich« pro Zug, da man die »Monocabina« in Siracusa nicht drehen kann. Zwischen Messina und Palermo genügt eine E 464, da hier Drehscheiben vorhanden sind. Die IC-Garnituren aus Rom können auf Sizilien nicht als Wendezug weiterfahren, da sie steuerungstechnisch nicht zu den E 464 passen.
- **ETR 485** mit Neigetechnik fahren als »Frecciargento« auf den Strecken Lecce–Bari–Rom, Rom–Napoli–Reggio di Calabria . Ein ETR 485 wird zusammen mit den fünf ETR 470 (ex Cisalpino) für den Weiterbetrieb in Griechenland umgebaut .
- **ETR 500** (E 414) bedienen entlang der Adria als »Frecciabianca« die Relationen Lecce–Bari–Pescara–Ancona–Bologna–Milano–Torino sowie –Bologna–Venezia.
- **ETR 500/P** (E 404) sind als »Frecciarossa« auch auf den Verbindungen der ETR 400 im Einsatz.
- **ETR 600** mit Neigetechnik verkehren als »Frecciargento« auf den Inlandslinien Bolzano–Bologna–Roma Termini sowie Bergamo–Bologna–Roma Termini und Venezia–Bologna–Roma–Fiumicino Aeroporto.
- **ETR 610** mit Neigetechnik bedienen als »Frecciargento« die internationalen Strecken Milano–Domodossola–Genf/–Basel/–Zürich und nach Frankfurt mit der SBB-Version. Diese befährt ab Dezember 2020 auch die komplett elektrifizierte Relation München–Lindau–Zürich.
- **ETR 700** ohne Neigetechnik fahren seit Juni 2019 als »Frecciargento« in Doppeltraktion auf der Adrialinie Milano–Bologna–Ancona–Pescara–Bari-Lecce. Nach einer umfangreichen Mängelbeseitigung sollen die restlichen ETR 700 bis Mitte 2020 auch die Relation Torino-Milano-Venezia unter die Räder nehmen. Hinter der Bezeichnung ETR 700 verbirgt sich die aus den Niederlanden und Belgien zurückgekehrte Flotte der V 250-FYRA-Züge.
- **ETR 1000** verkehren als »Frecciarossa« im HGV zwischen Torino–Milano–Reggio Emilia AV–Bologna–Firenze und Rom–Neapel–Salerno, einzelne Züge sogar bis Potenza und Taranto sowie im Norden ab/bis Verona und Venezia SL.
- Die modernen Elektrotriebzüge der Reihen **ALe 426/506** »TAF«, **ALe 501/502** »Minuetto«, und die neuen »JAZZ« tragen neben E 464-Wendezügen die Hauptlast des Regional- und Vorortverkehrs auf den elektrifizierten Strecken Italiens. Fest bestellt sind bei Alstom insgesamt 180 Regionalzüge mit der Trenitalia-Bezeichnung »POP« (ETR 103 dreiteilig / ETR 104 vierteilig) vom Typ Coradia Stream. Sie werden seit 2019 an die Regionen Ligurien, Sizilien und Emilia Romagna ausgeliefert. Zusammen 121 vierteilige ETR 421-und fünfteilige ETR 521-Doppelstocktriebwagen vom Typ Caravaggio setzt Hitachi Rail für Trenitalia als »Rock« auf die Schienen. Veneto

Trenitalia/Mercitalia Rail-Triebfahrzeuge

Baureihe	*Achsfolge*	*Leistung*	*vmax*	*Baujahre*	*Anzahl*	*Bemerkungen*
Elektrolokomotiven						
E 401	Bo'Bo'	5 200 kW	220 km/h	2017ff	40	Umbau aus E402A; 0); 4)
E 402B	Bo'Bo'	5 600 kW	220 km/h	1996–2000	80	incl. 3 von RFI für Messfahrten; 1)
E 403	Bo'Bo'	5 600 kW	180 km/h	2006	21	0)
E 404	Bo'Bo'	4 400 kW	250 km/h	2000–08	30	Triebköpfe ETR 500/P; 1)
E 405	Bo'Bo'	6 000 kW	220 km/h	2003–04	41	gebaut als PKP EU11
E 412	Bo'Bo'	6 000 kW	200 km/h	1997–99	20	nur Güterverkehr; 2)
E 414	Bo'Bo'	4 400 kW	200 km/h	1995–98	59	29 Züge ETR 500 »Frecciabianca«
E 444R	Bo'Bo'	3 760 kW	200 km/h	1967–74	21	modernisierte E.444 »Tartaruga«; 12)
E 464	Bo'Bo'	3 000 kW	160 km/h	1998-2015	716	»Monocabina«, incl. TreNord; 3); 4)
E 633.0–1	B'B'B'	4 060 kW	130 km/h	1980–87	1	für Güterzüge; 5)
E 633.2	B'B'B'	4 320 kW	130 km/h	1986–88	13	für Güterzüge
E 652	B'B'B'	4 780 kW	160 km/h	1990–96	166	für Güterzüge
E 655	Bo'Bo'Bo'	3 950 kW	120km/h	2003	11	Umbau aus E.656 für Güterzüge; 12)
E 656	Bo'Bo'Bo'	3 950 kW	150 km/h	1976–90	45	Leerreisezüge und auf Sizilien, RFI-Messzüge; 5); 12)
Elektrotriebzüge für den Fern- und Hochgeschwindigkeitsverkehr						
ETR 400		4 900 kW	360 km/h	2013	50	»Frecciarossa 1000«; 13)
ETR 460 / 463		5 880 kW	250 km/h	1993–95	9	ETR 463; 0)
ETR 470		5 880 kW	200 km/h	1996–97	5	»Frecciabianca«; Umbau 25 KV für Griechenland; 6)
ETR 485		5 880 kW	250 km/h	1997–98	15	Umbau aus ETR 480; 1)
ETR 500		4 400 kW	200 km/h	1995–98	29	»Frecciabianca«, siehe E 414; 7)
ETR 500/P		4 400 kW	300 km/h	2002–05	30	»Frecciarossa« zzgl. RFI, siehe E 404; 7) 8)
ETR 600		2 750 kW	250 km/h	2008	12	»Frecciargento«; 1)
ETR 610		2 750 kW	250 km/h	2009	7	»Cisalpino II«, »Frecciargento«; 9)
ETR 700		5 500 kW	250 km/h	2004–06	17	ex »FYRA« V250, Umbau 2017/19, jetzt ohne NeiTec
ETR 1000						Markenname von Trenitalia; offiziell ETR 400
Elektrotriebzüge für den Regionalverkehr						
ETR 103 /104		2.000 kW	160 km/h	ab 2019	150	»Pop« Coradia Stream, in Auslieferung
ETR 170		2.000 kW	160 km/h	2008	17	6-tlg. ET »FLIRT« SAD/Trenitalia; 6); 14)
ETR 170.2		2.000kW	160 km/h	2017	8	6-tlg. ET »FLIRT« SAD/Trenitalia; 9)
ETR 324		2.048 kW	160 km/h	2016	13	4-tlg. ET »Jazz RegioExpress«
ETR 350		2.000 kW	160 km/h	2012	26	ET »FLIRT« TPER
ETR 360		2.000kW	160 km/h	2012	4	6-tlg. ET »FLIRT«; ST fährt für Trenitalia
ETR 421 / 521 / 621		3.400 kW	160 km/h	ab 2019	121	Dosto-»Rock« Caravaggio.
ETR 425		2.048 kW	160 km/h	2014–17	110	5-tlg. ET »Jazz Base «, »Metropolitana«, »RegioExpress« incl. TN
und TFT						
ETR 425		2.048 kW	160 km/h	2015	8	5-tlg. ET »Jazz Aeroportuale«
ALe 426 /506	Bo'Bo'	1 255 kW	140 km/h	1999–04	89	»TAF«-Doppelstockzüge; 15)
ALe 501 /502	Bo'Bo'	1 250 kW	160 km/h	2004	100	»Minuetto«
ETR 524 (ex ETR 150)		2.000kW	160 km/h	2007	19	4-tlg. »FLIRT« TiLo/TreNord; SBB RABe 524.0; 6)
ETR 524 (ex ETR 150)		2.000kW	160 km/h	2010	17	6-tlg.ET »FLIRT« TiLo; SBB RABe 524.1; 6)
ETR 526		2.048 kW	160 km/h	2016	18	TreNord & TT, 6-tlg. ET »Jazz RegioExpress«; 18)
ETR 563		3.210 kW	160 km/h	2012	8	CAF »Civity« für Tarvisio–Udine, FUC für Trenitalia
ETR 564		3.210 kW	160 km/h	2012	4	CAF »Civity« für AT/SI, bei FUC eingestellt
ALe 582	Bo'Bo'	1 050 kW	140 km/h	1987–89	42	ähnlich ALe 724; 2 an TPER zzgl. 47 für Trenord; 12)
ALe 642	Bo'Bo'	1 218 kW	140 km/h	1991–92	60	ähnlich ALe 582; 12)
ALe 724	Bo'Bo'	1 218 kW	140 km/h	1982–84	22	12)
BTR 813	Bo´2´2´2´Bo´	2 600 kW	160 km/h	2019	5	bi-modaler »FLIRT«, 3 kV /Diesel (700 kW/140* km/h
Diesellokomotiven (nur Streckenlokomotiven)						
D 345	Bo'Bo'	749 kW	130 km/h	1974–79	74	für Güter-, Rettungs-und Leerreisezüge
D 445	Bo'Bo'	1 184 kW	130 km/h	1974–87	99	für Personen- und Rettungszüge (10 bei RFI)
Dieseltriebwagen für den Regionalverkehr						
ATR 220	B`(2)(2)B'	780 kW	130 km/h	ab 2015	58	PESA »Atribo«, Trenitalia »Swing«; 11)
ATR 365 / 465		1950 kW	150 km/h	2015	8	CAF (Spanien) Sardinien, Neitech; 16)
ALn 501/502	Bo'2'2'Bo'	1120 kW	130km/h	2004–10	104	»Minuetto«, ähnlich LINT; 3)
ALn 663.10	(1A)(2)	264 kW	110 km/h	1983–86	16	
ALn 663.11	(1A)(2)	264 kW	130 km/h	1983–86	100	
ALn 668.10	(1A)(2)	250 kW	130 km/h	1976–79	75	3. Generation
ALn 668.12	(1A)(2)	182 kW	110 km/h	1979–80	56	3. Generation
ALn 668.19	(1A)(2)	250 kW	130 km/h	1975–76	37	3. Generation
ALn 668.30-32	(1A)(2)	250 kW	130 km/h	1980–83	170	3. Generation
ALn 668.33	(1A)(2)	340 kW	130 km/h	1980–83	38	3. Generation

Anmerkungen: 0) nur mit Gleichstrom 3 kV im Einsatz; 1) DC3 kV / AC 25 kV (nur Binnenverkehr); 2) DC 1,5/3 kV / AC 15 kV (trotz Zulassung kaum Einsätze in A und D); 3) zuletzt im neuen DPR (DTR)-Regionalverkehrsdesign geliefert, Umbau von 70 Loks für den Fernverkehr ; 4) Lok mit nur einem Führerstand für Wendezüge; 5) teilweise mit Wendezugsteuerung; 6) DC 3 kV / AC 15 kV; 7) Triebköpfe als Reihe 414 bezeichnet; 8) Triebköpfe als Reihe 404.6 bezeichnet; 9) 3-Systemlok oder -triebzug: DC 3 kV / AC 15/25 kV; 10) 5 Triebzüge seit 2015 u.a. als »Leonardo Express« zum Flughafen Rom Fiumicino als Ersatz für Minuetto; 11) Neubestellung mehrerer Regionen, ersetzen nach und nach die älteren ALn 663/668; 12) derzeit in Ausmusterung; 13) Viersystemtriebzüge DC 1,5/3 kV / AC 15/25 kV, weitere 14 Tz bestellt; 14) vierteilige ETR 155 in 2014 zu sechsteiligen ETR 170 verlängert; 15) 64 erhalten zusätzlichen Brandschutz, 10 bei TreNord eingestellt; 16) Umlackierung in DPR (DTR) angelaufen; 17) ein Zug für Postbeförderung »Mercitalia Fast"; 18) 8 aus ETR 425 umgebaut und Lazio erhalten weitere 62 sechsteilige ETR 621 aus der Option über insgesamt 300 »Rock« .

- Die letzten neun **ALn 724** in den DL (Deposito Locomotive) Torino und Napoli Campi Flegrei sollen bis 2020 durch neue E-Triebwagen ersetzt sein.
- Auf den nicht elektrifizierten Strecken des RFI-Netzes kann man in allen Regionen, sogar auf Sardinien, mit »Minuetto«-Dieseltriebzügen **ALn 501/502** fahren. Häufig werden die Nebenstrecken zum Teil im Wechsel mit den klassischen Altbautriebwagen der Reihen ALn 663.10 (Kalabrien) sowie 663.11 (Sardinien, Siena, Salerno–Taranto) und ALn 668 bedient.
- **ALn 668.10** trifft man rund um Lecco Como San Giovanni, Pavia bei der TreNord sowie auf den Nebenstrecken Kalabriens an. ALn 668.12 und Pesa ATR 200 fahren im Raum Belluno/Treviso, Sulmona, auf der Strecke Lucca–Aulla und bei der TreNord. ALn 668.19 wichen zwischen Manfredonia–Foggia–Potenza–Taranto oft neuen ATR 220 im dunkelblauen DPR (DTR)-Nahverkehrsdesign. ALn 668.30-32 bedienen vorwiegend die sizilianischen Nebenstrecken und im Norden die der TreNord sowie bei Pisa, während ALn 668.33 und Pesa ATR 220 den Regionalverkehr Avezzano–Sulmona–L'Aquila und Cassino–Avezzano sicherstellen. Zwischen Terni und L'Aquila fahren die ALn 776 der Umbria Mobilita/Busitalia, früher FCU = Ferrovie Centrale Umbra) teilweise schon im neuen DPR (DTR)-Design.
- **ATR 365** mit Neigetechnik befahren die sardischen Trenitalia-Strecken von Cagliari nach Olbia/Sassari/ Carbonia Serbariu/Iglesias. Zwei ATR 365 wurden zu vierteiligen ATR 465 verlängert.
- Besonders rar sind auch in Italien inzwischen die Einsätze lokbespannter Reisezüge im Regionalverkehr. Hier kommen Dieselloks der Reihe **D.445** noch auf folgenden Strecken, vorwiegend mit Wendezügen, zum Einsatz: Manfredonia–Foggia (nur im Sommer), Siena–Empoli–Firenze–Borgo San Lorenzo, Padova–Camposampiero–Belluno/–Bassano del Grappa (in Elektrifizierung). Und auf Sardinien Oristano–San Gavino–Cagliari–Villamassargia–Carbonia. Starleistung stellen zwei IC-Paare zwischen Reggio di Calabria und Taranto dar.

Einsätze anderer Bahnen im SPFV auf dem RFI-Netz

Italo S.p.A., früher Nuovo Trasporto Viaggiatori (NTV)
Im Hochgeschwindigkeitsverkehr etablierte sich Italo mit 25 ETR 575 »Avelia« von Alstom für 300 km/h im Wettbewerb mit Trenitalia in den Relationen Napoli–Roma–Firenze–Bologna–Milano–Torino sowie Milano–Verona–Venezia bzw. Venezia–Roma und Verona–Roma, seit Juli 2019 ergänzt um den Italobus 22 auf dem ETR 610 basierende ETR 675 »Italo EVO Pendolino« für 250 km/h sind vsl. ab 2020 komplett im Planeinsatz.

ÖBB
Die ÖBB-1216 laufen vor den EC Bologna–/Venezia–Verona–Brenner–München durch, auch auf der Pontebbana fünf farblich angeglichenen Railjet-1216 014, 016, 017, 018, 020 und 019 (Leonardo-da-Vinci-Werbelok) sowie 025 (World Record) beim NJ- und beiden RJ-Paaren Venezia–Wien, ferner die Micotra-Radzüge 1820-1823 Villach–Udine mit den beiden E.190 der Ferrovie Udine-Cividale (FUC).

SNCF
Die SNCF fährt mit TGV von Paris über Modane bis nach Mailand/Milano Centrale.

Weitere Eisenbahnverkehrsunternehmen

Neben Trenitalia SpA besitzen rund 40 weitere Unternehmen eine Lizenz zur Benutzung des staatlichen italienischen Schienennetzes (RFI) mit eigenen Fahrzeugen. Zum Teil handelt es sich um Neugründungen, zum Teil sind traditionelle Privatbahnunternehmen tätig, die nach wie vor ihre Stammstrecken betreiben. Hinzu kommen Neben- und Schmalspurbahnen von nur regionaler Bedeutung.

FNM S.a.A. (Ferrovie Nord S.p.A./ LeNord S.r.l.) **und Locoitalia**
Sie fungiert als Holding der Tochtergesellschaft TreNord (Joint Venture mit Trenitalia und LeNord) für den Personenverkehr mit überwiegend einheitlichem Erscheinungsbild der zum größeren Teil von der FS eingebrachten sowie eigenen ETR 425, ALe 426/506, D 445, E 464, Ale 582, ALn 668 neben LeNord- ATR 115 GTW 2/6 Stadler und ETR 245 »Coradia Meridian« (ähnlich JAZZ) für den Malpensa-Express. Dabei betreibt die FNM den Personenverkehr auf dem eigenen Netz rund um die norditalienische Metropole und auf der landschaftlich reizvollen Dieselstrecke Brescia–Iseo–Edolo sowie auf fast allen Haupt- und Nebenstrecken der RFI in der Lombardei. Vorhanden sind noch E 610 (etwa FS-E 424), E 633 und E.640 (ex SŽ 342) für untergeordnete Einsätze. Zur Beschaffung neuer Lokomotiven für den Einsatz auf dem RFI-Netz hat FNM gemeinsam mit FuoriMuro 2017 die Tochtergesellschaft Locoitalia gegründet, welche seither u.a. vier TRAXX DC3 (E.494) von Bombardier und vier Vectron DC (191) von Siemens bestellt hat.

DB Cargo Italia Srl (vormals DB Schenker Rail Italia Srl)
Hervorgegangen aus der Strade Ferrate del Mediterraneo (SFM) heißt die NordCargo S.r.l. inzwischen DB Cargo Italia und ist im Güterverkehr mit E-Loks der Reihen ES64F4, E 483 und E 191 013-020 (Vectron) zwischen Norditalien (Alessandria) und der Schweiz bzw. in Richtung Deutschland und in der Poebene nach Trieste aktiv. Die DE 520 (ex CD 753) sowie G2000 setzt man auf den nicht elektrifizierten Strecken ein.

Medway – Medway Italia SpA
Die Containerreederei MSC Mediterranean Shipping Company hat Ende 2019 auch in Italien unter dem Markennamen MEDWAY den Gütertransport aufgenommen. Das in Genua ansässige Unternehmen mit einer Niederlassung in Mailand fuhr im Dezember 2019 den ersten planmäßigen Intermodalzug. Derzeit stehen drei 186.2 bereit, von denen eine ihr grau-blaues Railpool-Design gegen das gelbe von MEDWAY eingetauscht hat.

Mit dem ICN1966/1984, der erst am nächsten Tag Mailand erreicht, stand die zwar etwas herruntergekommene, aber graffitifreie E656 093 im Juni 2018 mittags zur Abfahrt in Palermo Centrale bereit. Foto: Martin Wehmeyer.

Rail Cargo Carrier Italia (RCCI), früher Rail Cargo Italia
Diese Gesellschaft gehört zu 100 % der Rail Cargo Austria. Eingesetzt werden gemietete E 186 und E 483 sowie eigene D 753. Es wird auch auf ÖBB-1216 zurückgegriffen. Entsprechend der Anbindung an die Muttergesellschaft kommen die Loks hauptsächlich in Richtung Tarvisio bzw. Österreich zum Einsatz.

RTC - Rail Traction Company SpA
RTC ist ebenfalls in Norditalien unterwegs. Mit ihren EU43 und E.189 (Siemens-ES64 F4) und E.483 bringt das Unternehmen von mehreren Städten in Norditalien Güterzüge bis zum Brenner. Südlich der Alpen fährt noch EU 43-001 im türkisen RTC-Design, das die EU 43 003-008 gegen das schwarz-weiße von Lokomotion mit blauen (002,003,008), roten (004-006) bzw. blau-roten (007) Streifen eingetauscht haben.

SBB Cargo Italia Srl
Diese Tochterfirma der SBB mischt ebenfalls im Güterverkehr Norditaliens mit, speziell von den Grenzbahnhöfen zur Schweiz aus. Dabei setzt sie Lokomotiven der Baureihen E.189 und E.484 ein.

SERFER - Servizi Ferroviari Srl
Mitte 2017 wurde diese Firma umbenannt in Mercitalia Shunting & Terminal Srl (im FS Konzern) und betreibt vorwiegend Rangierdienste auf FS-Anlagen sowie auf verschiedenen privaten Bahnanschlüssen. Sie setzt neben eigenen Vossloh-G2000 einen illustren Fuhrpark aus ehemals deutschen und belgischen Dieselloks ein, aufgrund der Besitzverhältnisse auch E-Loks und Rangierloks von Trenitalia.

Regionale Bahngesellschaften

Ligurien, Lombardei, Piemont, Südtirol/Trentino, Venezien/Friaul

FGC - Ferrovia Genova–Casella
Genova Piazza Manin–Casella (25 km, 1 000 mm, DC 2,4 kV), Depots in Genova, Casella. Die landschaftlich sehr schöne Gebirgsbahn besitzt einen vielfältigen, mittlerweile modernisierten Triebwagen-Fuhrpark sowie einige Altbauellok, die aber nur selten eingesetzt werden.

GTT - Gruppo Torinese Trasporti (vormals SATTI)
Die GTT ist der Nahverkehrsanbieter der Stadt Turin. Sie ist die Betriebsgesellschaft für den Straßenbahn-, Metro- und Busverkehr. Sie hat auch das Schienennetz der vormaligen SATTI übernommen. Deren beiden Linien mit einer Gesamtlänge von 82 km verbinden Settimo mit Pont Canavese, sowie Torino Dora mit Ceres. Beide Strecken sind über die Mitbenutzung von Staatsbahnstrecken verbunden. Dort führen die GTT und die Trenitalia den Verkehr zu gleichen Teilen durch. Die GTT verfügt über 40 elektrische Triebwageneinheiten (Ale054, Ale 056, ETR 234,Ale 501, ETR-Y0530, ALn 668), die mit SCMT ausgerüstet sind.

SAD - Società Automobilistica Dolomiti
Die SAD ist Betreiber des regionalen Schienenverkehrs in der autonomen Provinz Südtirol. Auf der Strecke Meran–Mals werden noch 11 Dieseltriebwagen der Reihe ATR 100 von Stadler eingesetzt. Zur Elektrifizierung (mit 25 kV 50 Hz!) und Aufnahme der elektrischen Direktverbindung nach Bozen im Halbstundentakt ist 2020

in den Sommermonaten eine mehrwöchige Vollsperrung zwischen Mals und Schlanders geplant. Auf den elektrifizierten Strecken Meran–Bozen–Franzensfeste–Brenner (–Innsbruck) und Bozen–Franzensfeste Innichen (–Lienz) verkehren schon für das FS- und ÖBB-Strom- und Sicherungssystem taugliche Einheiten der Reihen ETR 170.0/1 (Stadler). Die dreisystemtauglichen ETR 170.2 besitzen die 25 kV-Zusatzausrüstung für Meran–Mals. Für Ende 2021 sind sieben systemgleiche Cityjet Talent 3 bestellt für durchgehende Züge bis Innsbruck.
Zum Aufgabenbereich der SAD gehört ebenfalls der Betrieb der im Halbstundentakt verkehrenden Rittnerbahn bei Bozen. Planfahrzeuge sind zwei rotbraune Doppeltriebwagen der Trogenerbahn. Wegen verschärfter Bestimmungen zur Bremsanlage darf nur noch eines der beiden vierachsigen Altfahrzeuge mit Holzkastenaufbau und Lyrabügel im Wechsel mit der orangen Esslingen-Nellingen-Tram auf zwei Kurspaaren am weniger frequentierten Vormittag eingesetzt werden (Alioth Nr. 105).

ST – Sistemi Territoriali SpA
Diese Gesellschaft ist aus der FAM (Ferrovia Adria-Mestre) bzw. FV (Ferrovie Venete) hervorgegangen und befindet sich – wie die Vorgängergesellschaften – zu 99 % im Besitz der Region Venetien. ATR 110/116/120/126 (Diesel-GTW) bestreiten den Regionalverkehr zwischen Venedig und Adria sowie auf den FS-Strecken Chioggia–Rovigo und Rovigo–Verona: für den Betrieb stehen auch neun Triebwagen der Bauarten ALn 668 und ALn 663 zur Verfügung. Die ETR 340/343/360 (Elektro-FLIRT) in blauem Design aus dem Hause Stadler werden auf allen elektrifizierten RFI-Strecken der Region Venetien eingesetzt. Darüber hinaus wird die Diesellokomotive D.753.001 vor Güterzügen eingesetzt.

TT – Trentino Trasporti SpA
Die TT entstand 2002 durch den Zusammenschluss der Busgesellschaft Atesina und der Ferrovie Trento Malè (früher auch als Nonstalbahn bekannt). Die 65 km lange mit DC 3 kV elektrifizierte Strecke in Meterspur führt von Trento in das 900 m Höhe gelegenen Mezzana. In Trento und Mezzocorona besteht Übergang auf die FS. Nach Mezzana gibt es 12 Zugpaare; zwischen Trento und Mezzolombardo wird halbstündlich gefahren.
Zum Einsatz auf der Schmalspurstrecke verfügt die TT über 14 zweiteilige und 4 dreiteilige Triebwagen. Die 14 zweiteiligen Einheiten aus dem Jahr 2005 entsprechen einer schmalspurigen Variante des Coradia Lint von Alstom. Die Hauptwerkstatt befindet sich in Trento, Schuppen sind in Male und Mezzolombardo vorhanden. Für Sonderverkehre werden drei (derzeit keine betriebsfähig) historische einteilige Triebwagen vorgehalten.
Die zehn Minuetti ALn 501.601 ff sind auf der Valsuganabahn zu sehen. Die beiden ETR 170 (FLIRT) sowie sechs neue ETR 526 (JAZZ Regioexpress) kommen bis zum Brenner zulasten der Wendezüge mit FS-E 464. Mit den Bergen der Dolomiten im Hintergrund eröffnen sich sehr gute Bedingungen für Eisenbahnfotografen.

Emilia-Romagna, Toskana, Umbrien

TPER/ Dinazzano Po (Güterverkehr), früher FER–Ferrovie Emilia Romagna
Zusammenschluss einiger normalspuriger oberitalienischer Privatbahnen (ACT, ATC, ATCM, FBP, FBV, FP, FPS, FSF) mit folgenden Strecken: Ferrara–Poggio Rusco (DC 3 kV) und Poggio Rusco–Suzzara (zusammen 82 km), Bologna–Portomaggiore–Dogato (63 km), Bologna–Vignola (33 km), Modena–Sassuolo (17 km, weiterhin zwei ex-SNCB ALe sowie ein FLIRT ETR 350; wieder Wochenendverkehr) sowie weitere Strecken um Reggio Emilia. Die Gesellschaft betreibt den regionalen Personenverkehr seit 2012 in Kooperation mit ATC Bologna unter dem Namen »Trasporto Pubblico Emilia Romagna« (TPER) auf eigenen und RFI-Strecken und setzt dafür 33 Fiat-ALn 663 und 668 (analog FS), 16 einteilige Fiat ex ACT (ähnlich Ad 81 der FSE), 12 dreiteilige ATR.220 von PESA, 6 zweiteilige ET (ex-SNCB/NMBS AM54) sowie 10 E.464 ein, die alle in den italienischen Landesfarben lackiert sind. Die Hauptwerkstatt befindet sich in Sermide (ehemals FSF), weitere Depots gibt es in Reggio Emilia, Bologna und Ferrara. Im Urlaubsmonat August (Ferragosto) verkehrt ein Bäderzugpaar »Freccia Orobica« von Bergamo aus durch die Po-Ebene von Juni bis August nach Pesaro mit E.464 und Doppelstockwagen. Für den Güterverkehr sind 3 E483, 14 G2000, die neue Vossloh D284,und 10 kleine bzw. mittlere Dieselloks im Einsatz. Dinazzano Po besitzt noch zwei DE 122 und zwei ex DB »Lollo« die derzeit wegen fehlender Sicherungseinrichtungen nicht fahren können. Für die Tochtergesellschaft »Oceanogate«, die mit Containerzügen in Norditalien unterwegs ist, sind mehrere E 483 im Dienst. Die ex-DB V 200 028 und 029 gehören seit Ende 2015 der Baufirma GEFER und fahren Bauzüge auf dem Staatsbahnnetz. 220 011 und 049 gelangten von Dinazzano Po zur RTC für Rangierdienste in Verona. Die sechs E.640 (ex-SŽ 342) stehen zum Verkauf.

TFT Trasporto Ferroviario Toscano (ehem. FSAS – Ferrovia Stia–Arezzo, LFI – La Ferroviaria Italiana)
Stia–Arezzo (45 km, 1 435 mm, DC 3 kV), seit 2004 wieder Bahnverkehr auf der Strecke Arezzo–Sinalunga (40 km), Depot in Arezzo-Pescaiola. Neben der FNM eine der lohnendsten Privatbahnen wegen großer Typenvielfalt, aber leider oft mit Graffiti, u.a. SNCB-Triebwagen und drei bei der FS ausrangierte ALe 801/940 für den Studentenverkehr. Der Planbetrieb wird mit vier »Minuetti« (hier »Elfo«) und zwei in 2017 übernommenen »JAZZ Suburbano« für neue Durchläufe bis Firenze abgewickelt. Vor Güterzügen mit Betonfertigteilen kommen selten ex-FS-Elloks der Reihe E 626 zum Einsatz.

TUA – Trasporto Unico Abruzzese, früher FAS–Ferrovia Adriatico Sangritana Srl
Personenverkehr findet auf der Stammstrecke Pescara–San Vito (auf FS-Gleisen) und weiter auf der neuen, teils parallel zur Autobahn verlaufenden 17 km kurzen Trasse nur noch bis Lanciano statt. Im Personenverkehr fahren die modernen Lupetto (ETR 324), die den Elektro-Minuetto bei der FS entsprechen. Jenseits der Stammstrecke betreibt TUA mehrere Personenzüge auch zwischen

Teramo/S. Benedetto del Tronto und Termoli auf RFI-Strecken. Für Güterverkehr besitzt TUA 3 E483. Eigene D 752 (Taucherbrillen) werden auf dem langen Bahnanschluss Fossacesia–Saletti täglich mit Güterzügen für die Beförderung von Neubaunutzfahrzeugen eingesetzt. Das neue Bw befindet sich in der Nähe von Lanciano; das alte Bw im alten Bahnhof von Lanciano wird noch genutzt. Kein Verkehr auf der 86 km langen Strecke von Lanciano über Crochetta-Archi nach Castel di Sangro.

Latium (Umgebung Rom), Kampanien (Großraum Neapel)

ATAC, früher Met.Ro-Linie F (vormals COTRAL; Ferrovia Roma Nord)
Die Strecke Roma Piazzale Flaminio–Viterbo Nord (102 km, 1 435 mm, DC 3,3 kV) mit dem Depot in Aqua Acetosa gehört inzwischen zum Regionalbahnsystem der »Metropolitano di Roma SpA« (Met.Ro). Der Einsatz von sechs modernen Triebzügen ist auf den zweigleisigen Abschnitt Roma P. F.–Prima Porta (dort S-Bahn-Verkehr) beschränkt; bestes Fotomotiv: Steinbogenviadukt bei Bagnaia.

ATAC, früher Met.Ro-Linie G (vormals COTRAL; Roma Termini–Centocelle)
Der letzte noch betriebene Streckenabschnitt (5,4 km, 950 mm, DC 1,65 kV) der Anfang des 20. Jahrhunderts gegründeten »Societa per le Ferrovie Vicinali« (SFV, mit Nebenbahnen von Rom über Anticoli–Frosinone bis nach Isola Liri) ist heute ebenfalls in das System der Met.Ro integriert. Eingesetzt werden zwischen Termini Laziali über den Tramknotenpunkt Porta Maggiore nach Centocelle Stadtbahnwagen von FIREMA und mehreren Vorkriegstriebwagen, die in den 1950er Jahren neue Wagenkästen erhielten.

EAV (Neapel), früher CV Circumvesuviana (Neapel)
Das von »Ente Autonomo Volturno srl« (EAV) betriebene Netz der »Circumvesuviana« in der Spurweite 950 mm ist mit DC 1,5 kV elektrifiziert und hat eine Gesamtlänge von 138 km. Vier Linien dieser Bahn führen vom Bahnhof Napoli-Piazza Garibaldi (neben dem Hauptbahnhof der FS) rund um den Vesuv sowie nach Baiano, Sarno und Sorrent.
Mit 112 verschiedenen dreiteiligen elektrischen Triebwagen wird ein dichter Personennahverkehr durchgeführt, der im Raum Neapel teilweise im Fünfminutentakt abläuft. Zu den in den Jahren 1971 und 1989 beschafften Einheiten ETR 001 bis ETR 118 kamen in den Jahren 2006 bis 2008 weitere 26 neue Einheiten der Reihe ETR 200 »Metrostar« von Ansaldo-Breda und Firema. Werkstätten und Fahrzeugschuppen befinden sich in Brin, San Giovanni und Ponticelli. Die Strecken der Circumvesuviana führen außerhalb der Stadt Neapel durch Gebiete mit Landwirtschaft und Obstplantagen. Dadurch gibt es viele gute Aufnahmemöglichkeiten, an verschiedenen Stellen auch mit dem Vesuv im Hintergrund.

EAV (Neapel), früher SEPSA–Società per l'Esercizio do Publici Servizi SpA
Die ehemalige SEPSA betreibt ein 46,8 km langes mit 3000 V= elektrifiziertes Regelspurnetz. Es führt jeweils vom Bahnhof Neapel-Montesanto nach Torregaveta. Die »Circumflegerea« ist 27 km lang und führt östlich um die flegreischen Felder. Die zweigleisige »Cumana« (19,8 km) ist die kürzere Küstenstrecke über Pozzuoli nach Torregaveta. Um die Zugfolgen von 10 bis 20 Minuten zu halten, werden 32 verschiedene Triebfahrzeuge der Baujahre 1958 (ET 100 ähnlich Ale 801/940), 1977 (ET 200) und 1991 (ET 400 von Firema/Stanga) vorgehalten. Ab 2008 wurden weitere 12 Einheiten des Typs ET 500 »Alfa Star« von Firema beschafft. 2016 erschien der erste von neun Alfa 2 (ETR 243.01 ff.), gefolgt vom ersten der zwölf ET 501 des Typs Alfa 3 von Firema in 2017. Betriebswerke befinden sich in Fuorigrotta (Cumana) und Quarto (Circumflegrea).

Apulien, Basilikata, Kalabrien

FdG – Ferrovie del Gargano
Die landschaftlich reizvolle Normalspurstrecke beginnt an der FS-Küstenstrecke in San Severo bei Foggia und endet im 79 km entfernten Peschici Calenella. Planfahrzeuge sind zwei 2007 modernisierte zweiteilige Triebwagen aus den fünfziger Jahren und sieben neue Flirt-Triebwagen von Stadler auf der Strecke von Foggia nach Lucera (ETR 330). Von San Severo aus wird Apricena über eine ortsnahe Neubaustrecke angebunden.

FT – Ferrotramviaria
Die Ferrovie del Nord Barese, kurz Ferrotramviaria, betreiben den SPNV auf der 75 km langen Strecke Bari–Bitonto–Palese–Barletta, Bari–Bari S. Paolo (Krankenhaus) sowie dem neuen Zubringer zum Flughafen Bari mit ET der Reihen ELT, ETR 341/342 (FLIRT) und ETR 452 (CAF Civity) der Baujahre 2005–2014. Vier eigene E.483 werden für Containerzüge Bari Palese–Melzo (Mailand) eigesetzt.

FAL – Ferrovie Appulo-Lucane
Auf dem 183 km langen Schmalspurnetz (950 mm, nicht elektrisch) zwischen Bari, Matera und Potenza (z.Z. nur bis Genzano) sowie zwischen Potenza und Avigliano kommen Fiat-Triebwagen und Stadler-GTW zum Einsatz. Die Breda-Triebwagen Typ M2 um Potenza wurden 2013 durch FIAT M4 sowie 18 zwei- und dreiteilige GTW von Stadler ersetzt.

FC – Ferrovie della Calabria
Diese Schmalspurbahn (950 mm, nicht elektrisch) betreibt die Strecken von Cosenza nach Catanzaro Lido (113 km) und nach San Giovanni in Fiore (77 km, zwischen Pedace und San Giovanni in Fiore wurde 1997 der PV nach einem Erdrutsch eingestellt) sowie von Gioia Tauro nach Cinquefrondi (32 km) und Palmi (9 km), welche seit 2011 ebenfalls keinen PV mehr aufweisen. Im Stadtgebiet von Catanzaro befindet sich ein rund 2 km langer Strub-Zahnstangenabschnitt. Im aktuellen Fahrplan sind auch 2020 weiterhin nur die Abschnitte Catanzaro–Soveria Manelli sowie Cosenza–Rogliano–Marzi in Betrieb. Zum Einsatz kommen Triebwagen von Breda (davon ein aufgefrischter), Fiat und Stadler. Dampfbetrieb findet häufig an Sonntagen zwischen Moccone–Camigliatello–San Nicola-Silvana Mansio (Treno della Sila; Info: http://www.trenodellasila.it) bis auf 1.406 m Seehöhe mit der FCL 353 (Borsig 1926, seit 2013 wieder betriebsfähig) statt.

FSE – Ferrovie Sud-Est
Mit 493 km Streckenlänge (1 435 mm) das umfangreichste Privatbahnnetz Italiens, Depots in Bari Sud-Est und Lecce. Die FSE bedient etliche Strecken im Süden Apuliens, wobei an Sonn- und Feiertagen alle Züge durch Busse ersetzt werden. Dieseltriebwagen für den Personenverkehr stammen aus den siebziger Jahren bis 2010, daneben sind verschiedene Diesellokomotiven für den spärlichen Güterverkehr vorhanden. Über der Strecke Bari–Putignano–Martina Franca hängt bereits der Fahrdraht. Sie wird mit ETR 322, den Impuls II von NEWAG aus Polen befahren. Im Rahmen eines Investitionsprogramms wird auch die nach Taranto weiter führende Strecke elektrifiziert sowie Martina Franca–Lecce–Zollino–Gagliano Leuca. Damit einher geht die seit der schweren Kollision am 12.07.2016 bei Corato (Bari) auf der FT für etwa ein Dutzend Privatbahnen vorgeschriebene Umrüstung auf das Zugsicherungssystem SCMT, um die Beschränkung der Streckenhöchstgeschwindigkeit von 50 km/h auf den meisten Strecken wieder aufheben zu können. Wegen organisatorischer Unregelmäßigkeiten wurde die FSE am 30.11.2016 von Trenitalia übernommen (Netz an RFI). Weiterhin im Bestand sind die vier zweiteiligen Ad 81–88 (davon 83/84 in rot), deren einteilige Gegenstücke ALn 067–082 man von der TPER kennt. Flächendeckend sind die noch »verkehrsroten« ATR 220-Triebwagen von PESA anzutreffen, deren erster das blaue DPR (DTR) der FS erhielt. Die seltenen italienischen Formsignale südlich von Lecce sind außer Betrieb.
Unter die hellblauen Ad-Einteiler (ähnlich ALn 668.10) mischt sich Ad 37 in rot, der wegen der künftigen Umlackierung in DPR(DTR) ein Exot bleiben wird. Für Sonderfahrten stehen restaurierte Vierachser sowie die BB 162 und D 169 (FS-D 343.1039) zur Verfügung. Breda-Ad 72 steht im Eisenbahnmuseum von Lecce. Die zuletzt eingesetzten BREDA-VT rosten in Bari vor sich hin. Einigen nicht mehr benötigte Fahrzeuge, wie DE 122 und die Ad 121/122-131/132 mit E.464-Fronten wurden inzwischen verschrottet. Breda-Ad 80 bleibt für Sonderfahrten erhalten.

Sardinien und Sizilien

ARST – Azienda Regionale Sarda Trasporti SpA (bis 2008 FdS–Ferrovie della Sardegna)
Die ARST betreiben ein Schmalspur-Streckennetz (950 mm) auf der Insel Sardinien. Die Strecken verfügen über viele Kunstbauten, werden aber zum Teil nur im Touristikverkehr befahren. Fahrpläne des OPNV sind im Internet abrufbar unter http://arst.sardegna.it/orari_e_autolinee/TPL.html.

- Nuoro–Macomer (58 km, seit 2017 mit drei ADeS von Stadler), Macomer–Bosa Marina (46 km, Touristenzugpaar »Trenino Verde« an einzelnen Tagen, hauptsächlich von April bis Oktober).
- Cagliari–Mandas–Isili–Laconi–Sòrgono (165 km, »Trenino Verde« an 22 Tagen ab Mandas.), Mandas–Seui–Gairo–Arbatax (160 km, nur »Trenino Verde« Mandas–Seui an 37 Tagen; Gairo-Arbatax an 71 Tagen bis Mitte August 2020, dann Bauarbeiten). Cagliari setzt seine Dampflokomotive (FCS 400) wegen Waldbrandgefahr nicht im Hochsommer ein. In Cagliari von P. Repubblica bis Monserrato, Betrieb der »Metrocagliari« auf der alten Trasse mit Stadtbahnwagen von Skoda.
- Sassari–Sorso/Alghero (46 km, Ersatz der ADm von 1957 durch vier ADeS von Stadler, sechs weitere 2019 bestellt, in der Innenstadt von Sassari stadtbahnmäßig ausgebaut für die »Metrosassari«) sowie Sassari–Nulvi–Tempio-Pausania–Palau (151 km, »Trenino Verde« an 119 Tagen). Eine Einstellung dieser beliebten Züge ist derzeit nicht erkennbar. Bw in Cagliari, Macomer und Sassari. Triebwagen und Lokomotiven aus den Jahren 1957 bis 1960; schon seit 1996 Triebwagen ADe 91–98.

FCE – Ferrovie Circumetnea (Sizilien)
Die Circumetnea ist eine Schmalspurbahn in der Spurweite 950 mm mit einer Streckenlänge von 113 km. Sie führt von Catania westlich um den Etna bis auf 976 m Höhe und fällt dann bis Giarre/Riposto wieder auf Meereshöhe ab. Landschaftlich ist sie eine interessante Bahn. An vielen Stellen führt sie durch Lavafelder über wiederaufgebaute Strecken, wie im Bereich Bronte. In Catania besteht Anschluss von der FS über die normalspurige Metro nach Catania Borgo (Vorstadt) zur »richtigen« FCE. An ihrem anderen Ende ist in Giarre/Riposto der Übergang zur Trenitalia gegeben. Im Bereich Catania Borgo bis Randazzo wird fast stündlich gefahren. Die FCE setzt auf der schmalspurigen Dieselstrecke »rund um den Ätna« noch modernisierte Triebwagen aus den Jahren 1952 bis 1991 ein. 2014 wurde ein weiterer modernisierter Abschnitt von Adrano über Biancavilla nach Paterno in Betrieb genommen. Die vier zweiteiligen Neubautriebzüge »Vulcano« des polnischen Herstellers Newag, bei der FCE als DMU-001-004, verkehren im Plandienst auf den Langläufen von Catania bis Randazzo. Vier identische Züge sind bestellt.
Die Metrolinie in Catania besitzt eine DC-3-kV-Oberleitung. Die Hauptwerkstatt für die Dieselfahrzeuge befindet sich in Catania Borgo, Schuppen gibt es in Riposto, Bronte und Randazzo. Für Sonderfahrten werden einige historische Fahrzeuge vorgehalten, darunter eine Littorina.

Museen und historische Züge

Sonderfahrten mit Trenitalia-Fahrzeugen
Zu Beginn des Jahres 2013 wurde die »Fondazione FS« (FS Stiftung) gegründet, um die gesamte Geschichte und Entwicklung der italienischen Eisenbahn zu koordinieren und zu dokumentieren. Sitz der Stiftung ist Rom, wo auch das gesamte technische und Foto-/Video-Archiv neu organisiert wurde. Zusätzlich verwaltet die Stiftung das Museum in Pietrarsa (bei Neapel) mit ca. 220 Fahrzeugen (teils betriebsfähig) und die gesamte Verwaltung von Sonderfahrten. Auf der Internetseite www.fondazionefs.it werden alle zugesagten Sonderfahrten veröffentlicht.
Die Mehrheit der Fahrzeuge befinden sich in den ehemaligen Bw Pistoia, La Spezia und der Wagenwerkstatt Milano Centrale. Mit festen Verträgen unterstützen Eisenbahnfreundevereinigungen die Stiftung bei der Unterhaltung der Fahrzeuge, die sich in den Bw Turin, Tirano, Verona, Venezia Mestre, Bologna, Rom und Palermo befinden.
Vorbildlich restaurierte Dampflokomotiven, Altbauelloks und Triebwagen stehen für Sonderfahrten zur Verfügung,

Die Schmalspurbahnen in Sardinien umfassen rund 630 km, heute werden knapp 210 km noch im Nahverkehr durch die ARTS betrieben. Auf der Linie Macomer–Nuoro kommen die alten Fiat-ADe aus 1957 und die neuen Stadler-Züge zum Einsatz. Der ADe13 wurde im Juli 2017 am Bahnhof Tirso als Personenzug 633 nach Macomer fotografiert. Foto Paul Gregor Liebhart.

und zwar Exemplare der Reihen 625 (1'C h2), 640 (1'C h2), 685 (1'C1'h4), 740 (1'D h2), 741 (1D h2, Franco Crosti), 880 (1'C h2t), 940 (1'D1'h2t), E 428, 626, 632, 633, 636, 645, 646, 655, 656, D 343, D 443, D 445, Elektrotriebwagen ETR 252 (Arlecchino), Dieseltriebwagen ALn 556, 668 und 772. Die Reaktivierung des Triebzuges ETR 302 »IL SETTEBELLO« (dem ETR 252 ähnlich) ist für 2022 geplant. ETR 232 aus den 30er Jahren und ETR 450 (Pendolino) sollen folgen.
Folgende Verbände und Institutionen veranstalten zuweilen exklusive Sonderfahrten und Rahmenprogramme für Eisenbahnfreunde (z. B. Fotozüge) auf RFI- und Privatbahnstrecken in ganz Italien:

- **FTI Ferrovie turistiche italiane**: www.ferrovieturistiche.it
- **Italia on Rails**, italiaonrails@gmail.it
- **Reisebüro ERGON GROUP**, www.ergongroupsrl.it/

Luino
Die Gesellschaft »Verbano-Express« verwahrt in Luino die E.428.174 und 208 sowie die ex SBB Be 4/6 12339. Diese Gesellschaft organisiert auch Sonderfahrten von Luino in die Schweiz mit der ex-DR 50 3673.

La Spezia–Museo Nazionale dei Trasporti, Sezione Ferroviaria
Im ehemaligen FS-Wagenwerk nahe dem Bahnhof La Spezia Centrale befindet sich seit einigen Jahren eine Sammlung von Lokomotiven und anderen Exponaten der Bahngeschichte, u.a. die Ellok E.626-294 sowie die ehemaligen FS-Dampflok 640-004; nähere Informationen unter www. museonazionaletrasporti.it.

Milano–Museo Nazionale della Scienza e della Tecnica »Leonardo da Vinci«
Sammlung von zahlreichen Dampf- und Elektrolokomotiven in Mailand; Adresse: Via S. Vittore 21, Milano.

Napoli–Museo Ferroviario Nazionale di Pietrarsa
In einem ehemaligen Ausbesserungswerk bei Neapel eingerichtetes Eisenbahnmuseum der FS, neben zahlreichen Dampflokomotiven auch Elloks (z. B. E.400.001 ex Aostatal, ex FCV L.903 und E.551.001 trifase).

San Marino
Im Stadtstaat San Marino wurde ein 800 m langes Teilstück der früheren elektrischen Schmalspurbahn Rimini–San Marino und der Triebwagen AB03 reaktiviert. Leider fehlt noch die Zulassung für den öffentlichen Verkehr.

Trieste–Campo Marzio
Sammlung von Eisenbahn- und Straßenbahnfahrzeugen im stillgelegten Bahnhof Campo Marzio. Die FS-Stiftung hat das Museum übernommen und mit der Sanierung der Anlagen und Exponate begonnen. In einer zweiten Phase soll der Bahnhof wieder ein Dach erhalten und für Sonderfahrten im Raum Triest reaktiviert werden. Das Museum ist derzeit wegen Renovierung geschlossen, die Wiedereröffnung ist für 2020 geplant.

Torino–Museo Ferroviario Piemontese
Privatvereinigungen bauen ein Museum mit wertvollen Stücken aller Traktionsarten auf, die teilweise in der Lokhalle von Rivarolo und im Bf Torino Mosca untergebracht sind. Im Jahr 2004 wurde ein eigenes Museumsgelände in Savigliano eingeweiht. Nicht betriebsfähige Dampflokomotiven: ex FS 640.122 und 422.009 (ex pr.G8). Kontaktadresse: Associazione Museo Ferroviario Piemontese, Corso Bolzano 44, I-10212 Torino.

Eisenbahnmuseum Lecce
Dieses beherbergt z. B. die FSE-Diesellok BB 159, FS Rangier-E-Lok E 323.105 mit »Anhänger« E 324.105, E 626 033 und 905.043. Im Juli und August von 9.30–12.30 Uhr geöffnet an Di/Do/Sa sowie sonntags von 17.30–20.20 Uhr. (Info: http://www.ferromuseopuglia.altervista.org/).

Sizilien
Der Verein »Treno D.O.C.« unterhält eine Reihe betriebsfähiger Normalspurfahrzeuge, z.B. die Lokomotiven D343.1001, E626.428, E636.128, ein Dutzend Reisezugwagen und die Dieseltriebwagen ALn 668.1616/1616 sowie weitere nicht betriebsfähige Loks. Es werden regelmäßig Sonderfahrten auf der Insel Sizilien organisiert (Info: www.trenodoc.it). ■

Slowenien

Hans-Georg Löwe

Bei Žerovinci ist am 21.04.2018 eine 363 mit einem Containerzug nach Koper unterwegs. Foto: Hans-Georg Löwe.

Zur Einreise in das EU-Land Slowenien genügt der Personalausweis, Zahlungsmittel ist der Euro. Das Fotografieren von Eisenbahnen ist unproblematisch. Eine Bahnreise ist möglich mit den EC-Zügen Salzburg/Villach-Ljubljana, weiterhin verkehren die beiden Nachtzugpaare EN 414/415 (Zürich-Zagreb) und EN 498/499 »Lisinski« (Kurswagen München-Zagreb). Bedingt durch umfangreiche Sanierungsarbeiten erfolgt zeitweise Schienenersatzverkehr.

Slovenske Železnice–SŽ

Die slowenische Eisenbahn ist einer der modernsten Bahnbetriebe Mitteleuropas, bereits nach der Jahrtausendwende begann die Beschaffung zeitgemäßer Drehstromelloks und E-Triebwagen. Auf den Nebenbahnen werden die Züge teilweise noch klassisch vom Fahrdienstleiter abgefertigt – leider herrscht dort im Reisezugverkehr fast überall Wochenendruhe. Insgesamt präsentiert sich eine fotogene Eisenbahn mit vielfach altösterreichischem Charme. Unter dem Dach der Muttergesellschaft versammeln sich SŽ - Potniški promet, d.o.o. (SŽPP, Reiseverkehr) und SŽ - Tovorni promet, d.o.o. (SŽTP, Güterverkehr), für Traktion und Fahrzeuginstandhaltung zuständig ist SŽ - Vleka.

Streckennetz

Streckenlänge	1 201 km	(Normalspur)
▪ davon elektrifiziert	499 km	(3 000 V Gleichstrom)

Landschaftlich herausragend sind die Wocheiner- und Karstbahn Jesenice–Nova Gorica–Sežana (Gebirgsbahn mit Dieselbetrieb, im Nordabschnitt alpin mit dem 6.339 m langen Wocheinertunnel, im Südabschnitt Karst mit der Rampe Prvačina–Štanjel) und die in jugoslawischer Zeit gebaute, grandiose Koperbahn (elektrifiziert, Karstrampe ab Presniča mit einmaliger Talkehre, starker Güterverkehr von SŽ, RCA und AT). Die altösterreichische Südbahn (Wien-) Maribor–Ljubljana–Sežana (-Triest) sollte man einmal komplett besuchen, besonders die Abschnitte Ljubljana–Zidani Most (enges Savetal) und Borovnica–Divača. Grundlegend modernisiert und elektrifiziert wurde die Strecke Pragersko–Ormož–Murska Sobota–Hodoš für den Reise- und Gütertransit nach Ungarn. Jesenice und Spielfeld-Straß (zu den ÖBB), Dobova und Šapjane (zu den HŽ) sowie Hodoš (zur MÁV) sind Systemwechselbahnhöfe, jeweils mit Streckentrenner in Bahnhofsmitte. Als Gleisdreieck angelegt sind die Abzweigbahnhöfe Zidani Most (direkte Züge Zagreb–Wien) und Pragersko. Formsignale finden sich nur noch sehr vereinzelt im Land; schönen Nebenbahnbetrieb bieten die Lokalbahnen um Celje sowie die Drautalbahn Maribor–Dravograd (– Bleiburg/ÖBB). Zentraler Rangierbahnhof der SŽ ist Ljubljana Zalog.
Die Strecke Grosuplje–Kocevje wurde in den letzten Jahren komplett saniert. Die für Dezember 2019 geplante Aufnahme des Personenverkehrs wurde nochmals verschoben.
Seit zwei Jahren ist ein weiteres umfassendes Modernisierungsprogramm des Streckennetzes im Gange, grundsaniert werden beide Streckengleise Zidani Most–Celje. Eine weiteres Bauvorhaben ist der zweigleisiger Ausbau der Strecke Maribor nach Spielfeld-Straß (ÖBB).

Triebfahrzeugeinsatz

Das wichtigste Depot von SŽ VIT, Ljubljana Moste liegt östlich des Hauptbahnhofs, wo alle Elloks, E-Triebwagen sowie ein Teil der Reihen 644, 664 und der Dieseltriebwagen beheimatet sind. Weitere Depots befinden sich in Maribor (644, 664, 813), Celje (813.0), Novo Mesto (644, 664. 713) und Nova Gorica (644, 664, 813.1), weitere Einsatzstellen finden sich in Jesenice, Divača, Pragersko und Murska Sobota.
Drei Ellok-Reihen teilen sich die Bespannung des Personenfern- und Güterverkehrs im Gleichstromnetz. Die 363 (»Brižit«) sind im Güterverkehr auf allen Strecken des Landes anzutreffen, werden sich aber in Zukunft auch nach Maribor (ÖBB) die Leistungen mit den 541 teilen müssen.
Für die lokbespannten Binnenfernzüge reicht die Reihe 341 (»Moped«) aus, lediglich in der Sommersaison wird das Zugpaar ICS 503/IC 502 »Pohorje« mit einer 363 bespannt. EC-Züge der Relation Salzburg–Kroatien werden von den

SŽ–Triebfahrzeuge

Baureihe	Achsfolge/Bauart	Leistung	Hersteller	Baujahr	Anzahl	Bemerkungen
Elektrolokomotiven						
342	Bo'Bo'	2 000 kW	Ansaldo	1968–70	9	6 betriebsfähig
363	Co'Co'	2 750 kW	Alsthom	1976–77	38	ähnlich CC 6500 SNCF
541	Bo'Bo'	6 400 kW	Siemens	2005–09	32	wie 1216 ÖBB 1)
Elektrotriebwagen						
310	(1A)'(A1)' + 2'2'+(1A)'(A1)'	1.960 kW	Fiat	2000–01	3	dreiteilig, »Pendolino«
311	2'2'+Bo'Bo'+2'2'	1 392 kW	Pafawag	1975	3	dreiteilig
312.0	Bo'+2'+Bo'	1.650 kW	Siemens	2000–01	10	zweiteilig
312.1	Bo'+2'+2'+Bo'	2.000 kW	Siemens	2001	20	dreiteilig
Diesellokomotiven						
642	Bo'Bo'-de	614 kW	Đuro Đaković	1961–72	17	Lizenz Brissoneau & Lotz, 2) 3)
643	Bo'Bo'-de	680 kW	Đuro Đaković /B&L	1967–78	15	8 betriebsfähig
644	(A1A)'(A1A)-de	1 000 kW	Macosa	1973–74	12	Lizenz GM, 4 betriebsfähig
664.1	Co'Co'-de	1 617 kW	Đuro Đaković	1984–85	20	Lizenz GM, 11 betriebsfähig
731	C-dh	294 kW	Đuro Đaković	1958–65	1	Lizenz Jenbach, 731-022 Museum
732	C-dh	441 kW	Đuro Đaković	1970–75	3	Lizenz Jenbac
Dieseltriebwagen						
711	2'Bo'+Bo'2'-de	420 kW	MBB	1970	6	zweiteilig
713/715	B'2'+2'2'-dh	367 kW	MBB/TVT Maribor	1982–83	25	zweiteilig
813/814.0	(1A)'(A1)'+2'2'-dm	440 kW	Fiat/TVT Maribor	1973	7	zweiteilig
813/814.1	(1A)'(A1)'+2'2'-dm	440 kW	Umbau TVT Maribor	1989	29	zweiteilig, 24 betriebsfähig

Anmerkungen: 1) für 3 kV= sowie 15 kV/16,7 Hz und 25 kV/50Hz; 2) wie BB 63500 SNCF; 3) ab 2019 Modernisierung

541 durchgehend zwischen Villach und Dobova bespannt, ansonsten sind die Taurus-Maschinen im Güterverkehr auf der Koperrampe (auch als Schublok Koper–Hrpelje-Kozina) daheim. Über Villach hinaus gelangen sie mit Schnellgüterzügen bis Salzburg und München. In Zusammenarbeit mit LTE werden durchgehende Frachten der Relation Tschechien–Slowenien (Břeclav–Spielfeld-Straß–Ljubljana geführt.

Der ICS-Verkehr (InterCity Slovenija) in der Relation (Koper–) Ljubljana–Maribor ist Aufgabe der Pendolini der Reihe 310. Der elektrische Nahverkehr ist fest in der Hand der zwei- und dreiteiligen Triebwagen der Reihe 312; die letzten verbliebenen Pafawag-Einheiten (»Gomulka«) sind noch werktags zwischen Ljubljana und Jesenice im Einsatz. Auf den Nebenbahnen dominieren Dieseltriebwagen (713 vor allem im Umland von Ljubljana; 813.0 von Celje aus). Die letzten MBB-Doppeltriebwagen der Reihe 711 fahren als höherwertige Leistungen nur noch IC 518/519 »Ptuj« Ljubljana–Hodoš und den Saisonzug nach Pula (HR), ansonsten sind sie ebenso auf den Lokalbahnen anzutreffen.

Den Großdiesellokomotiven bleiben nur örtlich begrenzte Leistungen. Von Nova Gorica aus sind 664 im Güterverkehr auf der Wocheinerbahn tätig. Vier bzw. im Sommer 5 Zugpaare des »avtovlak« für den Pkw-Transport durch den 6327 m langen Bohinj-Tunnel werden ebenfalls wieder mit einem »Reagen« bespannt und verkehren bis auf AVT 854/855 zwischen Bohijnska Bistrica und Most na Soči.

Weitere diesellokbespannte Güterverkehre gibt es im Drautal von Maribor nach Prevalje (644), auf den Strecken Ljubljana–Novo Mesto (664, 644, gelegentlich 661), Ljubljana–Kamnik (643), Ljubljana–Ribnica (664), Celje–Velenje (643) und Celje–Rogateć (664). Im Transitverkehr über Kroatien sind zwei 664 zwischen Pragersko und Murakeresztúr im Einsatz.

Beginnend in diesem Jahr ist die Beschaffung von 30 neuen Triebzügen (11 ET vierteilig, 10 Doppelstock-ET dreiteilig, 5 Dieselzüge dreiteilig) aus dem Hause Stadler vorgesehen, eine Option auf weitere 26 Züge wurde vereinbart. Des weiteren liefert ČZ Loko vier 836 kW starke dieselelektrische Bo´Bo´-Rangierdiesselloks (CD-Reihe 744) an SŽTP.

Rail Cargo Slovenia (ÖBB)

Die slowenische Tochter der Rail Cargo Austria teilt sich zum einen mit SŽ TP den internationalen Frachtverkehr auf der Achse Koper–Ljubljana–Jesenice–Villach, führt zum anderen aber auch eigenwirtschaftliche Verkehre als »Dritter« auf slowenischen Gleisen. Zum Einsatz kommen RCA-1216 der Traktion Villach, auch die 2016 ist zugelassen.

Adria Transport d.o.o., Koper

Adria Transport ist eine gemeinsame Tochter des Hafens Koper und der österreichischen GKB und war das erste nichtstaatliche Güterverkehrsunternehmen auf dem Netz der SŽ. Mit den drei blau-silbernen Taurus-Lokomotiven 1216 920–922, zwei aufgearbeiteten 1822 der ÖBB (»Brenner-Lok«) und den beiden 2016 920/921 werden Hinterlandverkehre zwischen Koper und Österreich geführt.

Museales

In den Sommermonaten gibt es auf der Wocheinerbahn sowie auch zwischen Celje und Imeno regelmäßig Dampfsonderzüge; zum Einsatz kommen je nach Verfügbarkeit 25-026, 33-037 (Henschel 27943/1944, wie 52 DR) oder gar die jugoslawische »Einheitslok« 06-018.

Zu empfehlen ist ein Besuch des Eisenbahnmuseums auf dem Gelände des früheren Endbahnhofs der Kronprinz-Rudolf-Bahn Ljubljana–Šiška, nordwestlich des Hauptbahnhofs (Železniški musej, Parmova 35); Öffnungszeiten: dienstags bis sonntags 10 bis 18 Uhr. Neben der exponatreichen Darstellung der Bahngeschichte wird eine stattliche und sehenswerte Sammlung von Dampflokomotiven (auch Schmalspur) und historischer Elloks betreut. Außerdem finden sich im ganzen Land zahl-

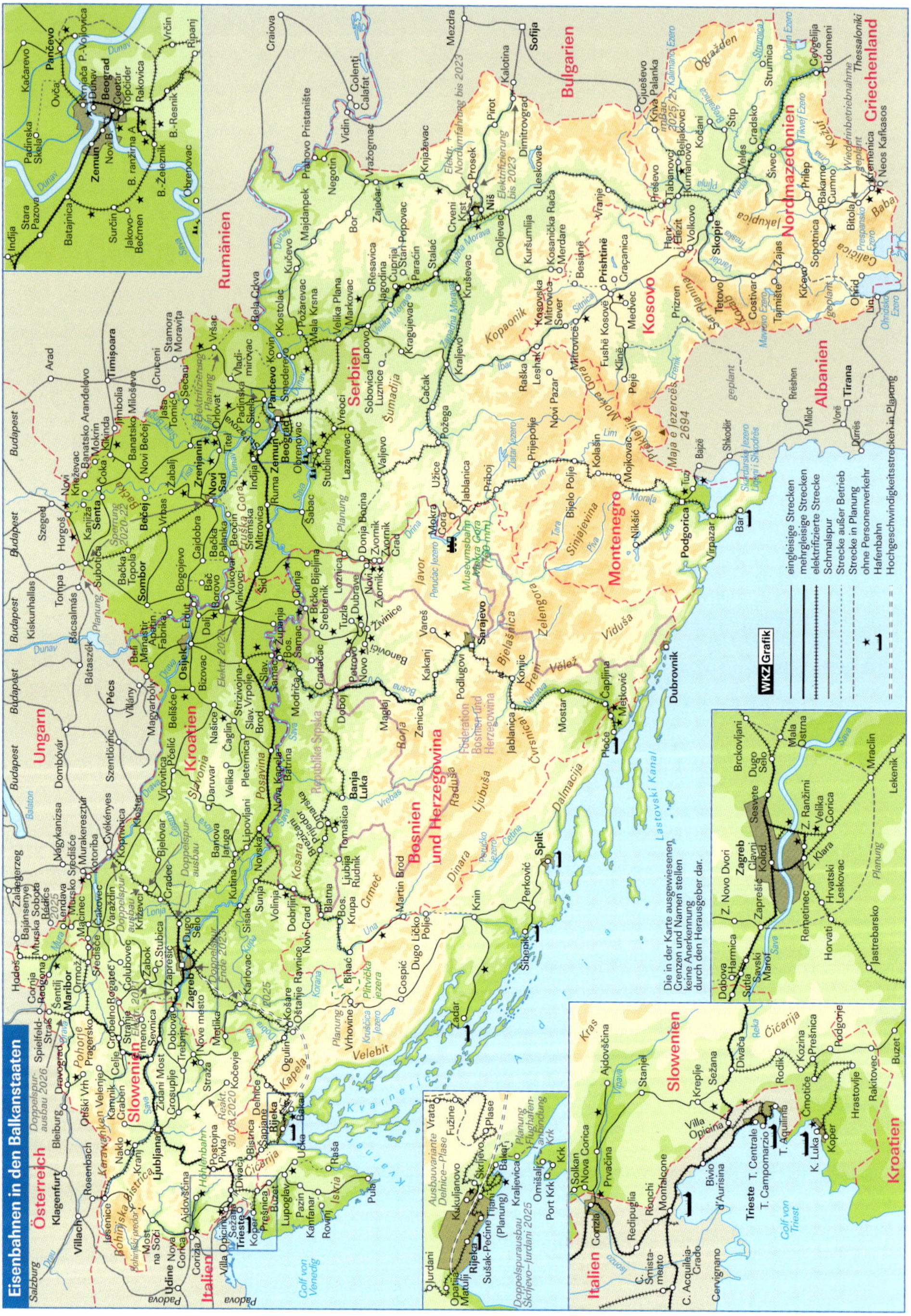

reiche Denkmalslokomotiven in zumeist gutem Zustand. An die italienische Bahngeschichte des Küstenlandes in der Zwischenkriegszeit, aus der der heutige Gleichstrombetrieb der SŽ rührt, erinnert seit 2012 die 361-107 im kleinen »Park Breda« neben dem Empfangsgebäude von Illirska Bistrica. ■

Kroatien

Hans-Georg Löwe

Sommerzeit – Reisezeit. 2020 verkehrt das Zugpaar B 1204/1205 »Adria« (Budapest Keleti–Split) während der Saison nur noch dreimal in der Woche. Am 20.06.2019 war 2044 021 mit dem B 1205 bei Labin Dalmatinski unterwegs. Foto: Hans-Georg Löwe.

Zur Einreise in das EU-Mitgliedsland genügt der Personalausweis. Noch nicht geräumte Minenfelder aus dem Kroatienkrieg (1991–95) sind mit Absperrungen und Schildern gekennzeichnet. Genauere Informationen über die betroffenen Gemeinden und Flächen findet man auf:
http://www.hcr.hr/en/minSituac.asp
Für ausgedehntere Aktivitäten sollte man eine Fotogenehmigung mitführen und sich auf Bahnhöfen auch damit vorstellen. Eine solche beantrage man auf kroatisch oder englisch per e-post bei der zuständigen Pressestelle (ingrid.grbesa@hzinfra.hr) und gebe den Zeitraum des Besuches an. Für die Bahnanreise empfehlen sich ab München die EC-Züge via Tauern/Villach sowie der Nachtschnellzug D 499 »Lisinski« nach Zagreb. Das Kursbuch »Vozni Red« ist im Internet unter www.hzpp.hr als Pdf oder als Buch am Schalter erhältlich.

Hrvatske Željeznice–HŽ

Die Kroatischen Eisenbahnen sind unter einer Holding divisioniert in HŽ Putničkog prijevoza (HŽ PP, Reiseverkehr), HŽ Cargo (Güterverkehr, soll verkauft werden) und HŽ Infrastruktura (Netz). Gemeinsame Anschrift aller Teilgesellschaften: Mihanovićeva 12, HR-10000 Zagreb; Internet: www.hzpp.hr, www.hzcargo.hr, www.hzinfra.hr.
Jeder Bahnhof ist mit einem Fahrdienstleiter besetzt, die Züge werden klassisch mit Befehlsstab abgefertigt. Über anstehende Baumaßnahmen und damit in Zusammenhang stehende Schienenersatzverkehre sollte man sich vor Antritt einer Reise auf der HŽ-Seite www.hzinfra.hr unter »Radovi na pruzi« informieren.

Streckennetz

Streckenlänge	2 709 km	(Normalspur)
▪ davon elektrifiziert	931 km	(25 kV/50 Hz)

Bahnbetrieb in herrlicher Landschaft bieten vor allem die Strecken vom Landesinneren über die Randgebirge an die Küste: (Zagreb–) Ogulin–Rijeka (elektrifiziert); Ogulin–Split (Dieselbetrieb) mit drei charakteristischen Gebirgsüberquerungen (Mala Kapela bis Gospić, Velebit vor Knin, Karstrampe vor Split); Čapljina/BiH–Ploče im Neretvadelta vor Gebirgskulisse (elektrifiziert, nur Güterverkehr) sowie die ebenfalls vom übrigen Netz isolierte Istrianerbahn (Divača /SLO–) Buzet–Pula (nur noch Personenzüge). Der Güterverkehr zum/vom Hafen Rijeka ist beachtlich, zu den Häfen Split/Solin, Šibenik und Ploče stark schwankend. Auf der Lika- und Dalmatianerbahn Ogulin–Split hat er insgesamt sehr nachgelassen. Bei Bedarf wird auch die Strecke Knin–Zadar wieder im Güterverkehr befahren. Auch im Landesinneren finden sich reizvolle Strecken wie etwa die Dieselstrecke durchs Hügelland Zagorje (Zagreb–Varaždin) und die Lokalbahnen Karlovac–Metlika/SLO und Varaždin–Golubovec (Schotterabfuhr auf freier Strecke hinter Lepoglava).
Wie in Slowenien ist man in Kroatien derzeit mit umfangreichen Bauarbeiten zur Streckenertüchtigung beschäftigt. So wurde im letzten Jahr der Abschnitt Zaprešić–Zabok grundsaniert und elektrifiziert. Weitere Umbaumaßnahmen in den nächsten Jahre sind für die Strecken Okucani –Vinkovci und Rijeka–Skrljevo vorgesehen. Die Abschnitte Križevci–Koprivnica (–Ungarn) und Zagreb–Karlovac werden zweigleisig ausgebaut.

Triebfahrzeuge HŽ PP (Reiseverkehr)

Baureihe	Bauart	Leistung	Hersteller	Baujahr	Anzahl	Bemerkungen
Elektrolokomotiven						
1141.3'	Bo'Bo'	3 400 kW	Končar	1981	13	8 btrf.; Umbau 15 Lok 2002-2003 (376-390)
1141.3"	Bo'Bo'	3 400 kW	Končar	1981	11	Umbau 11 Lok 1996, 2008-2009 (301-311)
1142	Bo'Bo'	4 400 kW	Končar	1981–89	15	
Diesellokomotiven						
2044	(A1A)'(A1A)'-de	1 820 kW	GM/Đuro Đaković	1981–84	19	11 betriebsfähig
2132.3	C-dh	441 kW	Đuro Đaković	1969	10	remotorisiert
Elektrotriebwagen						
6111	2'2'+Bo'Bo'+2'2'	1 200 kW	Ganz-Mavag	1976	16	dreiteilig, 11 betriebsfähig
6112.0	Bo'+2'+2'+2'+Bo'	2.000 kW	Končar	2010/15ff.	16	vierteilig, Regionalverkehr
6112.1	Bo'+2'+2'+2'+Bo'	2.000 kW	Končar /Gredelj	2011/15ff.	16	vierteilig, Vorortverkehr Zagreb
Dieseltriebwagen						
7023	Bo'+2'+2'+Bo'	2.000 kW	Končar	2015ff.	4	dreiteilig, geplant 16 Triebzüge
7121/4121	B'B'-dh+2'2'	412 kW	Đuro Đaković	1981	15	zweiteilig, 11 betriebsfähig
7121+7121	B'B'+B'B'-dh	2x412 kW	Đuro Đaković	1981	14	zweiteilig
7122	(1A)'(A1)'	320 kW	Kalmar	1980–81	32	ex Y1 SJ, 29 betriebsfähig
7123	2'B' + B'2'-dh	1 120 kW	Bombardier	2003–04	6	analog DB 612; HU 2018-2019

Triebfahrzeuge von HŽ Cargo (Güterverkehr)

Baureihe	Bauart	Leistung	Hersteller	Baujahr	Anzahl	Bemerkungen
Elektrolokomotiven						
1141.0	Bo'Bo'	3 400 kW	SGP/ASEA	1968	18	15 betriebsfähig
1141.1/2	Bo'Bo'	3 400 kW	Končar	1981	17	17 betriebsfähig
Diesellokomotiven						
2041.1	Bo'Bo'-de	750 kW	Đuro Đaković	1961–67	10	2010/2013 remotorisiert
2062	Co'Co'-de	1 617 kW	GM	1972–80	12	11 betriebsfähig
2062.1	Co'Co'-de	1 617 kW	GM	1972–80	5	5 Lok HU 2018-19
2063	Co'Co'-de	2 426 kW	GM	1973	2	2 betriebsfähig
2132	C-dh	441 kW	Đuro Đaković	1969	23	Lizenz Jenbach; 7 betriebsfähig
2132.3	C-dh	441 kW	Đuro Đaković	1969	39	remotorisiert; 23 betriebsfähig

Fahrzeugeinsatz/Betrieb

HŽ PP setzt seine Loks und Triebwagen von fünf Depots (Regionalna jedinica / Regionaleinheit) ein. Die RJ Zagreb beheimatet alle Elektroloks, wobei die 1142 das Vorrecht für die internationalen Zugpaare Richtung Ungarn und die IC- und Schnellzüge nach Vinkovci/Šid haben. Von der ersten Umbauserie 1141.3 wurden in den letzten Jahren 8 Lok wieder aufgearbeitet. Die 6112.0 sind in die Personenzugdienste in alle Richtungen nachgerückt. 2044 werden mit den Nachtzügen im Abschnitt Ogulin–Split eingesetzt. Den Vorortverkehr der Hauptstadt (Achse Harmica–Dugo Selo) teilen sich die Niederflurwagen 6112.1 und die klassischen Ganz-Einheiten 6111. Der Einsatz der Neigetechniktriebwagen der Reihe 7123 (dem Serienbau der DB-Reihe 612 entnommen) erfolgt als ICN nach Split und im dortigen Nahverkehr bis Perković. Die RJ Varaždin setzt ihre 2044 vor Personen- und Eilzügen nach Zagreb ein, verlieren aber durch den Zugang werksneuer 7023 immer mehr Leistungen an die neuen Niederflurtriebzüge. Eine sichere Leistung für die 2044 ist das Zugpaar B 770/771 im Abschnitt Koprivnica–Varaždin. Auf denselben Relationen sowie den Lokalbahnen im Zagorje fahren die 7121 und 7122, letztere werden außerdem von den entfernten Einsatzstellen Karlovac (nach Metlika) sowie Ogulin (nach Plaški auf der Likabahn) eingesetzt. Die RJ Vinkovci fungiert als Wendestelle Zagreber Elloks, die acht 7122 fahren auf den umliegenden Nebenbahnen. Osijek ist nur noch Einsatzstelle von Vinkovci und setzt seine 2044 mit den Schnellzugpaaren nach Koprivnica ein sowie die 7121 sternförmig im Personenzugdienst sowie auf der Achse Virovitica–Zagreb via Bjelovar. RJ Split besetzt die 2044 und 7123 von Zagreb her und disponiert seinen kleinen Bestand an 7123 im Nahverkehr um Split und Knin. Die RJ Rijeka verfügt über keinerlei Streckenloks; besetzt werden Zagreber 1141.3 übers Gebirge sowie für die beiden Schnellzugpaare nach Šapjane (–Ljubljana). Die fünf 7122 vom Stützpunkt Pula werden auf der Istrianerbahn nach Buzet eingesetzt (im Sommer dort auch ein slowenischer 711 von Ljubljana/Hrpelje-Kozina). Am 04.02.2018 wurde der Personenverkehr auf der Strecke 41 (Banova Jaruga–Virovitica) wieder aufgenommen, für Wochendpendler von Zagreb existiert sogar eine durchgehende Verbindung – Freitag hin, Sonntag zurück.

HŽ Cargo befördert die ihr anvertrauten Frachten auf den elektrisch betriebenen Strecken ausschließlich mit den Lokomotiven der Reihe 1141, allerdings kommen im Güterverkehr immer mehr Fahrzeuge anderer EVU zum Einsatz. Nur noch in ganz seltenen Fällen kommen Dieselloks auf den elektrifizierten Strecken zur Aushilfe. In Karlovac werden die Züge nach/von Rijeka geleichtert bzw. verstärkt, auf der Gebirgsstrecke ist bei den 1141 zwingend Doppeltraktion bzw. Schiebebetrieb erforderlich.

Die Güterzüge der Lika/Dalmatinerbahn werden seit dem letztem Jahr ziemlich regelmäßig in Knin gebrochen, zwischen Ogulin und Knin sind die Züge mit den 2062.1 bespannt, die Relation Knin–Solin bzw. Ražine übernehmen die Soliner bzw. Šibeniker 2062.0. Die beiden 2063 sind ebenfalls derzeit auf der Likabahn im Einsatz. Auf den nicht elektrifizierten Strecken um Varaždin und Koprivnica sowie im slawonischen Raum um Vinkovci (auch Transitverkehr

Bf Varaždin am Abend. 7023 001 verkehrte am 26.02.2019 als 3019 nach Zagreb Gl. kolodvor. Foto: Hans-Georg Löwe.

nach Brcko) und Osijek sind die restlichen »Ličankes« im Güterverkehr beschäftigt. Die modernisierten Loks der Reihe 2041.1 sind im Zug- und Übergabedienst um Zagreb (teilweise in Doppelbespannung), Rijeka, Varaždin, Koprivnica und Virovitica eingesetzt.

Dritte auf Staatsbahngleisen

Mehrere Verkehrsunternehmen sind mit eigenen Lokomotiven auf dem Netz von HŽ Infrastruktura zugelassen. Außer den dort jeweils genannten Lokbaureihen hat Kroatien u. a. auch den Vectron von Siemens zugelassen. Lukrativ ist vor allem die Achse Rijeka–Zagreb–Koprivnica (–Budapest) sowie Grenzverkehre nach Slowenien. Aber auch auf der Likabahn gibt es bereits planmäßige Verkehre bis Gospić.

Rail Cargo Austria, die Güterverkehrstochter der ÖBB, fährt unter dem Label Rail Cargo Carrier Croatia. Zugelassen sind die ÖBB-Reihen 1063, 1116, 1216, 2016 und 2062.2.

Train Hungary verfügt u. a. über 91 53 0400 907-8 (rum. 060-EA), 97 53 0 43-0156-0 (rum. 040-EA analog 1141 HŽ) und 92 55 0609 012-3, eine rumänische 060-DA (»Kutter«).

Rail & Sea d.o.o., Zagreb, Kalkverkehr Zagreb–Calcit Gospić d.o.o., mehrere Zugpaare wöchentlich; Einsatz 223-003 BRLL (Beacon Rail Leasing Ltd.).

Central Railways (crw, a.s.) ist ein slowakisches Unternehmen und setzt die 91 56 6241 002-5 ein, (rum. 040-EA analog 1141 HŽ).

Adria Transport, d.o.o. (siehe unter Slowenien, dort auch die Tfz), ist auch in Kroatien aktiv.

Museen

Das Nationale Eisenbahnmuseum der HŽ ist lediglich eine Sammlung in einem Teil der alten Hauptwerkstätte südlich des Hauptbahnhofs, teils unter freiem Himmel. Von den vorhandenen Dampfloks wurde als einzige die 22-077 (Bp 4030/1916, ex MÁV 324.931) wenigstens äußerlich hergerichtet.

Im Technischen Museum in Zagreb (gleichnamige Haltestelle der Straßenbahn) befinden sich die Dampflokomotiven Nr. 7 (Cn2t, O&K 1923, 760 mm, ex Zagreb–Samobor) und 33 (Cn2t, Krauss 2380/1890, 1.000 mm, ex Slawonische Drautalbahn), außerdem neben weiteren Schmalspurfahrzeugen der Tw 7 der Straßenbahn Dubrovnik (Křižik 1912, 760 mm). Sonntags gibt es Rundfahrten mit einer Oldtimer-Tram ab dem Museum.

Werkbahnen

Auf kroatischen Anschlußbahnen sind zumeist ĐĐ-Maschinen der Bauart C-dh nach Lizenz Jenbach im Einsatz, sowohl die DHL 400 (HŽ 2131) als auch die DHL 600 (HŽ 2132). So ist bei Calcit Gospić d.o.o. bedarfsweise die 2132 504 als Leasinglok des TŽV Gredelj im Einsatz.
An Betrieben, deren Maschinen sich auch (von) außerhalb der Werksgelände beobachten lassen, sind zu nennen: CEMEX-Zementlager in Zagreb-Podsused (blaue DHL 400), Mineralöl-Tanklager der INA in Zagreb-Žitnjak (beide Typen), Stahlwerk CMC in Sisak (mehrere DHL 600 in dunkelblau), Donauhafen Vukovar (ex 2132 107, blau). Abweichende Typen setzen ein die Papierfabrik Belišče und die Zuckerfabrik Osijek (DHL 300, B-dh), Petrokemija Kutina (MIN-Maschine) sowie die Flüssiggasumladung von Croduxplin in Sveti Križ Začretje (DHL 200, B-dh).

Straßenbahnbetriebe

Osijek

Der Meterspurbetrieb umfaßt eine Ost-West-Achse, eine eingleisige Schleife zum Bahnhof sowie eine an diese Schleife anschließende Neubaustrecke in den Süden der Stadt. Letztere verläuft teilweise eingleisig mit Ausweichen. Eingesetzt werden 17 rekonstruierte Tatra-T3 mit neuen Wagenkästen.

Zagreb

Auf dem sehr umfangreichen Meterspurnetz (19 Linien) verkehren Vierachser von Đuro Đaković, Tatra-T3 und -KT4, ein einheimischer Gelenkwagentyp sowie mittlerweile 140 fünfteilige Niederflurwagen (»Crotram«) des heimischen Herstellers Končar, dazu eine daraus abgeleitete dreiteilige Variante in kleinerer Stückzahl. ■

Bosnien-Herzegowina

Hans-Georg Löwe

Der Talgo – das Prestigeobjekt der ŽFBH. 441-906 war am 16.09.2018 bei Rudanka mit dem B712 (Sarajevo–Banja Luka) zu sehen. Foto: Hans-Georg Löwe.

Der Bundesstaat Bosnien und Herzegowina (BiH) besteht aus der vorwiegend von Kroaten und muslimischen Bosniern bewohnten »Föderation von Bosnien und Herzegowina« (51 % der Landesfläche) und der von serbischer Bevölkerung dominierten »Republika Srpska« (49 %); der Bezirk Brčko ist beiden Entitäten zugleich zugehörig. Im Laufe der Jahre hat sich in den bosnischen Regionen die fundamentalistische Islamauslegung und mit ihr die islamische Kleiderordnung stark verbreitet.

Zur Einreise nach Bosnien-Herzegowina genügt für EU-Bürger der Reisepass. In ganz BiH ist als Währung die »Konvertibilna Marka« (KM, Konvertible Mark im Verhältnis 1:1 zur DM) eingeführt, die im festen Kurs (1 Euro = 1,95 KM) getauscht wird. Bankautomaten sind in allen größeren Orten verfügbar. Beachten sollte man, dass gerade durch das Hochwasser im Jahr 2014 mancherorts wieder Minen in schon geräumte Gebiete gespült wurden (vor allem im Gebiet um Doboj) und dementsprechend abseits der Straßen Vorsicht walten lassen.

Die Eisenbahnverwaltung des Gesamtstaates (BHŽJK) hat keine große Bedeutung, operativ handeln die ihr unterstellten ŽFBH und ŽRS eigenständig. Die Eisenbahn ist nur noch ein Schatten ihrer vormaligen Größe und im Personenverkehr längst durch andere Verkehrsträger überholt.

Derzeit existiert kein internationaler Reiseverkehr. Unter www.zfbh.ba finden sich die aktuellen Fahrzeiten der Züge, das Kursbuch der ŽRS gibt es im Internet unter www.zrs-rs.com. Das Fotografieren ist zumeist problemlos möglich, allerdings sind auch hier auf größeren Bahnhöfen die Sicherheitsbestimmungen verschärft worden.

Željeznice Federacije Bosne i Hercegovine – ŽFBH

Direktion: Željeznice Federacije Bosne i Hercegovine, Direkcija, Omladinska 2, 71 000 Sarajevo, www.zfbh.ba. Die ŽFBH betreibt den Verkehr in der Muslimisch-Kroatischen Föderation.

Streckenlänge (Normalspur)	1 075 km
▪ davon in Betrieb	ca. 900 km
▪ davon elektrifiziert (25 kV/50 Hz):	795 km

Aufgeteilt ist das Netz auf drei Regionaldirektionen (ŽTP = Eisenbahntransportbetrieb), deren »Netze« nur über Strecken der ŽRS miteinander verbunden sind:

- **ŽTP Sarajevo**: Maglaj–Zenica–Sarajevo–Mostar–Čapljina (–Metković–Ploče/HŽ; »Magistrale«, durchgehend elektrifiziert); Podlugovi–Vareš

Nach wie vor gibt es in Bosnien planmäßige Dampflokdienste zu erleben: 33-504 (ex 52 793) rangierte am 02.11.2019 in der Kohlenmine Šikulje. Foto: Martin Kissler.

- **ŽTP Tuzla**: (Kroatien–) Brčko–Srebrenik–Bosanska Poljana–Banovići–Zvornik (–Serbien), (Doboj/ŽRS–) Duboštica–Bosanska Poljana–Tuzla
- **ŽTP Bihać**: (Novi Grad/ŽRS–) Blatna–Bihać–Martin Brod–Bosanski Drenovac (–Knin/HŽ, teils auf kroatischem Territorium

Fahrzeugeinsätze und Betrieb

Das letzte internationale Zugpaar wurde vor zwei Jahren gestrichen, hochwertigste Reisezüge sind die Talgo-Verkehre, zwei Zugpaare Sarajevo–Banja Luka (das Nachtzugpaar verkehrt bis/von Bihać), zwei Zugpaare Sarajevo–Mostar–Čapljina (ein weiteres verkehrt im Sommer). Trotz der Talgo-Garnituren verliert der Reiseverkehr mit dem weiteren Autobahnbau immer mehr an Bedeutung. Der Personenverkehr ist überschaubar und umfasst auf bosnischer Seite vier Zugpaare Sarajevo–Zenica, drei Zugpaare Zenica–Maglaj, und je ein Zugpaar Zenica–Podlugovi und Sarajevo–Konjic. Der Personenverkehr zwischen Petrovo Novo und Tuzla endete zum Fahrplanwechsel 2019. Somit existiert bei der ŽFBH Personenverkehr nur noch auf den elektrifizierten Strecken.

Auf der E-Magistrale wickeln ausschließlich 441er den Betrieb ab; Lokwechsel von und zur ŽRS findet in Doboj statt. Die Maschinen kommen vor den Talgo-Garnituren (farblich angepasste 441.9 – ohne Lokwechsel in Doboj) ebenso zum Einsatz wie vor Personenzügen, die zumeist nur aus einem Wagen bestehen.

Lediglich im Personenzugdienst Sarajevo–Zenica ist die Reihe 411 (analog 6111 HŽ PP) noch aktiv. Ihre Domäne haben die modernisierten 441.9 vor allem im Güterverkehr zum und vom Hafen Ploče, einer zwischen Pazarić und Mostar (Dinarische Alpen) phänomenalen Gebirgsstrecke. Das Depot der ŽFBH befindet sich in Rajlovac (bei Sarajevo).

Haupteinsatzgebiet der Reihe 661 ist weiterhin der Kohleverkehr. Regionaler Knotenpunkt nahe Tuzla ist der Bahnhof Bosanska Poljana, den alle Züge der Relationen Doboj–Tuzla und Brčko–Tuzla/Živinice/Banovići/Novi Zvornik passieren müssen. In Rajlovac und in der kleinen Einsatzstelle Mostar wird je eine 212 für den Rangierdienst im Güterbahnhof vorgehalten.

Die Strecke Novi Grad–Bihać ist seit 2018 elektrisch befahrbar, die Oberleitung wurde wieder durch altbrauchbares Material hergestellt.

Der von Bihać über Martin Brod nach Kroatien weiterführende Abschnitt ist stillgelegt und wird nur auf einem Teilabschnitt für Sonderzüge benutzt. Der weitere Abschnitt bis zur Grenze ist nicht mehr befahrbar.

Željeznice Republika Srpske – ŽRS

Die ŽRS ist für den Bahnverkehr in der Republika Srpska zuständig. Ihre Direktion befindet sich in Doboj (www.zrs-rs.com). Der Güterbahnhof von Doboj galt als der zweitgößte der Region (nach Vinkovci). In Doboj befindet sich auch die Werkstatt der ŽRS.

Streckenlänge (Normalspur)	407 km
▪ davon elektrifiziert (25 kV/50 Hz)	325 km

Streckennetz

Die beiden elektrifizierten Strecken (Sunja/HŽ–) Dobrljin–Novi Grad (ehem. Bosanski Novi)–Banja Luka–Doboj–Maglaj und (Strizivojna-Vrpolje HŽ–) Bosanski Šamac–Modriča–Doboj sind die wichtigsten der ŽRS. Zwischen Novi Grad und Doboj an der elektrifizierten Hauptbahn finden sich noch einige Bahnhöfe mit Flügelsignalen altösterreichischer Form, jedoch ist eine

Fahrzeugübersicht ŽFBH

Baureihe	Bauart	Leistung	Hersteller	Baujahre	Anzahl	Bemerkungen
Elektrolokomotiven						
441	Bo'Bo'	3.480 kW	SGP/ASEA/Končar	1967–72	11	10 betriebsfähig
441.9	Bo'Bo'	3.480 kW	SGP/ASEA/Končar	1967–76	12	modernisiert analog 1141.3 HŽ, 1)
Diesellokomotiven						
212	B'B'-dh	994 kW	BRD - diverse	1958–66	8	ex DB-212, 3 betriebsfähig (mod., Cat-DM, E-Heizung)
642	Bo'Bo'-de	607 kW	Đuro Đaković	1967–70	4	3 betriebsfähig
661	Co'Co'-de	1.433 kW	GM	1960–72	13	9 betriebsfähig
732	C-dh	294 kW	Đuro Đaković	1958–65	8	3 betriebsfähig; ex SŽ
733	C-dh	441 kW	Đuro Đaković	1970–73	2	betriebsfähig
733.1	C-dh	438 kW	Đuro Đaković	1970–73	2	betriebsfähig; modernisiert Gredelj 1998
Elektrotriebwagen						
411/415	ET+EB+ET	1.391 kW	Ganz-Mavag	1977	7	analog 6111 HŽ, 4 (?) betriebsfähig

Anmerkung: 1) weitere 21 modernisierte Maschinen waren an die TCDD (als E52.001 -021) verliehen, nach Rückgabe teilweise im Einsatz

Fahrzeugübersicht ŽRS

Baureihe	Bauart	Leistung	Hersteller	Baujahre	Anzahl	Bemerkungen
Elektrolokomotiven						
441	Bo'Bo'	3.480 kW	SGP/ASEA/Končar	1967–85	26	23 betriebsfähig
Diesellokomotiven						
212	B'B'-dh	994 kW	MaK	1962	3	ex DB-212, abgestellt
642	Bo'Bo'-de	607 kW	Đuro Đaković	1967–70	3	1 betriebsfähig
643	Bo'Bo'-de	680 kW	Đuro Đaković	1967–77	2	betriebsfähig
661	Co'Co'-de	1.433 kW	GM	1960–72	14	12 betriebsfähig 1)
733	C-dh	441 kW	Đuro Đaković	1968–71	1	betriebsfähig
Dieseltriebwagen						
813/814.0	(1A)'(A1)'+2'2'	440 kW	Fiat/TVT Maribor	1973	4	1 betriebsfähig (2006 ex SŽ)
Elektrotriebwagen						
411/415	ET+EB+ET	1.391 kW	Ganz-Mavag	1977	5	analog 6111 HŽ, abgestellt

Anmerkung: 1) teilweise verliehen an Srbija Cargo

Modernisierung dieser Strecke im Gange. Die Strecken Prijedor–Ljubija und Omarska–Tomašica sind stillgelegt.

Fahrzeugeinsätze und Betrieb

Der Reise- und Güterverkehr auf der West-Ost-Achse Dobrljin–Banja Luka–Doboj wird mit Elloks der Reihe 441 bespannt. In Doboj, dem zentralen Knotenbahnhof der ŽRS, erfolgt die Übergabe an die ŽFBH. Die Maschinen tragen den traditionellen orangeroten Lack der JŽ mit Zierspitz und blauem Rahmen. Der Personenverkehr umfasst 4 Zugpaare Doboj–Banja Luka, 4 Zugpaare Banja Luka–Novi Grad , 3 Zugpaare Novi Grad –Dobrljin, zum Einsatz kommen ehemalige Reichsbahn- Seitengangwagen (Bom, mittlerweile umlackiert) sowie von der SJ übernommene Reisezugwagen. Sofern einsatzfähig werden die Personenzugpaare Doboj–Petrovo Novo mit einem der ehemals slowenischen Triebwagen gefahren, seit Fahrplanwechsel verkehrt hier ein weiteres mittägliches Zugpaar (Mo–Fr). Zwischen Bosanska Poljana und Doboj kommen 661 der ŽRS im Güterverkehr Doboj–Brčko (Kroatien) und Doboj–Novi Zvornik (Serbien) sowie der ŽFBH (Kohleverkehr) zum Einsatz.

Werkbahnen

Kohlenbergwerke Dubrave und Šikulje

Die beiden Zechen betreibt die Kreka-Bergbauverwaltung von Tuzla, deren Depo mit Werkstatt befindet sich in Bukinje, hier wurden auch die Hauptuntersuchungen ausgeführt. Derzeit sind noch fünf Lokomotiven der Reihe 33 vorhanden. Das Fotografieren ist nur mit Genehmigung möglich, Eisenbahnfreunde wenden sich zwecks Erteilung einer Besichtigungs- und Fotogenehmigung an die Verwaltung Termoelektrana Tuzla, Mije Keroševića 1.

Kohlenbergwerk Banovići

Dieser Betrieb südlich von Tuzla ist unabhängig von Kreka und setzt im Verschub an der Kohlewäsche in Oskova auf den 760-mm-Gleisen oftmals eine Dampflokomotive ein, während der Streckendienst (die Schmalspurbahn führt mehrere Kilometer zweigleisig durch die Stadt) zur Umladeanlage am ŽFBH-Bahnhof Banovići in Oskova wie auch der Normalspur-Rangierdienst verdieselt sind.
Vorhanden sind 25-30 (Ct, Skoda) sowie 83-158 und 159 (ehemals Bosnisch-Herzegowinische Staatsbahnen, später JŽ, D1', Slavonski Brod), von denen eine zum Einsatz kommt, sowie 760-mm-Diesellokomotiven der Reihen 720 (B-dh, Đuro Đaković) und 740 (B'B'-dh, Đuro Đaković). Der Betrieb ist der letzte originale und zugleich lebendige Rest des einst riesigen bosnisch-serbischen Schmalspurnetzes aus Staats-, Wald- und Werkbahnen.

Stahlwerk Zenica

Die zum Großkonzern Mittal zählende Hütte setzt in Zagreb aufgearbeitete und orange lackierte 642 und 731 als Dieselrangierloks ein. Die letzte Dampflok, 62-663 wurde 2015 abgestellt. ■

Serbien

Hans-Georg Löwe

FLIRT 413.002 von Srbija Voz am 04.11.2018 auf der Fahrt als Re 2906 von Niš nach Beograd Centar zwischen Niš und Crveni Krst. Der Zug wird sein 244 km entferntes Ziel Beograd erst nach einer Reisezeit von 5:28 h erreichen. Foto: Thomas Niederl.

Serbien zeichnet sich geographisch im Norden durch die großen Ebenen links und rechts der Theiß (Vojvodina), südlich der Donau (Zentralserbien) dagegen durch gebirgige Landschaften aus. Zur Einreise genügt der Reisepass. Zahlungsmittel ist nach wie vor der serbische Dinar (1 EUR sind ca. 117 RSD).

Derzeit sind umfangreiche Baumaßnahmen zwischen Novi Sad und Beograd im Gange, internationale Züge enden in Novi Sad oder sind ausgelegt bzw. verkehren saisonal. Das Kursbuch der Železnice Srbije findet sich im Internet unter: https://www.srbvoz.rs/red-voznje-kurir.

Das Fotografieren von Bahnanlagen ist nach wie vor genehmigungspflichtig, Anfragen für eine Fotoerlaubnis kann man an die Hauptverwaltung der ŽS –tanja.cvorovic@srbrail.rs richten – oder man wird persönlich dort vorstellig. Allerdings gibt es keine Garantie für die Erteilung einer Genehmigung.

Železnice Srbije – ŽS

Direktion: Železnice Srbije, Nemanjina 6, 11000 Beograd, Telefon +031 (0)11/3614811, www.serbianrailways.com.

Streckennetz

Streckenlänge	3.300 km	(Normalspur)
▪ davon elektrifiziert	1.250 km	(25 kV/50 Hz)

Die ein »doppeltes Y« darstellende Magistrale (Salzburg/Kroatien–) Šid– und (Wien/Ungarn–) Subotica–Stara Pazova–Beograd–Niš–Dimitrovgrad (–Bulgarien/Türkei) und Preševo (–Makedonien/Griechenland) bildet das Rückgrat des Netzes. Dazu kommt als weitere Transitmagistrale die 1976 fertiggestellte Strecke Beograd–Vrbnica (-Montenegro), eine der beeindruckendsten europäischen Gebirgsbahnen.

Der Topographie entsprechend finden sich nördlich der Donau lange Nebenbahnen in weiter Landschaft, in Zentral- und Südserbien dagegen fotogene Gebirgsstrecken. Herausragend ist die Nišava-Schlucht im Verlauf der Strecke Niš–Dimitrovgrad. Sehr fotogen sind auch die Strecken in der Bergbauregion um Majdanpek/Bor im Serbischen Erzgebirge nahe der rumänischen Grenze.

Die ŽS arbeitet derzeit mit ungeheuerem Aufwand an der Herrichtung des jahrzehntelang vernachlässigten Streckennetzes. Zentrale Maßnahme war die Umgestaltung des Verkehrs in der Landeshauptstadt, die mit der Schließung des alten Belgrader Hauptbahnhofes ihren Abschluss fand. Während in den letzten Jahren vorrangig russisches Kapital in die Erneuerung des Schienennetzes einfloss, ist jetzt auch China an dem Geschäft beteiligt.

Geplant ist die Ertüchtigung der gesamten Strecke Subotica–Novi Sad–Beograd–Niš für 160 km/h in mehreren Etappen. Auch auf den nicht elektrifizierten Strecken sind Oberbauerneuerungen und Bahnhofsumbauten im Gange, so z.B. auf der Strecke Niš–Zaječar, die deshalb bis Mitte 2020 gesperrt ist. Auch die Elektrifizierung der Strecke Niš–Dimitrovgrad ist nach wie vor geplant.

Triebfahrzeugübersicht ŽS

Baureihe	Achsfolge/Bauart	Leistung	Hersteller	Baujahre	Anzahl	Bemerkungen
Elektrolokomotiven						
193.9	Bo'Bo'	6400 kW	Siemens	2018–19	16	Vectron, Mehrsystemloks
441	Bo'Bo'	3.480 kW	SGP/ASEA/Končar	1967–87	39	
444	Bo'Bo'	3.480 kW	SGP/ASEA/Končar	1969–76	29	441 mod.
461	Co'Co'	5.100 kW	Elektroputere Craiova	1972–84	28	
461.2	Co'Co'	5.100 kW	Elektroputere Craiova	1972–84	8	461 mod.
Diesellokomotiven						
621.0	Bo	392 kW	ČMKS (Praha)	2002	2	
621.1	Bo	392 kW	ČMKS (Praha)	2005-06	12	
621.2	Bo	375 kW	ČMKS (Praha)	2001	1	
621.3	Bo	250 kW	ČMKS (Praha)	1992/94	2	
641.2	Bo'Bo'-de	441 kW	Ganz-Mavag	1970	1	abgestellt
641.3	Bo'Bo'-de	660 kW	Ganz-Mavag	1984–88	16	modernisiert
642	Bo'Bo'-de	680 kW	Đuro Đaković	1964	1	abgestellt
643	Bo'Bo'-de	680 kW	B & L; Đuro Đaković	1967;77-81	3	
644	(A1A) (A1A)-de	1.230 kW	Macosa	1973–74	6	2 betriebsfähig, 2005 ex SŽ
661.1	Co'Co'-de	1.433 kW	GM	1960–61	20	15 betriebsf. (124 km/h); 661-112 PV
661.2	Co'Co'-de	1.433 kW	GM	1966–72	11	7 betriebsfähig (112 km/h)
666	Co'Co'-de	1.496 kW	GM	1978	4	2 betriebsfähig PV
Elektrotriebwagen (25 kV/50 Hz)						
412/418	Bo'Bo'+2'2'+2'2'+Bo'Bo'	1.360 kW	Riga	1980–90	26	vierteilig; 19 betriebsfähig
413/417	Bo´2´2´2´Bo´	2.600 kW	Stadler	2014-15	21	vierteilig
Dieseltriebwagen						
710	(1A)'(A1)'-dh	320 kW	Kalmar	1980–81	9	2006 ex Y1 SJ
711	B'2'+2'B'-dh	720 kW	Metrovagonmash	2011–16	39	zweiteilig
712	B'2'+2'2'-dh	424 kW	Đuro Đaković	1981	4	zweiteilig, Lizenz Macosa; 3 betriebsf.
812	A1'-dh	110 kW	Coša	1958–69	8	abgestellt
812.3	A1'-dh	110 kW	Coša	1958–69	3	modernisiert, 1 betriebsfähig

Fahrzeugeinsatz

Mit der Aufteilung in die Geschäftsbereiche Güterverkehr (Srbija Kargo) und Reiseverkehr (Srbija Voz) ging die Aufteilung des Triebfahrzeugparkes einher. So übernahm SK die Reihe 444, die 441.7 gingen an SV. Von den Diesellokomotiven wurden nur die Reihe 666 und 661-112 dem Reiseverkehr zugeteilt, hier setzt man im Nahverkehr wie überall auf Triebwagen.

Mit der Neubeschaffung der Triebzugreihen 413/417, deren Auslieferung im September 2014 begann, konnte inzwischen ein wirklich gutes Regio-Ekspres-Angebot vor allem zwischen Beograd–Novi Sad und Beograd–Niš aufgestellt werden und die lokbespannten Züge ersetzen. Die zumeist übelst beschmierten 412-Einheiten aus Riga wickeln den BEOVOZ-Vorortverkehr rund um die Hauptstadt ab. Die Dieseltriebzüge der Reihe 711 (Metrovagonmaš) verkehren auf allen nicht elektrifizierten Strecken des Landes und sichern hier seit Jahren erstmals das Verkehren aller fahrplanmäßig vorgesehenen Züge. Letztes Einsatzdepot der Reihe 710 (ex Schweden, Y1) ist Zaječar, Wendepunkte sind Majdanpek und Prahovo. Die Macosa-Wagen der Reihe 712 sind noch von Sombor nach Novi Sad und Subotica im Einsatz. Seit Ende 2018 wird auch die Strecke Šabac–Zvornik Grad wieder im Personenverkehr befahren.

Im Güterverkehr haben die neuen 193.9 die hochwertigsten Leistungen übernommen, das erste Los (16 Loks) wurde nochmals um weitere 8 Vectron MS aufgestockt. Die Zahl der einsatzbereiten Loks der Reihen 441, 44 und 461 ist weiter im Sinken begriffen. Nach wie vor ist die Reihe 661 Standardlok im Güterverkehr auf den nicht elektrifizierten Strecken. Wie in den letzten Jahren kommen von der ŽRS (Republika Srspka) ausgeliehene 661.3 in Serbien zum Einsatz. Somit kann man in Serbien außer 661.0 und 661.4 alle Varianten des »Kenedi« im Einsatz erleben: originale 661.1/2, die drei Rekos mit kurzem Vorbau (661-112, 118, 119), im MIN Niš auf E-Heizung umgebaute Exemplare, die im TŽV Gredelj 2010/11 modernisierten Maschinen sowie die geliehenen 661.3. Ein Schwerpunkt des Einsatzes ist die Strecke Niš–Dimitrovgrad, hier sind zumeist vier bis fünf Loks im Zugdienst beschäftigt.

Kombinovani prevoz d.o.o.

Dieses erste serbische Eisenbahnverkehrsunternehmen mit Zugang zum Staatsbahnnetz (Sitz: ulica Milutina Milankovića 108, Novi Beograd) ist im Güter- und Bauzugverkehr tätig, letzteres auch in den angrenzenden Ländern. Des weiteren sind auch Lokomotiven an Industriebetriebe vermietet. Der Bestand aus ehemals tschechischen Diesellokbauarten hat sich in den letzten Jahren erweitert und besteht aus drei »Rosnički« (Reihe 710), drei »Hektoren« (2 x 720, 1 x 721) und sieben »Transistoraks« (Reihe 740) und einem »Čmelak (771-502).

Interessante Werkbahnen in Serbien

- **Dampfkraftwerke Termoelektrana »Nikola Tesla«** (TENT), Obrenovac: in Vreoci ist diese normalspurige, elektrifizierte Kohlebahn an die Strecke Beograd–Bar angebunden. In mehreren Schächten um Kelenic erfolgt die Kohleförderung zur Versorgung der beiden, unmittelbar an der Sava gelegenen, 25 bzw. 31 km entfernten Kraftwerke »Block A« (bei Urovci) und »Block B« (bei Ušće). Von Kelenic bis zum Abzweig nördlich

Lokhilfe in Serbien: Montecargo 644-007 war am 05.10.2019 mit einem Schotterzug in Senta beschäftigt. Foto: Martin Kissler.

Stubline ist die Strecke zweigleisig. Die Werkstatt befindet sich beim »Block B«. Der Zugdienst obliegt acht Lokomotiven der Reihe 441 (01-08, blau lackiert; identisch mit ŽS-Reihe 441.0). 2017 erfolgte die Indienststellung der ersten Lok der Reihe 463 (CRRC, Co´Co´. 7.000 KW Leistung). Für den Rangierdienst sind 10 Exemplare der Reihe 443 (entsprechend ČD 210) im Einsatz. Zwei »Kenedi« sind als Reserve für Notfälle vorhanden.

- **Kohlenbergwerk Vreoci**: Gleich »gegenüber« des TENT-Anschlusses an die Staatsbahn liegt dieser Tagebau samt Kraftwerk, welcher über eine mit Gleichstrom betriebene 900-mm-Zechenbahn verfügt, ca. 20 Elloks (u.a. von LEW Hennigsdorf) sind vorhanden.
- **Kohlenbergwerk Resavica**: Während auf dem Zechenanschluss Dieselbetrieb herrscht, sind im Lokschuppen in der Regel unzugänglich die 120-019 (MÁV-Type 370) und 126-014 (MÁV-Type 325) hinterstellt.
- **Kupferbergwerk Bor**. Auf den Gleisen dieser Zeche in der ostserbischen Bergbauregion sind noch 734 015 und 035 (Typ DHL-650, MIN Niš) im Rangierdienst im Einsatz.
- **Sonstige**: Mehrere Lok der Reihe 734 sind noch in verschiedenen Industriebetrieben im Einsatz.

Museumsdampfbetrieb

Derzeit ist keine der Dampflokomotiven der ŽS mehr betriebsfähig. Von Dragan Jovanovic organisiert, werden auf dem Balkan aber Dampflok-Sonderfahrten angeboten (www.balkanromantik.com).

Museumsbahn Mokra Gora (760 mm)

Die reaktivierte Überquerung des Šargangebirges im Zuge der früheren Verbindung zwischen bosnischer Ostbahn und dem altserbischen 760-mm-Netz ist einer der schmalspurtechnischen Höhepunkte Europas.

Der Anstieg von Mokra Gora über Jatare nach Šargan-Vitasi und weiter nach Višegrad (Bosnien, Republika Srpska) einschließlich der berühmten »Šargan-Acht« (doppelte Kreiskehre, insgesamt fünf Trassen übereinander; somit werden zur Überwindung von 300 m Höhe auf 3,5 km Distanz insgesamt 13,5 km Streckenlänge ausgefahren) sucht seinesgleichen. Zugleich wurde eine hochwertige touristische Infrastruktur errichtet, inklusive sehr guter Quartiere in den Bahnhöfen selbst.

Neben diversen, teilweise betriebsfähigen Dampfloks (u. a. 25-27, Ch2t, ex Banovići; 83-173, D1'h, ex JŽ; ELZA, Cn2t, ex Zuckerfabrik Zrenjanin) sind mehrere Dieselloks des rumänischen Typs L45H vorhanden. In der Nähe der Šargan-Bahn, in Požega, befindet sich das Schmalspur-Museum der ŽS mit zahlreichen Exponaten. ■

Im Wagenwerk in Belgrad-Topčider steht Titos »Blauer Regierungszug«, auf serbisch »Plavi Voz«, der 2010 bei einer DCEC Reise besichtigt werden konnte. Foto Ulrich Wehmeyer.

Kosovo

Hans-Georg Löwe

2620 016 ist eine der beiden Reisezuglokomotiven der TRAINKOS, hier am 17.06.2018 in Prishtinë, mit dem aus modernisierten, ehemaligen DB-Reisezugwagen gebildeten TL 4200 nach Pejë. Foto: Raphael Krammer.

Das Kosovo (albanisch Kosova) ist in seiner Souveränität völkerrechtlich nicht von allen UN-Staaten anerkannt und kann seine relative Stabilität bisher nur durch Interventionen von außen (EULEX) aufrechterhalten. Der Minderheitenschutz, insbesondere für die serbisch bewohnten Enklaven, ist immer noch ungenügend. Faktisch ist das Land geteilt, der fast ausschließlich von Serben bewohnte Teil nördlich der Ibarbrücke von Kosovsko Mitrovica (Mitrovicë) liegt außerhalb der Macht und Verwaltung von Prishtinë. Die Ein- und Ausreise von Mazedonien und Montenegro ist problemlos, die Ausreise nach Serbien ist nur möglich, wenn auch von dort eingereist wurde. Nach wie vor besteht Passpflicht.

Im albanischen Teil des Landes wurde in Folge maßloser EU-Investitionen vieles teilweise unsinnig neu erbaut, hier ist auch an den Bahnstrecken nicht mehr mit Minen zu rechnen. In ländlichen Regionen sollte man nach wie vor Vorsicht walten lassen und sich an Straßen und befahrenen Wegen halten.

Triebfahrzeugübersicht TRAINKOS

Lok	neue Nr.	ehemals	Bauj.	von	Anmerkungen
001	2620 005	2044 031	1984	HŽ	Zweitbesetzung, Einsatz Personenverkehr
002	2640 006	661-132	1960	JŽ	Denkmal Hani i Elezit
003	2640 007	661-228	1966	JŽ	Einsatz Güterverkehr
004	2640 008	661-231	1966	JŽ	Einsatz Güterverkehr
005	2640 001	Di 3b.619	1958	NSB	abgestellt
006	2640 002	Di 3a.633	1969	NSB	abgestellt
007	2640 003	Di 3b.641	1959	NSB	abgestellt
008	2640 004	Di 3b.643	1959	NSB	abgestellt
009	2710 009	-	2005	-	Einsatz Güterverkehr (Reservelok); 1)
010	2640 010	661-203	1966	JŽ	Einsatz Güterverkehr; 2)
-	2620 016	2044 010	1981	HŽ	Einsatz Personenverkehr
3-01	2760 001	-	2009	-	Express-Service (BC), B-dh
3-02	2760 002	-	2009	-	Express-Service (BC), B-dh
01-04	5800 001-004	-	1980/81	-	ex SJ, derzeit nur 5800 001 betriebsfähig

Anmerkungen: 1)) Vossloh G1700-2; Reservelok Güterverkehr; 2) Umbau 2010 TŽV Gredelj, JT38CW-DC

Triebfahrzeugübersicht RAILTRANS

Lok	neue Nr.	ehemals	Bauj.	von	Anmerkungen
	2740 001	55 230	1986	Bulgarien	Einsatz, ehem. bulgarische Werklok (Typ LDH 125)
	2740 002	55 231	1986	Bulgarien	Einsatz, ehem. bulgarische Werklok (Typ LDH 125)

In Han i Elezit, kurz vor der Grenze nach Nordmazedonien, wurde ein Mahnmal aufgestellt, welches an Flucht und Vertreibung während des Kosovokrieges erinnert. Der historische Zug besteht aus drei Schlierenwagen und der Lok 002. Foto: Raphael Krammer.

Das Fotografieren des Eisenbahnbetriebs ist problemlos möglich, für einen Depotbesuch sollte man sich bei der Verwaltung im Bahnhof Fushë Kosovë (Kosovo Polje) vorstellen und um eine Genehmigung ersuchen. Mittlerweile findet man in allen Ortschaften preiswerte Hotels unterschiedlicher Kategorien. Währung ist der Euro, in den serbischen Gebieten werden auch serbische Dinar akzeptiert.

TRAINKOS

Der Betrieb der bis 2011 unter Hekurudhat e Kosovës (HeK, Eisenbahnen des Kosovo) firmierenden Staatsbahn obliegt jetzt der TRAINKOS, wie bisher ist der Sitz im der Hauptstadt nahegelegenen Knotenpunkt des Netzes: Trainkos Sh.A., Sheshi i Lirisë p.n., 12000 Fushë Kosovë (Kosovo Polje); www.trainkos.com. Von dem 430 km langen Streckennetz werden derzeit noch folgende Strecken durch die Trainkos betrieben:

- Prishtinë–Pejë (88 km)
- Fushë Kosovë–Hani i Elezit (63km)
- Bardh–Medvec (11 km), nur Güterverkehr
- Fushë Kosovë–Mitrovica (34 km), nur Güterverkehr (Bedarf)

Betrieb und Triebfahrzeugeinsatz

Der Reiseverkehr hat sich wieder etwas stabilisiert, allerdings verkehren nur noch das IC-Paar 891/892 (Prishtinë–Hani i Elezit) sowie zwei Zugpaare auf der Relation Prishtinë–Pejë. Die bei www.trainkos.com aufgeführten Fahrpläne von 2017 besitzen nach wie vor Gültigkeit.
Der Streckenabschnitt Lešak (Grenze zu Serbien)–Zvečan (kurz vor Mitrovicë) im serbisch dominierten Norden wird von der Železnice Srbije mit zwei durchgehenden Zugpaaren von Kraljevo aus bedient, diese verkehren bis zum Bahnsteig »Kosovska Mitrovica sever«, unmittelbar vor der Ibarbrücke gelegen. Hier kommen die Neubau-VT der Reihe 711 der ŽS zum Einsatz. An der »Sektorengrenze« endet jedoch weiterhin jeglicher Verkehr. Auf der Strecke Klinë–Prizren ruht derzeit der Betrieb.
Der Güterverkehr von und nach Mazadonien hat in den beiden letzten Jahren stark an Bedeutung verloren. Nur noch selten verkehren Container- oder Mineralölzüge. Der Ferronickelverkehr Medvec–Drenas wird vom 01. bis 20. jeden Monats durch Trainkos durchgeführt, je nach Bedarf wird vormittags und/oder nachmittags ein Zugpaar gefahren. Sofern verfügbar kommt bei dem IC-Paar 891/892 (Prishtinë–Hani i Elezit) der Y1 "01" zum Einsatz.

Fahrzeugpark

2014 erfolgte eine UIC-gerechte Umnummerung des Fahrzeugparks Die Baureihenbezeichnung richtet sich nach der eingebauten Motorentype, die Fahrzeugnummern 001-005 gehören dem Reiseverkehr, 006-010 dem Güterverkehr. Neuzugänge erhalten nur die UIC-Nummer. Im Jahr 2017 wurde die letzte NoHAB abgestellt. Für den Ferronickelverkehr werden 2640 007 und 2640 008 eingesetzt, bedarfsmäßig kommt auch 2640 010 zum Einsatz. Für den Reiseverkehr nach Pejë werden lokbespannte, zumeist aus vier modernisierten ehemaligen DB-Wagen bestehenden Garnituren verwendet.

RAILTRANS

Die Firma ist seit 2017 für den Ferronickelverkehr in der letzten Monatsdekade zuständig. Bespannt werden die Züge mit zwei ehemaligen bulgarischen Werklokomotiven des Typs LDH125 (Hersteller Faur, Rumänien, 1986) ■

Montenegro

Hans-Georg Löwe

Auf der Strecke von Bar nach Beograd überquerte die 461 039 am 09.10.2019 mit einem Sonderzug das nach dem gleichnamigen Fluss »Mala Rijeka« benannte und nach wie vor bewachte Viadukt zwischen Kolašin und Bioče. Das 499 m lange Viadukt ist mit 198 m Höhe die höchste Eisenbahnbrücke Europas. Foto: Martin Kissler.

Die kleine Republik Montenegro (Crna Gora) an der Adria ist ein beliebtes Urlaubsziel. Neben schönen Küstenabschnitten bietet das Land Hochgebirgslandschaften, den zweittiefsten Canyon der Welt und mit dem Skutarisee das größte Binnengewässer des gesamten Balkans.

Auch wenn die Eisenbahn längst nicht alle touristischen Ziele erschließt, lassen sich Erholung, Kultur und Bahntechnik doch verbinden. Zur Einreise genügt der Reisepass; eine Anreise per Bahn führt über Beograd (nach Möglichkeit einen Tageszug Beograd–Bar benutzen wegen der Streckenführung), oder mit einer Adriafähre aus Italien nach Bar. Zahlungsmittel ist der Euro; die Bargeldversorgung aus Automaten ist abseits der größeren Städte und Küstengebiete nur lückenhaft möglich.

Montenegros Eisenbahnen

Die Staatsbahn Željeznica Crne Gore wurde 2008 in Infrastruktur und Betriebsgesellschaften aufgespalten. Der Infrastrukturbetreiber ŽICG (Željeznička infrastruktura Crne Gore AD Podgorica, www.zicg.me) verantwortet ein Netz von etwa 250 Kilometern Streckenlänge, welches aus dem montenegrinischen Teil der Gebirgsbahn Beograd–Bar (elektrifiziert, Grenz- und Umspannbahnhof zu Serbien ist Bijelo Polje) sowie den beiden Zweigstrecken von Podgorica nach Nikšić (elektrifiziert) und zum Grenzübergang nach Albanien bei Tuzi (Dieselbetrieb) besteht. Es ist erst seit den 1960er Jahren entstanden im Zuge der Verbindung Serbiens mit der Adria, bietet also kein altes »Eisenbahnflair«, wohl aber einen kräftigen Hauch des sozialistischen Aufbaus der Tito-Ära. Auf dem Abschnitt von der Grenze bis zur Hauptstadt Podgorica befinden sich im Zuge der Überwindung des schroffen montenegrinischen Berglands die höchsten Eisenbahnbrücken Europas (unübertroffen mit 200 Meter lichter Höhe diejenige über die Mala Rijeka) und zahlreiche Tunnel. Erwähnenswert ist ebenso die Dammüberquerung des Skutarisees bei Virpazar. Motive wird der Eisenbahnbetrachter und -fotograf genug finden.

Den Reiseverkehr betreibt die ŽPCG (Željeznički prevoz Crne Gore AD – Podgorica, Trg Golootočkih žrtava

Anläßlich des Besuches einer Gruppe von Eisenbahnfreunden in Monenegro am 11.10.2019 war 644-015 mit ihrem Reisezugwagen im Hafen von Bar unterwegs. Foto: Martin Kissler

13, 81 000 Podgorica, im Internet: www.zcg-prevoz.me). Auf der Strecke Podgorica–Bar wickeln die neuen CAF-Elektrotriebzüge den überwiegenden Teil des Personenverkehrs ab, die Rigaer ET kommen nur zur HVZ oder als Reservezüge zum Einsatz, während die Reihe 461 vor allem dem Fernverkehr (Beograd–) Bijelo Polje–Bar dienen, der sich in den Sommermonaten durch zahlreiche zusätzliche und dann auch schwere Bäderzüge aus Serbien auszeichnet. Kurswagen geben den Zügen ein buntes Bild. Der Lokomotivbestand der Reihe 461 ist schon überwiegend in der neuen und attraktiven rot-hellocker-farbenen Lackierung mit weißem Zierstreifen gehalten. Der im Jahr 2013 wieder eingeführte Reisezugverkehr auf der jetzt elektrifizierten Strecke nach Nikšić wird mit den CAF-Triebzügen durchgeführt.

Den Güterverkehr betreibt AD Montecargo Podgorica (Trg Golootočkih žrtava br. 13, 81000 Podgorica, im Internet: www.montecargo.me). Das Geschäft ist vor allem durch die Relationen von Bar nach Podgorica (Aluminiumhütte) und Serbien (Autotransporte, Seehafenhinterlandverkehr) bestimmt, wo die 461er zuhause sind. Zwischen Podgorica und Albanien verkehrt bei Bedarf ein werktägliches Güterzugpaar, das von einer Montecargo-644 geführt wird; Lokwechsel zur HSH ist jährlich wechselnd in Tuzi (ŽICG) oder Bajze (HSH). Depots für beide Gesellschaften bestehen in Podgorica und Bar. ■

Triebfahrzeugübersicht ŽPCG (Reiseverkehr)

Baureihe	*Bauart*	*Leistung*	*Hersteller*	*Baujahre*	*Anzahl*	*Bemerkungen*
Elektrolokomotiven (25 kV/50Hz)						
461	Co'Co'	5.100 kW	Elektroputere Craiova	1972–84	8	
Diesellokomotiven						
661	Co'Co'-de	1.433 kW	GM	1970	1	661-315 abgestellt
Elektrotriebwagen (25 kV/50Hz)						
412/418	Bo'Bo'+2'2'+2'2'+Bo'Bo'	1.360 kW	Riga	1982	4	vierteilig
6111/4111	Bo'(2')(2')Bo'	2000 kW	CAF	2013	3	dreiteilig

Triebfahrzeugübersicht Montecargo (Güterverkehr)

Baureihe	*Bauart*	*Leistung*	*Hersteller*	*Baujahre*	*Anzahl*	*Bemerkungen*
Elektrolokomotiven (25 kV/50Hz)						
461	Co'Co'	5.100 kW	Elektroputere Craiova	1972–84	8	
Diesellokomotiven						
643	Bo'Bo'-de	980 kW	Đuro Đaković	1967–77	2	
644	(A1A)'(A1A)-de	1 000 kW	Macosa	1973–74	4	
661	Co'Co'-de	1.433 kW	GM	1960–72	3	661-269 betriebsfähig

Nordmazedonien

Hans-Georg Löwe

Noch in der Hand der Reihe 712 ist das tägliche Zugpaar Skopje–Veles–Kočani, hier war 712 103-104 als IR 651 in Veles am 13.05.2016 unterwegs. Foto: Hans-Georg Löwe.

Der Staatsname lautet seit Februar 2019 »Republik Nordmazedonien« (mazedonisch: Republika Severna Makedonija). Mazedonisch ist als slawische Sprache mehr dem Bulgarischen als dem Serbokroatischen verwandt; die Schrift ist kyrillisch. Zur Einreise ist der Reisepass erforderlich. Währung ist der Mazedonische Denar, 1 EUR = 61 MKD. Die Bargeldversorgung mit EC- und Kreditkarten ist in allen größeren Städten möglich. Die Fahrpläne finden sich unter:
https://mzt.mk/poagane-od-skopje/?lang=mk
Obwohl es auf öffentlichem Bahngelände kein Fotografierverbot gibt, ist eine Genehmigung der ŽRSM-Direktion empfehlenswert. Achten sollte man auf eventuelle ethnografische Unruhen wie im Frühjahr 2015 in Kumanovo.

Železnici na Republika Severna Makedonija Transport AD (ŽRSM)

Die frühere Staatsbahn Makedonski Železnici (MŽ) ist in privatwirtschaftliche Strukturen überführt worden. Das Streckennetz wird heute von der MŽI (»JP za železnička infrastruktura Železnici na Republika Severna Makedonija – Skopje«, Železnička 50 b, 1000 Skopje, www.mzi.mk) betrieben. Sowohl der Reisezug- als auch Güterverkehr werden von der ŽRSM (»Železnici na Republika Severna Makedonija Transport AD – Skopje, Bul. 3-ta Makedonska brigada b.b., 1000 Skopje, www.mzt.mk) durchgeführt. Die Fahrzeiten aller Reisezüge sind unter »Vozen red« eingestellt:
www.mzt.mk/poagane-od-skopje/?lang=mk

Streckennetz und Betrieb

Streckenlänge (Normalspur)	699 km
▪ davon elektrifiziert(25 kV/50 Hz)	232 km

Magistrale ist die elektrifizierte Nord-Süd-Verbindung Tabanovci–Skopje–Veles–Gevgelija im Zuge des transeuropäischen Korridors Mitteleuropa–Griechenland. Internationalen Verkehr gibt es aktuell nur saisonal von Beograd (Serbien) als D 335/334 Hellas-Express nach Thessaloniki (Griechenland). Zu beachten ist, das es aus diversen Gründen Zugausfälle gibt bzw. nur Teilabschnitte befahren werden. Vier nationale Zugpaare existieren auf der Relation Skopje–Tabanovci, bis zum südlichen Grenzbahnhof Gevgelija gibt es drei Zugpaare. Bei Redaktionsschluss war das Zugpaar 613/632 zwischen Veles und Gevgelija ausgelegt.
Weiterhin existieren dieselbetriebene Strecken von Skopje über das mehrheitlich albanisch besiedelte Tetovo nach Kičevo (ein Reisezugpaar), von Veles nach Kočani (ein Reisezugpaar) und ebenfalls von Veles in die zweitgrößte Stadt des Landes, Bitola (drei Reisezugpaare).
Die Hauptstadt verfügt über ein umfangreiches, nach dem Erdbeben von 1963 völlig neugebautes Netz mit zahlreichen Verbindungskurven und Abzweigstellen, das Hauptdepot befindet sich in Skopje-Lisiče südwestlich des in Hochlage erbauten Hauptbahnhofs.
Landschaftlicher Höhepunkt ist die Streckenführung entlang des Vardardurchbruchs bei Demir Kapija (»Eisentor«) im Süden des Landes, reizvoll ist aber auch

die Führung der Strecke nach Bitola mit Anstieg ins Gebirge und Hochebene. Die Strecken nach Kičevo und nach Beljakovci (kein Reiseverkehr) sind einbezogen in das Projekt einer Schienenverbindung von der albanischen Adriaküste via Nordmazedonien zu den bulgarischen Schwarzmeerhäfen (Korridor VIII), zumindest sind in Kumanovo erste Arbeiten an der Trasse nach Bulgarien (Kjustendil) erkennbar.
Vor den meist sehr kurzen internationalen Reisezügen werden vorzugsweise die Baureihen 441/442 eingesetzt. Dem Güterverkehr Mittel-/Südosteuropa–Griechenland dienen vor allem die Reihen 461/462. Die 661 bespannen das IC-Zugpaar nach Kičevo. Die 712-Macosa-Einheiten bedienen die Strecke nach Bitola, bei bedarfsmäßigen Gütertransporten (vorrangig nachts) kommen auch hier gelegentlich lokbespannte Züge zum Einsatz. Den Personenzugdienst unter Fahrdraht teilen sich die Elektrotriebwagen beider Bauarten und lokbespannte Garnituren. Im allgemein ist der Zustand der älteren Fahrzeuge sehr heruntergewirtschaftet, mitunter sind weniger als die Hälfte der Tfz. des aufgeführten Bestandes einsatzfähig. Triebzüge und Reisezugwagen sind vielfach stark graffitiert. Dieseltriebzüge bilden das häufig ausfallende Zugpaar B 891/892 bis Hani i Elezit und sind zwischen Skopje und Bitola im Einsatz. Seit Ende 2019 sind die neuen Lokomotiven der Reihe 443 des chinesischen Herstellers CRRC Zhuzou im Probebetrieb.

Planmäßig mit Diesellokomotiven der Reihe 661 ist das Reisezugpaar IR 660/661 Skopje–Kičevo bespannt, hier bei Dlapkin Dol, einem Vorort Kičevos. Foto: Hans-Georg Löwe.

Erhaltene Dampflokomotiven

Rollfähig vorgehalten wird 33-090 (ex 52 3234; Jung 11245/1944), im ehemaligen Depo Veles steht die ex-JŽ 01-046 (1'C1'hv4; BMAG 7956/1922) in schrottreifem Zustand. Vor dem Grenzbahnhof Gevgelija ist 61-011 (Ct, Henschel 19498/1922) aufgestellt.
An das umfangreiche 600-mm-Schmalspurnetz erinnern das Denkmal in Kičevo, bestehend aus der Dnt 99-4-053 (Henschel 15079/1917), beschildert seit 2004 als 99-4-025, und drei Personenwagen (ex Heeresfeldbahn). Die »echte« 99-4-025 (Vulcan 3219/1916) steht im Park Gorce Petrov (Skopje). Dritte vorhandene Schmalspurlok ist die 83-064 (Jung 3546/1923; 760 mm), Denkmal auf dem Gelände der Transportschule Skopje. ■

ŽRSM-Triebfahrzeuge

Baureihe	*Bauart*	*Leistung*	*Hersteller*	*Baujahr*	*Anzahl*	*Bemerkungen*
Elektrolokomotiven (25 kV 50 Hz)						
441.0/.5/.7	Bo'Bo'	3.860 kW	SCP/ASEA/Končar/ĐĐ	1968–74	8	6 betriebsfähig
442	Bo'Bo'	3.860 kW	(Končar)	2001	3	wie 1141.3 HŽ, 1)
443	Bo'Bo'	4.800 kW	CRRC Zhuzhou (China)	2019	4	seit Nov. 2019 im Einsatz
461	Co'Co'	5.100 kW	Electroputere	1972	3	1 betriebsfähig
462	Co'Co'	5.100 kW	(Končar)	2009	2	ex 461, Mod.Koncar, 2)
Diesellokomotiven						
621.6	B	169 kW	Brush	1964	2	1 betriebsfähig
642.0/1	Bo'Bo'-de	606 kW	Đuro Đaković	1961–68	3	betriebsfähig
642.4	Bo'Bo'-de	606 kW	Umbau Maribor	2010	3	betriebsfähig
643	Bo'Bo'-de	680 kW	Brissoneau & Lotz (F)	1967	1	betriebsfähig
661.1/2	Co'Co'-de	1.433 kW	GM (USA	1960–72	7	6 betriebsfähig
661.4	Co'Co'-de	1.433 kW	GM (USA)	1972–73	2	betriebsfähig
667	Co'Co'-de	882 kW	Brjansk (UdSSR)	1981	1	TEM2, abgestellt
Elektrotriebwagen (25 kV 50 Hz)						
411	Bo'Bo'+2'2'+Bo'Bo'		CRRC Zhuzhou (China)	2015	2	dreiteilig
412/418	Bo'Bo'+2'2'+2'2'+Bo'Bo'	1.360 kW	Riga (UdSSR)	1982	3	vierteilig
Dieseltriebwagen						
711	Bo´2´+ 2´Bo´		CRRC Zhuzhou (China)	2015	2	zweiteilig
712/716/712	B'B'+2'2'+B'B'-dh	2x 412 kW	Đuro Đaković	1981	5	3 betriebsfähig, 3)

Anmerkungen: 1) von Dioden- auf Thyristorsteuerung umgebaute ehemalige 1141 der HŽ; 2) von Dioden- auf Thyristorsteuerung umgebaute ehemalige 461 der früheren MŽ; 3) Umbau dreiteilig, Lizenz Macosa

Albanien

Joachim Weißer

Ein Bauzug mit Lok 202 der privaten Firma Betonplus wurde am 10.10.2019 in Shkozet fotografiert. Foto: Ulrich Wehmeyer.

Zur Einreise in das heute als sicher geltende Land genügt für einen Aufenthalt von bis zu 90 Tagen der Personalausweis.
In den letzten Jahren hat sich in Bezug auf Tourismus und Infrastruktur in Albanien viel verändert. Dennoch ist auf dem Gebiet noch ein gewaltiger Nachholbedarf vorhanden. Bankautomaten gibt es, sie sind allerdings nur in den großen Städten zu finden. 100 ALL entsprechen ca. 0,81 €. Kreditkarten werden zum Teil akzeptiert. An jedem größeren Bahnhof bieten Händler Reisebedarf an. Busverbindungen mit der griechischen KTEL bestehen von Thessaloniki nach Tiranë und weiteren Städten in Albanien. Eine Alternative zum manchmal abenteuerlichen Landweg durch Serbien/ Montenegro bzw. über Nordmazedonien bieten die Fähren von Triest, Ancona und Bari nach Durrës. Einziger internationaler Flughafen ist noch immer Rinas an der nordwestlichen Peripherie von Tiranë.
Fotografieren ist außer in dem Depot Shkozet unbeschränkt möglich. Ein Fahrplan in gedruckter Version existiert nicht, auf der Internetseite der albanischen Bahn hsh.com.al (nur albanisch) sind sporadisch Fahrpläne eingestellt. Fahrplanangaben finden sich auch auf www.fahrplancenter.com.
Abfahrtszeiten hängen jedoch auf den Bahnhöfen aus. Die Fahrpreise sind für mitteleuropäische Verhältnisse extrem günstig: in der Einheitsklasse kostet der Kilometer umgerechnet ca. 0,02 Euro. Ein ausführlicher Bericht über die Eisenbahn in Albanien erschien zuletzt im LOK Report, Heft 493, August 2019.

Streckennetz

HSH:	309 km
▪ eingleisig (nicht elektrifiziert)	309 km
▪ Reisezugverkehr	188 km
▪ nur Güterverkehr	121 km
Albrail (nur Güterverkehr):	59 km
▪ Fier–Vlorë	34 km
▪ Fier–Ballsh	25 km

Insgesamt befindet sich das gesamte Netz der Bahn, bis auf wenige Ausnahmen, in einen sehr desolaten Zustand. Auf der Strecke von Shkodër über Han i Hotit nach Podgorica in Montenegro findet seit 2003 unregelmäßig Güterverkehr statt. Der Streckenabschnitt Elbasan–Librazhd–Pogradec wird nicht mehr befahren. Die Bahntrasse stand offensichtlich dem Neubau der Küstenstraße am Ohridsee im Wege. Ob auf ihr jemals wieder regulärer Zugverkehr stattfindet, bleibt angesichts der vollendeten Tatsachen offen. Doch es

Triebfahrzeuge der Bahnen in Albanien

Baureihe/Nr.	Achsfolge	Hersteller	Baujahr	Anzahl	Bemerkungen
Diesellokomotiven HSH					
T669 1001-61	Co'Co'	ČKD	1978–89	13	Nummernfolge nicht durchgehend, 01.2019 noch 7 Loks betriebsfähig
Diesellokomotiven Albrail					
711 081-0	Co'	ČKD	1968/1996	1	ex T334 081, Umbau ŽOS Nymburk, von Unipetrol, Litvinov, ČR
770 526-2	Co'Co'	ČKD	1978–89	1	urspr. S200 304, übernommen von SKPL Cargo, PL

> Am 26. November 2019 erschütterte ein verheerendes Erdbeben der Stärke 6,4 Albanien, das Epizentrum lag 21 Kilometer nördlich von Durrës. Zu Redaktionsschluss war der gesamte Bahnverkehr in Albanien eingestellt. Die nachfolgenden Angaben geben den Stand vor November 2019 wieder.

gibt auch positive Nachrichten von der Eisenbahn Albaniens. Am 26.5.2015 wurde der neu erbaute Bahnhof Kashar im Stadtteil Lapraka von Tiranë feierlich eröffnet. In der Planung sind der Wiederaufbau der Strecke von Kashar nach Tiranë und weiter zum Flughafen Rinas (geplante Betriebsaufnahme 2021) sowie der Ausbau der Strecke von Shkodër in Richtung montenegrische Grenze.

Am 13.01.2019 nahm der erste private Bahnbetreiber seinen Betrieb auf. Unter dem Namen ALBRAIL hat das Unternehmen eine Konzession zum Bau, Unterhalt und Betrieb der von Fier ausgehenden Strecken nach Ballsh und Vlorë erhalten, um insbesondere die Ölraffinerie in Ballsh auf der Schiene zu bedienen. Albrail verfügt über zwei in Tschechien überholt gekaufte Diesellokomotiven.

Interessante Strecken

Mit Stand 17.10.2019 verkehrte in der Regel auf dem Abschnitt Durrës–Kashar ein Zug je Tag und Richtung. Zwischen Durrës und Shkodër sowie zwischen Durrës und Elbasan verkehrten jeweils zwei Zugpaare.

Hekurudha Shqiptarë – HSH

Die Direktion (Drejtoria Pergjithshmë Hekurudhë) der Bahngesellschaft Hekurudha Shqiptarë befindet sich in der Rruga Skëndërbeg in Durrës. Seit geraumer Zeit ist auch die HSH in drei staatliche Aktiengesellschaften aufgeteilt, Infrastruktur und Betrieb werden getrennt verwaltet.

Der Reisezug- sowie der Güterverkehr wird komplett mit Lokomotiven der Reihe T 669 (990 kW, ČKD/ČSR) bewältigt. Im Betriebsbestand befinden sich 4 Maschinen für den Reisezugverkehr und 9 Maschinen für den Güterverkehr (früherer Bestand 61 Maschinen).

Die restlichen Lokomotiven sowie viele der ausgemusterten Maschinen anderer Baureihen sind in Lekaj, Memelisht, Prenjas und Shkozet abgestellt. Eine ehemalige 221 der DB stand 2017 immer noch in Prenjas. Die Reisezüge sind aus ex FS-Vierachsern (Typ »45000«, Baujahr 1957-59, in den Jahren 1992/93 und 1999 gebraucht verkauft nach Albanien) und 11 ex DB Regio-Wagen gebildet (6 x By, 3 x Byuu und 2 x ABy). Die ehemaligen ÖBB-Wagen (Typ Bp) sind genauso wie die chinesischen, polnischen und französischen Wagen alle abgestellt.

Von einst über 2 550 Güterwagen sind nur noch wenige im Einsatz. Der Rest dieser Fahrzeugflotte steht als Schrott in verschiedenen Bahnhöfen herum.

An abgestellten Wagen ex FS und DB fuhr im Oktober 2019 in Shkozet ein Personenzug mit den ČKD-Maschinen T669 1060 und 1042 sowie zwei ex-DB-Regio-Halberstädtern vorbei. Foto: Ulrich Wehmeyer.

In den vergangenen Jahren haben sich die Beförderungs- und Transportmengen wieder leicht erholt, zuletzt jährlich etwa 50.000 (36.000) Passagiere sowie 90.000 (75.600) Tonnen Fracht. Transportiert wurden u. a. Schrott, Zement, Lebensmittel, Obst, Asphalt, Zucker und Mineralölprodukte. 75 % der Transporte fielen im internationalen Verkehr über den Grenzübergang nach Montenegro an, der Rest entfiel auf den Verkehr von und nach Durrës. ■

Griechenland

Johannes Schenkel

Hier ist TrainOSE-Triebwagen 621.112 als IC 83 von Thessaloniki am 03.04.2018 in Florina zu sehen. Foto: Thomas Niederl.

In Griechenland gilt als Zahlungsmittel der Euro; Kredit- und EC/V-Paykarten werden nahezu flächendeckend und in fast allen Hotels akzeptiert. Bei mehrtägigen Bahnreisen durch Griechenland bieten sich der Interrail »Ein-Land-Pass« oder der »Balkan-Flexipass« an. Manche Reedereien gewähren bei einer Schiffspassage von Italien nach Griechenland Rabatte für Interrail-Reisende.
Aktuelle Informationen über Fotografier-Genehmigungen liegen nicht vor. Grundsätzlich ist vom Fotografieren in Grenznähe und bei Militäranlagen dringend abzuraten. Viele Bahnhöfe und Bahnanlagen werden von privaten Wachdiensten, die gelegentlich sehr strikt sind, bewacht.
Reisezüge verkehren an Wochenenden teilweise abweichend. In den vergangenen Jahren wurde das Fahrplanangebot in der Sommerferienzeit häufig stark ausgedünnt oder ganz eingestellt. Informationen gibt es in allen größeren Bahnhöfen. Fahrpläne sind im Internet unter www. trainose.gr bei den jeweiligen Sparten veröffentlicht, hier besteht auch die Buchungsmöglichkeit von z.T. erheblich günstigeren online-Fahrkarten. Die landesweite TrainOΣE-Telefonauskunft ist unter Tel. 14 511 zu erreichen.

Streckennetz

Das griechische staatliche, aktive Eisenbahnnetz des Betreibers OΣE/OSE (Organismos Sidirodromon Ellados) misst 2410 km, 80% davon sind normalspurig. 735 km werden aktuell elektrisch betrieben (25 KV, 50 Hz Wechselstrom). Organisatorisch ist es in drei Bereiche (ehemalige Direktionen) aufgeteilt: Athen, Peloponnes (hauptsächlich Meterspur) und Thessaloniki für Mazedonien-Thrakien. Die maximale Höchstgeschwindigkeit beträgt laut OΣE-Netzzustandsbericht 160 km/h im Personen- und 120 km/h im Güterverkehr. Es herrscht Rechtsverkehr.

Länge der laut Netzbericht 2020 staatlich verwalteten Strecken (davon mit Reisezugverkehr):

▪ Gesamtnetz	2.410	(1786) km	
▪ Normalspur (1435 mm)	1.983,27	(1701) km	1)
▪ davon zweigleisig	685	(528) km	1)
▪ Schmalspur (1000 mm)	382	(46) km)	2)
▪ Schmalspur (750 mm)	22	(22) km	3)
▪ Schmalspur (600 mm)	28	(16) km	4)

Anmerkungen: 1) mit Kiato–Rhododaphni (neue Peloponnesbahn); 2) ohne Proastiakos Ag. Andreas–Kato Achaia; 3) Zahnradbahn; 4) Museumsbahn
Hinzu kommen etwa 210 km Meterspurstrecken auf der Peloponnes, die derzeit offiziell wegen Bauarbeiten geschlossen sind: Kiato–Rio 100 km (Umspurung auf Normalspur), Tripoli–Zevgolatio (82 km, Sanierung der Strecke), die Nebenbahnen Asprohoma–Messini, Kalo Nero–Kiparissia und Lefktro–Megalopoli. Die meisten nicht genutzten Meterspurstecken dürften nicht mehr befahrbar sein.
Die nationale Hauptachse PAThEP (Patra–Athen–Thessaloniki–Idomeni (Grenze nach Nordmazedonien) / Promachon (Grenze nach Bulgarien) befindet sich seit Jahrzehnten im Ausbau, die Fertigstellung verzögert sich auch wegen der finanziellen Situation des griechischen Staats immer mehr. Die Strecke Idomeni–Thessaloniki–Athen–Piräus ist durchgehend elektrifiziert und ist südlich von Thessaloniki zweigleisig ausgebaut. Der landschaftlich sehr schöne, 122 km lange Teil Domokos–Tithorea wurde durch eine völlig neue Strecke ersetzt. Der Abschnitt Lianokladi–Tithorea der Altstrecke wird noch genutzt. Westlich von Athen Richtung Peloponnes ist die Neubaustrecke bis Kiato im Regionalverkehr in Betrieb, Richtung Patra soll die Neubaustrecke abschnittsweise bis etwa 2023 in Betrieb gehen. Die Durchfahrt durch Patra und die Anbindung des neuen Hafens Patra befinden sich noch in der Planung.

Triebfahrzeuge GAIAOSE, von TrainOSE und anderen EVU geleast

Reihe/Nr.	*Bauart*	*Achsfolge*	*Baujahr*	*Hersteller*	*Bemerkungen*
Lokomotiven (1435 mm)					
120 001–006	EAC	Bo'Bo'	1997	KM/Siemens (D)	Typ HellasSprinter (EuroSprinter); 1)
120 007–030	EAC	Bo'Bo'	2004–05	Siemens (D)	Typ HellasSprinter (EuroSprinter); 2); 24)
A 101–130	DH	C	1962–67	Krupp (D)	Typ DB-V 60
A 151–162	DH	B'B'	1972	Faur (RO)	Typ LDH70 (wie CFR-Reihe 86)
A 201–210	DE	Bo'Bo	1961	ALCo (USA)	Typ DL532B; 3)
A 221–233	DE	Bo'Bo'	1973	GE (USA)	Typ UM 10B
A 451–470	DE	Co'Co'	1973–74	MLW (CD)	Typ MX627; 4)
A 501–510	DE	Co'Co'	1975	MLW (CD)	Typ MX635; 8)
220 001–026	DE	Bo'Bo'	1997	Adtranz (CH/D)	5); 6)
220 027–036	DE	Bo'Bo'	2003–04	BT (D)	5); 7); 24)
Lokomotiven (1000 mm)					
A 9101–9112	DE	Co'Co'	1965	ALCo (USA)	9)
A 9401–9420	DH	B'B'	1967	Mitsubishi (Japan)	9)
Triebwagen/Triebzüge (1435 mm)					
AA 91–100	VT-dh	B'2'	1976	Ganz-Mavag (H)	10); 23)
AA 1101	VT-dh	B'2'	1976	Ganz-Mavag (H)	Reserve-Triebkopf; 10); 23)
460 101–120	ET	5teilig	2003–04	Siemens (D)	Typ Desiro
520 101–112	VT-de	Bo'Bo'	1989	LEW/AEG (DDR/D)	IC-Triebköpfe; 11); 23)
520 151–158	VT-de	Bo'Bo'	1994–95	AEG (D)	IC-Triebköpfe; 12); 23)
560 901–917	VT-de	2'Bo 2'	2003–04	Stadler/BT (CH)	Typ GTW 2/6; 13)
620 001–025	VT-dh	B'B'	1989–90	MAN/HSY (D/GR)	Doppeltriebwagen; 14); 23)
621 101–115	VT-dh	B'B'	2006–07	MAN/HSY (D/GR)	Doppeltriebwagen; 15)
Triebwagen/Triebzüge (1000 mm)					
AA 6461–6471	VT-dh	B'B'	1985	Ganz-Mavag (H)	16); 23)
AA 6501–6510	VT-dh	B'B'	1991–92	MAN/HSY (D/GR)	17)
AA 6521–6530	VT-dh	B'2'	1990–91	MAN/HSY (D/GR)	18)
4501–4512	VT-de	2'Bo 2'	2003–04	Stadler/BT (CH)	Typ GTW 2/6; 19)
Triebwagen/Triebzüge (750 mm Zahnradantrieb)					
AB 3001–3003	ETz-de	Bo'Bo'	1958	Billard (F)	20); 23)
AB 3004–3006	ETz-de	Bo'Bo'	1967	Decauville (F)	20); 23)
BD 3107–3110	ETz-de	=> 21)	2006	Stadler (CH)	20); 21); 22)

Anmerkungen: Von den aktiven Baureihen sind nicht alle Fahrzeuge im Einsatz; 1) ex H 561 bis 566; 2) unveränderter Nachbau der ersten Serie 120 001 bis 006; 3) z.T. Umbau ähnlich A 451-470; 4) z. T. Umbau im Aw Piräus, ähnlich A 501 bis 510; 5) späterer Umbau auf Ellok vorgesehen; 6) ex A 471 bis 496; 7) 2. Serie der Baureihe 220 001 bis 026 (ex A 471 bis 496); 8) Umbau der A 504 in den USA, der Rest wurde im Aw Piräus umgebaut; 9) jeweils 2 Maschinen betriebsfähig in Patra; 10) mit Steuerwagen AA 171 bis 180 und Mittelwagen AA 181 bis 190; 11) ex 601, 603, bis 623 und 501 201 bis 212 (ex 602, 604, bis 624) mit den Mittelwagen 501 301 bis 312 (ex 1601 bis 1612) und 501 401 bis 412 (ex1616 bis 1627); 12) ex 651, 653, bis 665 und 520 251 bis 258 (ex 652, 654, bis 665, 668) mit den Mittelwagen 520 351 bis 358 (ex 1651 bis 1658), 520 451 bis 458 (ex 1671 bis 1678) und 520 551 bis 558 (ex 1661 bis 1668); 13) Antriebs-Mittelteil, mit Endwagen 560 101 bis 117 und 560 201 bis 217, möglicher Umbau auf Elektrotraktion in Planung, verkehrt als Zuggattung »Railbus«; 14) ex 701 bis 725, Einsatz in Mehrfachtraktion (2 Doppel-Tw), eine Ersatz-Tw-Hälfte; 15) Doppeltriebwagen, mit 621 201 bis 215; 16) mit Mittelwagen K 080 bis 091 und Steuerwagen Θ 091 bis 102; 17) IC-Tw, mit angetriebenen Mittelwagen 5501 bis 5510 und Steuerwagen 1501 bis 1510; 18) zweiter Triebkopf 5521 bis 5530; 19) Antriebs-Mittelteil, mit Endwagen 4301 bis 4312 und 4401 bis 4412, verkehrt als Zuggattung »Railbus«; 20) Diese Schmalspurbahn sollte ursprünglich elektrifiziert werden, die zur Stromerzeugung dienenden Generatorwagen waren lediglich als Übergangslösung gedacht. Vervollständigt werden die Garnituren durch Steuerwagen; 21) Bauart/Achsfolge Adhäsion 2'B'+2'2'+B'2'/Zahnrad 2'2'+1A'1A'+2'2'; 22) jeweils bezeichnet als 3107+3507+3207 usw.; 23) alle abgestellt; 24) je eine Lok von RCCL geleast

Organismos Sidirodromon Ellados–ΟΣΕ

Die damaligen Staatsbahnen SEK und die ebenfalls staatliche Peloponnesbahn SPAP wurden 1971 zur als Aktiengesellschaft in Staatsbesitz firmierenden Bahngesellschaft ΟΣΕ/OSE (Organismos Sidirodromon Ellados, Organisation der griechischen Eisenbahnen) zusammengelegt. Der 2007 zur Umsetzung der EU-Richtlinie 440/91 (Trennung von Netz und Betrieb) als Holding konzipierte OSE (www.ose.gr) ist aktuell der Infrastrukturbetreiber mit neuer Aufgabenbeschreibung: Die Tochtergesellschaft ERGA-OSE S.A. (www.ergose.gr) managt die Netzausbauprojekte. GaiaOSE S.A. (www.gaiaose.gr) ist die direkt dem Staat zugeordnete Immobiliengesellschaft, der inzwischen auch die Fahrzeuge gehören. Die Aufsichtsbehörde ist die Regulatory Authority for Railways (www.ras-el.gr).

Infolge der Staatsschuldenkrise unterliegen die griechischen Eisenbahnen seit Jahren einem drastischen Sparkurs. Der Nahverkehr in den Ballungszentren um Athen, Thessaloniki und Patra firmiert unter Proastiakos (ΠΡΟΑΣΤΙΑΚΟΣ), der Teil von TrainOSE ist.

Der Güterverkehr ist von den nördlichen Nachbarländern bis in den Raum Thessaloniki (Hafen, Lager internationaler Speditionen) relativ rege, weiter südlich kommt dieser dank der Neubaustrecke zum Hafen von N. Ikonio (Containerhafen Piräus) langsam wieder etwas in Gang. Die kürzeste Strecke nach Mitteleuropa führt über Idomeni und durch die Nicht-EU-Länder Serbien und Nordmazedonien.

In Griechenland aktive Bahngesellschaften (EVU)

2017 wurde das EVU **TrainOSE** privatisiert und an die italienische Gruppe FS Italiane verkauft. TrainOSE erhält langfristig vom griechischen Staat einen Ausgleich für defizitäre Verkehre. Das von TrainOSE und anderen EVU genutzte Rollmaterial gehört derzeit ausschließlich

GaiaOSE und wird von der TrainOSE-Tochtergesellschaft Greek Railway Rolling Stock Maintenance Company, ROSCO/ΕΕΣΣΤΥ (www.eessty.gr) gewartet, diese muss alle EVU bedienen. Werkstätten gibt es in Athen, Larissa, Thessaloniki, Alexandroupoli (nur Hinterstellung von Fahrzeugen), Patra, Diakopto und Kalamata (ohne Aufgabenbereiche), Ausbesserungswerke in Piräus und Thessaloniki. Verschiedene EVU wollen in Zukunft auch andere Fahrzeuge einsetzen.

Ein Sicherheitszertifikat für den Personenverkehr besitzt auch **Statheres Synkinonies A.E./Urban Rail Transport S.A.** für die gemeinsam mit TrainOSE betriebene Strecke zum Athener Flughafen.

Neben TrainOSE gibt es weitere EVU mit einem Sicherheitszertifikat für den Güterverkehr. Das einzige, das derzeit selbst Züge fährt, ist **Rail Cargo Logistics Goldair RCLG** (www.railcargolg.com), deren Eigentümer das griechische Logistikunternehmen Goldair Logistics und die Rail Cargo Group (ÖBB) sind. Bedient werden vor allem Logistikzentren im Großraum Thessaloniki von Norden (Transit via Nordmazedonien und Bulgarien), aber auch die Häfen von Piräus und Thessaloniki. Dafür stehen je eine Diesel- und eine Ellok aus GaiaOSE-Beständen zur Verfügung.

Ein anderes EVU ist **PEARL** (Piraeus Europe Asia Rail Logistics, www.pearl-rail.com), eine Tochtergesellschaft der China Ocean Shipping Company (COSCO), die weite Teile des Hafens von Piräus langfristig gepachtet hat. Pearl ist eine in London ansässige »End-to-End«-Logistikgesellschaft, deren Aufgabe es ist den Warenumschlag in Piräus zu verbessern. Pearl bietet Schienenverkehre mit regelmäßigen Abfahrten (vor allem Container) von den Häfen Piräus und Thessaloniki in die Balkanstaaten und nach Zentraleuropa an, die Traktion der Züge obliegt derzeit TrainOSE.

Zudem halten die **Spedition Makios Logistics** und nach eigenen Angaben die rumänische **GFR** Sicherheitszertifikate für den Güterverkehr.

Interessante Strecken

Bereich Mazedonien – Thrakien

- **Thessaloniki–Strymon–Alexandroupoli–Pithio–Dikea–Ormenio–Svilengrad BDŽ**: Die vor allem im urtümlichen Nestos–Tal (Drama–Xanthi) landschaftlich schöne Strecke wird aktuell zwischen Thessaloniki und Toxote bei Xanthi nur von je einem IC- und D-Zugpaar befahren, häufig im Schienenersatzverkehr. Im weiterführenden Abschnitt nach Ormenio werden drei Regionalzugpaare angeboten. Über Pithio verkehren gelegentlich Güterzüge, auch Umleiter zwischen der Türkei und Bulgarien. Diese Strecke ist östlich von Alexandroupoli Teil des »Sea2Sea«-Korridors zwischen den bulgarischen Schwarzmeerhäfen und den griechischen Ägäishäfen unter Umgehung von Bosporus und Dardanellen.
- **Thessaloniki–Plati–Edessa–Aminteo–Kozani/Florina, Mesonissio–Kremenica MŽ**: Zwischen Thessaloniki und Edessa verkehren fünf Zugpaare, von denen drei bis Florina durchgebunden sind. Die restlichen Abschnitte werden derzeit im Personenverkehr nicht, im Güterverkehr nur teilweise bedient. Landschaftlich interessant ist der Abschnitt Skydra–Aminteo. Der Grenzübergang nach Kremenica ist seit Jahren außer Betrieb, eine Streckensanierung wurde 2019 abgeschlossen, Zugverkehr gibt es bisher dennoch nicht.
- **Gefira–Axios** (nur Güterverkehr): Verbindungslinie zur Umfahrung von Thessaloniki für Güterzüge im elektrischen Betrieb, bei Bedarf auch Reisezügen Richtung Skopje.
- **Strymon–Promachon–Kulata BDŽ**: Relativ starker Güterverkehr, ein Reisezugpaar Thessaloniki–Sofia, das »bis auf weiteres« über die Grenze zwischen Kulata und Strimon durch Busse ersetzt wird. Im Sommer verkehrt zusätzlich einmal wöchentlich ein (Kurswagen-) Zugpaar Thessaloniki–Sofia–Bukarest (2020: Anfang Juni bis Anfang Oktober). Fotografieren ist wegen der Grenznähe problematisch.
- **Pithio–Uzunköprü TCDD**: erzeit kein Personenverkehr. Das Fotografieren im gesamten Grenzbereich ist höchst problematisch.
- **Thessaloniki–Idomeni–Gevgelija MŽ**: Elektrischer Zugbetrieb, ein Saison-Reisezugpaar Thessaloniki–Skopje–Belgrad (Hellas-Express), südlich von Gevgelija seit Jahren im Schienenersatzverkehr. Zwischen Idomeni und Polykastro noch nicht fertiggestellte Neubaustrecke.

Bereich Athen

- **Piräus–Athen–SKA–Larissa–Plati (–Thessaloniki)**: Der ehemalige Peloponnesbahnhof in Piräus wurde zum Normalspurbahnhof für die Vorortzügen vom Flughafen und von der Peloponnes umgebaut. In Athen wurden Peloponnes- und Larissabahnhof zum normalspurigen Bahnhof Athen zusammengelegt, der großzügige Ausbau ist noch nicht fertiggestellt.
  Herzstück der Umgestaltung der Bahnanlagen im Großraum Athen ist der im nördlichen Vorort Acharne neu gebaute Bahnhof SKA (ΣΙΔΙΡΟΔΡΟΜΙΚΟ ΚΕΝΤΡΟ ΑΧΑΡΝΩΝ), dies bedeutet »Eisenbahnzentrum Acharne«. In diesem achtgleisig geplanten, völlig überdimensionierten Bahnhof kreuzen sich die Nord-Südstrecke und die teilweise auf der Trasse der ehemaligen Peloponnesbahn verlaufende Ost-Weststrecke vom Flughafen Athen in Richtung Peloponnes, derzeit allerdings nur in Form eines unbequemen und eher ungenutzten Umsteigebahnhofs mit drei Gleisen auf unterschiedlichen Ebenen. Für eine sinnvolle Fertigstellung sind weitere, enorme Investitionen erforderlich, TrainOSE empfiehlt Umsteigen in Kato Acharne. Alle Werkstätten (Lefka, Rentis), Güter- und Rangierbahnhöfe sowie die meterspurigen Anlagen werden, soweit nicht schon geschehen, aufgelöst. In Piräus-Lefka sind viele meterspurige Peloponnesbahnfahrzeuge hinterstellt, ein Teil wird als Museum genutzt (derzeit nicht geöffnet). Der zweigleisige Ausbau mit Elektrifizierung von Athen bis Thessaloniki wurde 2019 abgeschlossen. Der landschaftlich und historisch interessante südliche Gebirgsabschnitt Tithorea–Lianokladi wird

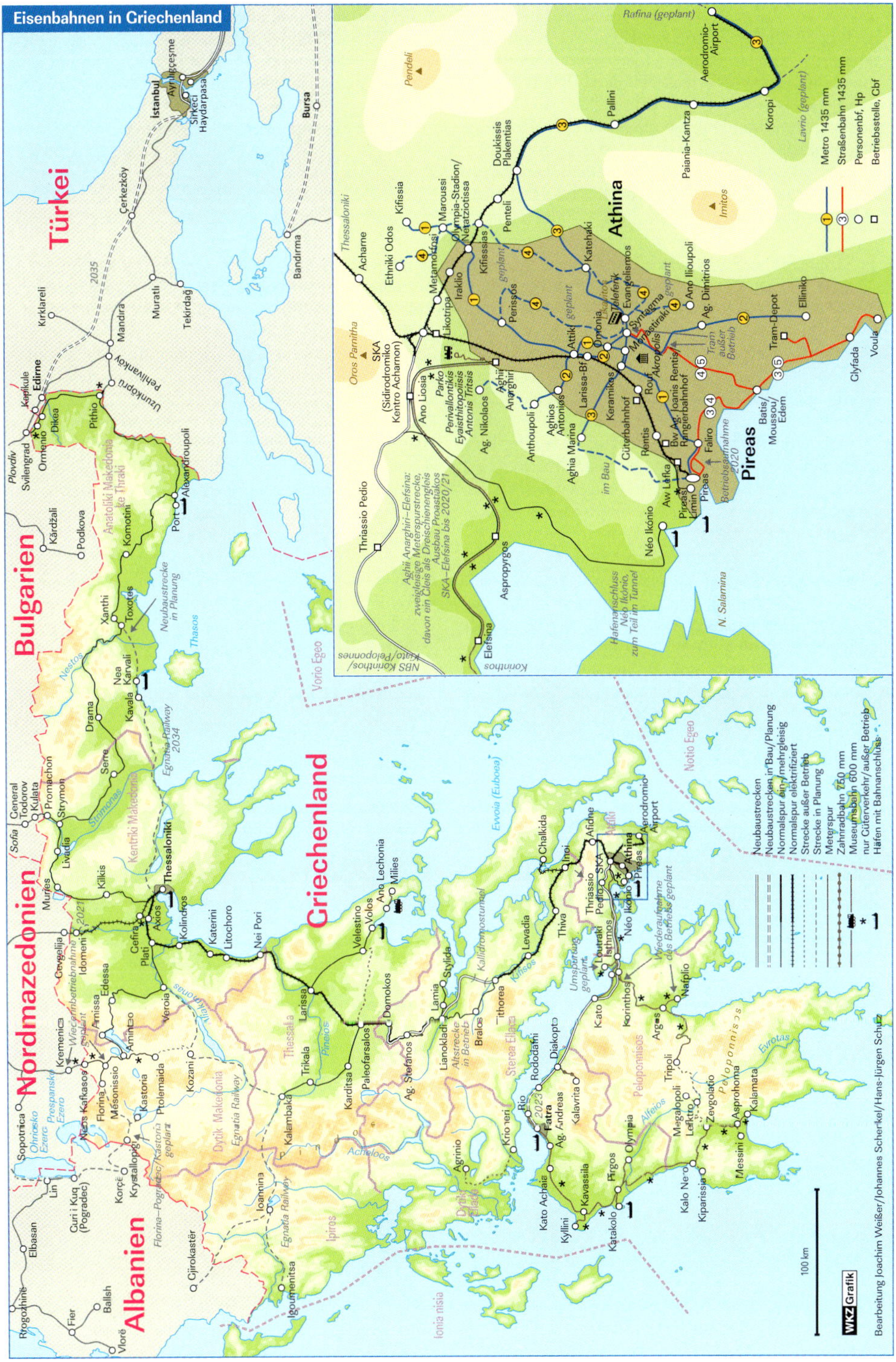
Eisenbahnen in Griechenland
Türkei
Bulgarien
Nordmazedonien
Albanien
Griechenland
Athina
Pireas
Thessaloniki
Istanbul
Edirne
Neubaustrecken
Neubaustrecken in Bau/Planung
Normalspur ein-/mehrgleisig
Normalspur elektrifiziert
Strecke außer Betrieb
Strecke in Planung
Meterspur
Zahnradbahn 750 mm
Museumsbahn 600 mm
nur Güterverkehr/außer Betrieb
Häfen mit Bahnanschluss
Metro 1435 mm
Straßenbahn 1435 mm
Personenbf, Hp
Betriebsstelle, Cbf
100 km
WKZ Grafik
Bearbeitung Joachim Weißer/Johannes Scherkel/Hans-Jürgen Schulz

mit einem Zugpaar weiterbetrieben, der nördliche Gebirgsabschnitt Lianokladi–Domokos wird nicht mehr befahren. Solange die Sicherungsanlagen nicht durchgehend fertiggestellt sind (ETCS Level 1, ortsfeste Signale der konventionellen Streckenausrüstung eingebunden) ist eine Betriebsausweitung kaum möglich.

Auf der OΣE-Magistrale verkehren fünf lokbespannte IC-Zugpaare und ein aus Sitzwagen gebildetes Nachtschnellzugpaar nach Alexandroupoli, südlich von Larissa auf Teilstrecken ergänzt um wenige Regionalzüge. TrainOSE versucht den IC-Verkehr aufzuwerten. Wegen der nicht ausreichenden Stromversorgung werden Güterzüge teilweise mit Dieselloks bespannt. Auf dem Abschnitt Thessaloniki–Larissa wird mit den Desiro-Triebzügen der Reihe 460 ein Proastiakos-Betrieb mit neun Zugpaaren durchgeführt, davon wird ein Zugpaar bis Paleofarsalos weitergeführt. Dazu kommt ein Zugpaar Thessaloniki–Kalambaka.

- **Aerodromio/Airport–SKA–Korinthos–Kiato–Rhododaphni** (Normalspur): An der Neubaustrecke liegt der neue Betriebsbahnhof Thriassio Pedio als neuer Betriebsmittelpunkt. Hier entstanden/entstehen u. a. ein Rangierbahnhof, ein Container-Terminal, die neue Hauptwerkstatt und das Athener Bahnbetriebswerk, ein Logistikzentrum. Hier zweigt eine eingleisige NBS (19 km) für den Güterverkehr zum Hafen N. Ikonio (Cargobereich des Hafens von Piräus) ab, deren Betrieb im Februar 2013 aufgenommen wurde. Damit hat der drittgrößte Mittelmeerhafen nach mehr als zehn Jahren wieder einen Gleisanschluss im Güterverkehr erhalten. Es verkehren vor allem Containerganzzüge nach Thessaloniki und Zentraleuropa. Aktuell besteht ein stündlicher elektrischer Proastiakos-Betrieb mit Desiro-Zügen zwischen Aerodromio/Airport (Flughafen Eleftherios Venizelos), und Piräus (im nördlichen Abschnitt öfter) sowie zwischen Kiato und Piräus. Die Neubaustrecke Kiato-Rhododaphni (71 km Richtung Patra) ist fertiggestellt und wird vermutlich 2020 (vorläufig mit Diesel) in Betrieb genommen. Durchgehende Verbindungen Flughafen–Peloponnes gibt es derzeit nicht. Die Strecke zum Flughafen hat neben dem Larissa-Bahnhof Athen und dem Bahnhof Piräus zwei weitere Verknüpfungen mit der Metro Athen/Attika: am Bahnhof Olympia-Stadion / Neratziotissa (Metrolinie 1) und Doukissis Plakentias (Metrolinie 3). Zwischen Doukissis Plakentias und Flughafen auf ca. 20 Kilometern Mischbetrieb Proastiakos/Metro.
- **Athen–SKA–Inoi–Chalkida**: elektrischer Betrieb, etwa alle zwei Stunden, im Berufsverkehr stündlich.
- **Lianokladi–Lamia–Stylida**: Dient vor allem als Anschluss zu den Fernverkehrszügen in Lianokladi.
- **Larissa–Volos**: Es verkehren neun Zugpaare im angenäherten Zweistundentakt. Da diese Frequenz nicht ausreicht, man aber keinen Kreuzungsbahnhof betreiben will, werden weitere Fahrten im Schienenersatzverkehr angeboten. Die Strecke wurde in den vergangenen Jahren ausgebaut und soll elektrifiziert werden.
- **Paleofarsalos–Kalambaka**: Herausragende Kulisse für Streckenaufnahmen östlich von Kalambaka bilden die Meteora-Felsen. Auf der in mehreren Etappen vor ca. 20 Jahren umgespurten Strecke verkehren fünf Zugpaare. Auch diese Strecke soll elektrifiziert und mit Signalen ausgerüstet werden.

Bereich Peloponnes

Im Großraum Athen gehört nur noch das Gütergleis Ag. Anarghirii–Elefsina zum Peloponnes-Bereich, das zwischen SKA und Elefsina zur Vorortbahn ausgebaut werden soll, sonst alle Peloponnes-Schmalspurstrecken. Auf allen offiziell befahrbaren Meterspurstrecken, d.h. Korinthos–Argos–Tripoli–Kalamata–Pirgos–Patra mit Seitenlinien können offiziell Sonderfahrten stattfinden, der Zustand der Strecken dürfte das nach teilweise mehr als zehn Jahren Betriebsruhe bestenfalls in Ausnahmefällen zulassen. Planmäßiger Personenverkehr ist laut OΣE-Netzzustandsbericht auf diesen Linien nicht mehr gestattet. Es gibt Pläne, weitere Teile des Peloponnesnetzes umzuspuren, in wie weit diese verwirklicht werden, bleibt abzuwarten. Der Abschnitt Aghios Andreas–Kato Achaia (ca. 30 km auf der Bestandsstrecke Richtung Pirgos) wurde inzwischen wieder hergestellt, der Betrieb bei Redaktionsschluss aber noch nicht aufgenommen.

- **Aghii Anarghiri (Athen)–Korinthos–Patra–Pirgos–Kalo Nero–(–Kiparissia)–Zevgolatio–Kalamata**: Einziger Zugverkehr auf der westlichen Ringstrecke um die Peloponnes–Halbinsel findet als Proastiakos Patra auf dem 32 km langen Abschnitt Kastelokampos–Rio–Patra–Kato Achaia statt. Im Stundentakt pendeln GTW der Baureihe 4501–4512. Zwischen Kiato (derzeitiger Endpunkt der Neubaustrecke) und Patra findet Schienenersatzverkehr mit OΣE-Bussen statt. Die Neubaustrecke bis zum neuen Hafen Patra soll schrittweise in Betrieb genommen werden. Von Piräus bis Rio ist die Meterspurstrecke außer Betrieb und teilweise abgebrochen. Die Trasse wird abschnittsweise für die neue Normalspurstrecke genutzt. Für die Strecke Rio–Patra laufen die Planungen für die Umspurung. Der schmalspurige Proastiakoverkehr in Patra wurde im Zuge der Umspurung eingeschränkt.
- **Diakopto–Kalavrita** (750 mm): Schmalspurige Nebenbahn (22 km) mit drei insgesamt 3,6 km langen Zahnstangenabschnitten (System Abt). Einige Brücken, 14 Tunnel, maximale Steigung 35 Promille (Adhäsion) und 145 Promille (Zahnstange). Betrieb mit werktags drei, sonntags fünf Zugpaaren, gebildet aus den vier Neubautriebwagen, zum Teil in Zweifachtraktion. Sehr sehenswert.
- **Katakolo–Pirgos–Olympia**: Als Touristikzüge werden zwischen Pirgos und dem antiken Olympia drei Zugpaare angeboten, von denen eines bis zum Hafen von Katakolo weitergeführt wird. Zusätzliche Sonderzüge, wenn Ausflugsverkehr von Kreuzschifffahrt-Reedereien bestellt wird. Betrieb mit GTW der Reihe 4501– 4512. Auskünfte beim Bahnhof Pirgos Tel. +30-26210 22525 oder über die landesweite Auskunft 14 511.

Nahverkehr

Der Nahverkehr (außer Proastiakos) im Raum Athen wird heute von Statheres Synkinonies A.E./Urban Rail Transport S.A. (STA.SY) betrieben..

- **Metrolinie 1,** ehemals Ilektriki Sidirodromi Athinon–Pireos (ΗΣΑΠ): Älteste Bahn in Griechenland, Spurweite: 1435 mm, 750 V Gleichstrom, Stromschiene. 1869 als private Vorortbahn Thission–Piräus eröffnet, 1904 bis Omonia verlängert und elektrifiziert. Zum 1958 erreichten Endpunkt Kifissia verläuft die Strecke teils auf der Trasse der 1938 stillgelegten meterspurigen Attika-/ Lavrionbahn. Zwischen Monastiraki und Attiki im Tunnel. Linie 1 des Athener Metro-Netzes. Zum Einsatz kommen noch vereinzelt MAN/Siemens-Triebwagen (Baujahr 1958-59). Sehenswert ist der Bahnhof Piräus.
- **Metrolinien 2 und 3,** ehemals Attiko Metro A.E., Athen (AM): Spurweite: 1435 mm, 750 V Gleichstrom, Stromschiene. Die beiden neuen, weitgehend unterirdisch verlaufenden Metro-Linien 2 und 3 wurden im Jahr 2000 eröffnet und in den letzten Jahren erweitert. Linie 2 Anthoupoli–Sepolia (Depot)–Larissa (Umsteigemöglichkeit ΟΣΕ)–Attiki (ΗΣΑΠ)–Omonia (ΗΣΑΠ)–Syntagma (Linie 3)–Aghios Dimitrios–Elliniko. Linie 3 Aghia Marina–Monastiraki (ΗΣΑΠ)–Syntagma (Linie 2)–Doukissis Plakentias. Durchgehende Züge verkehren mit Zweisystem-Triebwagen der koreanischen Firma Rotem im Oberleitungsbetrieb auf ΟΣΕ-Gleisen zum Flughafen Eleftherios Venizelos. Erweiterungen sind in Arbeit bzw. Planung, vor allem im Westen und Norden Athens. Viele Stationen sind architektonisch mit archäologischen Funden sehenswert gestaltet.
- **TRAM A.E.**, Athen: Spurweite: 1435 mm, 750 V Gleichstrom. Tochter der Attiko Metro A.E., Inbetriebnahme 2004. Die erste Ausbaustufe des Straßenbahnnetzes verfügt über 27 km Streckenlänge und verbindet das Zentrum Athens mit den südlichen und östlichen Vororten: Linie T3 Voula–Glifada (Platia)–Aghios Kosmas–Paleo Faliro–SEF/Neo Faliro, Linie T4 Syntagma-Platz–Nea Smyrni–Leoforos Achileos–Paleo Faliro–Delta–SEF/Neo Faliro (ΗΣΑΠ), Linie T5 verkehrt zwischen Zentrum und Voula. Betriebshof auf dem Gelände des ehemaligen Flughafens in Elliniko. Der Innenstadtabschnitt Syntagma–Kasomouli ist aus Sicherheitsgründen seit Herbst 2018 gesperrt (marode Flussüberbauung) Die Streckenverlängerung SEF–Piräus ist abgeschlossen, bisher aber nicht in Betrieb genommen worden. Voraussichtlich im ersten Halbjahr 2020 wird der westliche Küstenabschnitt Batis–SEF wegen Bauarbeiten geschlossen, nach deren Abschluss soll der Verkehr durchgehend bis Piräus aufgenommen werden. Interessant ist die Fahrt entlang der Küste an den Stränden Athens. Zum Einsatz gelangen 35 Fahrzeuge vom Typ »Sirio« des italienischen Herstellers AnsaldoBreda. Die Lieferung von 25 Alstom Citadis-Zügen wird 2021 erwartet.
- **Standseilbahn Likavitos** (Mt. Lycabettus): Touristische Standseilbahn auf den im Zentrum von Athen gelegenen Aussichtsberg.
- **Metro Thessaloniki:** Auch in Thessaloniki wird seit Jahren an einer U-Bahn gebaut, finanzielle und technische Probleme sowie antike Funde (vor allem von der historischen Via Egnatia) verzögern das Vorhaben. Derzeit avisierte Inbetriebnahme 2023/24.

Museen und Museumsbahnen

Verschiedene Fahrzeugsammlungen in Kalamata, Nafplio, Larissa, Volos und Drama. Die meisten Museen und Ausstellungsstücke sind unter www.ose.gr in der Sparte »Πολιτισμός/Culture: Μουσεια/Museums« zu finden::

- **Eisenbahnmuseum Athen**: Das Athener Eisenbahnmuseum ist im Frühjahr 2019 in die »Rotonda« der ehemaligen Peloponnesbahnwerkstatt in Piräus umgezogen (in der Nähe der Proastiakoshaltestelle Rentis), aber bisher nicht dem Publikum zugänglich gemacht worden.
- **ISAP-Museum Piräus:** Im Bahnhof Piräus der Metrolinie 1 befindet sich ein kleines Museum mit liebevoll gepflegten Exponaten des »Ilektrikos". Geöffnet Montag bis Freitag 9.00 bis 14.00 Uhr. Es gibt auch betriebsfähige Holzzüge aus der Frühzeit des elektrischen Betriebs, die gelegentlich eingesetzt werden.
- **Eisenbahnpark Kalamata**: Ehemaliger Bahnhof Kalamata (alter) Hafen, ca. 1,5 km südlich vom Hauptbahnhof. Vor dem renovierten Bahnhof von 1892 stehen in einer Parkanlage einige Meterspurfahrzeuge sowie zwei Wagen des »Ilektrikos". Im Bahnpark Kalamata kann man die frühere Leistungsfähigkeit und Bedeutung der Peloponnesbahn erahnen.
- **Eisenbahnmuseum Thessaloniki**: Museum im Aufbau (Eleftherio–Kordelio Railway Museum, www.sfsth.gr) 7B New Monastiriou str., Military Station, Municipality of Eleftherio–Kordelio Thessaloniki, geöffnet Mittwoch und Donnerstag wenn Werktag, 10-13h.
- **Museumsbahn (Volos–) Ano Lechonia–Milies** (600 mm), Pileonbahn: Die 1971 stillgelegte Pileonbahn wird im sehr sehenswerten 16 km langen Bergabschnitt Ano Lechonia–Milies seit Sommer 1996 als ΟΣΕ-Museumsbahn in Kooperation mit der Region betrieben. Während der Hauptsaison ein bis zwei tägliche Zugpaare, in der Nebensaison an Wochenenden. Die Züge sind häufig sehr stark gebucht oder ausgebucht. Lokale Reisebüros bieten auch kombinierte Zug-/Busreisen an. Zum Einsatz gelangen Schöma-Diesellokomotiven im »Dampflok-Look« mit Originalwagen aus der Erbauungszeit. Betriebsbereite Dampfloks stehen derzeit nicht zur Verfügung. Infos unter Telefon/Fax +30-2421039723 oder landesweit 14511, E-Mail: grafeiovolou@trainose.gr.
- **Bahnhof Volos**: Kleines Museum (Anmeldung erforderlich), viele Meterspurfahrzeuge etwas schwer zugänglich überdacht aufgestellt. Erhaltungszustand unterschiedlich.
- **Museumsbahn Volos–Paleofarsalos** (Spurweite 1000 mm); Stillgelegt und teilweise unterbrochen, vereinzelt Sonderfahrten auf Teilstrecken. Als Museumsstrecke soll sie zumindest teilweise erhalten bleiben, laut Presseberichten vermutlich im Bereich Velestino–Aerinio. Fahrzeuge in Velestino und Aerinio. ■

Bulgarien

Rüdiger Lüders

Am 07.08.19 wurde in der Einsatzstelle Levski der R24204, bestehend aus einem Wagen, von 55.198 auf 07.123 umgespannt. Zu den beiden Loks gesellte sich noch 44 128 mit einem Zug aus Sofia. Foto: Jonathan Christoph.

Bulgarien ist seit 1. Januar 2007 Mitgliedsland der EU, gehört aber nicht zum Schengen-Raum. Zahlungsmittel ist der Lev (1 Euro = 1,95 Leva). Geldautomaten sind in größeren Orten vorhanden. In Bulgarien wird das kyrillische Alphabet angewendet, teilweise erfolgen die Anschriften auch in lateinischer Schrift.
Auf öffentlich zugänglichem BDŽ-Gelände sowie an der freien Strecke ist das Fotografieren grundsätzlich kein Problem. Ein freundliches Nachfragen bei den Eisenbahnern wird trotzdem empfohlen. Betriebs- und Ausbesserungswerke sowie die »Dampflokfriedhöfe« Assenovo und Kalojanovetz dürfen nur mit einer Genehmigung betreten werden.

Fahrpläne und Fahrpreise

Leider sind die Anreisemöglichkeiten auf der Schiene recht bescheiden. Praktisch unverändert fährt der Tageszug »Romania« von Bucuresti nach Sofia. Über die neue Donaubrücke bei Vidin wird ebenfalls nur mehr ein Zugpaar Craiova–Vidin angeboten. Dabei handelt es sich um einen Regionalzug mit Halt an allen Stationen. Dieses Zugpaar hat für Reisende aus Mitteleuropa auch keine passenden Anschlussverbindungen. Zwischen Sofia und Istanbul (Halkali) verkehrt ein Nachtzugpaar mit Schlaf- und Liegewagen. Besonders die türkischen Schlafwagen bieten einen sehr angenehmen Komfort. Zuletzt sei noch auf die Verbindungen nach Thessaloniki verwiesen. Es wird ein täglich verkehrender Tageszug ausgewiesen, freitags gibt es einen Nachtzug von Sofia nach Thessaloniki der am Sonntag wieder in die Gegenrichtung fährt.
Der Kauf einer Interrail-Netzkarte lohnt sich auf Grund des niedrigen Binnentarifes nicht. Beim Fahrkartenkauf vor Ort ist zu beachten, dass Fahrkarten grundsätzlich zugbezogen ausgegeben werden. Schnellzüge (Zuggattung »BV«) sind oft reservierungspflichtig. Für internationale Fahrkarten ist das BDŽ-Reisebüro Rila zuständig, eine Agentur befindet sich in jeder bulgarischen Stadt, in Sofia unter anderem direkt im Hauptbahnhof. Mittlerweile werden internationale Fahrscheine auch an den Schaltern verkauft. Für Schlafwagenfahrten im Single- oder Doubleabteil ist eine Fahrkarte 1. Klasse nötig.
Die BDŽ befindet sich seit einigen Jahren in massiven finanziellen Schwierigkeiten. Das Angebot zeigt sich inzwischen auf niedrigem Niveau stabil; es kam in den letzten Jahren kaum zu Streckenstilllegungen.

Bulgarski Durzavni Železnice–BDŽ

Direktion: Bulgarski Durzavni Železnice EAD, Ul. Ivan Vazov 3, 1080 Sofia; Homepage: www.bdz.bg (auch in Englisch). Der Betrieb wurde von der Infrastruktur getrennt. Vor allem auf den Hauptstrecken Sofia–Gorna Orjachovitza, Sofia–Plovdiv, Sindel–Varna und Kaspièan–Burgas wird ein relativ dichter Betrieb abgewickelt. Durch die Inbetriebnahme ehemaliger DB-Wagen im Fernverkehr sowie der Diesel-Desiros (Reihe 10) und Elektro-Desiros (Reihen 30 und 31) im Regionalverkehr konnte das Angebot qualitativ verbessert werden.

Triebfahrzeuge BDŽ

Reihe	Bauart	Achsfolge	Leistung	Hersteller	Baujahr	Anzahl*	Bemerkungen
Elektrolokomotiven							
42.1	EAC	Bo'Bo	3 140 kW	Skoda	1987–92	15	1)
43	EAC	Bo'Bo'	3 140 kW	Škoda	1971–74	56	
43.3	EAC	Bo'Bo	3 140 kW	Skoda	1975	3	2)
43.5	EAC	Bo'Bo	3 140 kW	Skoda	1970–74	8	3)
44	EAC	Bo'Bo'	3 140 kW	Škoda	1975–80	89	4) 5)
45	EAC	Bo'Bo'	3 140 kW	Škoda	1982–83	52	4)
46	EAC	Co'Co'	5 400 kW	Electroputere	1986–87	45	
46.1	EAC	Co'Co	5 400 kW	Electroputere	1993	3	6)
46.2	EAC	Co'Co	5 400 kW	Electroputere	ab 1999	18	7)
61	EAC	Bo'Bo'	960 kW	Škoda	1994	20	
Diesellokomotiven							
06	DE	Co'Co'	1 545 kW	Electroputere	1966–75	46	
07	DE	Co'Co'	2 210 kW	LTZ (UA)	1972–78	52	
07.1	DE	Co'Co	2 210 kW	LTZ (UA)	2003–06	5	8)
51	DE	Bo'Bo'	445 kW	Ganz-Mavag (H)	1962–67	8	
52	DH	D	480 kW	LEW (DDR)	1964–80	47	
55	DH	B'B'	920 kW	FAUR (RO)	1969–79	91	
Elektrotriebwagen							
30	ET+EM+ET	1 300 kW		Siemens (D)	2007	15	Triebzüge
31	ET+EM+EM+ET	1 300 kW		Siemens (D)	2008	10	Triebzüge
32	ET+EM+EM+ET	840 kW		RVR (UdSSR)	1970–79	16	Triebzüge
Dieseltriebwagen							
10	DH	2-tlg. VT	2 * 275 kW	Siemens (D)	2004–06	25	wie DB 642
Schmalspur-Diesellokomotiven (760 mm)							
75	DH	B'B'	810 kW	Henschel (D)	1965	3	
76	DH	B'B'	810 kW	FAUR (RO)	1976–77	(15)	abgestellt; 9)
77	DH	B'B'	810 kW	FAUR (RO)	1988	4	10)
80	DH	C	285 kW	Henschel (D)	1966	1	abgestellt
81	DH	B'B'	295 kW	Kambarka (UdSSR)	1981	2	9)

* Die angeführte Stückzahl bezieht sich jeweils auf die ursprünglich ausgelieferten Maschinen. Anmerkungen: 1) Umbau aus Reihe 42.0, Front angepasst an Reihe 43–45; 2) Umbau aus verunfallten Lokomotiven der Reihen 43 und 44, tlw. geänderte Kastenform; 3) Umbau aus Reihe 43.0, geänderte Getriebe-Übersetzung; 4) ursprünglich Typ 43R mit elektrodynamischer Bremse; 5) 44 104 und 44 145 im Jahr 2004 modernisiert durch Konèar, ähnlich Reihe 46, jetzt als 44 001 und 002 bezeichnet; 6) Umbau aus Reihe 46, geänderte Getriebe-Übersetzung, v/max 160 km/h, 46 123–125; 7) Umbau aus Reihe 46, 8) Umbau aus Reihe 07, mit elektrischer Zugheizung; 9) nach Einstellung des Schmalspurnetzes Cherven Brjag (2002) nach Septemvri umstationiert, jedoch dort nie eingesetzt; 76 005, 006 und 012 wurden 2010 zusammen mit 81 005 nach Argentinien verkauft; 10) 77 001, 003, 004, 007 und 010 wurden bereits 1996 an die Kohlenbahn von Rio Turbio in Argentinien verkauft

Streckennetz

Streckenlänge	4 174 km
▪ davon Normalspur	4 049 km
▪ elektrifiziert (25 kV/50 Hz)	2 770 km
▪ Schmalspur (760 mm)	125 km

BDŽ-Triebfahrzeuge

Die Škoda-Elloks der Baureihen 43.5 bis 45 bilden das Rückgrat der Zugförderung auf nahezu allen elektrifizierten Strecken. Von den BDZ-Laminatkas sind nur noch wenige Lokomotiven der Umbau-Serie 42.1 im Einsatz. Die sechsachsigen Maschinen der Baureihe 46 und 46.2 kommen primär im schweren Güterverkehr und teilweise auch im Reiseverkehr auf der Strecke Burgas–Sofia zum Einsatz. Im Nahverkehr auf nicht elektrifizierten Strecken werden überwiegend die Desiros der Reihe 10 eingesetzt. Auf elektrifizierten Strecken kommen sowohl lokbespannte Züge als auch Triebwagenkompositionen zum Einsatz. Die neuen Elektrodesiros der Reihen 30 und 31 haben die alten Riga-Triebwagen (Reihen 32 und 33) vielfach ersetzt. Fast der gesamte Fernverkehr wird mit lokbespannten Garnituren abgewickelt, lediglich die Schnellzüge Sofia–Kjustendil werden mit Desiros der Reihe 10 gefahren. Zwischen Sofia und Dupnica bzw. Blagoevgrad verkehren Schnellzüge gebildet aus Elektro-Desiros der Reihe 30. Die Desiro-Schnellzüge sind im Fahrplan daran erkennbar, dass sie nur die 2. Klasse führen. Elektrolokomotiven der Reihe 61 sind unter anderem in Sofia, Plovdiv, Karnobat, Stara Zagora und Karlovo zu finden und werden im Rangierdienst sowie im leichten Streckendienst eingesetzt, auch Reisezüge werden mit diesen Lokomotiven geführt.

Mittlerweile ist das letzte größere Diesellok-Einsatzgebiet rund um das bulgarische Dimitrovgrad zu finden. Auch die Strecke Radomir–Kjustendil ist nicht elektrifiziert. Die Reihe 06 (Electroputere, Craiova) ist noch in Sofia, Dimitrovgrad, Mezdra, Plovdiv und Stara Zagora stationiert. Im schweren Güterverkehr kommt auf nicht elektrifizierten Strecken die Reihe 07 (Lugansk, Ukraine) zum Einsatz, teilweise fährt sie auch unter Fahrdraht. Diese Lokomotiven sind im Nordosten im grenzüberschreitenden Güterverkehr nach Rumänien (Lokwechsel auf bulgarischer Seite in Kardam, nur seltener Güterverkehr) wie auch in die Türkei (Kapikule) anzutreffen. Des weiteren wird von Levski aus der Donauhafen in Shishtov mit der Baureihe 07 bedient. Im Reisezugverkehr ist die Baureihe 07.1 in den Sommermonaten noch

75-008 mit Zug Nr. 16102 hat am 10.08.2019 um 08.45 Velingrad Jug erreicht. Foto: Jan Christoph.

im Norden des Landes unterwegs. Plan waren im Sommer 2019 die Nachtzüge R9646 und R9647 von bzw. nach Silistra sowie einige Leistungen von Varna oder Poveljanovo über Dobrich bis Kardam
Elektrolokomotiven aller Baureihen kommen ins serbische Dimitrovgrad. Güterverkehr nach Griechenland findet nur über den Grenzübergang Kulata/Promachon statt. Die OSE-Lokomotiven kommen dabei bis nach Kulata.
Im Rangierdienst sind hauptsächlich die Lokomotiven der Reihe 52 anzutreffen. Die Reihe 55 kommt noch vor Nahgüterzügen und im Verschubdienst zum Einsatz, im Reiseverkehr auch im Raum Levski

Interessante Normalspurstrecken

- **KBS 200** Sofia–Mezdra (Hauptstrecke entlang der Iskar-Schlucht; zweigleisig, elektrifiziert)
- **KBS 202/301** Abschnitt Sindel–Varna (fjordmäßige Strecke entlang der Bucht von Varna; zweigleisig, elektrifiziert)
- **KBS 300** Sofia–Karlovo (Hauptstrecke am Fuße des Balkangebirges; eingleisig, elektrifiziert)
- **KBS 400** Gorna Orjahovica–Dabovo (einzige Strecke über das Balkangebirge; eingleisig, elektrifiziert)
- **KBS 401** Dimitrovgrad–Podkova (Gebirgsstrecke, bei Sredna Arda entlang eines Stausees; eingleisig, Diesel)
- **KBS 600** Radomir–Kjustendil (durch die Struma-Schlucht; eingleisig, Dieselbetrieb)

Schmalspurbahnen

Die BDŽ betreibt die schmalspurige Rhodopenbahn von Septemvri nach Dobriniste (125 km Länge, Spurweite 760 mm). Der Besuch dieser aufwendig trassierten Bahnlinie ist sehr zu empfehlen. Die Strecke wird heute nur noch im Personenverkehr mit Dieselloks der Reihen 75 und 77 bedient. Die schmalspurige Dampflokomotive 609.76 ist betriebsbereit in Septemvri stationiert und wird zuweilen für Sonderfahrten eingesetzt. Dazu passend wurden auch historische Personen- und Dienstwagen renoviert.

Privatbahnen

Bulgarski Železnoputna Kompania (BŽK)

Tochtergesellschaft der rumänischen GFR (Group Feroviar Roman). Es werden Güterzüge im ganzen Land gefahren. Aus Großbritannien wurden dafür 25 Lokomotiven der »Class 87« erworben, von denen bei BŽK 15 Loks noch im Einsatz sind. Zudem sind zahlreiche bauartgleiche Triebfahrzeuge zu den BDŽ Serien 06, 46 und 52 im Einsatz. Homepage: www.brc-bg.com.

Bulmarket (BM)

Diese Gesellschaft hat sich auf den Transport von Kesselwagenzügen spezialisiert und ist auf den elektrifizierten Strecken Bulgariens mit Bedarfsgüterzügen im Einsatz. Aus Dänemark wurden sechs Lokomotiven der ex-DSB Reihe EA erworben, welche bei Bulmarket mit den neuen Betriebsnummern 86 001-006 fahren. Ende 2012 kamen vier Lokomotiven der britischen »Class 87« (87 009, 017, 023, 025) hinzu, welche ursprünglich für BŽK vorgesehen waren, sowie Anfang 2016 nochmals sechs Loks der britischen »Class 86«, welche bei Bulmarket als 85 213, 231, 234, 235, 701 und 702 eingesetzt werden.. Homepage: www.bulmarket.bg.

DB Cargo Rail Bulgaria EOOD

Die DB-Tochtergesellschaft besitzt seit 2010 eine Streckenzulassung und kann somit Traktionsleistungen auf dem bulgarischen Bahnnetz erbringen. Die Lokomotiven der DB-Baureihen 202, 219, 232 und 346 sowie neun E-Loks der ex-DSB Reihe EA 3000 und vier Maschinen der aus Großbritannien übernommenen »Class 92« (92 025, 027, 030 und 034, gemäß dem bulgarischen Nummernplan als 88 025/027/030/034 bezeichnet) sind vor allem am Hauptsitz der Gesellschaft in Pirdop (Strecke Sofia–Karlovo) anzutreffen, wo sich auch die Werkstatt befindet, aber auch an anderen Standorten, wie z.B. in Zlatna Panega (Endstation der nur im Güterverkehr betriebenen Strecke von Cherven Brjag). Die Streckenlokomotiven kommen von Pirdop aus vor Güterzügen zum Hafen vorn Burgas zum Einsatz.

PIMK Rail (PIMK)
PIMK ist eine bulgarische Spedition, die mit über 400 schweren LKW in ganz Süd- und Südosteuropa Güterverkehr betreibt. Seit 2016 hat die Tochtergesellschaft PIMK Rail die Zulassung als Bahnverkehrsunternehmen für das bulgarische Eisenbahnnetz, aber auch in Nachbarstaaten. Für die Traktion von Güterzügen verfügt PIMK Rail über drei Siemens »Vectron« (80 961/962, 81 972) sowie seit 2019 zwei »Smartron« (80 002/006). Außerdem gehören zum Fuhrpark dieser Bahngesellschaft drei ehemalige BDŽ-Dieselloks (07 077, 07 086 und 55 325).

TBD Cargo
Für den Transport geförderter Kohle von den Gruben zu den Kraftwerken des Konzerns »Bobov Dol« betreibt dessen Tochtergesellschaft TBD Cargo seit 2016 Güterzüge auf dem BDŽ-Netz mit ehemaligen BDŽ-Lokomotiven der Reihen 06, 44 und 40. .

Werkbahnen

Salinen Burgas
Diese Werkbahn ist die letzte 600-mm-Schmalspurbahn in Bulgarien. Zur Beförderung des vom Athamasov-Sees gewonnenen Salzes werden noch originale Brigadewagen der deutschen Heeresfeldbahn eingesetzt. Als Lokomotiven kommen Grubenlokomotiven (gebaut von Unio, RO) zum Einsatz.

Kohleminen Maritza Ost
Vom Bf. Galabovo (an der nur im Güterverkehr betriebenen Strecke Nova Zagora–Simeonovgrad) zweigt eine normalspurige Werkbahn mit ausgedehnten Bahnanlagen für die Belange der Bergbaubetriebe (Tagebauanlagen) und des Kraftwerkes »Maritza Ost« ab. Zum Einsatz gelangen hauptsächlich Grubenlokomotiven der Baureihe EL 2 (LEW Hennigsdorf).

BDŽ-Dampflokomotiven und Eisenbahnmuseen

Funktionsfähige Dampflokomotiven:
- **01.23** (1'D1', Winterthur 3593/1935, Sofia)
- **03.12** (2'D1', Henschel, 26575/1942, G. Orjachovitza)
- **05.01** (2'C'1, Krupp, 2459/1941, Sofia)
- **16.01** (1'Eh2, Floridsdorf 17647/1949, G. Orjachovitza)
- **46.03** (1'F2, Cegielski 203/1931, Sofia)
- **609⁷⁶** (1'E1, Chrzanow 1929/1949, Septemvri, 760 mm Spurweite)

Nationales Museum für Transport und Verkehr
Ruse, Ul. Bratia Obretenov i 13, Homepage: www.museums.hit.bg. Dieses Freilichtmuseum auf dem Gelände des alten Bahnhofs am Donauufer beherbergt unter anderen neun Dampflokomotiven.

Pioniereisenbahn Plovdiv
Die frühere Pioniereisenbahn Plovdiv (Spurweite 600 mm) wurde im September 2007 wieder in Betrieb genommen. Der Ausgangspunkt befindet sich etwa einen halben Kilometer westlich des BDŽ-Bahnhofes.
Die Bahn ist rund 800 Meter lang und verfügt über eine Zuggarnitur. Als Lokomotive fungiert eine ehemalige Grubenlok mit Barkas- Aufbau. ■

Rumänien

Bertram Frenzel

Die Zugförderung auf dem elektrifizierten Streckennetz übernehmen zum überwiegenden Teil die sechsachsigen Elloks der Reihen 40 und 41. Am 21.9.2019 fotografierte Bertram Frenzel in Bușteni den mit 410406 bespannten R 3017 (București–Brașov).

Rumänien gehört zur EU, aber nicht zu den Staaten des Schengener Abkommens. Die Einreise ist für Bürger der EU und der Schweiz mit Personalausweis bzw. Identitätskarte oder Reisepass möglich.

Als Währung gilt der Leu, Mehrzahl: Lei (Abk.: RON), 1 € = 4,75 RON. Geldautomaten oder Wechselstuben gibt es an Straßengrenzübergängen und größeren Bahnhöfen. Das Bezahlen mit Bank- oder Kreditkarte in Geschäften und an Fahrkartenschaltern ist nur begrenzt möglich.

Auf öffentlich zugänglichem Bahngelände ist Fotografieren erlaubt, wird jedoch manchmal vom Bahnpersonal nicht gern gesehen.

Per Bahn ist Rumänien von Westeuropa aus nur mit Umsteigen in Wien oder Budapest erreichbar. Mit Ausnahme von Serbien gibt es in alle Nachbarländer Zugverbindungen. Aktuelle Fahrpläne sind beispielsweise unter www.infofer.ro zu finden.

In Zügen des staatlichen Bahnbetreibers CFR Călători ist die Netzkarte »Interrail« (Global- und One-Country-Pass) gültig. Bei im Lande gekauften Inlandsfahrten besteht Zugbindung. »Interregio« (IR) und ausgewählte »Regio« (R) sind reservierungspflichtig. Nationale Fahrscheine sind auch über https://bilete.cfrcalatori.ro erhältlich (Registrierung erforderlich). Es gibt Gruppenermäßigungen, reduzierte Preise für Hin- und Rückfahrten, Wochenendrabatte und Sondertarife im internationalen Verkehr. Zu beachten ist, dass nur in größeren Bahnhöfen der Kauf von internationalen Fahrkarten möglich ist.

Die privaten EVU haben eigene Tarifsysteme. Fahrkarten und Ermäßigungen anderer EVU werden nicht anerkannt und eine durchgehende Abfertigung ist deshalb nicht möglich.

Streckennetz

Der staatliche Netzbetreiber CFR Infrastructură Feroviară gibt die Streckenlänge mit 10.628 km an. Davon sind etwa 38 % elektrifiziert (25kV 50 Hz). Nicht wirtschaftlich zu betreibende Bahnen (»linii neinteroperabile«) wurden teilweise an private Infrastrukturbetreiber verpachtet. Die Strecke Curtici–Arad–Sighișoara–Brașov–București–Constanța (Europäischer Verkehrskorridor IV) wird schrittweise ausgebaut und modernisiert. Aktuell gibt es zwischen Arad und Simeria baubedingt erhebliche Verzögerungen im Betriebsablauf. In diesem Bereich werden einige Abschnitte auf die gegenüberliegende Seite des Flusses Mureș verlegt.

Interessante Strecken

Alle Strecken welche die Karpaten durchqueren sind landschaftlich reizvoll. Am lohnendsten ist der elektrifizierte Abschnitt Brașov–Ploiești über den 1054 m hoch gelegenen Bahnhof Predeal. Es gibt dichten Zugbetrieb, im Güter- und Reiseverkehr sind zahlreiche EVU mit unterschiedlichen Fahrzeugtypen unterwegs. Die nicht elektrifizierte Hauptbahn Oradea–Cluj-Napoca (teilweise enges Flusstal, manche Bahnhhöfe besitzen Formsignale) ist ebenfalls empfehlenswert. Fast alle Interregio-Züge werden mit Dieselloks der Reihe 64 bespannt.

Im Regionalverkehr sind CFR Călători, Interregional Călători und Transferoviar Călători aktiv.

Reiseverkehr

Das staatliche EVU CFR Călători (www.cfrcalatori.ro) bespannt die Reisezüge auf dem elektrifizierten Streckennetz vor allem mit den Reihen 40, 41, 43, 45, 461 und 477. Nur in geringer Stückzahl sind die Reihen 42, 44, 58, 460, 473, 476 und 480 vorhanden. Die Zugförderung auf den nicht elektrifizierten Bahnen wird hauptsächlich die Reihen 60, 62, 64, 66, 761410, 82 und 962000 bewältigt. Von wenigen Ausnahmen abgesehen kommen die Reihen 80 und 89 nur im Rangierdienst zum Einsatz. Das tägliche Zugpaar auf der überwiegend touristisch genutzten Gebirgsbahn Oraviţa–Anina wird mit einer Diesellok der Reihe 69/73 bespannt.
Die ab den 1930er Jahren in Dienst gestellten und mehrfach modernisierten Altbautriebwagen können unverändert im Regionalverkehr erlebt werden. Bei den Depoul/Außenstellen Arad, Piteşti/Piatra Olt und Roşiori Nord, Suceava und Timişoara ist die Reihe 770900 aktiv. Mit der Reihe 780750 werden meistens einige Leistungen auf den Strecken Ciulniţa–Slobozia Veche, Constanţa–Mangalia (nur im Winterhalbjahr) und Mărăşeşti–Galaţi gefahren. Sämtliche Doppeltriebwagen der Reihe 781000 werden vom Depoul Arad eingesetzt. Nicht mehr in Betrieb sind die Dieseltriebwagen der Reihe 79 (ex 771/772/971/972 der DB).

Weitere Eisenbahnverkehrsunternehmen

- **ASTRA Trans Carpatic** (www.astratranscarpatic.ro) betreibt ausgehend von Bucureşti eine Nachtzugverbindung nach Arad sowie weitere Züge (teilweise saisonal) in Richtung Braşov, Mangalia und Titu. Neben Elloks und neugebauten Reisezugwagen stehen dem Unternehmen aus Dänemark übernommene Dieseltriebwagen zur Verfügung.
- **Interregional Călători** (www.viaterraspedition.ro) ist auf einigen Verbindungen in Nordwestrumänien unterwegs. Die Regionalzüge bestehen aus Triebwagen der Reihen 97/57 und 628/928.
- **Softrans** (www.softrans.ro) führt mit drei Elektrotriebwagen vom Typ »Hyperion« von Craiova Fernverkehr nach Braşov und Constanţa (nur saisonal) durch.
- **Transferoviar Călători** (www.transferoviarcalatori.ro) hat zahlreiche Dieseltriebwagen aus Deutschland (614/914 und 624/924) und aus den Niederlanden (3200) erworben und aufarbeiten lassen. Das EVU betreibt auf mehreren nicht interoperabilen Linien Regionalverkehr. Außerdem werden die Triebwagen als »Interregio« auf den Verbindungen Cluj-Napoca–Oradea und Bucureşti–Galaţi eingesetzt.
- **Regio Călători** (ex Regiotrans, www.regiocalatori.ro) ist auf zahlreichen nicht interoperabilen Bahnen aktiv. Hinzu kommen Fernzüge auf den Relationen Braşov–Iaşi und Braşov–Bucureşti–Mangalia (teilwei-

Triebfahrzeuge in Rumänien (Auswahl)

Reihe (clasa)	*Bauart*	*Hersteller*	*Baujahr*	*vmax*	*EVU*	*Bemerkungen*
Elektrolokomotiven						
40	Co'Co'	ASEA/Electroputere	1965–91	120 km/h	A,C,D,G,M,V,W	11)
41	Co'Co'	ASEA/Electroputere	1965–91	160 km/h	C	
42	Co'Co'	Electroputere	Umbau 1977	200 km/h	C	nur 42 0302, 12)
416500	B'B	Alstom	1958–64	140 km/h	R	nur 416654, 13)
425100	Bo'Bo'	MTE	1964–77	130 km/h	G	14)
425500	B'B	Alstom	1964–76	140 km/h	R	15)
43	Bo'Bo'	Rade Končar 1)	1973–84	120 km/h	A,C,G,M,W	16)
44	Bo'Bo'	Rade Končar	1973–84	160 km/h	A,C	
45	Co'Co'	Electroputere	Umbau 1998–2000	160 km/h	C	2), 12)
460	Bo'Bo'	Rade Končar	Umbau 2010	120 km/h	C,V	3), 17)
461	Bo'Bo'	Rade Končar	Umbau 2007–11	160 km/h	C	3), 17)
462	Bo'Bo'	Rade Končar 1)	Umbau 2008–10	120 km/h	A,V	3), 16, 17)
470	Co'Co'	Electroputere	Umbau 2006–2008	120 km/h	D,M,W	3), 12), 35)
471	Co'Co'	Softronic	2012	120 km/h	D	nur 471 002 und 003
472	Bo'Bo'	Brush	1993–96	140 km/h	D	18)
473	Co'Co'	Softronic	2009/10	200 km/h	C	nur 473 003 und 004
474	Co'Co'	Electroputere	Umbau ab 2006	120 km/h	M,V	4), 12)
476	Co'Co'	Electroputere	Umbau 2009	120 km/h	C,V,W	5), 12)
477	Co'Co'	Electroputere	Umbau 2007–11	160 km/h	C	5), 12)
478	Co'Co'	Softronic	2008	120 km/h	D	nur 478 001
480	Co'Co'	Softronic	ab 2010	160 km/h	C,D,V,W	
189	Bo'Bo'	Siemens	2009	140 km/h	V	nur 189 700 und 701
Elektrotriebzüge						
141000	Bo'2'2'2'Bo'	Softronic	2014–18	160 km/h	S	36)
580000	2'B'+2'2'+2'2'	Carel-Fouché	1965–71	120 km/h	C	19), 37)
580000	2'B'+2'2'	Carel-Fouché	1975	120 km/h	C	20), 38)
581000	2'B'+2'2'+2'2'	Carel-Fouché	1967–70	120 km/h	C	21), 39)
583000	2'B'+2'2'+2'2'	Carel-Fouché	1965–71	120 km/h	C	6), 19), 40)
Diesellokomotiven						
60	Co'Co'-de	Electroputere	1959–88	100 km/h	C,D,G,M,R,V,W,X	22)
61	Co'Co'-de	Electroputere	Umbau 2012/13	100 km/h	V	6), 23)
62	Co'Co'-de	Electroputere	1966–88	120 km/h	C,M,G,W	
64	Co'Co'-de	Electroputere	Umbau 2004–07	100 km/h	C	ex Reihe 65, 7), 23)
651	Co'Co'-de	LTZ	1973–82	120 km/h	D	24)
66	Co'Co'-de	Elektroputere	Umbau 2000–07	120 km/h	C	ex Reihe 63, 7), 23)
69/73	Bo'Bo'-de	FAUR	1977–87	100 km/h	C,G,M,V,W,X	
80/81	B'B'-dh	FAUR	1967–92	100 km/h	C,G,M,R,V,W,X	
82	B'B'-dh	FAUR	Umbau 1999-2009	100 km/h	C	8), 25)
83	B'B'-dh	FAUR	Umbau 1998	100 km/h	C	nur 83 0400, 9), 25)
841	B'B'-dh	FAUR	Umbau 2007–10	100 km/h	M	6), 25)
85	B'B'-dh	FAUR	1966–88	70 km/h	X	
852	B'B'-dh	FAUR	ab 2014	70 km/h	G	10), 26)
86	B'B'-dh	FAUR	1966–93	60 km/h	X	
89	B'B'-dh	FAUR	Umbau 2005–08	100 km/h	C	25)
290	B'B'-dh	verschiedene	1964–74	80 km/h	D	27)
2016	Bo'Bo'-de	Siemens	2011	140 km/h	V	nur 2016 750 und 751
Dieseltriebwagen						
725000	B'B+2'2'+B'B'-dh	Alstom	1997–2002	160 km/h	R	28), 41)
761400	B'2'+2'2'+2'B'-dh	MAN,Uerdingen	1971–75	140 km/h	T	29), 42)
761410	B'2'+2'2'+2'B'-dh	MAN,Uerdingen	1971–75	140 km/h	C,T	6), 29), 43)
762400	B'2'+2'2'+2'B'-dh	MAN, Uerdingen	1961–68	120 km/h	T	30), 44)
770900	1A-dhm	Malaxa	1935–42	70 km/h	C	mehrfach modernisiert
780750	B'2'-dhm	Malaxa	1935–53	80 km/h	C	mehrfach modernisiert
781000	B'2'+2'B'-dhm	Malaxa	1937–44	80 km/h	C,Y	mehrfach modernisiert
783200	2'B'+B'2'-dh	Düwag	1981/82	100 km/h	T	31), 45)
962000	B'2'B'-dhm	Siemens/Astra	2002–07	120 km/h	C	46)
97	B'2'+2'2'-dm/dh	ANF	1963–81	120 km/h	I,R	32), 47)
614	B'2'+2'2'+2'B'-dh	MAN, Uerdingen	1971–75	120 km/h	T	29), 48)
628	2'B'+2'2'	Düwag	1992–96	120 km/h	I	33), 49)
5700	(1A)'(1A)'2'-dm	AnsaldoBreda	2012/13	200 km/h	A	

EVU: A = Astra Trans Carpatic; C = CFR Călători; D = DB Cargo România; G = Grup Feroviar Român; I = Interregional Călători; M = CFR Marfă; R = Rail Force/Regio Călători; S = Softrans; T = Transferoviar Călători; V = Cargo Trans Vagon; W = weitere Güterverkehrs-EVU; X = Industrie- und Hafenanschlussbahnen;Y = Bahndienstfahrzeug

Anmerkungen: 1) Tfz mit Führerpult links bei ASEA/SGP/Rade Končar von 1967 bis 1977 hergestellt, 2) modernisiert von Electroputere/Siemens, 3) modernisiert von Promat oder Softronic, 4) modernisiert von Promat/IRLU, 5) modernisiert von Softronic, 6) modernisiert von Remarul, 7) modernisiert von Electroputere/General Motors, 8) modernisiert von Alstom/FAUR (1. Umbauserie)/Remarul (2. Umbauserie), 9) modernisiert von Alstom/FAUR, 10) modernisiert von Reloc, 11) Tfz mit Führerpult links ex 461 ŽS, 12) ex 40/41, 13) ex BB 16500 SNCF, 14) ex BB 25100, 25150 und 25200 SNCF, 15) ex BB 25500 SNCF, 16) Tfz mit Führerpult links ex 1141 HŽ, 17) ex 43/44, 18) ex Class 92 BR, 19) ex Z 6100 SNCF und 260 CFL, 20) ex 250 CFL, 21) ex Z 6300 SNCF, 22) vereinzelt ex ST43 PKP sowie Tfz mit Führerpult links ex ND2 CSR, 23) ex 60/62, 24) ex 232 DB, 25) ex 80/81, 26) ex 85/86, 27) ex 290 DB, 28) ex X 72500 SNCF, 29) ex 614/914 DB, 30) ex 624/924 DB, 31) ex 3200 NS, 32) ex X 4300/XR 8300, X

Das EVU Regio Călători betreibt die meisten Nebenbahnen im Banat. Am 25.9.2019 warten in Sânnicolau Mare 970518/570518 und 570356/970546 auf den nächsten Einsatz. Foto: Bertram Frenzel.

se saisonal). Das verwendete Rollmaterial (Reihen 425500, 725000/721000, 97/57 sowie RIO-Wendezuggarnituren) stammt von der SNCF.

Güterverkehr

Zahlreiche EVU sind im Gütertransport tätig. Zum überwiegenden Teil verkehren Ganzzüge. Der Anteil der Einzelwagenbeförderung beträgt nur noch 5 %. Bei fast allen Betreibern ist der Fahrzeugpark stark überaltert.
Hauptsächlich kommen die Reihen 40, 43, 60 und 80/81 zum Einsatz. Allerdings wurden etliche Lokomotiven zum Teil sehr aufwendig modernisiert. Lediglich die in den vergangenen Jahren bei Softronic hergestellten Elloks der Reihen 471/478 und 480 sind bei einigen EVU in größerer Stückzahl vorhanden.

- Das verschuldete staatliche EVU **CFR Marfă** (Marktanteil: knapp 40 %) hat neben den »üblichen« Bauarten zahlreiche modernisierte 470, 474 und 841 im Bestand.
- Das zur rumänischen Grampet Group gehörende EVU **Grup Feroviâr Român** (Marktanteil: 25 %) ist das größte private Bahnunternehmen in Südosteuropa. Die Triebfahrzeuge stammen von der CFR, von Anschlussbahnen oder wurden gebraucht aus China, Frankreich, Kroatien, Polen und Serbien beschafft. In mehreren Ländern gibt es Tochterunternehmen, sodass die Fahrzeuge der Grampet Group auch in Bulgarien, Kroatien, Serbien und Ungarn angetroffen werden können.
- **DB Cargo Rail Romania** (Marktanteil: 10 %) verwendet die Reihen 480, 651 (ex 232 DB) und 290.
- **Unicom Tranzit** (Marktanteil: 7 %) betreibt u.a. die Industrieschmalspurbahn Fieni-Pucheni sowie auf der Breitspur nach Galați Largă den Erz- und Kohleverkehr für das Hüttenwerk.
- Die Güterzüge der **Rail Cargo Grup** (Marktanteil: 5 %) werden mit 1116 des Mutterkonzerns oder geliehenen Maschinen bespannt.
- Ferner sind **E-P Rail**, **Cargo Trans Vagon**, **LTE Rail Cargo**, **Rail Force**, **Tim Rail Cargo**, **Transferoviar Grup** und **Vest Trans Rail** im Güterverkehr aktiv. Bei Bombardier oder Siemens gebaute Maschinen von Leasingfirmen werden bis jetzt kaum in Rumänien eingesetzt.

Schmalspurbahnen

Güterverkehr

- Auf der landschaftlich reizvollen Industrieschmalspurbahn vom Kalksteinbruch in **Pucheni** zum Zementwerk **Fieni** gibt es umfangreichen Zugbetrieb mit L45H-Dieselloks.
- Auf der Kohlenbahn **Lonea-Petrila** ist im Gegensatz dazu die Zugdichte wesentlich geringer. Die Bespannung übernimmt ebenfalls eine L45H-Diesellok.
- Die von **Vișeu de Sus** ausgehende Waldbahn (»Wassertalbahn«) ist in Rumänien die einzige mit regelmäßigem Holzverkehr. Bei den im Streckendienst eingesetzten L45H-Dieselloks handelt es sich um ehemalige Staatsbahnmaschinen der Reihe 87. Nur noch eine der beiden Kleinloks vom Typ L18H

4500/XR 8500, X 4630/XR 8630 und X 4750/XR 8750 SNCF, 33) ex 628.4/928.4 DB, 34) ex MP 5700/FP 6700 DSB, 35) einschließlich Prototyp 471001, 36) 141000 (ET)+871000 (EM)+871000 (EM)+141001 (ET), 37) 580000 (ET)+580100 (EM)+581200 (ES), 38) 580000 (ET)+580100 (ES), 39) 581000 (ET)+581100 (EM)+581200 (ES), 40) 583000 (ET)+583100 (EM)+583200 (ES), 41) 725000 (VT)+721000 (VM)+725000 (VT), 42) 761400 (VT)+591400 (VM)+761400 (VT), 43) 761410 (VT)+591410 (VM)+761450 (VT), 44) 762400 (VT)+592400 (VM)+762400 (VT), 45) 783200 (VT)+783200 (VT), 46) 962000 (VT, A-Wagen)+962500 (VT, B-Wagen), 47) 97 (VT)+57 (VS), 48) 614 (VT)+914 (VM)+614(VT), 49) 628 (VT)+928 (VS), 50) 5700 (VT)+6700 (VS).

Auf der Waldbahn Vișeu de Sus und den von der Calea Ferata Ingusta betriebenen Schmalspurbahnen können unproblematisch Fotozüge organisiert werden. Am 24.09.2014 war im Wassertal 764.408 unterwegs. Foto: Bertram Frenzel.

ist betriebsfähig. Ferner sind etliche Draisinen und Triebwagen vorhanden.

Touristenverkehr

- Auf der **Waldbahn Vișeu de Sus** (www.cffviseu.com) wird auf dem dem unteren Abschnitt bis Paltin reger Touristenverkehr durchgeführt. Dafür stehen die Dampflokomotiven 764.421, 764.435, 764.449, 764.469 und 764.408 zur Verfügung. Die Dampflok 764.211 wird nur auf Bestellung angeheizt. Auch Dieseltriebfahrzeuge kommen zum Teil vor den Ausflugszügen zum Einsatz.
- Die Firma **Calea Ferata Ingusta** (www.cfi.ro) betreibt auf der ehemaligen Werkbahn **Brad–Crișcior**, der ehemaligen Staatsbahnschmalspurbahn **Abrud–Câmpeni** (früher: Turda–Abrud) und auf den Waldbahnen **Moldovița**, **Covasna** und **Comandău** Touristenzüge. Vorhanden sind die Dampflokomotiven 762.209, 764.243, »Criscior 5«, 764.423 und 764.431 und 764.404 R sowie einige Dieseltriebfahrzeuge. Für Fotosonderzüge wird ein authentischer Wagenpark vorgehalten.
- Von **Sovata nach Câmpu Cetății** (früher: Sovata-Târgu Mureș) findet im Sommer Touristenverkehr (www.mocanitasovata.ro) mit der Dampflok 764.052 (ähnlich Px48 PKP) oder einer L45H-Diesellok statt.
- Auf dem mittleren Teil der ehemaligen CFR-Schmalspurbahn Turda–Abrud gibt es seit 2019 im Abschnitt **Lunca Arieșului–Sălciua** Ausflugszüge mit Diesellok.
- Auf dem Abschnitt **Cornațel–Hosman** (früher: Sibiu-Agnita) ist wegen fehlenden Genehmigungen kein Betrieb möglich.
- Im begrenzten Umfang sind zwischen **Râciu** und **Teaca** (früher: Band-Lechința) Draisinenfahrten möglich.

Stadtverkehr

Bukarest hat eine Metro, ansonsten gibt es aktive Straßenbahnbetriebe in Botoșani, Brăila, București, Cluj-Napoca, Craiova, Galați, Oradea, Ploiești und Timișoara (alle 1435 mm) sowie mit 1000-mm-Spur in Arad und Iași. Die Tram in Reșița ruht seit 2011, eine Wiederinbetriebnahme ist geplant. Ein Reststück der Bahn in Sibiu (1000 mm) wird seit 2018 zwischen Dumbrava und Rășinari zu touristischen Zwecken gelegentlich am Wochenende und auf Bestellung mit Triebwagen ex Stern & Hafferl bedient.

Bei vielen Betrieben fahren noch Gebrauchtwagen aus Deutschland.

Museen

București

Das Museum der CFR ist in einem Gebäude neben dem Hauptbahnhof »Gara de Nord« Zugang von Bahnsteig 14) untergebracht; keine Originalfahrzeuge, dafür sehenswerte Modelle und eine Modellbahnanlage. Öffnungszeiten: Mittwoch bis Sonntag 10-16 Uhr.

Reșița

In einem Park unweit des Bahnhofs Reșița Nord können etliche der in Reșița hergestellten Dampflokomotiven besichtigt werden.

Dej

Innerhalb des Depoul Dej Triaj (Verschiebebahnhof) stehen im Freien zahlreiche historische Triebfahrzeuge aller Traktionsarten, u. a. die diesel-elektrische 060-DA-001 (betzriebsfähig), die Ellok 040-EC-001 und die Sulzer-Doppellok DE 241.001/002 von 1938. Die Sammlung ist nicht öffentlich zugänglich, beim Pförtner kann wegen einer Besichtigung nachgefragt werden.

Sibiu

Eine große Dampfloksammlung befindet sich im Depoul Sibiu, leider in erbärmlichem Zustand. Ein Besuch des Bahngeländes ist ohne Anmeldung jederzeit möglich. ■

Baltische Staaten

Hans-Jürgen Schulz

Die Dieseltriebwagen 620M-016 und 620M-021 (beide von PESA/PL) am 11.05.2013 im Bf. Vilnius. Foto Rudolf Koller.

Das Baltikum ist wieder per durchgehend per Zug bereisbar, jedoch lassen mehrmaliges Umsteigen und stark eingeschränkte Verkehrstage darüber noch keinen Jubel aufkommen. Eine direkte Zugverbindung existiert aktuell nicht. Auf der seit 2016 durchgehend normalspurigen Verbindung von Polen aus fahren samstags und sonntags je zwei Regionalzüge Białystok–Kaunas, dort kann man dann auf Breitspurzüge umsteigen; zusätzlich verkehrt der Nachmittagszug nach Kaunas auch freitags und der Vormittagszug nach Białystok auch montags. Neben Fernbussen privater Busunternehmen besteht eine weitere Reisemöglichkeit mit der Fähre Kiel–Klaipėda. Ein Lichtblick ist der »Vier-Hauptstädte-Zug« Kyïv–Minsk–Vilnius–Riga, der seit 2018 alle vier Tage verkehrt; die geplante Verlängerung bis Tallinn lässt weiter auf sich warten. Ansonsten gibt es keine durchgehenden Verbindungen zwischen den Hauptstädten, mit Umsteigen kann man zweimal täglich in Valga über die Grenze LV/EE reisen, und seit 2018 auch wieder zwischen Vilnius und Rīga über Daugavpils. Die Grenzen Polen – Litauen und Litauen – Lettland lassen sich aber praktisch nur am Wochenende passieren. Ansonsten sind die baltischen Staaten nur mit Transitvisum über Weißrussland oder Russland zu erreichen. In allen drei Staaten ist die Landeswährung der Euro. Offiziell gibt es keine Verbote für das Fotografieren von Bahnanlagen und Schienenfahrzeugen, bei strategisch wichtigen Objekten – dazu zählen auch größere Brücken, die nach wie vor bewacht sind – sollte man Vorsicht walten lassen.

Das Streckennetz der Eisenbahnen im Baltikum mit einer Länge von insgesamt knapp 5 000 km ist heute noch nahezu komplett breitspurig (1520 mm). Über die Hauptstrecken wird vor allem der Güterverkehr der fünf eisfreien Handelshäfen sowie acht Fischerei- und zwei Ölhäfen mit Russland und Weißrussland abgewickelt, entsprechender Verkehr herrscht daher vor allem auf den West-Ost-Strecken Tallinn–Narva, Ventspils–Krustpils–Zilupe, Rīga–Krustpils–Daugavpils–Indra, Klaipėda–Šiauliai–Kaišiadorys und Kybartai–Kaišiadorys–Kena. Die einzige normalspurige Strecke führt von Polen über Mockava nach Kaunas. Das von der EU geförderte Projekt »Rail Baltica«, eine Hochgeschwindigkeitsstrecke in europäischer Normalspur für 240 km/h von Tallinn über Riga und Kaunas nach Warschau, geht nur langsam voran, nun soll erst 2026 die Eröffnung sein. Die sowjetische Episode der drei baltischen Staaten, die Eisenbahnen waren damals in der »Pribaltijskaja železnaja doroga« des sowjetischen Transportministeriums MPS zusammengefasst, und dessen Hauch von Exotik ist fast verschwunden. Man findet noch Spuren der wechselvollen Eisenbahngeschichte mit russischen und deutschen Einflüssen, in den letzten Jahren hat jedoch sichtbar die Modernisierung eingesetzt: Die Infrastruktur wurde ertüchtigt und ausgebaut, in Litauen und Estland wurden auch neue Fahrzeuge beschafft. Neben dem vom LOK Report publizierten Grundlagenwerk H.G. Hesselink/N. Tempel »Eisenbahnen im Baltikum« veröffentlichte der LOK Report in den Jahren 2005-2007 eine Serie mit vielen Details der baltischen Bahnen.

Litauen

Auch die litauische Staatsbahn AB Lietuvos geležinkeliai (LG, www.litrail.lt) hat nun den Teilungsschritt vollzogen und mit Wirkung vom 8.12.2019 nur noch die Holding-Funktion über die neu gegründeten Tochtergesellschaften AB LG CARGO (Güterverkehr), UAB LG Keleiviams (Personenverkehr) und AB Lietuvos geležinkelių infrastruktūra (Infrastruktur) inne. Die Streckenlänge des litauischen Eisenbahnnetzes beträgt 1 910,7 km (Spurweite 1520 mm, davon 125,7 km normalspurig), wovon 428,4 km zweigleisig und 150,6 km mit 25 kV~ elektrifiziert sind. Elektrifiziert waren bislang nur die Strecken Kena–Vilnius–Kaunas und Lentvaris–Trakai, erst 2017 kam der Abschnitt Naujoji Vilnia–Kena–Grenze BY unter Strom. Die meisten Bahnstrecken in Litauen tragen Flachlandcharakter. Eine Ausnahme ist der Bereich zwischen Telšiai und Lieplaukė, wo Güterzüge früher nachgeschoben wurden, hier findet gegenwärtig ein zweigleisiger Ausbau statt. Interessante Abschnitte findet man vor allem in und um Kaunas, östlich von Vilnius sowie auf der Strecke Klaipėda (Memel)–Šilutė (Heydekrug)–Pagėgiai (Pogegen), wo es preußische Eisenbahnarchitektur zu bewundern gibt. Beeindruckend sind die riesigen Stahlbrücken über die Dubysa bei Lyduvėnai und über den Neris in Jonava. Litauen verfügt zudem in Kaunas und Vilnius über zwei Eisenbahntunnel.

Der Verkehr auf dem 1435-mm-Streckenanteil des Vierschienengleises von Šeštokai bis Mockava ist mit bis zu zwei Güterzugpaaren (mit Normalspur-M62 der LG, auch ST44/48 von PKPC oder JT42CWR von DBCP) am Tag sehr überschaubar. Durch den Umbau der Trasse nördlich von Šeštokai zu einer Strecke mit beiden Spurweiten (1435/1520 mm) reicht die Normalspur seit 2015 bis Kaunas. 2019 wurde der Abschnitt Kaunas–Palemonas als Doppelspur ausgebaut (im Tunnel als Vierschienengleis), der noch fehlende Abschnitt Rokai–Palemonas und weiter bis Kalnėnai folgt bis 2022. Ebenso beginnt 2020 der Bau der »Rail Baltica« Kalnėnai–Panevėžys–Grenze LV.

Der gesamte Personenverkehr wird von der LG durchgeführt, und abgesehen von meist auf nicht öffentliche Infrastruktur beschränkte Verkehre zahlreicher kleinerer EVU hat sie noch eine Monopolstellung im Güterverkehr inne. Der besonders dem umfangreichen Transitverkehr zwischen Russland bzw. Weißrussland und dem Gebiet Kaliningrad dienende Rangierbahnhof Vaidotai wurde 2009 umfassend modernisiert und die Strecke Kyviškės–Valčiūnai als Güterumfahrung von Vilnius bis 2015 zweigleisig ausgebaut, bis 2022 wird sie elektrifiziert. Mit einer Länge von knapp sieben Kilometern die größte Bahnanlage des Baltikums ist der Rangierbahnhof von Radviliškis. Die Transitmagistrale Vilnius–Kaišiadorys–Kaunas–Kybartai ist vollständig zweigleisig, die Hauptstrecke Kaišiadorys–Šiauliai–Klaipėda wird nach und nach zweigleisig ausgebaut und bis 2023 elektrifiziert. Seit der Wiedererlangung der Unabhängigkeit Litauens verloren viele Strecken um 2000/01 ihren Personenverkehr. Die beiden nach Lettland führenden grenzüberschreitenden Abschnitte von Mažeikiai nach Liepāja und Reņģe wurden sogar 2008 unterbrochen, obwohl dort die Großraffinerie »Orlen Lietuva« mit ih-

Triebfahrzeuge in Litauen

Reihe	*Bauart*	*Hersteller*	*Baujahr*	*Bemerkungen*
Elektrotriebwagen (25 kV AC)				
EJ575	ETz	Škoda	2008–2017	dreiteilig
Diesellokomotiven				
ER20	Co'Co'	Siemens	2007–2010	
M62K	Co'Co'	LTPL	1970–1974	2 davon 1435 mm
2M62K/M	2x Co'Co'	LTPL	1981–1986	
2M62U(M)	2x Co'Co'	LTPL	1990–1993	
TEP70(M)	Co'Co'	KZ	1990–1991	
TEP70BS	Co'Co'	KZ	2006	
2TE116	2 x Co'Co'	LTPL	1984	
ČME3M(E)	Co'Co'	ČKD/VLRD	1986–1991	2007-09 Reko
TEM2(M/U/UM)	Co'Co'	BMZ	1970–1991	
TEM7A	Do'Do'	LTZ	2011	
TEM18	Co'Co'	BMZ	2007	
TEM-TMH	Co'Co'	TMX/VLRD	2009–2015	
TEM-LTH	Co'Co'	VLRD	2013–2018	
TGK2(M)	B	Kaluga	1970–1991	
TGM23(B/V/D)	C	Murom	1971–1991	
TGM3A/B	B'B'	LTZ	1967–1970	
TGM4(A/B)	B'B'	LTZ	1975–1990	
TGM6A/V	B'B'	LTZ	1979–1989	
TU2	Bo'Bo'	Kaluga	1957–1958	750 mm
TU6A	B'B'	Kambarka	1975	750 mm
TU7A	B'B'	Kambarka	1988	750 mm
Dieseltriebwagen				
DR1A(M)	VTz	RVR	1988–1995	tw. nur Kopfwagen
620M	VT	PESA	2008–2011	
630M	VTz	PESA	2013	dreiteilig
730ML	VTz	PESA	2016	dreiteilig
750.05	VTz	MVM	2008	zwei-/dreiteilig

rem Übergabebahnhof Bugeniai als wichtigster Güterverkehrskunde im Inland liegt. Zur Vermeidung weiterer Strafzahlungen an die EU baute die LG die Strecke nach Reņģe bis März 2020 wieder auf.

Schmalspurbahnen

Auf der 69 km langen Strecke Panevėžys–Anykščiai–Rubikiai findet durch die VĮ Aukštaitijos Siaurasis Geležinkelis (ASG, www.siaurukas.eu) öffentlicher Ausflugsverkehr statt. Während der Abschnitt von Panevėžys (wo Breitspuranschluss besteht) nach Anykščiai ziemlich gerade durch die Landschaft führt, geht es im hinteren Teil zwischen Anykščiai und Rubikiai in die »Litauische Schweiz«. Hauptsächlich wird von Anykščiai aus nach Rubikiai gefahren, nur sehr selten über die ganze Strecke. Die Züge verkehren an den Wochenenden von Mai bis Oktober. Vier der acht TU2-Dieselloks sowie je eine TU6A/TU7A sind betriebsfähig. Auf der 600-mm-Kindereisenbahn im LG-Ferienlager Ignalina dreht im Sommer eine äußerlich auf Dampflok getrimmte Diesellok ihre Runden. Außerdem gibt es in Vilnius eine und in Kaunas zwei Standseilbahnen mit 1000 bzw. 1200 mm Spurweite. Die Torfbahnen in Litauen unterscheiden sich in Länge und Betriebsaufkommen sehr, allen gemein ist jedoch die Spurweite von 750 mm und der sowjetische Standard-Triebfahrzeugpark aus Kambarka und Gubino (TU6A/7/8, ESU2A), die Standorte befinden sich in Šilutė, Tvaskučiai, Tryškiai (Pabalvė), Luiniai, Eičiai (Laukesa), Sulinkiai (Radviliškis), Rėkyva, Tytuvėnai, Šepeta, Aliai, Kločiūnai (Nerodiškiai), Ežerėlis, Igliauka (Paliai).

Eisenbahnverkehrsunternehmen (Auswahl)

Neben einigen kleinen Eisenbahnunternehmen, die Anschlussbahnen meist mit dieselhydraulischen Kleinloks wie den zwei- oder dreiachsigen Varianten von TGK2 und TGM23 bedienen, gibt es folgende größeren EVU:

AB Lietuvos geležinkeliai (LG)
Der Personenverkehr konnte von 2017 zu 2018 um 11 % auf 5,2 Mio. Reisende zulegen. Es existiert neben dem SPNV auch Binnenfernverkehr zwischen Vilnius und Klaipėda. LG CARGO ist im Güterverkehr auf allen LG-Strecken tätig. Mit 56,8 Mio. t Fracht (2017: 52,7 Mio. t) erreichte sie den höchsten Wert der drei baltischen Staaten. Die Erneuerung des LG-Fahrzeugparks ist weit vorangeschritten. Neben den von Siemens beschafften sechsachsigen Dieselloks des Typs ER20CF wurde der überwiegende Teil an Loks der M62-Familie modernisiert (M62K, 2M62K, 2M62M, 2M62U). Ein Teil der ČME3-Rangierloks wurde unter Verwendung von neuen Caterpillar-Motoren und Gehäusen von CZ LOKO faktisch neu aufgebaut (ČME3M), und außerdem Loks der Reihe TEM-TMH beschafft. Diese basieren auf TEM18-Rahmen mit einer Ausrüstung von Transmašholding und CZ LOKO, welche von der Ausbesserungssparte des Depot Vilnius (VLRD) erstellt wurden. Im grenzüberschreitenden Verkehr fahren litauische Loks mit Güterzügen bis Maladzečna und Sovetsk (Tilsit), im Gegenzug kommen vor Reisezügen Loks der BČ bis Vilnius und vor Güterzügen weißrussische 2TE10 bis in den Rangierbahnhof Vaidotai. Vor den russischen Schnellzügen verkehren litauische TEP70 und TEP70BS bis in den 2017 eingeweihten neuen russischen Grenzbahnhof Černyševskoe (Eydtkuhnen). Der elektrische Nahverkehr sowie der grenzüberschreitende Eilzugverkehr nach Minsk wird mit den Doppelstockelektrotriebzügen der Reihe EJ575 bewältigt. Seit 2016 werden die dreiteiligen Dieseltriebzüge der Reihe 730ML vorwiegend im Schnellzugverkehr nach Klaipėda eingesetzt, lokbespannte Züge gibt es nur noch zu Spitzenzeiten. Tfz: 13 EJ575, 3 TEP70(M), 4 TEP70BS, 44 ER20, 5 M62K, 10 2M62K, 23 2M62M, 6 2M62U(M), 23 ČME3M, 1 TEM-LTH, 60 TEM-TMH, 2 TGK2, 9 DR1A(M), 12 620M, 3 630M, 7 730ML, 4 750.05.

AB Akmenės Cementas (AC)
Die Bahnsparte des Zementwerks Akmenės Cementas betreibt Güterverkehr auf der eigenen Anschlussbahn Akmenė–Alkiškiai–Karpėnai (Naujoji Akmenė) mit

Doppelstock-Triebwagenzug der Reihe EJ575 von Škoda am 11.05.2013 im Bf. Vilnius. Foto Rudolf Koller.

In Šeštokai wird Holz auf Regelspurwagen verladen und Richtung Polen abgefahren. Am 01.05.2015 hat die regelspurige und mit einem Kolomna-5-26DG-Dieselaggregat remotorisierte M62K 1482 einen Holzzug zusammengestellt und wird sich in Kürze auf dem Vierschienengleis (Regelspur/russische Breitspur) auf den Weg nach Mockava machen. Foto: Heiko Rüdiger.

Zweigstrecken nach Šaltiškiai und Menčiai. Es wird meist im Gespann zweier TEM2 zur Tongrube gefahren und es verkehren Übergabezüge zum Bahnhof Akmenė, wofür auch 194 eigene Güterwagen im Bestand sind. Tfz: 6 TEM2U/M.

UAB Klaipėdos jūrų krovinių kompanija Bega
Die Hafenumschlagsgesellschaft »Bega« besitzt in Klaipėda eine eigene Anschlussbahn und wickelt 50 % ihres Güterumschlags per Schiene ab dem vorgelagerten Bahnhof Draugystė auf den Gleisen der UAB Vakarų krova und UAB Bega ab. Tfz: u. a. 4 TGM6A.

UAB Gargždų Geležinkelis (GG)
Die GG, hervorgegangen aus einer 1961 errichteten Anschlussbahn eines Baustoffkombinats, betreibt Güterverkehr auf der eigenen Strecke Rimkai–Gargždai sowie in einem Anschluss des Bahnhofs Joniškis, zum Teil aber auch auf LG-Strecken. Neben dem Öltransport auf der Hausstrecke ist sie tätig im Eisenbahnbau sowie der Reparatur und Vermietung von Triebfahrzeugen. Im Depot in Gargždai stehen immer einige Loks zwecks Aufarbeitung und Weiterverkauf abgestellt. Tfz: 2 TEM2, 1 TGM3B, 7 TGM4(A/B), 2 TGM6A/V, 1 TGM23V.

Die TEP70-0267 im August 2019 in Rīga Pasažieru vor dem Nachtzug aus Kyïv mit Zugteil aus Minsk. Foto: Gunter Mackinger.

AB Lifosa
Die Rangierfahrten im Lifosa-Werk (Chemiewerk in Kėdainiai) sowie der Verkehr auf der Anschlussbahn und dem Übergabebahnhof Šilainiai werden von der AB Lifosa durchgeführt, es gibt dafür auch 60 eigene Wagen. Tfz: 1 TEM18, 3 TEM2(M/U).

LKAB Klaipėdos smeltė
Die Spedition Klaipėdos smeltė schlägt im Hafen von Klaipėda Container, Baumaschinen, Fisch, Fleisch und andere Stückgüter um. Ab dem Bahnhof Draugystė wird Güterverkehr auf der eigenen Anschlussbahn durchgeführt. Tfz: 2 TGM4A, 1 TGM6A.

UAB Transachema
Transachema ist die Logistiktochter der AB Achema, eines großen Chemiewerks in Jonava, und betreibt den Güterverkehr auf der eigenen Anschlussbahn Gaižiūnai–Skaruliai mit anschließenden Werkbahnanlagen, wofür ein umfangreicher Wagenpark von 880 Wagen vorhanden ist. Tfz: 5 TEM2(U/UM), 1 TEM7A.

Museen und historische Fahrzeuge

Ein Eisenbahnmuseum befindet sich in der zweiten Etage des Bahnhofsgebäudes in Vilnius (Di-Fr 9-17 Uhr, Sa 9-16 Uhr). Im Freibereich gibt es eine Fahrzeugsammlung (u. a. D1-593, V120-304, 2M62-0003, TEM2-328, TE-52-313), am Bahnhof steht L-0236 als Denkmal. Eine kleine Sammlung zur Eisenbahngeschichte findet man am Bahnhof Šiauliai (Mo-Do 7-16 Uhr, Fr 7.00-14.45 Uhr), als Denkmäler sind dort die Dampfloks L-0106, PT4-153 (Tampella 660/1948) und zwei Motordraisinen vorhanden. Im Bahnhof Anykščiai der Schmalspurbahn von Panevėžys wurde mit einer dezent gegenüber dem Bahnhof platzierten Halle ein Museum errichtet, wo neben diversen Wagen auch Kč4-017 (Škoda 2032/1949) untergestellt steht. Zeugnisse der Geschichte des von Panevėžys aus weiter nach Norden reichenden 750-mm-Netzes sind im Bahnhofsgebäude von Petrašiūnai ausgestellt. Die bis 2012 in Panevėžys als Denkmal vor dem Bahnhof aufgestellte Kp4-708 (Chrzanów 3699/1957) wartet im Depot auf Restaurierung.

Lettland

Große Veränderungen stehen dem Bahnknoten Rīga bevor, wenn demnächst mit dem Bau des neuen Hauptbahnhofes für beide Spurweiten begonnen wird. Außerdem soll auf der linken Dünaseite die Strecke Zasulauks–Bolderāja–Daugavgrīva wieder für den Personenverkehr geöffnet werden. Die Staatsbahn-Holding VAS Latvijas dzelzceļš (LDz) besitzt über die SIA LDz Infrastruktūra das gesamte öffentliche Streckennetz, welches zum 1.1.2020 1 781 km (Spurweite 1520 mm, davon 33,4 km in 750 mm) maß. Davon sind 258,8 km elektrifiziert (3,3 kV=) und 358 km zweigleisig, als nächstes soll bis 2021 der Abschnitt Mangaļi–Ziemeļblāzma folgen. Ferner sollen weitere Strecken elektrifiziert und bis 2030 das bestehende Netz von 3-kV-Gleichstrom auf 25-kV-Wechselstrom umgerüstet werden. In einer ersten Phase bis 2023 erfolgt die 25-kV-Elektrifizierung von Rīga Krustpils–Daugavpils und Krustpils–Rēzekne, in einer zweiten bis 2027 die der Strecke Krustpils–Jelgava–Ventspils.
Die Bahn Lettlands wurde ab 1996 nach westeuropäischem Vorbild schrittweise privatisiert, seitdem wurden zahlreiche Strecken eingestellt und auch abgebaut. Der von SIA L-Ekspresis betriebene Fernreisezugverkehr beschränkt sich auf nur noch ein Zugpaar nach Moskau mit Kurswagen nach St. Petersburg. Der dichte Vorortverkehr der Hauptstadt Rīga wird mit elektrischen Trieb-

Triebfahrzeuge in Lettland

Reihe	*Bauart*	*Hersteller*	*Baujahr*	*Bemerkungen*
Elektrotriebwagen (3 kV=)				
ER2(M/T)	ETz	RVR	1966–2008	mehrteilig, tw. nur Mittel- oder Kopfwagen
Diesellokomotiven				
2TE10M	2 x Co'Co'	LTPL	1989	
2TE10U	2 x Co'Co'	LTPL	1990–1991	
2TE116	2 x Co'Co'	LTPL	1980–2005	
M62	Co'Co'	LTPL	1970–1976	
2M62	2 x Co'Co'	LTPL	1984–1986	
2M62U	2 x Co'Co'	LTPL	1987–1991	
2M62UM	2 x Co'Co'	LTPL	1987–1990	2014-17 Reko
TEP70	Co'Co'	KZ	1990–1991	
ČME3	Co'Co'	ČKD	1980–1988	
ČME3M(E)	Co'Co'	ČKD	1980–1988	2011-15 Reko
ČME3MB	Co'Co'	ČKD	1981	2013-14 Reko z. Booster
TEM2(UM)	Co'Co'	BMZ	1972–1989	
TGK2(D/V)	B	Kaluga	1965–1992	
TGM23B/V/D	C	Murom	1977–1991	
TGM3A/B	B'B'	LTZ	1966–1974	
TGM4(A/B/L)	B'B'	LTZ	1978–1991	
TGM40	B'B'	Kambarka	1988	
TU7A	B'B'	Kambarka	1988	750 mm
Dieseltriebwagen				
DR1A(M)	VTz	RVR	1973–1992	
DR1AC	VTz	RVR	1981–1992	2015-16 Reko
AR2	VT	RVR	1997	

zügen betrieben und macht den größten Teil des von der privatisierten A/S Pasažieru vilciens durchgeführten Personenverkehrs aus, der weitere Regionalverkehr mit Dieseltriebzügen ins Umland stagniert dagegen und hat nur zirka ein Zehntel am Gesamtaufkommen. Mit rund 18,2 Mio. Reisenden im Jahr 2018 (2016: 17 Mio.) gibt es trotzdem einen Aufwärtstrend. Im dagegen sehr umfangreichen Güterverkehr werden vor allem die Strecken zu den Ostseehäfen im grenzüberschreitenden Verkehr mit Russland und den Nachbarländern bedient, woran sich neben der staatlichen LDz Cargo auch die beiden größeren privaten Unternehmen BE und BTS beteiligen. Aufgrund sich verändernder Verkehrsbeziehungen wurden auf der Eisenbahninfrastruktur Lettlands 2016 nur noch 47,8 Mio. t Fracht befördert, bis 2018 nahm er mit 49,2 Mio. t nur leicht wieder zu. Die wichtigsten Drehkreuze des Güterverkehrs neben der Hauptstadt Rīga sind Jelgava, Krustpils, Rēzekne und Daugavpils. In Daugavpils befindet sich mit dem »Daugavpils Lokomotīvju Remonta Rūpnīca« (DLRR) eine Ausbesserungswerkstatt, hier werden auch die DB-Baureihen 232-234 unterhalten.
In Lettland existieren in drei Städten Straßenbahnen: In Rīga (T3A, T3MR, T6B5SU, Škoda 15T und 15T1) und Daugavpils (T3D ex Schwerin, 71-605A, 71-608K, 71-623-02, 71-631) fahren sie auf Breitspurgleisen, in Liepāja (KT4D ex Cottbus, Erfurt und Gera, KT4SU) auf Meterspur.

Schmalspurbahnen

Die im Nordosten gelegene 750mm-Schmalspurstrecke Gulbene–Alūksne wird seit 2002 nach Ausgliederung aus der Staatsbahn LDz von der SIA Gulbenes-Alūksnes bānītis (www.banitis.lv) im regelmäßigen Personenverkehr zwischen den beiden Kreisstädten betrieben. Die als Technisches Denkmal klassifizierte Strecke dient neben lokalen Verkehrsbedürfnissen vorwiegend dem touristischen Verkehr. Es verkehren täglich zwei Personenzugpaare mit einer Diesellok der Reihe TU7A und gelegentlich Sonderzüge mit der Dampflok Gr-319. In Ārlava wurde 2013 eine neue, 930 m lange private 750-mm-Parkbahn eröffnet. Ārlava befindet sich etwas nördlich des Ortes Valdemārpils, durch den früher die 600-mm-Bahn Stende–Valdgale–Roja führte. 750-mm-Torfbahnen arbeiten in Lielsalas, Aizpute, Vāne, Misa, Inčukalns, Seda, Līvāni und Zilaiskalns, einziger Betrieb mit 600-mm-Spur ist Ploce.

Eisenbahnverkehrsunternehmen (Auswahl)

Die Hafenbahnen in Rīga, Ventspils und Liepāja werden nicht nur durch LDz-Rangierloks bedient, hier gibt es eine Vielzahl kleiner Eisenbahnbetriebe. Bevorzugte Loks der Anschlussbahnen sind kleine, hydraulische Maschinen der Reihen TGK2, TGM4 und TGM23. Ansonsten sind folgende größeren EVU aktiv:

A/S Baltijas Ekspresis (BE)

Baltijas Ekspresis ist das Transportunternehmen der Hafengesellschaft in Ventspils, welches neben dem örtlichen Rangiergeschäft internationale Güterzüge vom Hafen zur russischen Grenze bringt. Das Depot befindet sich in Ventspils neben dem Personenbahnhof. Tfz: 11 2TE116, 14 ČME3.

A/S Baltijas Tranzīta Serviss (BTS)

Die seit 2007 mehrheitlich im Besitz des Rigaer Hafens befindliche Firma Baltijas Tranzīta Serviss betreibt Güterverkehr zwischen Russland und den lettischen Ostseehäfen Riga und Ventspils. Tfz: 2 2M62U, 8 2TE116, 2 ČME3.

SIA LDz Cargo

Von dem staatlichen LDz-Tochterunternehmen LDz Cargo werden im Güterverkehr vor allem die Strecken

Ein Tatra-T6-Zug auf der Linie 7 in Rīga vor klassischen, baltischen Holz- und Bachsteinbauten. Foto: Gunter Mackinger.

Eine Idylle, der Hauptbahnhof des Freilichtmuseums in Ventspils mit Lok MI 611. Foto: Gunter Mackinger.

zu den Ostseehäfen und jene im grenzüberschreitenden Verkehr mit Russland und Weißrussland bedient. Der Verkehr mit den Häfen hat einen Anteil von ca. 90 %. Lokomotivdepots befinden sich in Rīga-Šķirotava und Daugavpils, größere Lokeinsatzstellen in Liepāja, Jelgava und Rēzekne-1. Die gewaltigen 2 x 3 000-PS-Doppelloks der Diesellokbaureihen 2TE10M und 2TE10U werden noch immer auf allen Gütermagistralen (außer Jelgava–Liepāja) eingesetzt. Ein Teil des Lokbestands wurde mit neuen Aufbauten von CZ LOKO rekonstruiert, so die Reihe ČME3M(E) mit CAT-Motoren und die Reihe 2M62UM mit MTU-Motoren. Tfz: 5 TEP70, 12 M62, 4 2M62, 5 2M62U, 14 2M62UM, 9 2TE10M, 14 2TE10U, 11 2TE116, 33 ČME3, 17 ČME3M(E), 2 ČME3MB.

SIA LDz Infrastruktūra

Das für das Streckennetz als EIU zuständige LDz-Tochterunternehmen LDz Infrastruktūra besitzt für Dienstzüge und Az-Verkehre auch eine EVU-Lizenz und eigene Fahrzeuge. Gleisbaubetriebsstandorte sind Daugavpils und Jelgava. Tfz: 1 M62, 4 TEM2, 1 TEM2UM, 1 ČME3, 1 DR1A, 1 AR2.

SIA L-Ekspresis

L-Ekspresis führt in Kooperation mit LDz Cargo den internationalen Personenfern- und Gepäckverkehr durch. Zur Bespannung des eigenen Wagenparks nutzt sie deren Loks der Reihe TEP70. Es verkehrt ein Zug Rīga–Moskva (RU), bis/ab Novosokol'niki (RU) vereinigt mit Kurswagen Rīga–Sankt Peterburg (RU).

AS KVV Liepājas metalurgs (LM)

Eine der größten Industriebahnen Lettlands besitzt das Stahlwerk Liepajas metalurgs. In Zusammenarbeit mit der mehrheitlich zu LM gehörenden Hafengesellschaft AS Liepājas osta LM wird der Frachtumschlag des Stahlwerks und des Hafens in Liepāja durchgeführt. Tfz: 8 TGM23V, 1 TGM23D.

AS Pasažieru vilciens (PV)

Für den Personennahverkehr in Lettland ist die 2008 aus der LDz ausgegliederte Pasažieru vilciens als eigenständiges, aber weiterhin staatliches Unternehmen zuständig. Ihr gehören alle Diesel- und Elektrotriebzüge, diese werden vom »VRC Zasulauks« in Rīga-Vagonu parks unterhalten. Auf den von Rīga ausgehenden Strecken gibt es einen relativ dichten Vorortverkehr mit Elektrotriebzügen nach Aizkraukle, Jelgava, Skulte und Tukums. Auf den anderen Strecken verkehren dagegen nur sehr wenige Dieseltriebzüge (z. B. nach Liepāja zweimal wöchentlich), nach Gulbene nur noch zu bestimmten Anlässen. Seit 2009 wurde in vier gescheiterten Ausschreibungen versucht, neue Fahrzeuge zu beschaffen. Bis 2023 sollen nun von Škoda Vagonka 32 neue Elektrotriebzüge geliefert werden. Für die ab 2024 elektrifizierten Relationen Rīga–Daugavpils / Rēzekne sind zu einem späteren Zeitpunkt komfortablere Fernzüge vorgesehen, ggf. Doppelstocktriebzüge. Neue Dieseltriebzüge sollen dagegen vorerst nicht beschafft werden, sechs nun als Reihe DR1AC bezeichnete Züge wurden 2015 aus dem Altbestand bei RVR rekonstruiert. Tfz: 22 ER2(M), 13 ER2T, 11 DR1A(M), 6 DR1AC, 1 TGM3A, 1 TGM4A.

Museen und historische Fahrzeuge

Die historischen Sammlungen der lettischen Eisenbahn werden vom Eisenbahnmuseum Rīga an mehreren Standorten der Öffentlichkeit zugänglich gemacht. Die Zentrale befindet sich in einer Lokwerkstatthalle in Rīga (Muzeja jaunumi, Uzvaras bulvārī 2A, Di-Sa 10-17 Uhr, Do bis 20 Uhr, So 10-16 Uhr, www.railwaymuseum.lv). Zu den erhaltenen Fahrzeugen gehören u. a. TE-036 (Henschel 26954/1942; ex DR 52 036), VL26-005, TE3-7593, TEP60-1206, TEM2-1000II, TGK2-5999, TGM1-532 und TGM3B-2804. In der Außenstelle Jelgava sind in der Lokeinsatzstelle (Stacijas ielā 3, Mi/Fr/Sa 10-17 Uhr, Do 11-19 Uhr) neben 2M62-0001 die Dampfloks TE-021 (ex DR 52 021) und L-0100, 0279, 0312, 0460, 5225 hinterstellt. In Lettland existieren insgesamt noch sechs ehemalige Heeresfeldbahn-Lokomotiven: MI 611 (HF 694, Henschel 14437/1916) im Kurlandmuseum Ventspils, in Betrieb; MI 628 (HF 586, O&K 8150/1916) im Freilichtmuseum Rīga; MI 629 (HF 853, O&K 8271/1917) im Landwirtschaftsmuseum Talsi; MI 631 (HF 483, O&K 7999/1915) im Kurlandmuseum Ventspils, in Betrieb; MI 635 (HF 2484, Schwartzkopff 6799/1918) im Museum im ehem. Bf Viesīte; MI 657 (HF 2305, Esslingen 3887/1918) im Eisenbahnmuseum Rīga. Das Landwirtschaftsmuseum in Talsi (www.llm.lv, Latvijas Lauksaimniecības muzejs, Mo-Fr 9-17 Uhr, 1.V-30.IX auch Sa/So 10-15 Uhr)

wurde auf dem Gelände einer ehemaligen Landtechnik-Station errichtet und beherbergt eine reichhaltige Sammlung von historischen Straßenfahrzeugen und Landmaschinen verschiedener Epochen. Der Denkmalzug mit »Brigadelok« Ml 629 ist (teils unter Dach) im Freien abgestellt.
Museumsbahnen: Das Kurlandmuseum in Ventspils (www.muzejs.ventspils.lv, Piejūras brīvdabas muzejs) bewahrt Architektur und Lebensweise der Bevölkerung der Halbinsel im Nordwesten Lettlands. Die Exponate der Wirtschaftsgeschichte des Kurlands stammen nicht nur aus der Fischerei, dazu gehört auch das weitreichende 600-mm-Schmalspurnetz, das in den 1960ern von der Landkarte verschwand. Der 1,4 km lange Rundkurs wurde 2010 mit der 3,0 km langen Stichstrecke Muzejs–Kalns erweitert und führt zum »Wintersport- und Freizeitpark Lemberghütte«. Vor den in der Regel von Mai bis Oktober (Mi-So 10-17 Uhr) verkehrenden Zügen auf der Gesamtstrecke kommt eine Heeresfeldbahnlok mit zweiachsigen Heeresfeldbahnwagen zum Einsatz. Im Juni+Juli gibt es Sa/So nachmittags auch Extrafahrten auf der Ringlinie, ansonsten findet so nur die erste und die letzte Fahrt des Tages statt. Die Baloži Torfmuseumseisenbahn konnte 2013 durch die Gesellschaft Bānīša Draugu klubs (www.bdklubs.lv) vor dem Abriss bewahrt werden. Der im Aufbau befindliche Museumsbahnbetrieb präsentiert sich seit 2016 zu bestimmten Anlässen auch der Öffentlichkeit. Nach umfangreichen Renovierungsarbeiten sind jetzt 2,5 km Strecke wieder befahrbar, vor Museumszügen (Jun.-Sept. jeden letzten Samstag im Monat 11-17 Uhr) kommen die seit 2017 vorhandenen TU6D-0389 und TU8-0425 (beide ex Tootsi) zum Einsatz.

Estland

Nach der bis 2014 erfolgten vollständigen Erneuerung des Fahrzeugparks im Personenverkehr und der bis 2017 sanierten Infrastruktur (bis auf Valga–Koidula und Lelle–Pärnu), Estlands Eisenbahn gilt seither als modernste im Baltikum, hat man sich seitens der Regierung neue Ziele gesetzt: bis 2028 soll das Personenverkehrsnetz komplett elektrifiziert werden (östlich von Tallinn mit 25 kV~). Die Streckenlänge beträgt ca. 1 219 km (Spurweite 1520/1524 mm). Für den Vorortverkehr um Tallinn sind 138,7 km mit 3 kV= elektrifiziert. Begonnen hat der Wiederaufbau der 2003 stillgelegten Strecke nach Haapsalu, der erste Abschnitt Riisipere–Turba ging am 8.12.2019 in Betrieb, später soll die Strecke bis Rohuküla führen, wo sie Anschluss an die Schiffe zu den Inseln Hiiumaa und Vormsi bietet.
Nach der Privatisierung der estnischen Staatsbahn zur AS Eesti Raudtee (EVR) im Jahr 1997 wurde der größte Teil des Streckennetzes von der Güterverkehrsgesellschaft Baltic Rail Services (BRS) übernommen, an der eine Gruppe von Investoren aus den USA, Großbritannien und Estland zu 66 % beteiligt war. Nach schlechten Erfahrungen kaufte der Staat 2006 die Anteile zurück. Zur Trennung der Geschäftsbereiche wurden 2009 zwei Tochtergesellschaften gegründet, AS EVR Infra und AS EVR Cargo, welche in einem weiteren Schritt Ende 2012 mit Aufteilung der Muttergesellschaft eigenständig wurden. Es folgte die Umbenennung von AS EVR Infra in AS Eesti Raudtee, welche damit die Marke »Eesti Raudtee« fortführt. Sie besitzt mit 698 km (davon 94,2 km zweigleisig) den größeren Netzanteil, das zweite öffentliche Eisenbahninfrastrukturunternehmen Edelaraudtee Infrastruktuuri AS mit den Strecken südlich von Tallinn nach Viljandi und Pärnu mit 221,9 km den kleineren. Seit 2014 führt AS Eesti Liinirongid, die vorher als Elektriraudtee AS nur den elektrischen Vorortverkehr betrieb, den gesamten SPNV durch. Die unter dem Namen AS GoRail privatisierte Fernverkehrssparte bot zuletzt bis Mai 2015 eigene Züge über den Grenzübergang Narva–Ivangorod (RU) an. Mitte Juli 2015 wurde der Verkehr mit dem von den RŽD betriebenen Zugpaar 33/34 Moskva–Sankt Peterburg, welches bis Tallinn verlängert wurde, wieder aufgenommen. Güter werden überwiegend im Transitverkehr auf den Strecken von Tallinn nach Narva, Koidula und Valga befördert. 2011 wurde in Koidula eine neu errichtete zehngleisige Grenzabfertigungsstation eröffnet, in welche die Strecke Tartu–Orava–Pečory (RU) mittels einer kurzen Neubaustrecke auf der Westseite des Bahnhofs mit eingebunden wurde. Seit 2011 hat sich das Güteraufkommen jedoch mehr als halbiert, 2017 waren es nur noch 12,4 Mio. t, 2018 mit 13,5 Mio. t wieder leicht zunehmend. Auf dem EVR-Schienennetz ist das staatliche Eisenbahnverkehrsunternehmen AS Operail mit inzwischen wieder 99 % des gesamten Schienengüterverkehrsvolumens marktdominierend.

Schmalspurbahnen

Aus der ehemaligen Festungseisenbahn auf der Insel Naissaar ist eine Art Tourismusbahn entstanden, die von einem Verein betrieben wird. Ca. 4,5 km des früher umfangreicheren 750-mm-Streckennetzes sind dort befahrbar. In Tallinn gibt es im Zoopark eine 860-mm-Kindereisenbahn »Lasterong« mit Stromschiene. Die Straßenbahn Tallinn (KT4SU, KT6TM, KT4D/KT4TMR ex Cottbus, Erfurt und Gera, CAF Urbos AXL) fährt auf der seltenen 1067-mm-Kapspur. Schmalspurige Torfbahnen arbeiten in Puhja (750 mm) und Nurme (600 mm mit Schöma-Lokomotiven), die Betriebe in Tootsi und Lavassaare sind eingestellt.

Eisenbahnverkehrsunternehmen (Auswahl)

Neben einigen kleineren Gesellschaften, die Hafen- und Werkbahnen bedienen, gibt es folgende größeren EVU:

AS Eesti Liinirongid (Elron)

Die für den elektrischen Vorortverkehr im Großraum Tallinn verantwortliche Elektriraudtee AS wurde zum 1.10.2013 in AS Eesti Liinirongid umbenannt und übernahm ab dem 1.1.2014 den gesamten estnischen SPNV. Seitdem werden die von der Stadler Rail AG Bussnang gebauten neuen Flirt-Triebzüge eingesetzt, mit denen der komplette RVR-Altbestand abgelöst wurde. Neben den sechs vierteiligen und zwölf dreiteiligen Elektrotriebzü-

Estland: Am 07.08.2019 ist Lok 1536 (GE, Typ C36-7i) mit einem kurzen Güterzug aus Richtung Tartu kurz vor ihrem Zielbahnhof Tapa unterwegs. Foto: Matthias Hille.

gen besitzt Elron auch sechs vierteilige, acht dreiteilige und sechs zweiteilige Dieseltriebzüge, mit denen seit Januar 2014 auch sämtliche Diesel-Zugleistungen auf den bisherigen Edelaraudtee-Linien nach Viljandi, Pärnu, Narva, Valga und Piusa bedient werden. Die aus zwei Hallen bestehende Werkstatt befindet sich in Pääsküla. Die zuvor eingesetzten RVR-Elektrotriebzüge sind mittlerweile alle ausgeschieden und wurden nach Lettland verkauft. Tfz: 18 Flirt-EMU, 20 Flirt-DMU.

Enefit Kaevandused AS

Die Enefit Kaevandused AS ist ein Tochterunternehmen des staatlichen Ölschiefer-Bergbaukonzerns Eesti Energia AS, dessen Eisenbahngesellschaft (vormals AS Põlevkivi Raudtee) für den Transport von Ölschiefer auf einem eigenen Streckennetz von 151,5 km im Raum Jõhvi tätig ist. Außerdem wird Güterverkehr auf den angrenzenden Strecken privater Anschließer betrieben, mit dem Kohleverkehr zum Kraftwerk in Narva wird auch Eesti Raudtee-Infrastruktur benutzt. Eesti Energia fördert ca. 15 Mio. t Ölschiefer im Jahr, die in Strom oder Heizwärme umgewandelt werden. Das Ölschieferkraftwerk in Musta ist seit 2001 direkt über die Neubaustrecke Ahtme–Viivikonna angebunden. Die Firmenzentrale befindet sich in Jõhvi, das Depot in Ahtme. Tfz: u. a. 11 TEM2(A/U), 4 TEM18.

Triebfahrzeuge in Estland

Reihe	*Bauart*	*Hersteller*	*Baujahr*	*Bemerkungen*
Elektrotriebwagen (3 kV=)				
Flirt-E	ETz	Stadler	2012–2013	drei-/vierteilig
Diesellokomotiven				
TEP70	Co'Co'	KZ	1990–1993	
2TE116(K/UP)	2 x Co'Co'	LTPL	1979–1998	
ČME3(T)	Co'Co'	ČKD	1977–1994	
C30-M	Co'Co'	GE/CZ LOKO	1979–1984	2017–2019 Reko
C36-7i	Co'Co'	GE	1985	
DF7G-E	Co'Co'	CNR	2012–2014	
TEM2(A/M/U/UM)	Co'Co'	BMZ	1970–1992	
TEM7	Do'Do'	BMZ	1988	
TEM18	Co'Co'	BMZ	1997–2004	
TEM-TMH	Co'Co'	TMX/VLRD	2011–2016	
TGK2	B	Kaluga	1986	
TGM1	C	Murom	1970	
TGM23(B/V)	C	Murom	1973–1991	
TGM4(A/B)	B'B'	LTZ	1979–1993	
TGM40(S)	B'B'	Kambarka	1989–1991	
Dieseltriebwagen				
DR1B(J)	VTz	RVR	1985	zweiteilig; 1996 mod.
Flirt-D	VTz	Stadler	2012-2013	2-/3-/4-teilig

AS Estonian Railway Services (E.R.S.)
Estonian Railway Services ist eine Tochterfirma der Vopak E.O.S. AS und befördert seit 2008 selbstständig Erdölprodukte zu dessen Tanklager im eisfreiem Hafen Muuga, erreichbar über eine im Bahnhof Maardu ausgehende Anschlussbahn. E.R.S.-Güterzüge sind auf den Strecken Muuga–Maardu–Ülemiste bzw. Lagedi–Narva, Tapa–Tartu–Koidula und Tartu–Valga anzutreffen. Tfz: 5 2TE116(UP), 6 TEM2U(M), 2 TEM18.

AS GoRail
GoRail bot bis Mai 2015 drei Fernzüge nach Russland an, einen Nachtschnellzug Tallinn–Moskva und zwei Tageseilzüge Tallinn–Sankt Peterburg. Davon übrig geblieben ist lediglich ein Nachtzug Moskva–Sankt Peterburg–Tallinn, der nun vom RŽD-Tochterunternehmen FPK (bis ab Narva mit TEP70BS der RŽD) in Kooperation mit GoRail angeboten wird. Dieser fährt ab 2020 nur noch im Sommer täglich, ansonsten Fr/Sa-So/Mo. GoRail ist seit 2019 auch im Güterverkehr tätig, u. a. auf den Strecken der Edelaraudtee Infrastruktuuri AS nach Pärnu. Tfz: 4 TEP70, 1 ČME3, 1 TEM7, 1 TGM23V, 1 TGM4B.

Kunda Trans AS
Die Bahngesellschaft Kunda Trans ist eine Tochtergesellschaft der AS Kunda Nordic Tsement und betreibt auf der eigenen Infrastruktur Rakvere–Kunda und den Anschlussstrecken Güterverkehr. Tfz: 3 TEM2(UM), 2 TEM18, 1 TGM40S.

Maardu Raudtee AS (MR)
Die Maardu Raudtee befindet sich auf dem Gelände des ehemaligen Chemiekombinats »Estonfosforit« und erbringt Güterverkehrsleistungen (vorwiegend flüssige Brennstoffe, Chemikalien und Container) im Bahnhof und Hafen von Maardu. Tfz: 2 TEM2(UM).

AS Operail
Im Jahr 2018 erfolgte die Umbenennung von EVR Cargo in AS Operail. Seit 2012 ist diese ein vom Netz unabhängiges staatliches Frachttransportunternehmen, welches überwiegend Düngemittel und Ölprodukte über die Hauptstrecken zu den Häfen befördert. Güterverkehr wird auf der gesamten EVR-Infrastruktur (außer nach Klooga-Rand und Turba) durchgeführt, auf der noch nicht sanierten Strecke Koidula–Valga und nach Paldiski verkehren nur bis zu zwei Güterzugpaare am Tag. Der Betrieb der 2003 gebraucht gekauften amerikanischen Diesellokomotiven gestaltet sich wegen Ersatzteilmangel zunehmend schwieriger. Zur Ablösung der ČME3-Lokomotiven wurden 2011 bei der chinesischen Lokomotivfabrik CNR 16 Stück des Typs DF7G-E bestellt, zwei davon gelieferte Loks sind aber über den Teststatus nicht hinausgekommen. Stattdessen lieferte das litauische VLRD fünf TEM-TMH, die wiederum das 2TE116-Intermezzo auf der Grenzstrecke Koidula–Pečory beendeten. 2016/17 wurde die erste Lok der bereits ausgemusterten Reihe C30-7Ai im Depot Tapa mit Aufbauten von CZ LOKO und Caterpillar-3512C-Motor rekonstruiert, weitere 18 sollen folgen. Tfz: 4 ČME3, 5 TEM-TMH, 2 C30-M, 53 C36-7i, 2 DF7G-E, 1 TGM23V.

AS Sillamäe Sadam
Das estnisch-russische Unternehmen Sillamäe Sadam betreibt den Hafen von Sillamäe, der als nächstgelegener Hafen der EU zu Russland über eine Anschlussbahn in Vaivara an das EVR-Netz anschließt. Im zoll- und steuerfreien Hafen Sillamäe befinden sich verschiedene Terminals und das Kraftwerk Soojuselektrijaam (SEJ). Tfz: 5 TEM-TMH, 2 TEM2.

Skinest Rail AS
Skinest Rail ist Teil der AS Skinest Grupp, welche international mit Tochterfirmen in der Bahnbranche aktiv ist. Güterverkehr findet ab Muuga, Maardu, Kohtla, sowie auf den Strecken Ülemiste–Tallinn–Paldiski und Keila–Riisipere statt, ferner gibt es Az-Verkehr (Skinest Ehitus). Tfz: 5 2TE116(K), 3 TEM2(U/UM), 1 ČME3.

Museen und historische Fahrzeuge

Das Eisenbahn- und Kommunikationsmuseum Haapsalu (www.salm.ee/muuseumid/raudtee-ja-sidemuuseum, Mai-Aug. tgl. 10-18 Uhr, sonst Fr-So 11-16 Uhr) ist im 216 m langen hölzernen Bahnhofsgebäude in Haapsalu untergebracht. Im Freigelände sind u. a. die Dieselloks VME1-116 und EVR 1006 (ex TEP60-0924) sowie die Dampfloks Su-252-94, L-1646 und TE-3368 (ex DR 52 3368, KM 16494/1943) ausgestellt. Die Estnische Museumsbahn Lavassaare (www.museumrailway.ee, Jun.-Sept. Sa 11-18 Uhr, So 11-17 Uhr, sowie Jun.-Aug. auch Mo-Fr 11-18 Uhr) ist als erstes Museumsbahnprojekt des Baltikums 1987 im estnischen Lavassaare unweit Pärnu verwirklicht worden. Dabei werden Anlagen der in den zwanziger Jahren errichteten öffentlichen 750-mm-Bahn nach Pärnu–Sindi benutzt, die 1975 stillgelegt wurde. Museumsbetrieb gibt es von Juni bis August jeden Sa+So und im September nur samstags auf der 2 km langen Strecke nach Müramaa. Neben sieben Dieselloks existieren hier derzeit die Dampfloks HF 11017 (Krenau 945/1941, ex TL-901 Papierfbr. Līgatne/LV) und VP1-899 (Dn2, Votkinsk 899/1951). Eine Bn2t (O&K 4843/1911, ex №5 Zementwerk Kunda) steht mit einem Wagen als Denkmalzug am Platz des früheren Bahnhofs in Pärnu. Die in Gulbene instand gesetzte Kč4-332 (Škoda 2347/1950) ist 2009 zurückgekehrt, dafür wurde Gr-319 (LKM 15416/1951) dorthin abgegeben. In dem kleinen Ort Avinurme nördlich des Peipussees gibt es die neuerdings auf 1 km Länge erweiterte »bisher kürzeste Museumsbahn der Welt« (Betrieb Mai–Oktober), welche die Trasse der bis 1972 bestehenden 750-mm-Schmalspurbahn Sonda–Mustvee nutzt, betriebsfähiges Fahrzeug ist hier MUZ-4-2228 aus dem Jahr 1956 (www.puiduait.ee/muuseumrong). Im Bergbaumuseum Kohtla-Nõmme verkehrt eine ca. 1 km lange unterirdische Grubenbahn (www.kaevandusmuuseum.ee, Di-Sa 11-17 Uhr, nur mit Reservierung). Die AS Edelaraudtee, welche auf ihrem eigenen Streckennetz bis Ende 2013 auch selbst Personenverkehr betrieb, besitzt für Sonderfahrten die Dampflok L-3297, sie ist gegenwärtig aber nicht betriebsfähig. ■

Russische Föderation (Russland)

Hans-Jürgen Schulz

Der Nachtzug 023G Kazan'–Moskva, bestehend aus einer Zweisystemlokomotive der Baureihe EP20 und 13 Doppelstockschlafwagen, wurde am 26.03.2019 in Kazan' aufgenommen. Foto: Guido Bieniek.

2019 wuchs das Streckennetz Russlands an seinen Enden: Mit der Brücke zur Krim, der Strecke Tommot–Nižnij Bestjach in Jakutien, und mit der nun vollzogenen Umspurung der Schmalspur auf Sachalin. Ziele, die eher weniger im Fokus des »normalen« Touristen stehen. Wohl am populärsten ist eine Reise auf der vollständig über russisches Territorium verlaufenden Transsibirischen Eisenbahn, die weiter nördlich verlaufende Baikal-Amur-Magistrale (BAM) ist jedoch mindestens genauso reizvoll. Aber auch kürzere Fahrten mit den Weitstreckenzügen bieten unvergessliche Reiseerlebnisse, z. B. auf der Murmanbahn von St. Petersburg nach Murmansk oder an die Schwarzmeerküste nach Adler. Wer etwas mehr russische Wirklichkeit erleben will, sollte gerade abseits dieser Routen und Metropolen irgendwohin fahren, denn auch fern der bekannten Touristenpfade gibt es Hotels und man wird von der Bevölkerung herzlich empfangen. Allgemeine Reiseliteratur bietet der auf Osteuropa und Asien spezialisierte Trescher-Verlag an. Eine Eisenbahnübersichtskarte gibt es unter www.parovoz.com/maps/supermap. Wer nicht Russisch sprechen kann, sollte vorher zumindest die kyrillische Schrift erlernen, um sich orientieren und Fahrpläne lesen zu können. Das dortige Eisenbahnsystem fasziniert nicht nur durch seine Größe, sondern insbesondere durch den umfangreichen Betrieb, auch wenn sich dieser vorwiegend im Güterverkehr abspielt. Ein Marktanteil von 87 % im Güterverkehr, 26 % im Personenverkehr und 738.000 RŽD-Mitarbeiter (2018) sprechen für sich. Der Personenfernverkehr ist anders als bei westeuropäischen Bahnen noch von »richtigen« Zügen geprägt, wobei deren Anzahl etwas rückläufig ist. Weitgehend »eingespart« wurde allerdings der Regionalverkehr. Hier gibt es, auch auf Hauptstrecken, nur noch sehr wenige Verbindungen am Tag, auf vielen Nebenstrecken wurde er ganz eingestellt.
Eine direkte Bahnverbindung nach Russland gibt es mit den RŽD-Globalpreiszügen 13/14 »Striž« Berlin–Moskva (Talgo; Mo+Sa ab Berlin) und 23/24 Paris–Berlin–Moskva (Fr ab Berlin). Aus Süddeutschland bietet sich mit Umsteigen der Globalpreiszug 17/18 Nice–Wien–Moskva (Mo ab Wien) an, ansonsten auch die Verbindung mit dem Schlafkurswagen Praha–Moskva im IC 136/137 »Báthory« Budapest–Warszawa–Brest. Alle diese Züge verkehren durch Weißrussland, wofür entsprechende Transitvisa nötig sind, wobei der Grenzübertritt zwischen beiden Ländern aufgrund von Lücken in der russischen Gesetzgebung derzeit trotzdem illegal ist (– aber aufgrund jahrzehntelanger Praxis geduldet wird). Wer dies umgehen möchte, kann den Weg durchs Baltikum (Züge von Rīga und Tallinn nach Moskau und St. Petersburg) oder durch die Ukraine nehmen, gegenwärtig haben dort nur die Grenzübergänge Zernove–Suzemka, Kozača Lopan'–Belgorod und Topoli–Valujki Personenverkehr. Landeswährung ist der Russische Rubel (1 EUR entspricht ca. 69 RUB). Bei Einsatz einer Karte an Geldautomaten ist die Abhebesumme pro Vorgang auf einen relativ kleinen Wert begrenzt und viele Automaten haben auch Schwierigkeiten, die jeweilige Karte zu akzeptieren.

Reisehinweise

Zur Einreise nach Russland gelten diverse Regelungen, siehe https://russische-botschaft.ru/de/consulate/visafragen/. Das normale Touristenvisum kann durch das Russische Visazentrum (www.vfsglobal.com/russia/germany/German) oder nur noch nach Vereinbarung in einer Konsularvertretung der Russischen Föderation in Berlin, Bonn, Frankfurt am Main, Hamburg, Leipzig, München beantragt werden. Dieses kostet 35 EUR (Bearbeitungszeit 2-3 Wochen, innerhalb von drei Tagen 70 EUR) zzgl. 30 EUR Servicegebühr des Visazentrums. Nur wer eine Einladung oder Reisebestätigung (Voucher) von russischer Seite (Hotels, touristische und andere Organisationen) vorweist, kann das Visum beantragen. Bei manchen Reisebüros, welche die Einladung gegen einen Aufpreis besorgen, besteht die Möglichkeit, Touristenvisa ohne eine Pauschalreise oder Hotelbuchung im Voraus zu beantragen. Zudem ist der Nachweis einer in Russland anerkannten Reisekrankenversicherung nötig. Bei der Einreise ist eine »Migrationskarte« auszufüllen, die man bei der Ausreise wieder abgibt. Spätestens sieben Werktage nach der Ankunft an einem Ort muss eine Registrierung vor Ort bei der Migrationsbehörde FMS erfolgen. Dies erledigt in der Regel nahezu jedes Hotel. Die Registrierung erfolgt mittlerweile elektronisch, einen Stempel gibt es nicht mehr. Bei Weiterreise soll eine erneute Registrierung erfolgen, sofern die Einzelaufenthalte länger als sieben Tage dauern.

Für die Einreise in die Exklave um Kaliningrad (Königsberg) benötigt man ein normales russisches Visum. Seit dem 1.7.2019 gibt es für die Aufenthaltsdauer von acht Tagen auch ein gebührenfreies elektronisches Visum (http://electronic-visa.kdmid.ru, Beantragung vier Tage vor Reiseantritt), welches jedoch nicht für den Eisenbahngrenzübergang Černyševskoe (Eydtkuhnen) gilt – per Bahn ist das Gebiet allerdings derzeit nur von Litauen aus mehrmals am Tag über diesen Grenzübergang erreichbar; wer will kann die Lücke aber über den benachbarten Straßengrenzübergang zu Fuß überqueren. Züge von Polen aus gibt es derzeit nicht, ebenso ruht die bisher von Sassnitz aus betriebene Eisenbahnfährverbindung nach Baltijsk (Pillau). Der Zutritt zu den grenznahen Gebieten z. B. nach Železnodorožnyj (Gerdauen), Bagrationovsk (Preußisch Eylau) und sogar in die zweitgrößte Stadt Sovetsk (Tilsit) darf, wie bereits früher nach Baltijsk (Pillau), offiziell nur mit Passierschein des staatlichen Geheimdienstes erfolgen, den ortsansässige Reiseunternehmen besorgen können. Diese Sperrgebietsregelungen (sieben Kilometer breiter Streifen entlang der Staatsgrenze) gelten übrigens in ganz Russland, auch in den Städten mit offiziellem Grenzübergang, sofern man nicht über diesen ein- oder ausreist. Seit dem 1.10.2019 gibt es elektronische Visa auch für Besucher der Stadt St. Petersburg und des Leningrader Gebiets, jedoch auch hier derzeit noch nicht per Schiene. Demnächst soll aber für Einreisen von Finnland aus der Eisenbahngrenzübergang Vyborg dazukommen.

Bahnfahren in Russland

Der Bahnverkehr orientiert sich noch am System der sowjetischen Eisenbahnen. Grundsätzlich werden Vorortzüge (»Električka«, auch »Prigorodnye poezda« genannt) und Fernzüge unterschieden, auch tariflich. Fahrkarten für Vorortzüge gelten mit freier Platzwahl immer nur im gebuchten Zug. Fernzüge sind immer reservierungspflichtig, wobei es zwei Hauptklassen gibt, »Plackartnyj« (offene Liegewagen) und »Kupeynyj« (klassische Abteile mit vier Betten). In einigen Fernzügen gibt es auch 1.-Klasse-Abteile (»Mjagkyj«) mit Zweierbelegung. Nur selten kann man auch Sitzwagen (meist Liegewagen ohne feste Platzzuteilung als »Obščyj«) antreffen. Es gibt mittlerweile viele modern ausgestattete Weitstreckenwagen, in denen das geschlossene WC-System eine wesentliche Komfortsteigerung darstellt, da es in diesen während der sogenannten Sanitärzonen keine abgesperrten Toiletten mehr gibt. Der Nachteil an den modernen Wagen ist allerdings, dass keine Fenster mehr zu öffnen sind. Komfort und Preis hängen auch von der sonst unbedeutenden Zuggattung ab, als Faustregel gilt: je niedriger die Zugnummer, desto höher Preis und Komfort. Für den Preis gibt es einen Multiplikationsfaktor (zwischen 0,85 und 1,20), der je nach Jahreszeit bzw. Feiertagen höher oder niedriger ist. Außerdem wurden einige Züge für eine »kommerzielle« (dynamische) Preisbildung freigegeben.

Seit dem 1.8.2018 wird in den Fahrplänen der RŽD die jeweilige Ortszeit der elf Zeitzonen des Landes angegeben (vorher war es immer die Moskauer Zeit). Bei jedem Fernfahrkartenkauf muss der Pass vorgelegt werden, der Name wird bei Einheimischen wie bei Ausländern auf die Fahrkarte, welche gleichzeitig die Reservierung beinhaltet und nur in diesem Zug gültig ist, eingetragen. Nicht nur um Kapazitätsengpässe zu vermeiden, sollte man möglichst rechtzeitig die Fahrkarten kaufen, zumal das Buchen von Fernfahrkarten eine langwierige Sache sein kann. Die Fahrpreise im Fernverkehr sind recht hoch, im Nahverkehr dagegen sehr preisgünstig, da dieser von den Gebietskörperschaften bestellt wird. Das Fotografieren von Bahnanlagen ist relativ unproblematisch und von den RŽD für private Zwecke ausdrücklich erlaubt, es fotografieren heute auch viele einheimische Eisenbahnfreunde. In Acht nehmen sollte man sich in sicherheitsrelevanten Bereichen wie in der Nähe von Armeeobjekten, Brücken und Tunneln.

Interessante Strecken

Landschaftliche Höhepunkte sind im europäischen Teil kaum zu erwarten, sieht man von den Flüssen ab. Ansonsten ist der europäische Teil des Landes überwiegend flach und teilweise dicht bewaldet. Eine Ausnahme bilden die Gebirge des Kaukasus und Ural an der Grenze zu Asien sowie die Passage am Rande des Chibiny-Gebirges südlich von Murmansk. Aufgrund ihrer Vielfalt und Betriebsweise sind die Industrie- und Anschlussbahnen recht interessant. Die Betriebe der Eisen- und Stahlindustrie, Energiewirtschaft, Baumaterialindustrie sowie des Bergbaus besitzen teilweise umfangreiche Streckennetze, welche mit eigenen Diesel- und Elektroloks betrieben werden. Bei den elektrischen Grubenbahnen dominieren die Industrieloks des Typs PE2M/U. Wegen Ersatzteilmangel sind Loks aus DDR-Produktion (LEW) inzwischen selten geworden, EL21 werden aber noch bei Grubenbahnen in Pikalëvo und im Ural eingesetzt. Die Apatitbahn in Kirovsk setzt u. a. von der Staatsbahn übernommene VL10(U) und VL15A ein. Im Dieselsektor dominieren oft aus zweiter Hand erworbene 2TE10V/M. Im Verschub trifft man vor allem auf Maschinen der Baureihen TEM2, TEM15 und TEM18, während kleinere Anschlussbahnen dieselhydraulische Vierachser der Reihen TGM3/TGM4 oder dreiachsige Stangendieselloks TGM23 sowie Kleinloks der Reihen TGM1/TGK2 bevorzugen.

Eisenbahnen in Russland
Russische Föderation
Schweden
Finnland
Estland
Lettland
Belarus
Ukraine
Kasachstan
Georgien
Aserbaidschan
Türkei
Nordwestrussland
Zentralrussland
Südrussland
Nordkaukasus
Barencevo more
Beloe more
Čërnoe more
Kaspiy tenizi
Moskva
Sankt Peterburg
Murmansk
Archangel'sk
Vorkuta
Kotlas
Syktyvkar
Vologda
Jaroslavl'
Kirov
Perm'
Ekaterinburg
Nižnij Novgorod
Kazan'
Samara
Saratov
Volgograd
Rostov
Krasnodar
Astrachan'
Machačkala
Orenburg
Ufa
Čeljabinsk
Petrozavodsk
Tver'
Smolensk
Brjansk
Kursk
Voronež
Penza
Tambov
Lipeck
Tula
Kaluga
Rjazan'
Ivanovo
Kostroma
Vladimir
Soči
Tbilisi
Helsinki
Tallinn
Kyiv
mehrgleisige Strecken
eingleisige Strecken
elektrifizierte Strecken (25 kV/50 Hz, 3 kV=)
Schmalspurstrecken
außer Betrieb/Planungen
kein Personenverkehr
300 km
(Krim) unter russischer Verwaltung
WKZ Grafik

Triebfahrzeuge in Russland

Reihe	*Bauart*	*Hersteller*	*Baujahr*	*Bemerkungen*
Elektrolokomotiven (3 kV=)				
ČS2(K/T)	Co'Co'	Škoda	1962–1976	
ČS200	2x Bo'Bo'	Škoda	1979	für 200 km/h
ČS6	2x Bo'Bo'	Škoda	1979–1981	
ČS7	2x Bo'Bo'	Škoda	1983–1997	
EP2K	Co'Co'	KZ/NEVZ	2008–2019	
2ES4K	2x Bo'Bo'	NEVZ	2006–2018	»Dončak«
3ES4K	4x Bo'Bo'	NEVZ	2014–2019	»Dončak«
2ES6	2x Bo'Bo'	UL	2006–2019	»Sinara«
2ES10	2x Bo'Bo'	UL/Siemens	2010–2019	»Granit«
VL10(K/U/UK)	2x Bo'Bo'	NEVZ, TEVZ	1969–1986	
VL11(8/K/M/U.8)	2x Bo'Bo'	TEVZ	1975–1993	
VL15(A/S)	2x Bo'Bo'Bo'	TEVZ	1984–1990	
VL22M	Co'Co'	NEVZ	1950–1958	
VL23	Co'Co'	NEVZ	1959–1961	
Elektrolokomotiven (25 kV AC)				
ČS4T	Co'Co'	Škoda	1973–1982	
ČS8	2x Bo'Bo'	Škoda	1989	
EP1(M)	Bo'Bo'Bo'	NEVZ	1998–2019	
EP1P	Bo'Bo'Bo'	NEVZ	2007–2010	
E5K	Bo'Bo'	NEVZ	2007–2009	
2ES5(S)	2x Bo'Bo'	NEVZ	2012–2019	
2ES5K	2x Bo'Bo'	NEVZ	2004–2019	»Ermak«
3ES5K	3x Bo'Bo'	NEVZ	2006–2019	»Ermak«
4ES5K	4x Bo'Bo'	NEVZ	2014–2019	
2ES7	2x Bo'Bo'	UL/Siemens	2013–2019	
2EV120	2x Bo'Bo'	PLK/Bombardier	2015–2017	»Knjaz' Vladimir«
VL60K/PK	Co'Co'	NEVZ	1964–1966	
VL65	Bo'Bo'Bo'	NEVZ	1992–1999	
VL80R/S(K)/T(K)	2x Bo'Bo'	NEVZ	1970–1995	
VL85	2x Bo'Bo'Bo'	NEVZ	1983–1994	
Mehrsystem–Elektrolokomotiven (3kV= und 25 kV AC)				
EP10	Bo'Bo'Bo'	NEVZ/Bombardier	2006	
EP20	Bo'Bo'Bo'	NEVZ/Alstom	2011–2019	für 200 km/h
Elektrotriebwagen (3kV=)				
ED2T	ETz	DMZ	1993–1998	
ED4(M/MK/MKM/MKU)	ETz	DMZ	1996–2015	
EC2Tv	ETz	TVZ	2014–2019	»Ivolga«
EP2D	ETz	DMZ	2016–2019	
EP3D	ETz	DMZ	2018–2019	
ER2(K/R/T)	ETz	RVR	1967–1995	
ES2G(P)	ETz	Siemens/UL	2014–2019	»Lastočka«
EŠ2	ETz	Stadler	2014–2017	»Evrazija«
ET2(L/M/ML/EM)	ETz	TorVZ	1993–2010	
ET4A	ETz	TorVZ	2013	
EVS1	ETz	Siemens	2009–2014	»Sapsan«
Elektrotriebwagen (25 kV AC)				
ED9E/M(K)/T	ETz	DMZ	1995–2016	
ER9(E/K/M/MK/P/PK/T)	ETz	RVR	1966–1996	
Mehrsystem-Elektrotriebwagen (3kV= und 25 kV AC)				
ES1(P)	ETz	Siemens/UL	2011–2019	»Lastočka«
EVS2	ETz	Siemens	2008–2009	»Sapsan«
Diesellokomotiven				
TE2	2x Bo'Bo'	XZTM	1951–1953	
TE3	2x Co'Co'	LTPL	1962–1973	
TE8	2x Bo'Bo'	LTZ	2012–2014	»Super Skid«
2TE10V	2x Co'Co'	LTPL	1975–1981	
2TE10M(K)/S	2x Co'Co'	LTPL	1981–1993	
3TE10M(K)	3x Co'Co'	LTPL	1980–1990	
4TE10S	4x Co'Co'	LTPL	1983–1987	
2TE10U(T)/UK	2x Co'Co'	LTPL	1989–2001	
3TE10U(K)	3x Co'Co'	LTPL	1990–1992	
2TE25K(M/2M/3M)	2x Co'Co'	BMZ	2007–2019	»Peresvet«
2TE25A(M)	2x Co'Co'	BMZ	2006–2016	»Vitjaz'«
3TE25K2M/3M	3x Co'Co'	BMZ	2017–2019	
(D)M62(K)	Co'Co'	LTPL	1974–1993	1 davon 1435 mm
2M62(K)	2x Co'Co'	LTPL	1980–1987	1 davon 1435 mm
M62UP	Co'Co'	LTPL	1991–1992	
2M62U(K)	2x Co'Co'	LTPL	1987–2001	
3M62U	3x Co'Co'	LTPL	1986–1992	
TEP70	Co'Co'	KZ	1986–2006	

TEP70U	Co'Co'	KZ	2006–2007	ohne Zugheizeinrichtung
TEP70BS	Co'Co'	KZ	2006–2019	
2TE70	2x Co'Co'	KZ	2007	
2TE116(K)	2x Co'Co'	LTPL	1973–2007	
2TE116U(D)	2x Co'Co'	LTPL	2007–2016	
3TE116U	3x Co'Co'	LTPL	2013–2015	
ČME2	Bo'Bo'	ČKD	1961–1965	
ČME3(E/K/T)	Co'Co'	ČKD	1966–1991	
TEM1(M)	Co'Co'	BMZ	1959–1968	
TEM2(A/AK/K/M/U/UM)	Co'Co'	BMZ	1968–2003	
TEM3	Co'Co'	BMZ	1981–1986	
TEM7(A)	Do'Do'	LTZ	1977–2017	
TEM9	Bo'Bo'	LTZ	2009–2017	
TEM14(M)	Do'Do'	LTZ	2011–2019	
TEM15	Co'Co'	BMZ	1988–1994	
TEM18(V)	Co'Co'	BMZ	1992–2014	2 davon 1435 mm
TEM18D(M)	Co'Co'	BMZ	2004–2019	
TEM31(M)	B	JAERZ	2009–2019	
TEM-TMX	Co'Co'	BMZ/TMX	2010–2013	
TGM1	C	Murom	1962–1972	
TGK2(M)	B	Kaluga	1961–2009	
TGM3(A/B)	B'B'	LTZ	1967–1976	
TGM4(A/B/L)	B'B'	LTZ	1972–2017	
TGM6(A/D/V)	B'B'	LTZ	1971–2015	
TGM23(B/V/D)	C	Murom	1970–2019	
TGM40(S)	B'B'	Kambarka	1982–2017	
TGM7	B'B'	LTZ	1977–1983	1067 mm
TGM11(A)	2x B'B'	LTZ	1993–1995	1067 mm
TG16	2x B'B'	LTZ	1970–1974	1067 mm
TG16M	2x B'B'	LTZ	2014–2016	1067/1520 mm
TU2	Bo'Bo'	Kaluga	1956–1959	750 mm
TU7(A)	Bo'Bo'	Kambarka	1974–2014	750/1067 mm
TU10	B'B'	Kambarka	2010–2018	750 mm
Dieseltriebwagen				
AČ2(M)	VT	Studénka	1988–1990	
DT1	VTz	TorVZ	2009–2013	Hybrid-Tw.
RA1	VT	MVM	2005–2006	
RA2	VTz	MVM	2006–2015	
RA3	VTz	MVM	2019	
Gasturbinenlokomotiven				
GT1h	2x Bo'Bo'Bo'Bo'	LTZ	2007–2013	

Schmalspurbahnen

Die Staatsbahn sowie die Industriebetriebe und Kombinate der Sowjetunion verfügten einst über etwa 30 000 km Schmalspurstrecken, zumeist mit einer Spurweite von 750 mm. Sie dienten zu jeweils etwa einem Drittel Forstbetrieben, der Torf-, Bergbau- und Hüttenindustrie sowie der Landwirtschaft. Nur ein sehr geringer Teil davon ist noch in Betrieb. Es werden fast ausschließlich die in großer Zahl beschafften Standarddieselloks der Reihen TU4, TU6A, TU7(A) und TU8 aus der Lokfabrik Kambarka eingesetzt. Die TU2, welche früher häufig auf öffentlichen Schmalspurbahnen anzutreffen war, findet man noch bei Kindereisenbahnen. Auf jener in Rostov-na-Donu kommt gelegentlich auch die Dampflok Gr-185 zum Einsatz, in Nižnij Novgorod Kp4-430, und in Jaroslavl' die Gr-332. Nach Ekaterinburg hat es seit 2014 die Lok 9 der Mansfelder Bergwerksbahn verschlagen, wo sie ebenfalls wie die dem dortigen Eisenbahnmuseum gehörende VP4-1425 bei der Kindereisenbahn eingesetzt wird. Gänzlich neu errichtet wurde 2011 bei der »Malaja Oktjabr'skaja železnaja doroga« in St. Petersburg die zehn Kilometer lange Strecke Moloděžnaja–Carskosel'skaja, auf der außer Kp4-447 auch die TU10-001 eingesetzt wird. Diese seit 2010 in Kambarka gebaute Neukonstruktion für Kindereisenbahnen ist inzwischen landesweit mit 32 Exemplaren im Einsatz. Das größte zusammenhängende Schmalspurnetz (ca. 900 km) wurde von den RŽD auf der ehemals zu Japan gehörenden Insel Sachalin in Kapspur (1067 mm) betrieben, 2019 wurde der größte Teil davon umgespurt. Ferner sind noch Waldbahnen vorhanden, so z. B. um Alapaevsk im Ural (ca. 170 km, TU4/TU7) und Apšeronsk am Rand des nördlichen Kaukasus (37 km, TU7/TU8P) mit Personen- und Güterverkehr.

Stadtverkehrsbetriebe

Weltberühmt sind die Metro-Netze von Moskau und St. Petersburg mit im Berufsverkehr sehr dichtem Takt und prachtvollen Stationsbauten. Weitere Metro-Betriebe gibt es im europäischen Teil Russlands in Kazan', Nižnij Novgorod und Samara, sowie im asiatischen Teil in Ekaterinburg und Novosibirsk. Es gibt 60 Straßenbahnbetriebe im Land, deren Zukunft teilweise sehr unsicher ist. St. Petersburg hatte 2001 noch das weltweit größte Straßenbahnnetz, allerdings wurden seitdem zunehmend Strecken stillgelegt, wodurch es mittlerweile mit 228 km Streckenlänge nur noch das viertlängste ist. Meterspurig ist nur das Straßenbahnnetz in Kaliningrad (nur noch eine Linie, eingesetzt werden neben einem Neubaufahrzeug 121NaK von PESA nur Tatra-Wagen (T4D ex Halle, KT4D ex Cottbus, KT4SU) und in Pjatigorsk (u. a. Einsatz von T4D ex Halle, KT4D ex Cottbus und Erfurt sowie KT4DM ex Gera), alle anderen Betriebe sind breitspurig. In St. Petersburg fahren überwiegend Straßenbahnen aus lokaler Produktion, ansonsten dominieren im Land Fahrzeuge aus Ust'-Katav (KTM-5ff). Tatra-Wagen findet man noch in einigen Netzen vor

Rossijskie železnye dorogi (RŽD)

Die Russischen Eisenbahnen (RŽD, www.rzd.ru) beförderten 2019 1,2 Mrd. Personen (davon nur ein Zehntel im Vorortverkehr) sowie ca. 1,3 Mrd. Tonnen Güter (davon rund ein Drittel Kohle) und gehören mit China, Indien und den USA zu den vier größten Bahnsystemen in der Welt. Das ca. 85 600 km lange Streckennetz ist auf ca. 19 000 km mit Gleichspannung (3 kV) und auf ca. 24 000 km mit Wechselspannung (25 kV 50 Hz) elektrifiziert. Während in den letzten Jahren viele Nebenstrecken eingestellt worden sind, wächst das Streckennetz insbesondere im Norden Sibiriens und im polaren Uralgebiet weiter. Die ursprünglichen Terminpläne, bis 2015 sollten 5 000 km hinzukommen, bis 2030 nochmals bis zu 15 000 Kilometer neue Bahnstrecken entstehen und 10 000 km elektrifiziert werden, waren jedoch nicht zu halten. Die RŽD sind seit 2003 eine Aktiengesellschaft mit heute 16 regionalen »Eisenbahnen« (Filialen). Für den Personenfernverkehr ist die Tochtergesellschaft Federal'naja passažirskaja kompanija (FPK) zuständig, im Nahverkehr gibt es 26 Gesellschaften, an denen mehr oder weniger die Gebietskörperschaften beteiligt sind. Als erstes EVU besitzt die im Großraum Moskau aktive Centralnaja prigorodnaja passažirskaja kompanija (CPPK) eigene Fahrzeuge (gegenwärtig 185 Stück der Reihen ED4M(KU), EP2D, EG2Tv und RA3), das Unternehmen »Aeroekspress« beschaffte für ihre Verkehre zu den drei Moskauer Flughäfen (Šeremet'evo, Domodedovo, Vnukovo) sieben ED4MKM-AERO und elf doppelstöckige Elektrotriebzüge des Typs Stadler KISS (Reihe EŠ2). Der Gütertransport der RŽD ist weitgehend aufgeteilt zwischen der mittlerweile privatisierten Pervaja gruzovaja kompanija (PGK) und der RŽD-Tochter Federal'naja gruzovaja kompanija (FGK). Seit 2000 gibt es auch zunehmend Privatbahnen ohne eigene Infrastruktur, die mit ihren Wagen auf Staatsbahngleisen unterwegs sind, z. B. die N-Trans, NPK, Evrosib, etc., die Traktion aber bei den RŽD einkaufen. Transojl besitzt neben 33 2TE116 auch elf seit 2013 gelieferte eigene Elloks (2ES4K), L-Trans einige 2ES4K, 3ES5K und VL10U/S, die BaltTransServis 52 2TE116, acht 2TE116U und zehn 2TE25KM.

Triebfahrzeuge

Der Fahrzeugpark der RŽD ist weiter im Wandel begriffen. Die Lackierung des früher meist grünen Fahrzeugparks in hell- und dunkelgrau mit rotem Streifen und riesigem RŽD-Logo machte selbst vor vielen Gebäuden nicht halt. Neben einigen Serien neuer Triebfahrzeuge prägen Fahrzeuge aus sowjetischer und tschechischer Produktion noch immer das Bild der Zugförderung, bis 2025 sollen sie gänzlich abgelöst werden. Da Russland bestrebt ist, alle Fahrzeuge im eigenen Land herzustellen, taucht auch eine Vielzahl neuer Fahrzeugtypen (jede Lok- oder Waggonfabrik stellt ihren eigenen Prototyp vor) in kleinen Stückzahlen auf. Die alphanumerischen Bezeichnungen an den Stirnseiten der Fahrzeuge können wie auch in den meisten anderen Nachfolgestaaten der Sowjetunion als Standard angesehen werden. Elloks sowjetischer Produktion führen in der Regel die Buchstabenkombination »ВЛ« (VL für Vladimir Lenin), die neueren Baureihen das »Э« (E). Lokomotiven tschechischer Produktion werden mit »Ч« (Č), einheimische Dieselloks (T für »teplovoz«) je nach Kraftübertragung als »TЭ« (E für električeski/elektrisch) bzw. »TГ« (G für gidravličeski/hydraulisch) bezeichnet. Die ursprünglich nur für den Export vorgesehene »Taigatrommel« wurde nach der in Ungarn üblichen Nomenklatur als »M62« eingeordnet, Doppelloks dann als »2M62« und die dreiteilige Variante als »3M62«.

Fahrzeugeinsätze

Um Sankt Peterburg, Moskva und den beiden Hauptachsen von Moskva nach Belgorod und Čeljabinsk sind die Strecken mit 3 kV-Gleichstrom elektrifiziert, im restlichen europäischen Teil vorwiegend mit Wechselstrom. Im Personenverkehr sind die tschechischen Lokomotiven stark auf dem Rückzug. Die im klassischen rundlichen Design ausgeführten ČS2 der ersten Generation sind fast verschwunden (die Einsätze der letzten acht Loks erfolgen nur noch vom westsibirischen Depot Barabinsk aus), die späteren Bauserien weisen einen eckigen Kasten auf und sind noch um Ožerel'e, Samara und Sankt Peterburg zu sehen, das Wechselstrompendant ČS4T um Vjaz'ma und Kirov. Die neueren ČS8 sind bis auf zwei Loks schon alle abgestellt, die um Moskau eingesetzten ČS7 schwinden zunehmend.

Standardloks im Güterverkehr auf Gleichstromstrecken sind die alten VL10 mit ihren Unterbauarten. Die kräftigen, 12-achsigen VL15 kommen noch bei der Oktobereisenbahn im Raum Volchovstroj zum Einsatz. Ersatz für die alten VL10 und VL11 sind u. a. die seit 2008 in Novočerkassk (NEVZ) in Serie gebauten Reihen 2ES4K bzw. 3ES4K sowie die vorwiegend im Ural eingesetzten 2ES6 der Sinara-Gruppe, von welcher 2020 schon die tausendste Lok ausgeliefert wird. Als stärk-ste Ellok wird seit 2011 die 2ES10 gebaut, welche Güterzüge von bis zu 7 000 t im Uralgebiet bei Ekaterinburg befördert und die dortige Bespannungspraxis mit eineinhalb Doppelloks überflüssig macht; nach Hinzufügen einer Booster-Sektion (2ES10.S) ist die daraus hervorgegangene »3ES10« in der Lage, sogar Züge mit 9 000 t zu ziehen. Im Wechselstromnetz soll die 2ES7 diese Aufgabe übernehmen, der Serienbau begann 2019. Ansonsten sind hier VL80 anzutreffen, dessen Nachfolge von den E5K/ES5K-Serien angetreten wurde. Da die RŽD lange Zeit nicht an Hochgeschwindigkeitszügen interessiert waren, wurde die Reihe EP2K für die Traktion von Reisezügen auf Gleichstromstrecken mit vmax 160 km/h entwickelt. Im Wechselstromnetz ist seit einigen Jahren als Ersatz für die Reihen ČS4T und VL60PK häufig auch die aus der VL65 weiterentwickelte Bo'Bo'Bo'-Einrahmenlokomotive EP1 und dessen modernere Varianten EP1M und EP1P unterwegs. Zweisystemloks für Reisezüge konnten sich, auch aufgrund von technischen Problemen der Reihe EP10, lange nicht durchsetzen. Seit 2012 wird nun aber die neue, 200 km/h schnelle Baureihe EP20 von NEVZ in 200 Exemplaren gebaut.

Im Dezember 2009 wurde mit den von Siemens gelieferten Elektrotriebzügen des Typs »Velaro RUS« ein Hochgeschwindigkeitsverkehr auf der Strecke Sankt Peterburg–Moskva aufgenommen. Die »Sapsan« (Wanderfalke) genannte Serie ist aus dem ICE3 weiterentwickelt und den Einsatzbedingungen der RŽD angepasst worden. Die Verkehre nach Nižnij Novgorod wurden 2015 auf mit EP20 bespannte Talgo 250-Wagengarnituren (Spitzname »Striž« (Mauersegler)) umgestellt. Seit Dezember 2010 gibt es Hochgeschwindigkeitsverkehr zwischen St. Petersburg und Helsinki mit vier von Alstom ge-

Dieseltriebzüge der Reihe DR1A aus dem Waggonbauwerk Riga sieht man heute in Kaliningrad zwar nicht mehr, der geschichtlich bedeutsame Königsberger Hauptbahnhof ist aber weiterhin sehenswert. Triebzug DR1A-322 wartete als Zug 6312 am 23.07.2013 auf Abfahrt. Foto: Rüdiger Lüders.

lieferten siebenteiligen Triebzügen des Typs »Allegro«. Dessen Betreiber »Oy Karelian Trans LTD« ist ein Gemeinschaftsunternehmen zwischen der Finnischen Staatsbahn (VR) und den RŽD.

Im Vorortverkehr kommen verschiedene Elektrotriebzüge zum Einsatz. Als Ersatz für die alten, von der Waggonfabrik Riga beschafften ER-Triebwagenzüge waren zuerst, teilweise unter Verwendung von ER-Rahmen, einige Neukonstruktionen entstanden, wie EM2, ET2, ED4 und ED9 samt Unterbauarten. Mittlerweile dominieren die in Demichovo (DMZ) gebauten ED4/ED9-Triebzüge. Unter anderem für den Vorortverkehr um Soči, wo die Olympischen Winterspiele 2014 stattfanden, wurden Triebzüge des Typs »Siemens Desiro RUS« beschafft. Weitere Exemplare von diesen »Lastočka« (Schwalbe) genannten Fahrzeugen werden zu 80 % in Russland selbst bei »Ural'skie Lokomotivy« in Verchnjaja Pyšma (Gemeinschaftswerk von Siemens und Gruppa Sinara) produziert und im Raum Sankt Peterburg, Moskva und Ekaterinburg eingesetzt. Als ED4-Nachfolgereihe sind die neuen EP2D bislang nur von der CPPK um Moskva zu sehen. Die in Tver' gänzlich neu entworfene Reihe EG2Tv bedient den Kleinen Moskauer Eisenbahnring.

Den hochwertigen Reisezugverkehr auf nicht elektrifizierten Strecken bewältigen Maschinen der Bauart TEP70 und die daraus weiterentwickelte TEP70BS. Zum Einsatz kommen sie u. a. auf Hauptstrecken westlich der Magistrale Moskva–Sankt Peterburg, ganz im Norden um Kotlas sowie an Don (Elec) und Wolga (Volgograd/Saratov). Die »fahrbaren Erdbeben« der TE10-Bauart kommen mittlerweile in die Jahre, sind aber im Güterzugdienst bei der Nord-Eisenbahn, der Kujbyšever Eisenbahn sowie bei der Fernost-Eisenbahn noch nicht wegzudenken. Bei BMZ in Brjansk entwickelte man als neue Diesellokgeneration ab 2005 die 2TE25K, welche leicht abgewandelt als 2TE25A weitergebaut wurde. Gegen die modifizierte 2TE116U aus Luhans'k konnte sie sich nicht durchsetzen, aber angesichts der Unsicherheit über weitere Lieferungen von dort wurde 2015 aus allen drei Serien die 2TE25KM entwickelt, welche aus politischen Gründen nun in Brjansk gebaut wird.

Im Güterverkehr auf nicht elektrifizierten Strecken an den Außengrenzen im Nordwesten Russlands dominieren vor allem die M62-Bauarten. Dreiteilige 3M62U werden z. B. vom Depot Suojarvi in Karelien eingesetzt. Für Schwerlastzüge von bis zu 9 300 t waren die dreiteiligen 3TE116U mit einer Leistung von 3 x 3600 PS gedacht, die Einsätze der 17 Loks erfolgen im Raum Rtiščevo und Krasnodar. Ihre 2017/19 bisher als Prototypen erschienenen Nachfolger von BMZ heißen 3TE25K2M bzw. 3TE25K3M (mit 12 000 PS aktuell stärkste Diesellok der Welt) und unternehmen derzeit Probefahrten. Ein Versuchsring befindet sich südlich von Moskau in Ščerbinka, ein Stück nordwestlich des mit dem Vorortzug erreichbaren Bahnhofs. Das Rangiergeschäft teilen sich die in großer Anzahl vorhandenen ČME3 mit den russischen TEM-Bauarten.

Auf Nebenstrecken werden Dieseltriebwagen der Baureihen RA1, RA2 und neuerdings auch RA3 im Personenverkehr eingesetzt, ältere AČ2-Triebwagen gibt es noch im Raum Smolensk und Brjansk. Seit 2009 fahren einige Hybridtriebzüge der Reihe DT1 von Sankt Peterburg aus (der Zug fährt zuerst elektrisch und dann weiter mit Dieselantrieb) auf den Strecken nach Slancy, Ivangorod und Novgorod-na-Volchove, seit 2013 auch einer bei Ekaterinburg.

Gebiet Kaliningrad

In der »Kaliningradskaja Oblast'« (ehemals deutsches Gebiet um Königsberg) findet man noch Spuren aus Reichsbahnzeiten, zum Beispiel die Gebäude und Bahnsteighallen des Königsberger Hauptbahnhofs (Kaliningrad-Pass.), er wird mit »Južnyj-Vokzal« häufig auch als Südbahnhof bezeichnet. Die »Kaliningradskaja železnaja doroga« verfügt über ein Streckennetz von ca. 618 km. Nach der Einstellung des Zugpaars Gdynia–Kaliningrad gibt es von/nach Polen seit 2013 keinerlei Personenverkehr. Auf dem 1435-mm-Gleis nach Mamonovo (Heiligenbeil) kommt im Güterverkehr meist eine regelspurige M62 oder TEM18D der RŽD zum Einsatz. Über den Grenzübergang Železnodorožnyj (Gerdauen) gibt es ebenfalls nur Güterverkehr, es werden hier auch beide Spurweiten benutzt. Für den Vorortverkehr nach Zelenogradsk (Cranz) und Svetlogorsk (Rauschen) besteht ein elektrischer Inselbetrieb (3 kV=), welcher mit Triebwagen der Reihen ER2K, ET2 und neuerdings vor allem ES2G gefahren wird. Die anderen Strecken bedienen RA2-Dieseltriebzüge im Regionalverkehr. Güter- und Fernreisezüge werden auf der Magistrale Kaliningrad–Nesterov mit verschiedenen M62-Bauarten bzw.

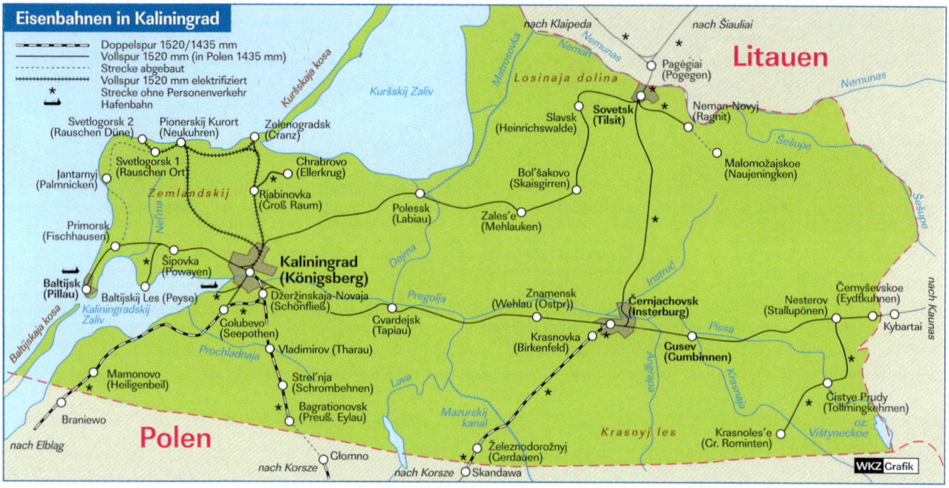

Eisenbahnen in Kaliningrad

TEP70(BS) bespannt, hier besteht umfangreicher Verkehr nach Litauen über den Grenzübergang Černyševskoe (Eydtkuhnen). Seit Sommer 2018 sind auch drei 2TE25AM hier anzutreffen.

Museen und historische Fahrzeuge

An vielen Bahnhöfen und Betriebswerken sind Dampfloks als »historische Denkmäler« vorhanden. Am Finnischen Bahnhof in St. Petersburg gibt es die berühmte 2'C-Maschine U-293, mit der Lenin 1917 als Heizer verkleidet die finnisch-russische Grenze überquerte. In Moskau steht die U127 (Putilovskij zavod 1960/1910, sie führte 1924 Lenins Begräbniszug) im Museumspavillon am Pawelezer Bahnhof sowie OV-5067 in einem Panzerzug als Exponat des Armeemuseums im »Siegespark«. Im Kasaner Bahnhof von Moskau steht LV-0522 (Lugansk 16625/1956, die letzte für das MPS gebaute Breitspur-Güterzugdampflok), und am Weißrussischen Bahnhof die P36-0120. Seit dem Herbst 2018 kann man wieder »Plandampf« erleben: Es verkehrt jeden Samstag ein planmäßiges Personenzugpaar (6697/8) der Oktobereisenbahn von Bologoe nach Ostaškov, und im Sommer täglich ein Touristenzug von Sortavala nach Ruskeala in Karelien mit Dampflok. Auch von Perm' aus fährt oft mehrmals im Monat (außer im Sommer) ein »Retro-poezd« nach Lëvšino. Das Moskauer Depot Podmoskovnaja beherbergt Dampflokomotiven unterschiedlicher Baureihen und ist für deren Instandhaltung zuständig, gelegentlich gibt es hier auch planmäßige Dampflokeinsätze zur Personalausbildung. Das Gelände mit seinen historischen Gebäuden ist Ausbesserungs-, Bahnbetriebswerk und Museum zugleich. Das Konzept der »Retro-maršrut« soll noch ausgeweitert werden.

Einen Überblick über Eisenbahnmuseen gibt es auf www.rzd-expo.ru/museums. Das Museum der Geschichte der Kaliningrader Eisenbahn (Kievskaja ul. 22b, Mo-Fr 8-17 Uhr, freier Eintritt) befindet sich im zweiten Stock des »Direktionsgebäudes« am Hauptbahnhof, zum Freigelände (u. a. TE-4564, D1-590-1) gelangt man über die Gleise vom dritten Bahnsteig aus. Das Museum der Eisenbahnen von Russland in St. Petersburg (Mi-So 10.30-18.00 Uhr), bisher Museum der Oktobereisenbahn im ehem. Warschauer Bahnhof (heute Einkaufszentrum), ist 2017 unter neuem Namen in einen Neubau bzw. den Lokschuppen der Peterhofeisenbahn westlich des Baltischen Bahnhofs umgezogen. Die einzigartige Sammlung umfasst 110 Triebfahrzeuge und zeigt komplette Entwicklungsreihen aller drei Traktionsarten auf. Neben etlichen Personen- und Güterwagen sind auch ein Eisenbahngeschütz und eine mobile Raketenstartrampe zu sehen. Weitere Fahrzeuge, die noch nicht aufgearbeitet werden konnten, sind nach wie vor in der nicht zugänglichen »Museums-Reserve« in Šušary abgestellt. Das staatliche Zentrale Museum des Eisenbahntransports in St. Petersburg (Sadovaja ul. 50, tgl. 10.30-17.30 Uhr) ist das älteste Eisenbahnmuseum der Welt, es beherbergt u. a. eine Vielzahl von Modellen sowie heroische Gemälde aus Sowjetzeiten. Im Freilichtmuseum der Moskauer Eisenbahn in Moskau (Di-So 10-17 Uhr), untergebracht in einem Teil des Rigaer Bahnhofs, ist eine Fahrzeugsammlung zu besichtigen, wo u. a. die Dampflok OV-841 (Bj. 1903), die Hochgeschwindigkeitsversuchsellok EP200-0001 (Kolomna, Bj. 1997) und drei Wagen des Hochgeschwindigkeitszuges »Sokol« ES250-001 (TMX, Bj. 1997) zu sehen sind.

Das private Schmalspur-Museum Pereslavl'-Zalesskij (www.kukushka.ru, Mi-So 10-17 Uhr im Bf Talicy der ehem. Torfbahn Kupanskoe) sind teilweise betriebsfähig vorhanden die Dampfloks 157K-469, Ft4-028, Gr-269, Kp4-300, Kp4-469, VP4-2120 sowie MD54-4-1547, MD54-2-1027, AM-1-093 und diverse Draisinen und Wagen. Gelegentlich finden touristische Fahrten auf dem 2 km langen Reststück des früher 200 km langen Torfbahnnetzes statt. Von diesem bleiben im Museum ESU2A-511 und TU4-1984 erhalten. Bei Kirovo-Čepeck wird seit 2019 die 11 km lange Karinskaja UŽD als Museumseisenbahn (www.vk.com/railwaymuseum) betrieben, neben dem weitergeführten öffentlichen Personenverkehr gibt es auch jedes Wochenende zwei Ausflugszüge (u. a. mit TU4/TU7, AM1-222) ab Karintorf. In Tësovo-Netyl'skij (Bf Rogavka der Strecke Sankt-Peterburg–Novgorod) gibt es seit 2017 auf der von 200 auf 20 km Netzgröße geschrumpften Torfbahn gelegentlich Ausflugszüge des Museumsbahnvereins (www.museum-uzd.ru). Im Stadtpark von Šarja gibt es seit 2014 ein Waldbahnmuseum, für Fahrten mit TU8-0167 steht ein 2 km langer Rundkurs zur Verfügung. ■

Weißrussland (Belarus)

Hans-Jürgen Schulz

Stadler Flirt EPr-001 (links für den Interregio-Verkehr) und EPh-003 (rechts für Vorortverkehr) am 21.05.2016 in Minsk. Foto: Rudolf Koller.

Das vorwiegend land- und forstwirtschaftlich geprägte Belarus (so die offizielle Schreibweise der Republik Weißrussland) ist bisher touristisch wenig entdeckt worden, bietet aber durch visafreie Besuchsmöglichkeiten für das Gebiet Brėst-Hrodna für 15 Tage, die auch eine Zuganreise erlaubt, zunehmend Gelegenheit, das Land kennenzulernen (Erlaubnis von Reiseagentur erforderlich). Die seit 2017 bestehende Möglichkeit, ganz Weißrussland visafrei zu bereisen, gilt bislang jedoch nicht per Bahn, sondern nur bei Ein- und Ausreise über den Flughafen Minsk. Für die »normale« Einreise ist dagegen ein individuelles Einreisevisum (60 EUR) erforderlich, welches bei den Konsularabteilungen in Berlin oder München beantragt werden kann. Dazu ist ein auf www.germany.mfa.gov.by abrufbarer Visumantrag notwendig sowie die Visagebühr vorab zu überweisen. Außerdem nötig ist eine Einladung oder Hotelbuchung und der Nachweis einer in Belarus gültigen Reisekrankenversicherung mit der Versicherungssumme von mindestens 10 000 EUR. Innerhalb von fünf Tagen soll man sich am Aufenthaltsort registrieren lassen.
Umsteigefrei gelangt man mit dem RŽD-Globalpreiszügen 13/14 »Striž« Berlin–Minsk–Moskva (Talgo; Mo–Sa ab Berlin) und 23/24 Paris–Berlin–Minsk–Moskva (Fr ab Berlin) nach Weißrussland. Aus Süddeutschland bietet sich auch der Globalpreiszug 17/18 Nice–Wien–Minsk–Moskva (Mo ab Wien) an, mit Umsteigen ist auch der Schlafkurswagen Praha–Moskva im IC 136/137 »Báthory« Budapest–Warszawa–Brėst eine gute Reisemöglichkeit. Außerdem fahren über den polnischen Grenzübergang Terespol–Brėst täglich die IC 125/126 »Mickiewicz« und 127/128 »Skaryna« Warszawa–Brėst sowie drei Regionalzüge. Über Kuźnica Białostocka–Hrodna fährt TLK-Schnellzug 303/304 »Hańcza« von/nach Krakau. Mit Litauen besteht Fernverkehr nur über Hudahaj–Kena, zwischen Lettland und Weißrussland verkehren jeweils alle vier Tage die Nachtzüge 87/88 Rīga–Minsk und der »Vier-Hauptstädte-Zug« 31/32 Kyïv–Minsk–Vilnius–Rīga. Mit der Ukraine gibt es über den Grenzübergang Zabolottja–Chacislaŭ gegenwärtig nur Nahverkehr, über Udryc'k–Haryn' verkehrt der Fernzug 371/372 L'viv–Mahilëŭ, über Ovruč–Slavečna fährt der Zug 361/362 Chişinău–Sankt Peterburg. Via Homel' existieren über Hornostaïvka–Cjarucha die Fernzüge 53/54 Sankt Peterburg–Kyïv, 85/86 »Belyj Ayst« Minsk–Kyïv und 93/94 Minsk–Odesa, über Chorobyči–Cerachoŭka fährt der Zug 99/100 Minsk–Zaporižžja.
Mit Russland gibt es vor allem auf der Magistrale Orša–Smolensk über den Grenzübergang Asinaŭka–Krasnoe umfangreichen Verkehr. Amtssprache ist Weißrussisch und Russisch. Landeswährung ist der Belarussische Neue Rubel (1 EUR = ca. 2,4 BYN). Vor Ort gekaufte Fahrkarten sind sehr günstig. Fahrkarten für Fernzüge sind grundsätzlich reservierungspflichtig, Nahverkehrsfahrkarten werden meist an separaten Schaltern verkauft. Das Fotografieren ist eigentlich problemlos, viele Brücken werden allerdings noch als wichtige strategische Objekte mit Posten bewacht und auf Grenzbahnhöfen sollte man lieber nicht fotografieren

Interessante Strecken

Das in der osteuropäischen Ebene liegende Weißrussland ist weitgehend flach und bietet wenige landschaftliche Besonderheiten. Nur im Norden ist es reich an Hügeln und kleinen Seen, ähnlich wie in Masuren oder im Baltikum. Bei einer Reise auf den Strecken von Kruljaŭščyzna in Richtung Lyntupy und Druja sollte beachtet werden, dass die letzten Orte im grenznahen Sperrgebiet liegen und zur Reise dorthin ein Passierschein erforderlich ist. Gleiches gilt landesweit auch für die anderen Strecken in Grenznähe (z. B. nach Vladava oder Uzberaž). Die Strecken Maladzečna–Kruljaŭščyzna–Polack und Polack–Bihosava sind recht interessant, gibt es hier doch viel Güterverkehr, welcher mit den »fahrbaren Erdbeben« der Baureihe 2TE10M bestritten wird. Im Süden bilden die Palessje- und Prypjac'-Sümpfe die Grenze zur Ukraine. Hier kommen auf den Strecken Baranavičy–Luninec und Brėst–Luninec–Homel' die »Doppelwummen« 2M62 zum Einsatz

Triebfahrzeuge in Weißrussland				
Reihe	*Bauart*	*Hersteller*	*Baujahr*	*Bemerkungen*
Elektrolokomotiven (25 kV AC)				
BKC1	2x Bo'Bo'	DELC	2012	
BKC2	Co'Co'	CRRC	2015–2017	
ČS4T	Co'Co'	Škoda	1983	
VL80S	2x Bo'Bo'	NEVZ	1982–1991	
Elektrotriebwagen (25 kV 50 Hz)				
EPh	ETz	Stadler	2011–2012	
EPm	ETz	Stadler	2015	
EPr	ETz	Stadler	2011–2014	
ER9E/M/T(M)	ETz	RVR	1981–1996	
Diesellokomotiven				
2TE10M(K)	2x Co'Co'	LTPL	1987–1990	
2TE10U(K)	2x Co'Co'	LTPL	1990–1991	
TEP60	Co'Co'	KZ	1971	
(D)M62(UK)	Co'Co'	LTPL	1970–1993	4 davon 1435 mm;
M62UK	Co'Co'	LTPL	1985–1991	Umbau aus 2M62U
2M62(K)	2x Co'Co'	LTPL	1982–1987	
2M62U(K)	2x Co'Co'	LTPL	1987–1991	
TEP70(K)	Co'Co'	KZ	1990–2002	
TEP70BS	Co'Co'	KZ	2006–2013	
ČME3(E/K/T)	Co'Co'	ČKD	1969–1991	6 davon 1435 mm
TEM2(M/U/UM)	Co'Co'	Brjansk	1970–1992	
TEM18(DM)	Co'Co'	Brjansk	1997–2019	
TME1	Co'Co'	ČKD/TMX	2010–2014	Umbau aus ČME3
TME2	Co'Co'	ČKD/TMX	2011	Umbau aus ČME3
TME3	Bo	Lida	2011–2014	
TGK2	B	Kaluga	1968–1992	
TGM1	C	Murom	1963	
TGM3A/B	B'B'	LTZ	1965–1974	
TGM4(A/B/L)	B'B'	LTZ	1976–2014	
TGM6A	B'B'	LTZ	1971–1986	
TGM23(B/V/D)	C	Murom	1973–2009	
TGM40(S)	B'B'	Kambarka	1984–1999	
TU7A	B'B'	Kambarka	1987–2008	750 mm
Dieseltriebwagen				
DDB1	2M62U+VTz	DMZ	1998–1999	
DP1	VT	PESA, BKM	2012–2013	
DP3	VTz	PESA, BKM	2014–2016	
DP6	VTz	PESA	2019	
DR1A	VTz	RVR	1976–1995	
DR1B	VTz	RVR	2005–2008	
DR1PT	2M62U+VTz	RVR	1969	
DRB1(M)	2M62+VTz	RVR	1994–2006	
DRB2	VTz	RVR	2004–2005	VTz für DDB1
MDP	VTz	RVR	2004–2006	Umbau aus DR1A, 2-/3-teilig

Schmalspurbahnen

An Schmalspurbahnen mit öffentlichem Personenverkehr gibt es in Minsk eine 4,5 km lange Kindereisenbahn. Die Züge der Dzicjačaja Čyhunka verkehren mit TU7A-2782 oder -3350 von Mai bis September an Sa+So und Feiertagen (11-17 Uhr), Juni – August auch Mi-Fr (11-14 Uhr), sowie um Weihnachten/Neujahr. Im Zoo von Mahilëŭ gibt es seit 2009 eine Schmalspurbahn, der »Safarizug« verkehrt für Gruppen ab 15 Personen nach Vorbestellung (Mi-So 11-17 Uhr) auf einem 2 km langen Rundkurs. Die Strecke weist mehrere Brücken über Schluchten auf. Die über das ganze Land verteilten Torfbahnen gehören sämtlich dem staatlichen Energiekonzern Beltopgaz und besitzen die Spurweite von 750 mm. Es kommen die Standard-Triebfahrzeuge der Reihen TU6A, TU7, TU8 und ESU2A zum Einsatz, welche teils rekonstruiert wurden.

Stadtverkehrsbetriebe

Straßenbahnen (alle in Breitspur) fahren in Vicebsk, Minsk, Navapolack und Mazyr, wobei die letzten beiden Betriebe nur je eine Linie besitzen. In Minsk gibt es außerdem eine Metro, die mit zwei Linien ein 37,27 km langes Streckennetz befährt.

Belaruskaja Čyhunka (BČ)

Die weißrussische Staatsbahn (BČ, www.rw.by) betreibt ein 5 479 km langes Streckennetz in 1520-mm-Breitspur, davon sind ca. 1 628,4 km zweigleisig sowie 1 227,9 km elektrifiziert (25 kV 50 Hz~). In Zusammenhang mit den Grenzübergängen nach Polen gibt es auch 1435-mm-Normalspur, von denen die Strecken bei Hrodna und Brėst mit 3,3 kV= elektrifiziert sind (26,4 km) und auch von polnischen Fahrzeugen befahren werden. Als Transitland ist in Weißrussland vor allem die Magistrale (Warszawa–)Brėst–Minsk–Orša(–Moskva) von Bedeutung und dementsprechend mit Verkehr belegt. Eine zweite Hauptroute ist die Strecke aus der Ukraine von Homel' über Minsk nach Litauen bzw. über Orša nach Sankt Peterburg. Die Strecke Homel'–Minsk–Maladzečna wird seit September 2017 elektrisch befahren. Die bisherige Güterstrecke Smaljavičy–Šemetava wurde 2014 für den Personenverkehr ausgebaut und um ca. 500 m bis zur Station Minsk-Nacyjanal'ny aėraport zum Flughafen verlängert, der Verkehr wurde jedoch 2017 wieder eingestellt. Fernreisezüge sind unter Fahrleitung mit ČS4T unterwegs, auf den nichtelektrifizierten Strecken fahren in der Regel TEP70 und TEP70BS. TEP60-Leistungen gibt es seit dem Fahrplan-

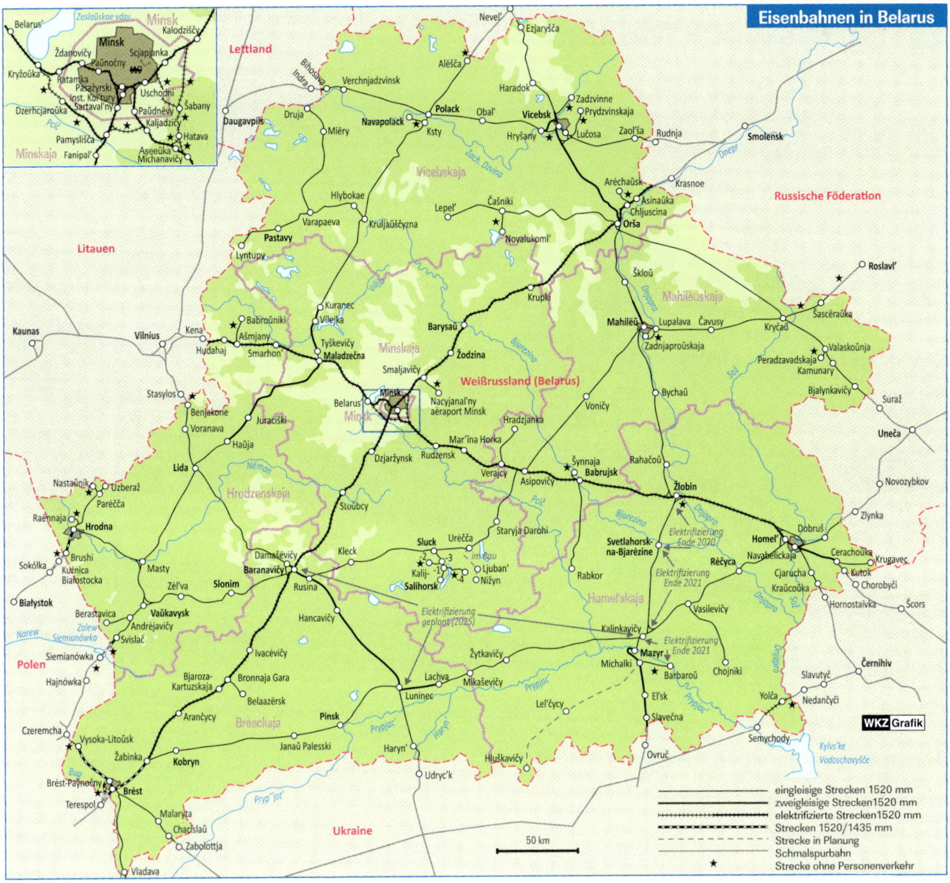

wechsel Ende 2017 praktisch keine mehr, gelegentlich kommt noch eine Lok von Vicebsk aus zu Einsätzen. Der Güterverkehr obliegt VL80S oder den Diesselloks der TE10- und M62-Familie, vorwiegend im Verschub ist die ČME3 zu Hause. Im Lokomotivdepot Lida wurden von 2010 bis 2014 in Zusammenarbeit mit CZ LOKO und Transmašholding ČME3 in Rangierloks der neuen Baureihen TME1 und TME2 umgebaut und 20 zweiachsige Verschubloks der Reihe TME3 gebaut. Seit 2012 werden die im chinesischen Datong gebauten Doppel-Elloks der Reihe BKG1 im schweren Güterverkehr eingesetzt, 2015/2017 folgte eine zweite Serie als sechsachsige Einzelloks.

Im elektrischen Vorortverkehr dominieren Rigaer ER9 Elektrotriebwagenzüge in verschiedenen Varianten. Seit 2011 werden von der Stadler Bussnang AG Flirt Elektrotriebzüge für den Stadtverkehr (Reihe EPH), den Regionalverkehr (Reihe EPR) und den Fernverkehr (Reihe EPM) beschafft. 2011 ging damit auf der Strecke Minsk–Belarus' die erste der »Haradskija Linii« (S-Bahnen) in Betrieb, 2013 folgte die Betriebsaufnahme der zweiten Linie Minsk–Rudzensk und 2015 die dritte Linie nach Smaljavičy. Mit der Reihe EPR gibt es Eilzugverbindungen auf den Strecken von Minsk nach Brėst, Orša und Žlobin, mit den EPM Fernzüge Minsk–Homel'. Auf nicht elektrifizierten Strecken sind meist RVR-Dieseltriebzüge unterwegs. Im Norden verbreitet sind Wendezüge mit einer »halben« 2M62 und Steuerwagen (DRB1/DDB1). Mit den von PESA gebauten Dieseltriebwagen der Reihe DP1 (Typ 620M), der dreiteiligen Version DP3 (Typ 730M/731M) und den sechsteiligen DP6 (Typ 730M) kommen auch auf Nebenstrecken moderne Fahrzeuge zum Einsatz. Im Eilzugverkehr mit Litauen fahren jetzt ER9-Elektrotriebzüge sowie litauische EJ575, die Fernzüge werden mit ČS4T bespannt. Die Grenzkontrolle erfolgt zum Teil während der Fahrt.

Museen und historische Fahrzeuge

An einigen Bahnhöfen sind Dampfloks als Denkmal aufgestellt. Ein Eisenbahnmuseum gibt es in Minsk (Museum der Geschichte der Weißrussischen Eisenbahn, vul. Čkalava 7, Mo-Fr 8-12 u. 13-17 Uhr), am Bahnhof Baranavičy Paleskija (tgl. 9-16 Uhr) existiert eine Sammlung von mehreren Dampflokomotiven (Reihe EU, EM, ER, PM, V, L), Personen- und Güterwagen sowie Dieselloks der Baureihen TE3, M62, TEP60, TGK2 und TGM1. In Brėst befindet sich das Eisenbahntechnikmuseum (Di-So; Mai–Okt. 10-18 Uhr, sonst 11-17 Uhr) in der Nähe der Festung, es sind dort u. a. TE-074, TE-802, TE-2596 (mit Kastentender), TE-5806 und die Dieselloks TE1-20-165, TE3-6965, TE7-048, TEM15-017 und 2TE109-002B ausgestellt. Darüber hinaus haben einige Depots Triebfahrzeuge museal erhalten. ■

Republik Moldau

Hans-Jürgen Schulz

Der erst 1986 von der ungarischen MÁVAC gebaute Triebzug D1-753 bei der Ausfahrt aus Chișinău. Foto: Rudolf Koller.

Die moldauische Staatsbahn »Calea Ferată din Moldova« (CFM) soll neu organisiert und in drei unabhängige Aktiengesellschaften für Infrastruktur, Personen- und Güterverkehr aufgeteilt werden. Wenn das Projekt des Ministeriums für Wirtschaft und Infrastruktur umgesetzt wird, dürfte auch die beabsichtigte Erneuerung des Fuhrparks erfolgen und Hoffnung bestehen, dass der momentan nur noch sehr spärlich vorhandene Verkehr wieder zunimmt. Viel Züge fahren nämlich nicht mehr, das Personenverkehrsnetz ist zerfallen in eine nördliche Hälfte, wo vorwiegend die Schnellzüge nach Russland für Betrieb sorgen, und die südliche Landeshälfte, wo außer auf zwei kleinen Teilstrecken nur mehr Güterzüge fahren. Die Republik Moldau ist also nicht nur des lieblichen Weines wegen eine Reise wert, sondern auch, um die überkommene Gegenwart nochmal einzufangen. Bis auf den abtrünnigen Landesteil Transnistrien kann man die Republik Moldau problemlos ohne Visum mit der Bahn bereisen. Die Einreise über Transnistrien ist offiziell nicht mehr illegal und es dürfte auch ohne moldauischen Einreisestempel (Kontrolle bei Ankunft in Chișinău) keine Probleme geben, wenn bei der folgenden Ausreise durch den ukrainischen Stempel aus Kučurhan im Pass klar der Reiseweg nachvollzogen werden kann. In Transnistrien verlangt die nicht anerkannte »Pridnestrowische Moldauische Republik« bei Aufenthalten über zehn Stunden eine Registrierung (spätestens 24 Stunden nach Einreise), wobei man sich bei der Einreise entscheiden muss, ob Transit oder nicht. Den bei der Kontrolle erhaltenen Einreisezettel unbedingt aufbewahren, er muss bei der Ausreise wieder abgegeben werden. Fahrpläne findet man als Verbindungsabfrage auf der CFM-Seite www.railway.md. Von Rumänien gibt es über Iași–Ungheni täglich zwei Regionalzüge und den Nachtzug 105/106 Chișinău–București, sowie Sa+So eine Eilzug-Direktverbindung 821/822 Chișinău–Socola mit einem breitspurigen CFM-Dieseltriebzug der Reihe D1M. Zum im Bahnhof Socola (RO) endenden Breitspurgleis gelangt man von Iași aus mit städtischen Bussen oder per Taxi. Zur Ukraine hin weist der Grenzübergang Vălcineț–Mohyliv-Podil's'kyj drei Fernzüge auf, die nach Moskau oder St. Petersburg fahren (letzterer alle zwei Tage). Über Tiraspol–Kučurhan und damit durch Transnistrien fahren die Fernzüge 65/66 Moskva–Kyïv–Chișinău (alle zwei Tage) und 641/642 Chișinău–Odesa (im Winter Sa+So, im Sommer täglich). In die südliche Landeshälfte gelangt man nur noch per Bus ab Chișinău oder ab Galați (RO) mit Abfahrt gegen 8 Uhr nach Cahul. Die Landessprache ist Rumänisch, als Verkehrssprache ist Russisch weit verbreitet. Für 1 EUR erhält man derzeit etwa 19 Moldauische Leu (MDL). Das Fotografieren und Filmen von Zügen und Bahnanlagen ist meist problemlos möglich, jedoch sollte man sich – wie in anderen Staaten Osteuropas – in der Nähe von Militärobjekten oder Grenzanlagen vorsichtig verhalten.

Calea Ferată din Moldova (CFM)

Die CFM verfügt heute über ein Streckennetz von ca. 1 180 km Breitspur (nicht elektrifiziert) sowie ca. 14 km Normalspur. Landschaftlich sehr schön ist die 2008 gebaute Neubaustrecke Cahul–Giurgiulești, der Personenverkehr wurde hier allerdings nach Beseitigung von Hochwasserschäden 2013 nicht wiederaufgenommen. Schon vor Jahren gab es auch Pläne für eine Zugverbindung nach Galați, die mit Umstieg von Breit- auf Normalspurzug in Giurgiulești auch möglich wäre; stattdessen wurde jedoch der Personenverkehr in den letzten Jahren auf fast allen Strecken im Süden des Landes eingestellt.

Auch wenn es auf dem Gebiet der Republik Moldau keine Gebirge gibt, führen die Strecken der CFM überwiegend durch ausgeprägtes Hügelland und weisen zum Teil erhebliche Steigungen auf. Die Fernreise- und Güterzüge werden jedoch meistens nur noch mit einer Einzelsektion der Doppelloks oder Dreifach-Einheiten eingesetzt. Landschaftlich schöne, steigungsreiche Abschnitte gibt es östlich von Ocnița, bei Căinari sowie zwischen Basarabeasca und Abaclia, wo mangels Bedarf nur noch die nördliche der beiden Strecken in Betrieb ist.

Der Fahrzeugpark der CFM besteht hauptsächlich noch aus Fahrzeugen sowjetischer Produktion. 12 neue TE33AS-Dieselloks von General Electric sollen aber 2020 eintreffen und werden wohl die letzten drei 2TE10L ersetzen. Für Fernreise- und Güterzüge werden v. a. (Einzel-)Loks der Reihen 2TE10M bzw. 3TE10M eingesetzt. Den Regionalverkehr bewerkstelligen Dieseltriebzüge der Reihen D1 und D1M. Durch S.C. Electroputere VFU S.A. Pașcani (RO) entstanden zuletzt aus D1-Spenderfahrzeugen einige modernisierte D1M, welche abgesehen vom Rahmen nahezu Neubauten sind und auch äußerlich durch ihre orange-blaue Lackierung auffallen. Den grenzüberschreitenden Verkehr nach Rumänien bewältigen Loks der Reihe ČME3 mit Normalspur-Drehgestellen sowie 2TE10M, die bis Galați Largă (RO) kommen, die normalspurigen Regionalzüge Iași–Ungheni fahren teils lokbespannt, teils mit rumänischen Desiro.

Historische Fahrzeuge

Als Denkmal erhalten sind die Dampfloks Er-579-66 in Ocnița, Er-785-63 in Chișinău, Er-799-34 in Basarabeasca, Eu-686-71 im Depot Bălți-Slobozia, Gr-255 in Bălți-Slobozia und Er-795 75 (MÁVAG 4088/Bj. 1951) in Ungheni. Im Bahnhof Bender 1 gibt es einen Museumszug aus SU218-08 (bezeichnet als SU-206-77) und drei alten Wagen. ■

ČME3-3216 wartete zusammen mit der wegen eines Brandschadens abgestellten ČME3-3222 am 15.09.2019 im gut bewachten Depot Bălți-Slobozia auf bessere Zeiten. Foto Hans-Jürgen Schulz.

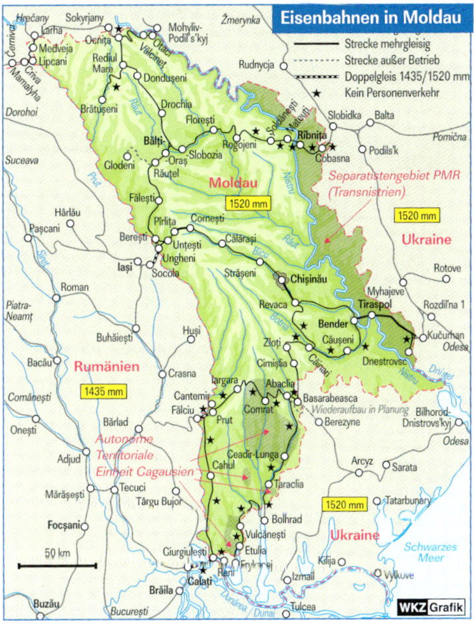

Triebfahrzeuge in der Republik Moldau				
Reihe	*Bauart*	*Hersteller*	*Baujahr*	*Bemerkungen*
Diesellokomotiven				
2TE10L	2x Co'Co'	LTPL	1973–1975	
2TE10M	2x Co'Co'	LTPL	1987	
3TE10M	3x Co'Co'	LTPL	1980–1987	
M62	Co'Co'	LTPL	1970–1971	abgestellt
ČME3(E)	Co'Co'	ČKD	1969–1989	3 davon 1435 mm
TGM23(B/V)	C	Murom		
TGM4(A)	B'B'	LTZ	1980–1985	
Dieseltriebwagen				
D1	VTz	Ganz-MÁVAG	1977–1988	
D1M	VTz	Elektroputere VFU Pașcani	2012–2013	Reko aus D1

Ukraine

Hans-Jürgen Schulz

Elektrozüge im Hauptbahnhof von Odesa: der 1985 in Rīga gebaute ER9E-642 und der 1994 ebenso von dort ausgelieferte ER9T-733 mit dem Namen »Brise«. Foto: Gunter Engwicht.

Nicht nur bei Eisenbahnfreunden ist die Ukraine zunehmend im Trend: Durch die Angebotsoffensive in das westliche Europa haben die Reisendenzahlen im internationalen Verkehr in den letzten Jahren stark zugenommen (2018: + 82 %), für 2020 rechnet man mit weiteren +10 %. Im Landesinneren hingegen werden zumindest auf den Nebenstrecken, v. a. mangels einsatzfähiger Fahrzeuge, die Angebote ausgedünnt. Trotz dem seit 2014 laufenden Krieg in den Separatistengebieten im Donbass ist die Ukraine eigentlich, sofern man nicht in jene Gebiete will (dorthin ist der Grenzübertritt derzeit von ukrainischer Seite aus für Ausländer verboten), ein sicheres Reiseland. Beeindruckend sind nach wie vor die Transportleistungen der UZ von 80 % im Güter- und fast 28 % im Personenverkehr. Für die Einreise von Bürgern der EU-Mitgliedstaaten (auch der Schweiz) genügt bei Reisen bis 90 Tagen ein Reisepass. Offiziell notwendig ist der Nachweis einer Reisekrankenversicherung.

Durchgehende Züge zwischen Deutschland und der Ukraine gibt es seit 2012 keine, jedoch gelangt man mit bis Przemyśl fahrenden Kurswagen des ÖBB-Nachtzuges 456/457 Wien–Berlin schon nahe dran: Über den Grenzübergang Przemyśl (PL)–Mostys'ka-2 gibt es mit Umspurung den Nachtzug 51/52 »Lwów Express«, welcher zwischen Wrocław (Breslau) und L'viv (Lemberg) verkehrt, durchgehend auf Breitspur verkehrt der Nachtzug 35/36 »Bila Akacija« Przemyśl–Odesa sowie die Tageszüge IC+ 705/706 und 715/716 Przemyśl–Kyïv, an Sa+So kommt noch Zug 89/90 Przemyśl–L'viv hinzu. Von Polen aus gibt es außerdem über den Grenzübergang Dorohusk (PL)–Jahodyn den Nachtzug »Kiev Express« 67/68 Warszawa–Kyïv (Umspurung in Jahodyn); der auf Breitspur verkehrende Zug 751/752 Chełm–Zdolbuniv wurde dagegen 2019 wegen polnischer Forderungen, die Tankfüllung des Triebwagens zu verzollen, vorerst ausgesetzt. Von Wien aus besteht eine Kurswagenverbindung im Schlafwagen D 40147/40749 von/nach Kiew via Ungarn. Über Záhony (HU)–Čop verkehren außer dem nun durchgehend auf Normalspur angebotenen Tageszug »Latorca« 33/34 Budapest–Mukačevo noch sieben Regionalzüge. Über den Grenzübergang Čierna nad Tisou (SK)–Čop fahren jetzt vier Regionalzüge, die neben zwei Normalspurdurchläufern mit Triebwagen bis Mukačevo auch einen Schlafwagen Košice–Kyïv befördern. Mit Rumänien besteht über Vicsani (RO)–Vadul-Siret einmal wöchentlich eine Kurswagenverbindung București(380/381)–Kyïv, an den übrigen Tagen der Woche verkehrt der rumänische Zug neben einem weiteren ab Suceava (1384/1385) nur bis/ab Vadul-Siret, weiter nach Černivci (Czernowitz) kann man ab dort per Regionalzug gelangen; im Sommer fährt hier an ausgewählten Tagen auch ein durchgehender Zug 451/452 Minsk–L'viv–București–Varna von/nach Bulgarien. Daneben gibt es auch grenzüberschreitenden Verkehr nach Weißrussland und Russland.

Die Landeswährung ist die Hrivna (1 EUR entspricht ca. 26 UAH). Geldautomaten sind nicht immer ausreichend bestückt. Die Amtssprache ist Ukrainisch. Russisch wird praktisch überall verstanden bzw. ist für viele Einwohner auch die eigentliche Muttersprache. Als gute Übersicht kann die im Maßstab 1 : 1.400.000 gehaltene Eisenbahnkarte »Schema Zaliznyc' Ukraïny« (ISBN 978-966-7650-26-1) empfohlen werden, noch detaillierter ist der »Ukraïna Atlas Zaliznyc'« im Maßstab 1 : 750.000 (ISBN 978-966-4750-82-7). Vor Ort gekaufte Fahrkarten sind trotz Preissteigerungen sehr preiswert. Fernzüge

Triebfahrzeuge in der Ukraine

Reihe	*Bauart*	*Hersteller*	*Baujahr*	*Bemerkungen*
Elektrolokomotiven (3 kV=)				
ČS2	Co'Co'	Škoda	1962–1971	
ČS7	2x Bo'Bo'	Škoda	1986–1996	
DE1	2x Bo'Bo'	DEVZ	2003–2008	
2EL4	2x Bo'Bo'	NEVZ/LTPL	2009–2011	
VL8(M)	2x Bo'Bo'	NEVZ/TEVZ	1958–1967	
VL10	2x Bo'Bo'	NEVZ/TEVZ	1974–1976	
VL11(.8/M)	2x Bo'Bo'	TEVZ	1985–1993	
VL11M/5	2x Bo'Bo'	TEVZ	2007–2008	
VL11M/6	2x Bo'Bo'	TEVZ	2008–2014	
Elektrolokomotiven (25 kV AC)				
ČS4	Co'Co'	Škoda	1967–1970	
ČS8	2x Bo'Bo'	Škoda	1987–1989	
DS3	Bo'Bo'	DEVZ/Siemens	2005–2008	
VL40U	Bo'Bo'	ZERZ, LLRZ	1975–1978	2003–07 Umbau aus VL80T-Sektion
VL60K/PK	Co'Co'	NEVZ	1964–1966	
VL80K/T/S	2x Bo'Bo'	NEVZ	1963–1991	
Mehrsystem-Elektrolokomotiven (3kV= und 25 kV AC)				
2EL5	2x Bo'Bo'	LTZ	2005–2011	
2ES5K	2x Bo'Bo'	NEVZ	2007–2008	
VL82M	2x Bo'Bo'	NEVZ	1972–1979	
Elektrotriebwagen (3 kV=)				
ED2T	ETz	DMZ	1997–2002	
EPL2T	ETz	LTPL	2002–2008	ab -017 runder Kopf
ER1	ETz	RVR	1960–1962	
ER2(R/T)	ETz	RVR	1962–2001	
ET2	ETz	TorVZ	1995	
Elektrotriebwagen (25 kV AC)				
ED9M	ETz	DMZ	2002–2008	
EPL9T	ETz	LTZ	2001–2008	ab -015 runder Kopf
ER9E/P/M/T	ETz	RVR	1967–2003	
Mehrsystem-Elektrotriebwagen (3kV= und 25 kV AC)				
EJ675	ETz	Škoda	2012	Doppelstockzug
EKr1	ETz	KVBZ	2012–2013	»Tarpan«
HRCS2	ETz	Hyundai	2011–2012	
Diesellokomotiven				
2TE10M	2x Co'Co'	LTPL	1981–1989	
2TE10U(T)	2x Co'Co'	LTPL	1990–1993	
2TE116	2x Co'Co'	LTPL	1973–1992	
TE33A(S)	Co'Co'	AOLKZ, GE/KVBZ	2013–2019	»Evolution«
M62	Co'Co'	LTPL	1970–1992	2 davon 1435 mm
M62UP	Co'Co'	LTPL	1988–1995	
M62M	Co'Co'	LTPL	1987	Umbau aus 2M62
2M62(K)	2x Co'Co'	LTPL	1981–1987	
2M62U	2x Co'Co'	LTPL	1988–2000	
TEP70	Co'Co'	KZ	1985–1989	
TEP150	Co'Co'	LTPL	2008	
ČME2	Bo'Bo'	ČKD	1961–1965	1 davon 1435 mm
ČME3(E/T)	Co'Co'	ČKD	1965–1994	3 davon 1435 mm
ČME3P	Co'Co'	ČKD	2007	mod. CZ LOKO/LTRZ
TEM1(M/UM)	Co'Co'	BMZ	1961–1968	
TEM15	Co'Co'	BMZ	1988–1993	
TEM18(DM)	Co'Co'	BMZ	1994–2015	
TEM2(A/M/U/UM)	Co'Co'	BMZ	1968–1995	
TEM3	Co'Co'	BMZ	1985	
TEM7(A)	Do'Do'	LTZ	1977–2014	
TGK2	B	Kaluga	1964–1992	
TGM1	C	Murom	1963–1971	
TGM23(B/V/D)	C	Murom	1970–1998	
TGM3(A/B)	B'B'	LTZ	1963–1977	
TGM4(A/B/L)	B'B'	LTZ	1973–2012	
TGM40(S)	B'B'	Kambarka	1983–1996	
TGM6(A/B/D/V)	B'B'	LTZ	1970–2011	
TU2	Bo'Bo'	Kaluga	1956–1959	750 mm
TU7(A)	Bo'Bo'	Kambarka	1979–1991	750 mm
Dieseltriebwagen				
D1	VTz	Ganz-MÁVAG	1969–1988	
DEL-02	VTz	LTPL	2004–2012	
DPKr2/3	VTz	KVBZ	2014/2019	»Obr y«
DPL1	2M62+VTz	LTPL	2000–2008	
DPL2	2TE116+VTz	LTPL	2001–2002	
DR1A(M)	VTz	RVR	1976–1996	
RA2	VTz	MVM	2006	
610M	VT	PESA	2004	
620M	VT	PESA	2005–2012	
630M	VTz	PESA	2011	

sind grundsätzlich reservierungspflichtig (und personengebunden), wobei der Sitz-, Schlaf- oder Liegeplatz fester Bestandteil der Fahrkarte ist. In der Regel erhält man Fernzugfahrkarten an anderen Schaltern als Nahverkehrsfahrkarten, oft befinden sich die Nahverkehrsschalter in einem anderen Gebäude oder Gebäudeteil. Die Eisenbahn wird gut genutzt, so dass es vorkommt, dass besonders im Sommer und zu Weihnachten landesweit einige Fernzüge längerfristig ausgebucht sind. Fotografieren ist in der Regel problemlos möglich. Viele Tunnel und Brücken werden allerdings als wichtige strategische Objekte mit Posten bewacht und sind umzäunt.

Interessante Strecken

Die Ukraine ist mit Ausnahme der Karpaten im Südwesten des Landes ein weitgehend flaches Land. Landschaftlich herausragend mit vielen Tunneln sind alle drei Karpatenüberquerungen im Zuge der Strecken L'viv–Užhorod (eingleisig, elektrifiziert, mit etlichen engen Kehren südwestlich des Passes bei Sjanky), L'viv–Mukačevo (zweigleisig, elektrifiziert) und Ivano-Frankivs'k–Rachiv (eingleisig, Dieselbetrieb). Ostbukowinisches Lokalbahnflair findet man auf den Strecken nach Vyžnycja und Hlyboka-Bukovyns'ka bei Černivci. Neben den Abschnitten unmittelbar an den Grenzübergängen ist die Strecke Čierna nad Tisou (SK)–Čop–Bat'ovo–Vynohradiv-Zakarpats'kyj–Halmeu (RO) im Theißtal erwähnenswert, die weitgehend als Vierschienengleis ausgebaut ist. Über diese Strecke findet ggf. auch Transitgüterverkehr mit Regelspurloks der UZ statt. Im Bahnhof Vynohradiv existieren mit der Breitspur und der schmalspurigen Borschatalbahn zusammen alle drei Spurweiten.

Schmalspurbahnen

Die UZ betreibt noch drei Streckennetze, die alle stark einstellungsgefährdet sind. Im äußersten Nordwesten der Ukraine verkehrt auf der Strecke Antonivka–Zarične täglich ein Personenzugpaar mit TU7A. Südlich der Karpaten gibt es auf der Borschatalbahn (mit TU2, Verkehr nur an Mo+Do+So) vier Personenzugpaare Vynohradiv-Zakarpats'kyj–Chmil'nyk. Das Depot befindet sich in Berehove, welches nur gelegentlich mit Lokleerfahrten auf der Betriebsstrecke von Chmil'nyk aus erreicht wird. Auf dem einst umfangreichen Netz um Hajvoron besteht noch ein spärlicher Restbetrieb mit TU2 auf der Strecke Rudnycja–Hajvoron, der Verkehr nach Holovanivs'k wurde eingestellt. Es gibt täglich ein Personenzugpaar Hajvoron–Rudnycja, früh morgens nach und abends ab Hajvoron, sowie an Fr+So ein weiteres tagsüber. Die Kindereisenbahnen der UZ fahren vorwiegend in den Sommermonaten in den Städten Charkiv, Dnipro, Donec'k, Kyïv, L'viv, Luc'k, Rivne, Zaporižžja und seit 2016 auch wieder in Užhorod. Schließlich gibt es am Nordrand der Karpaten noch eine aktive Waldbahn bei Vyhoda, neun Kilometer von der Station Dolyna an der Bahnstrecke Stryj–Ivano-Frankivs'k gelegen entfernt. Es kommen bis zu vier Loks zum Einsatz. Schmalspurig sind außerdem die Standseilbahnen in Kyïv (1200 mm) und Odesa (1000 mm).

Stadtverkehrsbetriebe

Aktive Straßenbahnbetriebe mit 1524-mm-Spurweite gibt es in Charkiv, Dnipro, Donec'k, Družkivka, Horlivka, Jenakijeve, Kamjans'ke, Kyïv, Konotop, Kryvyj Rih, Mariupol', Mykolaïv, Odesa, Zaporižžja, schmalspurige Betriebe mit 1000 mm in L'viv, Vinnycja, Žytomyr sowie auf der Krim in Jevpatorija (u. a. Gotha-Wagen ex Zwickau). Die Betriebe in Avdiïvka, Kostjantynivka, Kramators'k, Luhans'k und Moločne wurden eingestellt oder ruhen derzeit. Kyïv, Charkiv und Dnipro haben außerdem eine Metro (1520 mm).

Ukraïns'ki zaliznyci (»Ukrzaliznycja«, UZ)

Im zweitgrößten Land Europas verfügt die Ukrainische Eisenbahn (UZ, https://www.uz.gov.ua) über ein 1520-mm-Breitspurnetz von ca. 21 643 km (davon 19 786,5 km in nichtbesetzten Gebieten), davon elektrifiziert sind ca. 9 892 (9 349,7) km, ungefähr je zur Hälfte mit 3 kV= und 25 kV 50 Hz~. Hinzu kommen ca. 200 km in 1435-mm-Normalspur sowie ca. 304 km 750-mm-Schmalspur. Die UZ hat 272 745 Mitarbeiter (2018). Am 21.10.2015 wurde die bisherige Staatsbahn in eine Aktiengesellschaft umgewandelt. Mit deren Gründung wurden die vorher weitgehend autonomen sechs regionalen Eisenbahnen (L'vivs'ka, Pivdenno-Zachidna, Pivdenna, Odes'ka, Prydniprovs'ka und Donec'ka zaliznycja) zu Tochterunternehmen und in die Gesamtstruktur integriert. Die Donec'ka zaliznycja ist aufgrund der politischen Lage abtrünnig, die Direktion in Lyman führt die Verwaltung in den nicht besetzten Gebieten fort. Der Verkehr in das Kriegsgebiet hinein wurde eingestellt, dort existiert jedoch ein isolierter Verkehr in Eigenregie. Ebenso im Bereich der Demarkationslinie außer Betrieb sind die beiden auf die Halbinsel Krim führenden Strecken, es besteht über diese weder Güter- noch Personenverkehr. Der Binnenverkehr auf der Krim wird vom russischen Unternehmen »Krymskaja železnaja doroga« weitergeführt. Für die UZ bedeutete das eine gewisse Umorientierung der Verkehrsströme und eine fortan andere Prioritätensetzung im Rahmen der vorhandenen Möglichkeiten. Das Elektrifizierungsprogramm für die nächsten Jahre umfasst nun die Strecken Kovel'–Volodymyr-Volyns'kyj–Hrubieszów (PL) und Dolyns'ka–Mykolaïv–Kolosivka. Die Magistralen von L'viv über Šepetivka bzw. Žmerynka nach Kyïv, von Kyïv über Dnipro bzw. Poltava nach Donec'k, und von Charkiv über Zaporižžja nach Simferopol' wurden für Geschwindigkeiten von bis zu 160 km/h ausgebaut. Das bisherige Zugsystem im Personenverkehr, welches weitgehend auf Nachtzügen basiert, sollte daraufhin soweit wie möglich auf Tageszüge umgestellt werden. Das Rückgrat dafür bilden die mit den Hyundai-Triebzügen bzw. aus lokaler Produktion gefahrenen Expresszüge (IC+). Für Wartung und Betrieb der Hochgeschwindigkeitszüge ist das Tochterunternehmen »Ukraïns'ka zaliznyčna švydkisna kompa-

Eisenbahnen in der Ukraine
eingleisige Strecken 1520 mm
zweigleisige Strecken 1520 mm
elektrifizierte Strecken 1520 mm
Strecke 1435/1520 mm
Neubauprojekt
Schmalspur
Strecke 750/1520 mm
Strecke außer Betrieb
ohne Personenverkehr
3 kV Gleichstrom
25 kV Wechselstrom
Montananschlussbahn/Hafenbahn
120 km
Weißrussland (Belarus)
Russische Föderation
Polen
Slowakei
Ungarn
Rumänien
Moldau
Ukraine
Azovs'ke more
Čorne more
Krym
unter russischer Verwaltung
Avtonomna Respublika Krym
Separatistengebiete DNR/LNR
siehe Detailkarte
Kyïv
Charkiv
Odesa
Dnipro
Donec'k
Luhans'k
L'viv
Zaporižžja
Kryvyj Rih
Mykolaïv
Cherson
Simferopol'
Sevastopol'
Die in der Karte ausgewiesenen Grenzen und Namen stellen keine Anerkennung durch den Herausgeber dar.
WKZ Grafik

nija« zuständig, dessen neu errichtetes Depot befindet sich in Darnycja. Allerdings zeigte sich bei einigen Versuchen betrieblicher Optimierung, dass die Nachtzüge trotzdem sehr beliebt sind und so dürfen sie weiterhin ihr eigenes Segment bilden. Umfangreicher Güterverkehr besteht vor allem in den Industriegegenden des »Kryvbas« um Kryvyh Rih und Dnipro sowie von und zu den Schwarzmeerhäfen von Odesa, der Güterverkehr im »Donbas« um Donec'k steht dagegen weitgehend still. Die Betriebsführung des in Kyïv bislang vom städtischen Verkehrsunternehmen »Kyïvpasstrans« durchgeführten Verkehrs der Ring-S-Bahn, sie verkehrt nur im Zeitraum 6-10 und 16-21 Uhr, wurde Ende 2015 von den UZ übernommen, es werden Fahrzeuge der Reihen EPL9T und ER9M eingesetzt.

Triebfahrzeuge

Der UZ-Fahrzeugpark stammt noch weitgehend aus der Sowjetzeit und ist stark überaltert. Ein Drittel der Dieseltriebzüge ist nicht einsatzfähig. Man hat jedoch kaum Geld für die Modernisierung oder Erneuerung des Fahrzeugparks. Über Kleinserien ist man in den letzten Jahren nicht hinausgekommen. Eine 2011 erfolgte Auftragsvergabe für die Lieferung von 509 neuen Güterzugloks als Ersatz für die Reihen VL8, VL60, VL80 und ČS2 wurde aufgrund der politischen Lage obsolet. Immerhin konnten 2018/19 30 neue Loks der Reihe TE33AS bei General Electric beschafft werden, sie sind alle in Melitopol' beheimatet, 15 weitere sind bestellt. Unter Fahrleitung sind Fernzüge vorwiegend mit den VL- bzw. ČS-Baureihen unterwegs, auf nicht elektrifizierten Strecken kommen in der Regel M62-Spielarten zum Einsatz.

Im elektrischen Vorortverkehr dominieren neben einigen neueren EPL2T bzw. EPL9T die Rigaer ER1/ER2/ER9-Triebwagenzüge. Auf nicht elektrifizierten Strecken sind auch noch D1-Triebzüge unterwegs, ansonsten findet man lokbespannte Züge (meist mit M62 oder ČME3) mit ehemaligen Fernreisezugwagen oder Wendezüge mit einer »halben« 2TE116 bzw. 2M62 und Steuerwagen vor. Der dringend nötige Ersatz von D1-Triebwagen und lokbespannten Zügen auf Nebenstrecken steht immer noch aus. Seit 2012 fahren zehn neunteilige Zweisystem-Elektrotriebzüge der Reihe HRCS2 von Hyundai Rotem auf den Magistralen im Fernverkehr. Außerdem wurden von Škoda zwei sechsteilige Zweisystem-Elektrotriebzüge des Typs »CityElefant« (Reihe EJ675) beschafft, sie sind ebenfalls in Darnycja stationiert, aber derzeit abgestellt. Schließlich baut der einheimische Hersteller Krjukivskyj vagonbudivnyj zavod (KVBZ) Elektrotriebzüge der Reihe EKr1, die im Anschaffungspreis günstiger sind. Von diesen neunteiligen, bislang in drei Exemplaren hergestellten Hochgeschwindigkeitszügen sollten noch sieben weitere folgen, mittlerweile sind aber weitere zehn von Hyundai im Gespräch. Vom selben Hersteller gibt es auch die Variante eines 2- bis 5-teiligen, 140 km/h schnellen Dieseltriebzuges der Reihe DPKr2 für den Interregionalverkehr. Der dreiteilige Prototyp kommt in der Regel als Schnellzug 701/702 L'viv–Černivci zum Einsatz, die vorgesehene Serienproduktion unterblieb bisher. 2019 erschien ein technisch verbesserter Nachfolger DPKr3.

In Mamalyha, dem ukrainischen Grenzbahnhof an der Strecke Černivci–Larha, rangierte im März 2014 die A-Sektion der 2M62U-0276. Foto: Gunter Engwicht.

Im Güterverkehr dominieren im Westen des Landes die Reihen VL11 und VL80, 2M62(U) und ČME3. Interessanter wird es im Süden, wo auch die Diesellokbaureihen 2TE10 (um Mykolaïv und Kryvyh Rih) und 2TE116 (um Odesa) zu Hause sind und durch die steppenartigen Weiten brummen. Die 2TE116 sind allerdings zahlenmäßig stärker vertreten und auch auf Dieselstrecken im Nordosten zu sehen. Es sei auf die Einsätze der Reihe VL8(M) hingewiesen, die Maschinen sind mittlerweile schon über 60 Jahre alt und kommen im Gleichstromnetz im Osten des Landes zum Einsatz, der Einsatzschwerpunkt liegt im Großraum Dnipro vom Depot Nyžn'odniprovs'k-Vuzol (Einsatzbestand 103 Stück) aus. Ebenfalls hier und zur Hälfte in Lyman (mit 49 Loks der zweite VL8-Schwerpunkt) stationiert sind die noch recht jungen Loks der Reihe DE1, die eigentlich als deren Ersatz gedacht war. Von den 40 Loks sind mittlerweile jedoch über die Hälfte aufgrund von Schleuderproblemen und mangelnder Zuverlässigkeit abgestellt.

Auf der Krim, wo der Personen- wie auch Güterverkehr stark abgenommen hat, sind zur Aufnahme des Verkehrs über die Krimbrücke Ende 2019 an die nun dort zuständige »KŽD« viele neue Triebfahrzeuge und Doppelstockwagen geliefert worden. Ab dem 1.1.2020 wird der Vorortverkehr von der »Južnaja PPK« durchgeführt.

Museen und historische Fahrzeuge

In einigen Bahnhöfen stehen Dampfloks als Denkmallokomotiven. Auf der Rückseite des Hauptbahnhofs in Kyïv befindet sich ein Eisenbahnmuseum mit L-3191, Er773-59, SO17-4371, TE3-2068, ČME2-333, ČS4-072 und mehreren Wagen. In Donec'k gibt es gegenüber dem Bahnhof ein Eisenbahnmuseum, welches Dampfloks der Reihen FD, SU, L, EU, EM, LV, TE, ', 9P, OV und Dieselloks der Reihen TE3, 2TE116, ČME5 und TGM9 beherbergt. Das Schmalspurdepot Hajvoron beheimatet die betriebsfähige Dampflok Gr-280, welche für Sondereinsätze gemietet werden kann, bei der Kindereisenbahn in Kyïv ist Gr-336 vorhanden. In den Karpaten befindet sich in Korostiv (bei Skole) eine schmalspurige Museumsbahn im Aufbau. Die Initiative ZLZ Zolota Lisova Zaliznycja (Goldene Waldeisenbahn), welche in dem Kiewer Verein AZIZU »Ukrainische Gesellschaft für Eisenbahngeschichte« eingegliedert ist, besitzt die betriebsfähige

In Solotvyno-1 wartete die 2015 noch betriebsfähige 2M62-1210 mit dem Schnellzug nach L'viv auf Abfahrt. Foto: Gunter Engwicht.

TU6A-3222 (ex Velykyj Byčkiv), fünf Draisinen (ex Osmoloda, Antonivka, Vyhoda, Kolomyja) sowie einen Schneepflug und einige Wagen. Seit 2009 konnten die ersten zweihundert Meter der früheren Waldbahn mittels Freiwilligencamps wiederaufgebaut werden.

In L'viv gibt es im Palast der Wissenschaft und Technik des Lokdepots L'viv-Zachid (vul. Ju. Fed'kovyca 54-56) ein Museum zur Geschichte der Lemberger Eisenbahn (Mo-Fr 10-12, 13-17 Uhr) in Galizien, Wolhynien und den Karpaten. ■

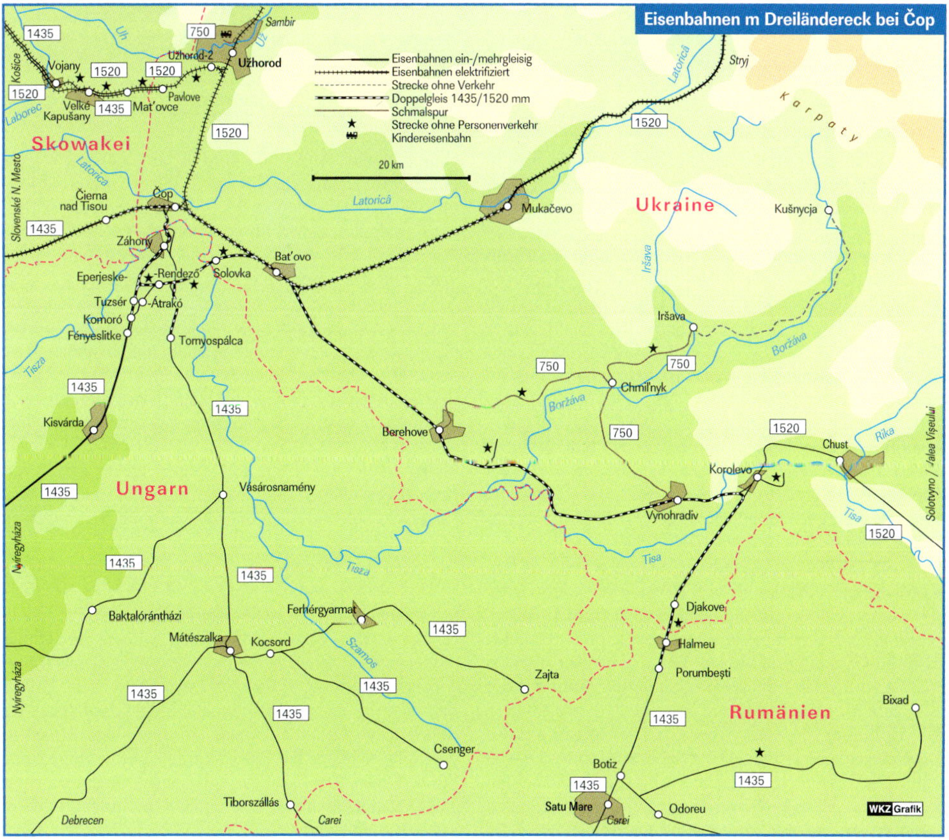

Türkei

Friedemann Schüler

DE24 411 steht am 23.05.2019 abfahrbereit mit dem »Pamukkale Ekspresi« Eskişehir–Denizli in Kütahya. Foto: Peter Cadidge.

Das Eisenbahnwesen der Türkei erfährt seit einiger Zeit eine radikale Umgestaltung, deshalb lohnt sich ein Besuch bei der »Eisenbahn der zwei Geschwindigkeiten« gerade jetzt. Zur Einreise genügt für deutsche Staatsbürger der Reisepass; der Aufenthalt ist bis zu drei Monate visafrei möglich. Bürger anderer Staaten können ein E-Visum beantragen (www.evisa.gov.tr).

Wegen der problematischen Sicherheitslage beachten Sie bitte unbedingt die Reise- und Sicherheitshinweise des Auswärtigen Amtes. Ein Euro entspricht etwa 6,45 TRY (neue türkische Lira, Stand Dez. 2019). Dieser Wechselkurs gilt in der Türkei; in Mitteleuropa ist der Kurs deutlich schlechter, weshalb stets ein Umtausch im Lande angeraten ist.

Internationale Verbindungen: Von West- und Mitteleuropa erreicht man Istanbul am besten via Budapest–Bukarest bzw. Belgrad–Sofia. Die Verbindung zwischen Griechenland und der Türkei wurde 2011 eingestellt. Das wöchentlich einmal verkehrende Zugpaar »Trans-Asya-Ekspresi« von Ankara nach Teheran war seit Anfang August 2015 aufgrund der Sicherheitslage in den Kurdengebieten eingestellt, seit 2019 besteht aber wieder dank neuer Fährschiffe auf dem Van-See eine Direkt-Verbindung nach Teheran. Der »Van Gölü-Ekspresi« verkehrt zwischen Ankara und Tatvan. Der »Güney-Kurtulan-Ekspresi« von Ankara nach Kurtalan endete während der Unruhen bereits in Elasiğ, soll aber wieder verkehren.

Die Verbindungen nach Syrien sind seit Ausbruch des Bürgerkriegs eingestellt. Die Wiedereröffnung des seit 1993 geschlossenen Grenzübergangs nach Armenien kommt trotz einer gewissen Annäherung beider Staaten nicht voran. Die 105 km lange Neubautrecke von Kars nach Achalkalaki in Georgien (zur Umgehung Armeniens) wurde Ende 2017 für den Güterverkehr in Betrieb genommen.

Gute aktuelle Auskünfte und Erfahrungsberichte zu Bahnreisen in die Länder des Mittleren Ostens bietet im Internet »The man in Seat Sixty-One« (www.seat61.com). Ebenfalls sehr hilfreich sind die Fan-Seite www.trainsofturkey.com und das neue professionelle Portal www.railturkey.org.

Am schnellsten erreicht man die Türkei mit dem Flugzeug von verschiedenen europäischen Großstädten, bei frühzeitiger Buchung mit bestimmten Gesellschaften bereits ab ca. 50.- € pro Flug. Die Eisenbahntarife innerhalb der Türkei sind recht günstig, dies gilt auch für Liege- und Schlafwagenverbindungen. Zwischen allen größeren Städten gibt es Expresszüge (Ekspresi), außer im Vorortverkehr großer Städte hat die Eisenbahn im Personenverkehr derzeit nur geringe Bedeutung. 2014 wurden insgesamt ca. 6,5 Mio. Passagiere befördert. Fahrplanauskünfte für Fernreisen innerhalb der Türkei findet man (in türkischer Sprache) auf der offiziellen Homepage www.tcdd.gov.tr unter »Online Ticket Sale Reservation«. Wegen umfangreicher Bauarbeiten verkehren derzeit keine Langstreckenzüge ab Istanbul Richtung Asien. Voraussichtlich Ende 2018 soll der Verkehr erneut aufgenommen werden, als Startpunkt ist neuerdings wieder der historische Bahnhof Haydarpaşa im Gespräch.

Beim Fotografieren auf Bahnhöfen und an der Strecke bestehen keine Einschränkungen, ausgenommen jedoch in der Nähe militärischer Einrichtungen und in Grenznähe. Für den Besuch größerer Depots ist eine Genehmigung der TCDD-Hauptverwaltung erforderlich, die bislang unbürokratisch erteilt wurde.

Eisenbahnen in der Türkei
Hochgeschwindigkeitsstrecke
Hochgeschwindigkeitsstrecke im Bau
Hochgeschwindigkeitsprojekte geplant
eingleisige Strecke
zweigleisige Strecke
elektrifizierte Strecke
Strecke in Planung
Eisenbahnfähre
stillgelegte Bahn oder nur Güterverkehr
150 km
WKZ Grafik
Schwarzes Meer
Mittelmeer
Bulgarien
Griechenland
Georgien
Armenien
Iran
Irak
Syrien
Libanon
Zypern
İstanbul
Ankara
Köroğlu Dağları
Anadolu Dağları
Toros Dağları
Küre Dağları

Türkiye Cumhuriyeti Devlet Demiryolları – TCDD

Hauptverwaltung: TCDD İşletmesi, Genel Müdürlügü, Gar, Genel Müdürlügü, Talatpasa Bulvari, TR-06330 Gar, Ankara, www.tcdd.gov.tr

Streckennetz

Das bestehende Netz der TCDD ist in sieben Direktionen (Bölge) untergliedert: 1. Haydarpaşa, 2. Ankara, 3. Izmir, 4. Sivas, 5. Malatya, 6. Adana, 7. Afyon. Zum Jahresende 2017 waren insgesamt 11.566 km Hauptstrecke in Betrieb, davon 4.660 km mit 25kV/50 Hz elektrifizierte Strecken, dazu 590 km doppelgleisige, elektrifizierte Hochgeschwindigkeitsstrecken sowie 452 km Nebenstrecken. Elektrischer Verkehr besteht auf den Vorortstrecken von Istanbul, Ankara und Izmir, und auf den Strecken Istanbul–Kapikule, Istanbul–Ankara und Divriği–Çetinkaya–Malatya–Iskenderun, Eskeşehir – Küthaya sowie auf den HGV-Strecken von Ankara nach Istanbul und Konya. Weitgehend fertig gestellt ist die Oberleitung von Kayseri nach Sivas sowie von Bandırma nach Izmir. Landschaftlich besonders spektakulär sind die Strecken Divriği–Erzincan (Euphratschlucht) und Adana–Ulukışla (Teil der »Bagdadbahn«) – beide Strecken werden bei Tageslicht nur von wenigen Ekspresi befahren. Gemischte Züge (Postas=GmP) gibt es derzeit zwischen Divriği und Sivas bzw. Erzincan, wieder eingeführt ist der GmP von Elazığ nach Tatvan. Weitere landschaftlich schöne Strecken: Alaşehir–Uşak, Balıkesir–Eskişehir in der Westtürkei und die zum Schwarzen Meer führenden Strecken Ankara–Zonguldak (PV nur Zonguldag–Filyos) und Sivas–Samsun. Spitzenreiter im Langlauf ist derzeit unangefochten der »Doğu Ekspresi« von Ankara nach Kars mit gut 1350 km Fahrtstrecke. Dabei bleibt die Zuglok der Reihe DE 22 im gesamten Laufweg am Zug! Weitere Schnellzüge fahren bei Tag über schöne Bahnstrecken, so der »Van Gölü Ekspresi« von Ankara nach Tatvan, der erst 2015 wieder eingeführte »Pamukkale Ekspresi« von Eskeşehir nach Denizli oder der »Erciyes Ekspresi« von Kayseri nach Adana.

In den letzten Jahren haben die staatlichen Eisenbahnen der Türkei ein ambitioniertes, milliardenschweres Investitionsprogramm für den Schienenverkehr aufgelegt. Schwerpunkt ist der Aufbau eines Netzes für den Hochgeschwindigkeitsverkehr (HGV), das bereits in wenigen Jahren die wichtigsten Städte der Türkei mit komfortablen Zügen bei einer Geschwindigkeit von 250 km/h verbinden soll. Vom neuen Hauptbahnhof der Hauptstadt Ankara aus werden Istanbul und Konya, ab Mitte 2020 auch Sivas, später Izmir und Bursa mit doppelgleisigen, elektrifizierten Strecken erreicht.

Am 25.7.2014 wurde die neue HGV-Schnellfahrstrecke zwischen den türkischen Metropolen Ankara und Istanbul weitgehend in Betrieb genommen. Die Reisezeit beträgt jetzt nur noch 3:30 Stunden. Eine völlig neue Trassenführung mit größeren Radien wurde auf zwei Neubauabschnitten geschaffen: Esenkent (westl. Ankara)–Polatli–Eskişehir (206 km) und Inönü–Vezirhan–Köseköy (158 km, mehr als 60 Brücken und Viadukte). Auf den übrigen Abschnitten wird die bestehende Strecke ertüchtigt. Die von den HGV-Zügen befahrene Trasse ist damit nur noch 533 km lang, 43 km kürzer als die bestehende Strecke, welche bis auf einen 198 km langen zweigleisigen Abschnitt nur eingleisig verläuft. Begonnen wurde das Bauvorhaben 2003, am 23.4.2008 wurde der erste Abschnitt Ankara–Eskişehir (251 km) fertig gestellt und 2009 der Schnellverkehr aufgenommen. Im Nahverkehr von Eskişehir nach Küthaya sind überwiegend Triebwagen im Einsatz. Am 24.8.2011 konnte der regelmäßige Schnellverkehr auf der neuen Verbindung Ankara–Konya aufgenommen werden. Die Reisezeit auf der 306 km langen Strecke beträgt nur noch 1 ½ Stunden gegenüber 10 ½ Stunden auf der alten, 987 km langen Strecke über Eskişehir. 2020 soll zudem die HGV Strecke von Ankara nach Sivas in Betrieb gehen. Für die neue Strecke nach Izmir steht noch kein Termin für eine Inbetriebnahme fest. Die neuen Züge im HGV sind sehr erfolgreich und daher gut ausgelastet, eine rechtzeitige Buchung bei geplanter Benutzung sei daher empfohlen!

Mit Krediten von Weltbank und Europäischer Zentralbank soll das derzeitige konventionelle Schienennetz mit einer Gesamtlänge von rund 11.000 km weitgehend erneuert und auf internationalen Standard gebracht werden. Elektrifiziert sind bisher nur rund 2.500 km, mehr als 90 % sind eingleisig. Insgesamt sollen 2.480 km Bahnstrecken neu errichtet bzw. für den Schnellverkehr ertüchtigt werden. Wichtigstes Projekt war der Bau des Marmaray-Tunnels unter dem Bosporus (s. u.), der die Nahverkehrslinien im europäischen und asiatischen Teil Istanbuls miteinander verknüpft und deren Leistungsfähigkeit erheblich steigert. Der Tunnel wird inzwischen von S-Bahn-Zügen im 5 Minuten-Takt in der Hauptverkehrszeit, sonst mit einer Zugfolge von 10–15 Minuten befahren.

Erhebliche Finanzmittel fließen in die Modernisierung und Elektrifizierung bestehender Strecken (Kayseri–Adana, Kayseri–Sivas, Toprakkale–Adana–Mersin, Konya–Karaman, Izmir–Mersin–Bandirma, insgesamt 817 km). Mit Hilfe neuer elektronischer Stellwerke werden ganze Streckenabschnitte gesteuert: zum Beispiel werden vom ESTW Kayseri insgesamt 25 Bahnhöfe ferngestellt.

Im Güterverkehr werden jährlich etwa 25 Mio. Tonnen befördert. Dabei handelt es sich neben Containern überwiegend um Massengüter wie Erz und Schrott (ca. 30 %), Stahl, Zement, Braunkohle, Kohle, Koks und Öl. Den stärksten Güterverkehr weisen die Routen Zonguldak–Karabük (Stahlwerk)–Irmak, Ankara–Kayseri–Adana sowie Kayseri–Sivas–Malatya–Iskenderun auf. Inzwischen gibt es auch private Betreiber mit eigenen Lokomotiven und Güterwagen (siehe unten).

TCDD Taşımacılık A.Ş. (TCDDT)

Die am 14. Juni 2016 aus der TCDD ausgegkiederte Gesellschaft TCDD Taşımacılık (kurz TCDDT) arbeitet seit Januar 2017 mit folgenden Bereichen:

- Yüksek Hızlı Tren (YHT = Hochgeschwindigkeitszüge)
- Anahat (Intercity-Züge)
- Bölgesel (Regionalverkehr)
- Banliyö (Vorortverkehr)

Triebfahrzeuge TCDD Taşımacılık (TCDDT)

Baureihe	*Achsfolge*	*Baujahr*	*Hersteller*	*vmax*	*Anzahl*	*Bemerkungen*
Diesellokomotiven						
DH 6500	C-dh ab	1960	Krupp/Esslingen	60 km/h	1	1)
DH 7000	C-dh ab	1994	Tülomsaş	40 km/h	17	
DH 9500	Bo'Bo'-dh	ab 1999	Tülomsaş	80 km/h	26	3)
DE 11000	Bo'Bo'-de	ab 1985	KM/Tülomsaş	80 km/h	60	
DE 18100	(A1A)(A1A) de	ab 1978	SMTE/Tülomsaş	120 km/h	4	
DE 22000	Co'Co'-de	ab 1985	GM/Tülomsaş	120 km/h	86	
DE 24000	Co'Co'-de	ab 1970	SMTE/Tülomsaş	120 km/h	244	
DE 33000	Co'Co'-de	ab 2003	GM/Tülomsaş	122 km/h	89	
DE 36000	Co'Co'-de	ab 2014	GE/Tülomsaş	120 km/h	20	2)
Elektrolokomotiven						
E 1000	Bo'Bo'	ab 2015	Tülomsaş	80 km/h	1	3)
E 43000	Bo'Bo'Bo'	ab 1987	Toshiba/Tülomsaş	90 km/h	45	
E 68000	Bo'Bo'	ab 2013	Rotem/Tülomsaş/Škoda	140 km/h	80	4)
E 87000	Bo'Bo'	2015	Siemens Vectron		1	Probelok
Elektrotriebzüge						
E 22000	Bo'Bo'+2'2'+Bo'Bo	ab 2010	CAF	140 km/h	33	
E 23000	Bo'Bo'+2'2'+Bo'Bo	ab 2010	Rotem/Tüvasaş	140 km/h	32	
E 32000		ab 2013	Hyundai/Rotem	95 km/h	54	4)
HT 65000	6x((1A)(A1))	ab 2007	CAF Spanien	250 km/h	12	5)
HT 80000	(Bo'Bo'+2'2'+...+2'2'+Bo'Bo')	ab 2015	Siemens Velaro	300 km/h	17	6)
Dieseltriebwagen/-triebzüge						
MT 5500	(1'A)(A1')+2'2'+(1'A)(A1')	1961	FIAT	80 km/h	7	7)
MT 5600	B'2'	1990	Tüvasaş	140 km/h	9	einteilige VT; 8)
MT 5700	(1'A)(A1')+(1'A)(A1')	1993	FIAT	120 km/h	28	einteilige VT
MT 5800		2008	Rotem (Hyundai)	140 km/h	12	2-tlg. VT
MT 15000	(1A+A1)(A1+1A)	2009	Rotem (Hyundai)	140 km/h	12	2-tlg. VT
MT 30000	B'2'+2x2'B'	2011	Tüvasaş	140 km/h	12	

Anmerkungen: 1) wie DB V 60 (BR 360 ff.) 2) Lizenzbauten der sechsachsigen GE-Type »PowerHaul« (PH37ACmi, 2.750 kW) von Tülomsaş; 3) elektrische Rangier- und Güterzuglok von Tülomsaş, bisher nur ein Prototyp; 4) 20 fünfteilige und 34zehnteilige Triebzüge von Hyundai/Rotem für Marmaray; 5) sechsteilige Hochgeschwindigkeitszüge (4.800 kW, ähnlich der RENFE-Baureihe 120) für die Schnellstrecken Ankara–Istanbul bzw. Konya; 6) 8-tlg ET von Siemens, Typ Velaro, fünf Stück sind schon in Betrieb, der erste Zug für zweite Tranche ist in Düsseldorf übergeben worden; 7) ähnlich FS Aln 668.14, jedoch mit geänderter Fahrzeugfront; 8) Eigenkonstruktion »Sakarya«

Triebfahrzeuge Körfez Ulaştırma A.Ş.

Baureihe	*Achsfolge*	*Baujahr*	*Hersteller*	*Anzahl*	*Bemerkungen*
Diesellokomotiven					
DE0001 bis 0005	Co'Co'-de	2019	Tülomsaş	5	in Lizenz gebaute »Power Haul«, GE-Typs PH37ACmi

- Uluslararası (International)
- YükTren (Güterverkehr)

Alle Lokomotiven, Triebzüge und Wagen der früher staatlichen TCDD sind jetzt der TCDDT zugeordnet.

Weitere Eisenbahnverkehrsunternehmen

Ar-Gü Demiryolu Taşıma ve Depoculuk A.Ş.

Im Jahr 2003 gegründetes Bahnlogostikunternehmen mit 090 eigenen Flachwagen und 1500 Containern, die auch im intermodalen Verkehr eingesetzt werden.

Arkas Lojistik A.Ş.

Im Jahr 1989 gegründetes Logistikunternehmen mit über 700 eigenen Güterwagen und mehr als 1200 Containern für den Intermodalverkehr mit den Nachbarstaaten der Türkei bis hin nach China. Seit 1995 arbeitet DB Schenker Arkas Nakliyat ve Ticaret A.Ş.als Joint Venture der DB (heute DB Cargo) mit dem türkischen Arkas-Konzern im Güterverkehr mit Deutschland zusammen.

Körfez Ulaştırma A.Ş.

Die Logistiktochter des türkischen Raffinerieunternehmens Türkiye Petrol Rafinerileri A.Ş. (Tüpraş) besitzt als erstes privates Güterverkehrsunternehmen in der Türkei seit 2019 eigene Lokomotiven, mit denen Kesselwagenzüge zwischen den vier inländischen Raffinerien von Tüpraş und ihren im Land verteilten Tanklagern gefahren werden. Weiterhin orderte das EVU zum Transport schwerer Kesselzüge 2019 bei Stadler Rail zehn Lokomotiven vom Typ »Eurodual«, die 2021 geliefert werden sollen. Die sechsachsige Lok mit Achsfolge Co'Co' leistet 6,15 MW im reinen elektrischen Betrieb und mit dieselelektrischem Antrieb immerhin noch 2,8 MW.

Nadirler İç ve Dış Ticaret İth. İhr. Lojistik Uluslararası Taşımacılık Dan. Ltd. Şti.

International tätiges Logistikunternehmen mit Sitz in Ankara; im Bahnbereich spezialisiert auf den Güterverkehr aus der Türkei in die Staaten der ehemaligen Sowjetunion sowie in den Iran.

Omsan Lojistik A.Ş.

Logistikunternehmen im Verbund des OYAK-Konzerns, mit 80 eigenen und 430 gemieteten Güterwagen sowie 15 von der TCDD angemieteten Lokomotiven; Omsan Lojistik fährt u. a. als erstes privates EVU der Türkei seit Dezember 2017 Ganzzüge mit neuen PKW von İzmit/Köseköy nach Mersin/Yenice.

Nahverkehr

Metro-Linien bzw. sog. Hafif-Metros (»Leicht-Metro« bzw. Stadtbahn) existieren bislang in Istanbul, Izmir und Ankara. Nachdem in Istanbul, einer rasch gewachsenen Metropolregion mit ca. 15 Mio. Einwohnern, bereits seit einigen Jahren massiv in die Modernisierung und den Ausbau von Straßenbahn und »Light-Rail«-Strecken (von Aksaray zum Atatürk-Flughafen bzw. Busbahnhof) investiert wird, soll das wachsende Verkehrschaos in anderen türkischen Großstädten nun ebenfalls durch die Erweiterung oder den Neubau von spurgebundenen Nahverkehrssystemen gemindert werden. Geplant, erweitert und durch neue Systeme ergänzt wird derzeit u. a. in Adana, Ankara (Light Rail System), Antalya (hatte bislang nur eine Traditionsstraßenbahnlinie in Betrieb), Eskişehir, Gaziantep, İzmir, Kayseri, Kocaeli (İzmit), Konya, Mersin, Samsun und Trabzon.

Kernstück des gigantischen Marmaray-Projekts zur Eisenbahn-Verbindung des europäischen und des asiatischen Teils der Türkei ist eine in den Bosporus versenkte Tunnelröhre. Mit diesem ehrgeizigen, bautechnisch sehr aufwändigen Vorhaben mit Kosten von ca. 3 Mrd. Euro will Istanbul einen Teil seiner Verkehrsprobleme und Umweltbelastungen in den Griff bekommen. Der Name des Projektes ist abgeleitet vom Marmara-Meer und von »ray«, dem türkischen Wort für Schiene. Mit der Inbetriebnahme im Dezember 2013 hat sich die Eisenbahnlandschaft der türkischen Metropole stark verändert. Während der Kopfbahnhof Sirkeci auf europäischer Seite geschlossen wurde, wird der Bahnhof Haydarpaşa seine Funktion als Ausgangsstation für die Züge nach Osten wiedergewinnen. Der zwischen beiden Stationen einst bestehende Eisenbahn-Fährverkehr wurde eingestellt. Der Tunnel ist das Herzstück eines 76 km langen Nahverkehrssystems zwischen Halkali und Gebze, das die bestehenden Vorortbahnen auf beiden Seiten des Maramara-Meeres miteinander verbindet.

In Istanbul wird an einer Vielzahl weiterer Projekte gearbeitet. Das unter städtischer Ägide stehende Nahverkehrs-Netz wird derzeit auf 250 km erweitert. Eine 3,5 km lange Einschienenbahn wird im Innenstadt-Bezirk Beyoğlu nördlich des Goldenen Horns gebaut. Die neue Linie wird an der Station Sishane an das Metronetz angeschlossen. Dieser Verknüpfungspunkt liegt an einer ebenfalls im Bau befindlichen Streckenerweiterung der vom Taksimplatz kommenden U-Bahn. Das bisher nur aus einer Linie bestehende Niederflur-Stadtbahnnetz wird um eine Verbindung des zentralen Stadtteils Beşiktaş mit den nördlichen Bezirken Gaziosmanpaşa und Bağcilar erweitert. Die bestehende Strecke wird von Kabatas nach Beşiktaş verlängert. Von Bakirköy zum westlichen Vorort Beylikdüzü entsteht eine neue Stadtbahnverbindung. Auch die asiatische Seite der Stadt bekommt eine Stadtbahn. Die erste Strecke wird vom Fährhafen und zukünftigen Stopp der Bosporusuntertunnelung Üsküdar über den Industriebezirk Ümraniye nach Dudullu führen. Die bestehende Metro wurde nach Ayazaga im Norden und Yenikapi im Süden verlängert. Als nostalgisch-touristisches Angebot sind die beiden Museumsstraßenbahnen in Istanbul zu betrachten: eine 1,6 km lange Linie durch die Fußgängerzone İstiklâl Caddesi im Stadtteil Beyoğlu (zwischen dem oberen Endpunkt der Standseilbahn »Tünel« und dem Taksim-Platz) sowie eine 2,6 km lange Ringlinie auf asiatischer Seite zwischen Kadiköy und Moda (Betrieb mit Gothaer T57). Nicht verpassen: die preiswerte Fahrt auf Deck einer authentischen Bosporus-Fähre, dazu ein Glas türkischer Tee!

TCDD DE36 013 & DE24 180 am 10.02.2019 in Karaman. Foto: Peter Gadidge.

Museen

Istanbul
Das Rahmi M. Koç-Museum auf einem ehem. Werftgelände in Hasköy direkt am Goldenen Horn ist ein privates Verkehrsmuseum mit Straßenfahrzeugen, Flugzeugen, Schiffen und Schienenfahrzeugen, darunter Dampflokomotiven (55.022, eine G 10 von Borsig 1912; dem beim Bau der Bagdadbahn eingesetzten 600-mm-B-Kuppler »Nr.4«, Henschel 15943/18; die Bt »Nr. 12« der Waldbahn Ayancik O&K 12212/30 und eine Davenport) sowie einem Salonwagen des Sultans. Touristenbahn auf einer neu verlegten, kurzen Schmalspurstrecke am Ufer des Goldenen Horns.

Ankara
Freilichtmuseum nahe dem Hauptbahnhof mit den Dampflokomotiven 34.061, 44.015 (pr. G 8), 45.035, 45.174, 46.224, 55.047 (Nachbau pr. G 10), 56.086, 56.375 (»US-Skyliner«), 56.504 (wie DRB BR 52), 57.007; Dampfkran.

Çamlik
Freilichtmuseum auf dem alten Bahnhofsgelände mit über 20 Dampflokomotiven, außerdem die 600-mm-Schmalspurdampflok »140« (Bn2t, Henschel 16062/1918), eine Dampfschneeschleuder sowie Dampfkräne und Uerdinger Schienenbusse.

Denkmalloks
(Bt, Krauss 381/1874) steht am Bahnhof Istanbul-Sirkeci, 23.004 (1B, Sharp-Stewart 3501/1888) am Bahnhof Istanbul-Haydarpaşa, 33.83 (Ct) am Bahnhof Eskişehir sowie div. Schmalspurdampfloks an verschiedenen Orten im Land.

TCDD-Dampflokomotiven
Nur noch die 56.548 (ex DRB 52 7429, WLF 1944) zählte als betriebsfähig, ihre Außerdienststellung wird jedoch inzwischen erfolgt sein. ■

Georgien

Hans-Jürgen Schulz

Die Strecke Chašuri–Boržomi Park dient der Verbindung des Kurorts Boržomi mit der Hauptstadt Tbilisi. Der morgendliche Zug 685 steht am 04.10.2019 vor dem prächtigen Empfangsgebäude des Bahnhofs Boržomi Park, welches direkt im Kurbezirk liegt, rechts im Bild das Gleis der Strecke nach Achalciche (Vale), welche nur noch Güterverkehr aufweist. Foto: Götz Walther.

Georgien hat sich in den vergangenen Jahren zu einem neuen Trendreiseziel etabliert, es lockt mit den schneebedeckten Bergen des Großen Kaukasus, grünen Weinfeldern und Steppen bis hin zur Schwarzmeerküste. Bis auf die nach den eingefrorenen Konflikten betroffenen Gebiete Südossetien und Abchasien ist das an kulturellen Sehenswürdigkeiten reiche Land problemlos zu bereisen. EU-Bürger benötigen kein Visum. Für die abtrünnige »Autonome Republik Abchasien« kann bei dessen Konsularabteilung (www.mfaapsny.org) ein Visum beantragt werden, ein Besuch der Separatistengebiete Abchasien und Südossetien mit Grenzübertritt von/nach Russland ist aber nach georgischem Gesetz verboten und kann Konsequenzen haben.

Da die Grenze zwischen Georgien und Abchasien für den Zugverkehr geschlossen ist, besteht derzeit außer über Aserbaidschan keine Möglichkeit, durchgehend mit der Eisenbahn anzureisen. Die beabsichtigte Aufnahme des Reisezugverkehrs Kars–Tbilisi lässt auf sich warten, man kann allerdings mit dem Zug nach Erzurum fahren, von wo aus Busverbindungen mit Umsteigen in Hopa und ein weiteres Mal an der türkisch-georgischen Grenze in Sarp nach Batumi bestehen. Außerdem gibt es ab Kars morgens eine Minibusverbindung (ein- bis zweimal Umsteigen) nach Tbilisi (Tiflis). Möglich ist auch die Zuganreise bis ins russische Vladikavkaz und dann weiter per Anhalter/Taxi über die »Georgische Heerstraße«, wo auf georgischer Seite ab Stepancminda Busse nach Tbilisi fahren.

Für einen Euro erhält man etwa 3,17 Georgische Lari (GEL). Mit Russisch kann man sich in der gesamten Region verständigen, wenngleich die Jugend heute Englisch als erste Fremdsprache erlernt. Zugverbindungen können unter www.railway.ge auch in englischer Sprache abgerufen werden, vor Ort sind es meist Aushänge im A4-Format in georgischer Schrift. Das Fotografieren von Bahnanlagen und Schienenfahrzeugen ist meistens problemlos möglich.

Interessante Strecken

Sehr lohnend ist der Schluchtenabschnitt zwischen Chašuri und Zestaponi auf der Hauptbahn von Tbilisi Richtung Westen. Hier gibt es zahlreiche Fotomotive und eine hohe Zugdichte. Die Züge über den Pass werden in der Regel mit zwei, manchmal auch mit drei Lokomotiven bespannt. Landschaftlich reizvoll sind ebenfalls die Strecken Kutaisi-1–Tkibuli, Zestaponi–Sačchere, Chašuri–Boržomi sowie die Schmalspurbahn Boržomi–Bakuriani. Die spektakuläre Gebirgsbahn von Marabda nach Achalkalaki, südwestlich von Calka wird eine Höhe von 2186 m erreicht, wurde in den letzten Jahren ausgebaut und mittels Grenztunnel westlich von Karcachi nach Kars in die Türkei verlängert. Nach der Aufnahme des Güterverkehrs am 3.11.2017 steht die Aufnahme des Personenverkehrs immer noch aus. Im neuen Bahnhof von Achalkalaki muss mittels Umspuranlage die Spurweite gewechselt werden. Es ist geplant, den bislang nur normalspurigen

Triebfahrzeuge in Georgien

Reihe	*Bauart*	*Hersteller*	*Baujahr*	*Bemerkungen*
Elektrolokomotiven (3 kV=)				
4E10	Bo'Bo'	TEVZ	2000–2008	Umbau aus VL10-Sektion
(VL)8	2x Bo'Bo'	NEVZ, TEVZ	1956–1966	
10(U)	2x Bo'Bo'	NEVZ, TEVZ	1967–1983	
11	2x Bo'Bo'	TEVZ	1980–1990	
22M	Co'Co'	NEVZ	1954–1956	
Elektrolokomotiven (1,5 kV=)				
ČS11(M)	Bo'Bo'	Škoda	1966	900 mm
Elektrotriebwagen (3 kV=)				
ER2(T)	2-tlg. ETz	RVR	1966–2003	
ES	2-/6-tlg. ETz	TEVRZ	2006–2009	Umbau aus ER2
VMK	4-tlg. ETz	CSR/TEVRZ	2009–2010	
GRS	4-tlg. ETz	Stadler	2015	
GRT	4-tlg. ETz	CSR	2012	
Diesellokomotiven				
ČME3(E/T)	Co'Co'	ČKD	1962–1990	
TEM2(U)	Co'Co'	BMZ	1970–1989	
TGK2	B'	Kaluga	1980	
TGM4A/B	B'B'	LjuTZ	1980–1991	
TGM23V	C	Murom	1985–1990	

Grenzabschnitt bis Karcachi zukünftig auch mit Breitspur zu versehen.

Schmalspurbahnen

Auf der elektrifizierten 900-mm-Strecke **Boržomi–Bakuriani** fahren vierachsige Elloks der Reihe ČS11 vor zwei Personenzugpaaren. Fotomotive sind hier nicht ganz einfach zu finden, da die Strecke überwiegend durch dichten Wald verläuft. Die 1935 als Pioniereisenbahn eröffnete 750-mm-Parkeisenbahn in **Tbilisi** ist die älteste der Welt. Mit der Rekonstruktion des innerstädtischen Parks Muštaidi im Sommer 2012 gab es eine Rehabilitation der Bahn, sie fährt mit der TU7-2044 auf einer 1,2 km langen Strecke von März bis November täglich 13-20 Uhr. Eine eher einer Metro ähnelnde 900-mm-Bahn gibt es in **Novyj Afon** in Abchasien. Die 1975 erbaute und mittels Stromschiene betriebene Bahn fährt von Mai bis November und führt 1,3 km in eine Höhle hinein, seit 2014 kommt ein von RVR gebauter Ep-Neubautriebzug zum Einsatz. Etwas östlich davon auf einem Berg steht in einem verlassenen Sägewerk noch eine Dampflok (Jung 597/1902). Die dem Kloster dienende 890-mm-Bahn war 1884-1948 in Betrieb.

Stadtverkehr

In Tbilisi gibt es ein 27,3 km langes Metronetz (1520 mm) mit zwei Linien. Im Zusammenhang mit dem Austausch der Stromkabel und des Lüftungssystems wird sie bis zum 1.7.2020 nur von 6 bis 23 Uhr betrieben. Die Straßenbahn wurde 2006 eingestellt. Seit Anfang 2013 ist die meterspurige Tifliser Standseilbahn nach Rekonstruktion wieder in Betrieb. In der »Seilbahnstadt« Chiatura wurde ein Großteil der über 20 in der Stadt und außerhalb befindlichen Personenseilbahnen außer Betrieb genommen, aktuell werden welche neugebaut.

Sakartwelos Rkinigsa (Georgische Eisenbahn)

Die als GmbH betriebene georgische Staatsbahn verfügt gegenwärtig über ein breitspuriges (1520 mm) Streckennetz mit der Gesamtlänge von 1 323,9 km, welches mit 3 kV Gleichstrom elektrifiziert ist. Außerdem gibt es 26,1 km Normalspur (1435 mm) und 37,2 km Schmalspur (900 mm, elektrischer Betrieb mit 1,5 kV=). Georgien zählt neben Armenien und der Schweiz zu den wenigen Ländern der Welt, deren Eisenbahnnetz nahezu vollständig elektrisch betrieben wird. Die 2011 begonnene Modernisierung der Hauptstrecke Tbilisi–Batumi, diese beinhaltet v. a. den Neubauabschnitt Kvišcheti–Moliti mit einem 8350 m langen Tunnel am Suramipass, soll 2020 abgeschlossen werden und zwischen den beiden Städten eine Fahrzeitreduktion von fünf auf gut drei Stunden ermöglichen, zudem kann die Schiebelok eingespart werden. Bedingt durch den Anstieg des Güterumschlags ist gegenwärtig geplant, auf dem Abschnitt Samtredia–Batumi ein zweites Gleis hinzuzufügen.
International fährt nach Bakı täglich und nach Erevan an ungeraden Tagen (im Sommer täglich) ein Nachtzug. Von Tbilisi fahren einige Fernreisezüge auf der zweigleisigen Hauptbahn in Richtung Schwarzmeerküste. Die Leistungen nach Batumi werden von den neuen, doppelstöckigen KISS-Triebzügen der Reihe GRS erbracht, welche als Reihe EŠ2 für die Moskauer Aeroekspress vorgesehen waren, aufgrund deren schwieriger wirtschaftlicher Situation aber an die georgische Eisenbahn verkauft wurden. Auf den übrigen Strecken verkehren meist nur wenige Regionalzugpaare. Auch der 2008 neu eingerichtete Verkehr zum Tifliser Flughafen wurde auf zwei Zugpaare gekürzt. Der östlich von der Hauptstadt Tbilisi gelegene Landesteil Kachetien ist seit über zwei Jahrzehnten ohne Personenverkehr. Im Güterverkehr dominiert der aus Aserbaidschan kommende Verkehr zu den Schwarzmeerhäfen Batumi und Poti.

Am 02.10.2019 war 11-260A/B mit einem Fahrleitungsmesszug in sehr gemächlichen Tempo auf dem nur noch im Güterverkehr genutzten Streckenabschnitt Achalciche–Boržomi Park unterwegs. Foto bei Ackuri: Götz Walther.

Die Triebwagenzüge nach Batumi oder Poti werden mit den Triebwagen der Reihe GRT bzw. VMK geführt. Die 130 km/h schnellen Elektrotriebzüge der Reihe VMK wurden mit einem Wagenkasten von der chinesischen Firma CSR Nanjing Puzhen und der Ausrüstung von TEVRZ in Tbilisi montiert, die der sehr ähnlichen Reihe GRT kommen dagegen komplett aus China. Güterzüge und die lokbespannten Schnellzugpaare werden mit den Doppelloks der Reihen 10(U) oder 11 (in Georgien wurde bei den meisten Loks das »VL« vor der Loknummer entfernt) bespannt. Vor leichteren Reisezügen kommen zum Teil 4E10 zum Einsatz, der Prototyp 4E1 wurde im Frühjahr 2015 abgestellt. Die letzten 22M vom Depot Kutaisi-1 sind offenbar abgestellt, aktuell ist die Reihe 10 im Reisezugverkehr nach Tkibuli anzutreffen. Auf den Strecken in Kachetien werden auch ČME3 mit Stromabnehmer eingesetzt. Im Regionalverkehr dominieren die in Eigenregie modernisierten Variationen von Elektrotriebwagen der Reihe ER2 sowie Umbauten, die als Reihe ES bezeichnet werden.

Aģsny Aiҳaamҩa (Abchasische Eisenbahn)

In der von Georgien abtrünnigen Provinz Abchasien verfügt die 1992 gegründete »Abchasische Eisenbahn« (seit 2009 den RŽD unterstellt) über ein Streckennetz von 221 km und einen Triebfahrzeugpark, der nur noch aus wenigen betriebsfähigen Loks der Reihen VL8 und ČME3(T) besteht. Andere anwesende Fahrzeuge (M62, 2TE116U) gehören den RŽD-Filialen. Es fährt ganzjährig ein Fernzugpaar zwischen Moskva und Sochumi (im Winter nicht täglich), sowie zwei weitere von Sankt Peterburg und Samara nur in der Sommersaison. Von Anfang Juli bis Ende September fahren zwischen Adler und Gagra auch zwei Vorortzugpaare (seit 2018 mit RA2). Anfang 2011 wurde die Strecke Vesëloe–Sochumi saniert, aufgrund der klimatischen Bedingungen sieht es jedoch aus wie eine Dschungelbahn. Trotz intakter Oberleitung verkehren nur einige Güterzüge mit Ellok.

Zwischen Sochumi und Očamčira wurde im Juli 2008, kurz vor Kriegsausbruch, von russischen Eisenbahnpionieren die Strecke samt Brücken repariert. Der Abschnitt wurde aber deelektrifiziert und das grenzüberschreitende Stück Ačguara–Inguri ist unterbrochen. Von Russland wird angestrebt, den durchgehenden Betrieb der Bahnlinie wiederaufzunehmen, damit eine Bahnverbindung von Armenien nach Russland wieder möglich wird. Zwecks Wiederaufbau begannen russische Eisenbahntruppen im August 2015 damit, die Trasse zu beräumen. Auf der Nebenstrecke Tkuarčal–Očamčira bestand bis Anfang 2018 noch Güterverkehr in Form von Kohletransporten zum Hafen Očamčira, wegen Einstellung der Kohleförderung ist sie jetzt nicht mehr in Betrieb.

Museen und historische Fahrzeuge

In Samtredia ist die Satteltanklok ,vn-9775 als Denkmal aufgestellt, in Boržomi die Tenderlok ,p-48, bei der Kindereisenbahn in Tbilisi Ak-1721 (Jung 1721/1911), in Šorapani die aus Estland stammende Gr-210 (LKM 15365/1950) und in Batumi Gr-»1822«. ■

Zugkreuzung in Cagveri auf der Schmalspurstrecke Boržomi–Bakuriani, zu sehen sind ČS11-10 mit Zug 6400 und ČS11 02 mit Zug 6769 am3.10.2019. Foto: Götz Walther

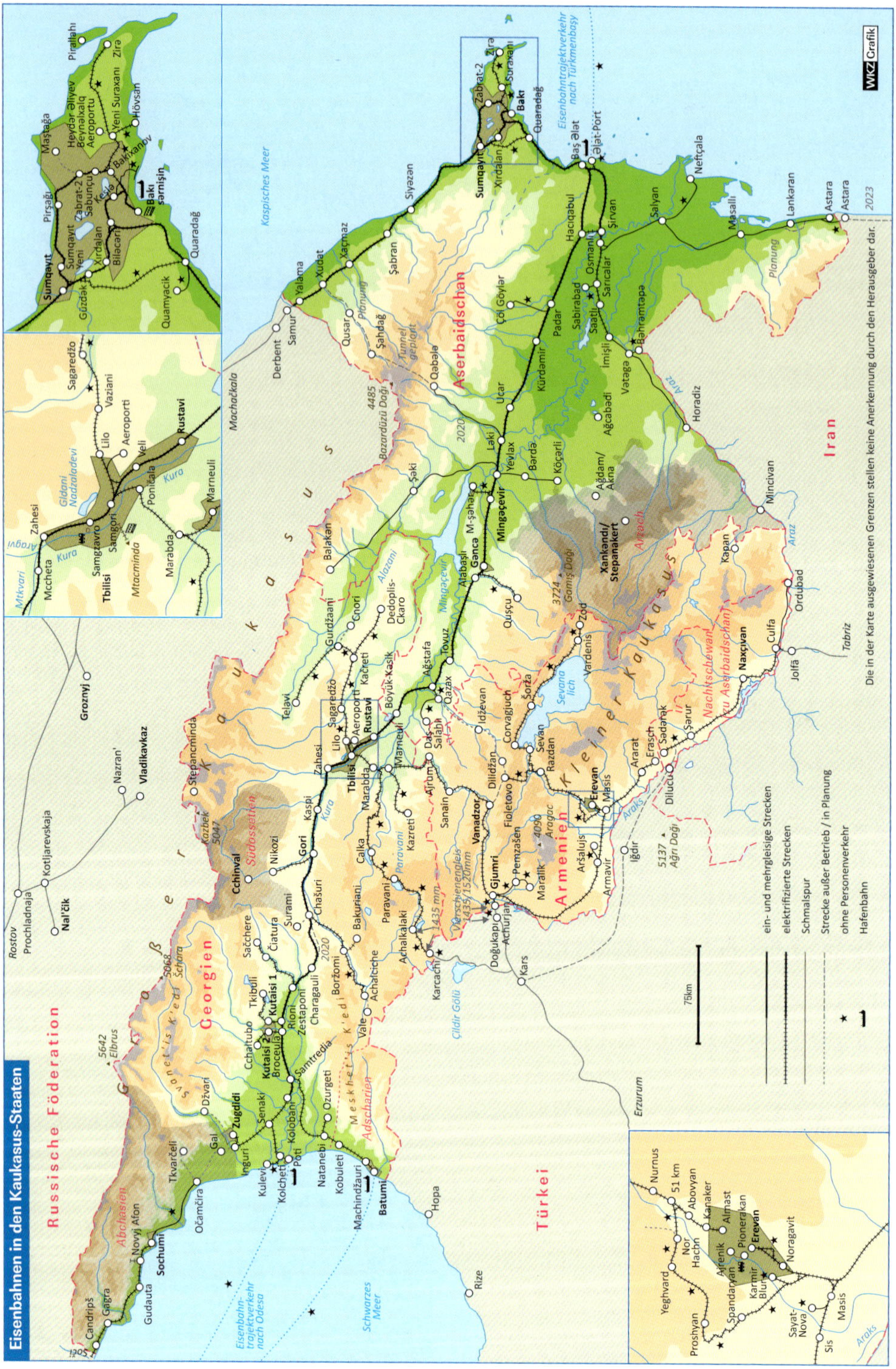
Eisenbahnen in den Kaukasus-Staaten
Russische Föderation
Georgien
Abchasien
Südossetien
Adscharien
Armenien
Aserbaidschan
Nachitschewan (zu Aserbaidschan)
Türkei
Iran
Schwarzes Meer
Kaspisches Meer
Großer Kaukasus
Kleiner Kaukasus
Tbilisi
Kutaisi 1
Kutaisi 2
Batumi
Poti
Sochumi
Gori
Rustavi
Zugdidi
Erevan
Gjumri
Vanadzor
Bakı
Gəncə
Sumqayıt
Naxçıvan
Xankəndi/Stepanakert
Vladikavkaz
Groznyj
Machačkala
Derbent
Kars
Erzurum
Hopa
Rize
Tabriz
Eisenbahn-trajektverkehr nach Odesa
Eisenbahntrajektverkehr nach Türkmenbaşy
Sevana lich
Çildir Gölü
5642 Elbrus
5068
5047 Kazbek
4485 Bazardüzü Dağı
3724 Gamış Dağı
4090 Aragac
5137 Ağrı Dağı
Spurwechsel 1435/1520mm
ein- und mehrgleisige Strecken
elektrifizierte Strecken
Schmalspur
Strecke außer Betrieb / in Planung
ohne Personenverkehr
Hafenbahn
75km
WKZ Grafik
2023
Die in der Karte ausgewiesenen Grenzen stellen keine Anerkennung durch den Herausgeber dar.

Armenien

Hans-Jürgen Schulz

Der einzige lokbespannte Zug Armeniens ist der internationale Zug nach Tbilisi, der im Sommer bis Batumi verkehrt. Am 23.09.2019 konnte VL10-1340 vor Zug 202 »Armenia« (Erevan–Batumi) im Bahnhof Armavir fotografiert werden. Foto: Markus Rabanser.

Das zwischen dem Schwarzen und dem Kaspischen Meer im ausgeprägten Bergland liegende Armenien weist nur wenig Eisenbahnverkehr auf, auch weil ein Teil der Strecken aufgrund der außenpolitischen Lage außer Betrieb ist. Für die Einreise nach Armenien ist für EU-Bürger kein Visum erforderlich, es genügt der Reisepass. Als Folge des Krieges um das Gebiet von Bergkarabach (nicht anerkannte »Republik Arzach«) sind die Grenzen zur Türkei und zu Aserbaidschan geschlossen und das Eisenbahnnetz an mehreren Stellen unterbrochen. Von Armenien aus kann nach Bergkarabach eingereist werden (Visa dafür gibt es beim Konsulat in Erevan oder direkt in Stepanakert), allerdings führt ein solches im Pass zu einer Einreiseverweigerung in Aserbaidschan.

Es existiert momentan nur eine Anreisemöglichkeit über den Eisenbahngrenzübergang von Georgien. Das Zugpaar 371/372 von Tbilisi erreicht an geraden Tagen morgens die Hauptstadt Erevan, am selben Abend erfolgt dann wieder die Rückfahrt. Während der Sommermonate verkehrt vom 15. Juni bis 1. Oktober stattdessen täglich das Nachtzugpaar 201/202 von/nach Batumi. Landeswährung ist der Armenische Dram (AMD), ein Euro entspricht etwa 525 AMD. Als deutschsprachige Reiselektüre kann der Armenien-Reiseführer vom Trescher-Verlag empfohlen werden. Gegenüber Eisenbahnfotografen sind Eisenbahner und Sicherheitskräfte manchmal etwas misstrauisch.

Haravkovkasjan Jerkatughi (Südkaukasische Eisenbahn)

Von dem 780 km langen Streckennetz, 2,56 % davon zweigleisig, sind momentan etwa 726 km in betriebsbereitem Zustand. Bis auf das kurze Streckenstück von Gjumri zur türkischen Grenze sind sämtliche Strecken elektrifiziert (3 kV=). Landschaftlich herausragend, besonders im Bereich der Debed-Schlucht, ist die Strecke von Gjumri über Vanadzor zur georgischen Grenze. Die ehemalige Armenische Eisenbahn wird seit 2008 von der »Südkaukasischen Eisenbahn« (www.ukzhd.am) betrieben, einer hundertprozentigen Tochtergesellschaft der Russischen Eisenbahnen (RŽD). Die RŽD gewannen nach einer internationalen Ausschreibung für die Dauer von 30 Jahren die Betreiberrechte an der armenischen Eisenbahn. Verbunden damit ist die Verpflichtung, umgerechnet 270 Mio. EUR in die Modernisierung des Schienennetzes und 110 Mio. EUR in die Erneuerung des Fuhrparks zu investieren. Bis Ende 2018 soll dies zu 63 % geschehen sein. Aufgrund von Unstimmigkeiten kamen 2019 von russische Seite Überlegungen zu einer vorzeitigen Vertragsbeendigung auf. 2019 wurden 3,2 Mio. Tonnen Fracht (+11,1 % zum Vorjahr) und 426 600 Reisende befördert (+ 11 %).

Bei den geplanten Infrastrukturprojekten tat sich bisher nichts, so wurde weder die unterbrochene Bahnverbindung über Achurjan in die Türkei wieder hergestellt noch der Bau einer 32 km langen Neubaustrecke

Triebfahrzeuge in Armenien

Reihe	*Bauart*	*Hersteller*	*Baujahr*	*Anmerkung*
Elektrolokomotiven (3 kV=)				
VL8	2x Bo'Bo'	EVZ, TEVZ	1958–1966	
VL10(U)	2x Bo'Bo'	NEVZ, TEVZ	1967–1980	
Elektrotriebwagen (3 kV=)				
ER2(K)	ETz	RVR	1966–1982	
EP2D	2-tlg. ETz	DMZ	2015–2018	
TM	ET	Gjumri	2015	Dienstfahrzeug, Umbau aus ER2
Diesellokomotiven				
2TE10M	2x Co'Co'	LTZ	1982	
ČME3(T)	Co'Co'	ČKD	1970–1989	
TGM23B/V	C	Murom	1981–1988	

von Vanadzor nach Fioletovo begonnen, mit der die Strecken Erevan–Gjumri–Tbilisi und Erevan–Razdan–Dilidžan verbunden werden sollen, was die Distanz zwischen den beiden Hauptstädten Erevan und Tbilisi merklich verkürzen würde.
Perspektivisch ist der Bau einer Strecke zum Iran geplant. Die Kosten für den Bau der 305 km langen Strecke durch das Bergland mit 86 Brücken (mit der Gesamtlänge von 19,6 km), 60 Tunneln (mit der Länge von 102,3 km) und 27 Stationen wird auf 3,5 Mrd. USD geschätzt. Chinesische Banken sollen an dem Projekt interessiert sein, eine Finanzierung kam jedoch bisher nicht zustande.
Mit von den RŽD ins Land gebrachten Fahrzeugen hatte sich die Fahrzeugsituation schnell wieder verbessert. Die Güterzüge werden mit VL10 gefahren, nur noch selten sind welche mit den letzten drei Exemplaren der Reihe VL8 bespannt. Der Verschub wird ausschließlich mit ČME3 durchgeführt. Personenverkehr findet gegenwärtig außer dem Fernzug von/nach Tbilisi (mit VL10) nur auf wenigen Relationen statt: Es verkehren zwischen Erevan und Gjumri täglich drei Zugpaare sowie ein Expresszugpaar an Fr-So, auf dem Teilstück bis Araks fährt zusätzlich eins. Ein ER2-Zugpaar fährt auch von Erevan nach Erasch nahe der Grenze zur aserbaidschanischen Exklave Nachitschewan, wobei der biblische Berg Ararat passiert wird. Auf der Strecke nördlich von Erevan, es besteht über die Umfahrungsbahn eine Gleisverbindung zum Vorort Kanaker, verkehrt nur jeweils im Sommer von Mitte Juni bis Ende August an Fr+Sa+So morgens von der Endstation Almast ein Zugpaar an das am Sevansee gelegene Šorža. Weiter bis Zod fahren nur Güterzüge, der Goldabbau sorgt hier für Frachtaufkommen. Von der Lagerstätte Zod zur Goldgewinnungsanlage Ararat wurden 2019 1,5 Mio. Tonnen Erz befördert. Der Transport von Golderz macht fast die Hälfte des armenischen Güterverkehrs aus. Die Richtung Aserbaidschan führende Strecke ist gegenwärtig nur bis Dilidžan befahrbar, sie soll perspektivisch aber wieder bis Idževan hergerichtet werden. Diese aufwändig trassierte Bahn weist zahlreiche Kunstbauten auf. 2017 traf der neue Elektrotriebzug EP2D-0001 in Armenien ein, seit dem 4.3.2018 ist er auf der Strecke Erevan–Gjumri unterwegs. 2019 folgte ein zweiter, der aber bald danach verunfallte. Zukünftig soll ein weiterer nach Sevan eingesetzt werden.

Schmalspurbahnen

In Erevan verkehrt in einem Vergnügungspark am Wochenende auf einer 2,1 km langen Strecke entlang des Flusses Razdan die ehemalige Pioniereisenbahn (750 mm), die als Besonderheit einen kurzen, künstlichen Tunnel aufweist. Es kommt TU2-096 zum Einsatz, nicht betriebsfähig ist die Dampflok L-159-434 vorhanden.

Stadtverkehr

In Erevan existiert eine Metro, die ursprünglich als unterirdische Straßenbahn geplant war. Das 1520-mm-Netz umfasst 12,1 km. Die geplante Erweiterung um eine zweite Strecke ist wegen fehlender finanzieller Mittel derzeit nicht absehbar. Die Straßenbahn wurde 2004 eingestellt.

Museen und historische Fahrzeuge

Im Depot Erevan ist eine Dampflok der Reihe L als Denkmal aufgestellt, am Bahnhof Eu705-46 mit einem Personenwagen. Seit 2009 gibt es im Bahnhof Erevan auch ein Eisenbahnmuseum zur Geschichte der Eisenbahn in Armenien. Am Bahnhof Gjumri steht die Satteltanklok ‚vn-9794, betriebsfähig ist hier L-3317 im Depot vorhanden. ■

Einige ER2-Triebwagen in Armenien präsentieren sich noch im altgrünen Lack. ER2-988 war am 22.09.2012 als Zug 687 (Gjumri–Erevan) unterwegs. Das Foto entstand bei der Ausfahrt aus dem Bahnhof Gjumri. Foto: Markus Rabanser.

Aserbaidschan

Hans-Jürgen Schulz

Zur Abfahrt um 20.40 Uhr stand im August 2015 in Baku die E4S-333A mit Zug 38 bereit, um die Reisenden in Schlafwagen mit bequemen Zweibettabteilen nach Tbilisi zu bringen. Foto: Lukas Burtscher.

Licht und Schatten in der Transkaukasischen Senke: Die Abscheron-Ringbahn ist bald wieder komplett in Betrieb, dagegen wurde der Verkehr nach Quazax 2019 eingestellt. Die Eisenbahnen Aserbaidschans verlaufen vorwiegend im steppenartigen Flachland. Das wird sich bald ändern, denn es sind zwei neue Strecken nach Şahdağ und Qəbələ im Bau, zu beliebten Reisezielen im Großen Kaukasus. Vor der einmaligen Einreise nach Aserbaidschan muss ein E-Visum direkt über www.evisa.gov.az beantragt werden (20 USD per Karte, Ausstellung per E-Mail binnen drei Werktagen), oder persönlich über die Konsularabteilung der Botschaft in Berlin bzw. das Honorarkonsulat in Stuttgart (35 EUR, Ausstellung in bis zu zehn Arbeitstagen). Bei Aufenthalten von mehr als 15 Tagen ist eine Registrierung notwendig. Mit einem Visum oder Stempel im Pass der international nicht anerkannten »Republik Arzach« (Bergkarabach) wird die Einreise in Aserbaidschan verweigert. In die Autonome Republik Nachitschewan gelangt man von Aserbaidschan aus aktuell nur mit dem Flugzeug oder mit Bussen, die durch den Iran (Visum erforderlich) fahren, von der Türkei aus besteht mehrmals am Tag eine Busverbindung Iğdır–Naxçıvan.

Aserbaidschan kann man von Georgien täglich mit dem Nachtzug 37/38 aus Tbilisi erreichen. Aus Richtung Russland verkehrt einmal wöchentlich das Zugpaar 55/56 von/nach Moskva sowie bis zu zweimal in der Woche 369/370 von/nach Kyïv (UA) und 391/392 von/nach Rostov-na-Donu. Die Eisenbahn in Aserbaidschan ist stark bewacht, daher ist unbemerktes Fotografieren schwierig. Strategisch wichtige Objekte wie ein Zug dürfen offiziell nicht fotografiert werden, ist auf Nachfrage aber möglich. Ein Euro entspricht etwa 1,87 Aserbaidschanischen Neuen Manat (AZN). Ein deutschsprachiger Reiseführer ist im Trescher-Verlag erschienen.

Azərbaycan Dəmir Yolları QSC (ADY)

Die Streckenlänge der staatlichen »Aserbaidschanischen Eisenbahnen« (www.ady.az) beträgt 2 133,07 km, davon sind 803,3 km zweigleisig und 1 169,17 km mit 3 kV= elektrifiziert. Ab 2022 ist eine schrittweise Umstellung auf 25 kV~ vorgesehen. Am Kaspischen Meer lagern umfangreiche Erdölvorkommen, teilweise wird das Öl mit der Bahn nach Georgien zur Verschiffung über das Schwarze Meer abgefahren. Für die Bahnen in den beiden Ländern stellen diese Transporte die Haupteinnahmequelle dar. Vor den schweren Kesselwagenzügen kommen die Doppelloks der Reihe VL10 oder VL11 zum Einsatz. Auch vor fast allen übrigen Güterzügen sowie den Nachtschnellzügen auf den beiden elektrifizierten Hauptstrecken in Richtung Ağstafa und Yalama sind diese Loks zu sehen. Ausschließlich im Reisezugdienst Verwendung finden die im Depot Bakı Böyük Şor aus ehemaligen Doppelloks der Reihe VL11 zu einteiligen Maschinen umgebauten E4S. Die aus einer Diesellok der Reihe 2M62 unter Verwendung von VL8-Teilen zur Ellok umgebaute E2M62-0158 zählt auch heute noch zum Betriebsbestand vom Depot Gəncə. 2014 wurden 50 Güterzugloks des Typs KZ8A bestellt. Nach Vertragsän-

Triebfahrzeuge in Aserbaidschan

Reihe	*Bauart*	*Hersteller*	*Baujahr*	*Bemerkungen*
Elektrolokomotiven (3 kV=)				
E2M62	2x Co'Co'		1978	1995 Umbau aus 2M62
E4S	Bo'Bo'		1990	2006 Umbau aus VL11-Sektion
VL8	2x Bo'Bo'	NEVZ, TEVZ	1958–1967	
VL10(U)	2x Bo'Bo'	NEVZ, TEVZ	1968–2005	
VL11(M/M4)	2x Bo'Bo'	TEVZ	1981–2007	
VL11M6	2x Bo'Bo'	TEVZ	2015	
Elektrotriebwagen (3 kV=)				
ER2	4-tlg. ETz	RVR	1965–1982	2015 Umbau aus ER2/ER12
EŞ2	4-tlg. ETz	Stadler	2014–2019	»KİSS«
Mehrsystem–Elektrolokomotiven (3kV= und 25 kV AC)				
AZ4A	Bo'Bo'	Alstom	2017–2019	vmax 160 km/h, Prima M4
AZ8A	2x Bo'Bo'	EKZ	2018–2019	vmax 120 km/h, Prima T8
Diesellokomotiven				
TE3	2x Co'Co'	LTPL	1965–1971	
TE33A	Co'Co'	AOLKZ	2015–2017	»Evalution«
2TE10M	2x Co'Co'	LTPL	1988–1989	
3TE10M	2x Co'Co'	LTPL	1988–1989	
DM62	Co'Co'	LTPL	1990	
2M62	2x Co'Co'	LTPL	1978	
ČME3(T)	Co'Co'	ČKD	1987–1990	
TEM1	Co'Co'	BMZ	1967	
TEM2(M/T/U/UM)	Co'Co'	BMZ	1969–1991	
TGK2	B	Kaluga	1984	
TGM4A/B	B'B'	LTZ	1985–1990	
TGM23(V)	C	Murom	1974–1990	
Dieseltriebwagen				
DR1P	2-tlg. VTz	RVR	1973	Dienstfahrzeug

derung wurde 2017 die erste von zehn Personenzugloks der Reihe AZ4A ausgeliefert, die weiteren 40 Doppelloks werden dagegen nicht in Belfort (FR), sondern von EKZ/Alstom in Kasachstan gebaut. Der Reisezugverkehr wird ab 2020 durch die Lieferung von zehn Flirt-Triebzügen (vier für Fern- und je drei für Eil- und Regionalzüge) ergänzt werden.

Der Vorortverkehr um Bakı wurde in der Vergangenheit immer weiter reduziert, es existiert noch je ein Zugpaar nach Yalama und Şirvan. Es kommen dafür nur noch die modernisierten ER2-Triebzüge (ex Estland) zum Einsatz. Insgesamt neun von Stadler in Fanipal' (BY) gebaute KISS-Triebzüge fahren zwischen Bakı und Sumqayıt bzw. Pirşağı (der Betrieb wird schrittweise zur 2020 sich schließenden Ringlinie ausgeweitet), sowie ein Expresszugpaar auf dem modernisierten und wesentlich beschleunigten Abschnitt Bakı–Gəncə. Der Start der neuen Verbindung Bakı–Tbilisi–Kars mit 30 Schlaf-, Liege- und Speisewagen (ausgerüstet mit Radsätzen zum automatischen Spurwechsel) lässt weiter auf sich warten.

Auf den nicht elektrifizierten Strecken beschränkt sich der Reiseverkehr auf je ein Nachtzugpaar zur Hauptstadt. Eingesetzt werden überwiegend 2TE10M und TE33A. Möglicherweise sind auch noch einige Exemplare der Reihe TE3 einsatzfähig, mit denen zuletzt das Reisezugpaar auf dem Abschnitt zwischen Şirvan und Astara bespannt wurde. Nördlich von Lənkəran können die Züge zusammen mit dem Kaspischen Meer aufgenommen werden. Die Dieselstrecke von Yevlax nach Balakən im nordwestlichen Teil hat landschaftlich einiges zu bieten. Der mit einer 2TE10M bespannte Nachtzug fährt bergwärts bereits bei Tageslicht. Die früher durchgehende Eisenbahnlinie von Bakı nach Erevan entlang der iranischen Grenze in die aserbaidschanische Exklave Nachitschewan endet in Horadiz kurz vor der Waffenstillstandslinie zur Karabach-Region.

Der in Nachitschewan von der ADY-Tochter Naxçıvan Dəmir Yolları durchgeführte Inselbetrieb besteht aus zwei Zugpaaren Culfa–Naxçıvan–Şərur, wovon eines bis nach Ordubad weiterfährt und dort übernachtet. Die Züge sind mit VL8 bespannt. Über die Grenze ins iranische Jolfā wurde 2018 der Personenverkehr wiederaufgenommen, es verkehrt ein Zugpaar von/nach Mašhad. Mit der Türkei wurde 2014 der Bau einer Neubaustrecke Naxçıvan–Kars vereinbart, 2019 begann die Planung.

Stadtverkehr

In Bakı gibt es ein 34,6 km langes Metronetz (metro.gov.az) in 1520-mm-Spur. Bis 2030 ist eine Ausdehnung auf 119 km geplant bzw. im Bau. Bis 2004 gab es außerdem eine Straßenbahn. Bakus Standseilbahn verkehrt Di-So 10-22 Uhr.

Museen und historische Fahrzeuge

In Bakı sind in einem Park die hierfür 2013 aus Russland importierten Dampfloks Er772-26 und L-4118 als Denkmal aufgestellt. Im alten Bahnhof Sabunçu wurde, in Erinnerung an die Eröffnung der ersten elektrischen Eisenbahn der Sowjetunion am 6.7.1926, ein Eisenbahnmuseum eingerichtet. ■